COURS COMPLET
D'ALGÈBRE ÉLÉMENTAIRE (N° 1)

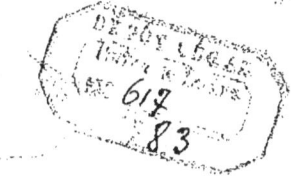

OUVRAGES DE M. GUILMIN

(En vente chez le même libraire)

COURS COMPLET D'ARITHMÉTIQUE (N° 1 *bis*), convenant à l'enseignement secondaire spécial (1re et 2e année). 1 gros vol. in-12 cartonné. Prix :   3 fr.

ÉLÉMENTS D'ARITHMÉTIQUE THÉORIQUE ET PRATIQUE (N° 2). (*Cours supérieur*), à l'usage des élèves les plus avancés, des écoles, primaires, des écoles normales et des classes professionnelles et commerciales. 1 vol. in-12, cartonné. 20e édition. Prix : 1 fr. 80

ARITMÉTIQUE ÉLÉMENTAIRE (N° 3), à l'usage des écoles primaires, (*Cours moyen*), des classes élémentaires de latin (4e, 5e) et *de la classe préparatoire à l'enseignement secondaire spécial*. 1 vol. grand in-12 cartonné. 19e édition. Prix :   1 fr. 10

RECUEIL DE 2.50 EXERCICES SUR LES SUJETS LES PLUS USUELS, annexe et supplémentaire aux Arithmétiques 1, 2 et 3 15e édit. 1 vol. in-12. Prix :   1 fr. 50

RÉPERTOIRE AGRICOLE. Notions d'agriculture, nombres très utiles à connaître, exercices très usuels, à l'usage des écoles primaires, par les mêmes. 1 vol. in-12, cart. 5e édition. Prix : 0 fr. 80

COURS COMPLET D'ALGÈBRE ÉLÉMENTAIRE (N° 1), 15e édition, contenant de nombreux exercices. 1 vol. in-8°. Prix :   4 fr. 50

COURS COMPLET D'ALGÈBRE (N° 1 *bis*), conforme au programme de l'enseignement secondaire spécial 3e et 4e année). 1 vol. in-12, cartonné. Prix :   3 fr.

COURS ÉLÉMENTAIRE DE GÉOMÉTRIE (N° 2), à usage des classes de lettres, des classes élémentaires, des instituteurs et des écoles normales, primaires. 18e édition. 1 vol. in-12, cart. Prix : 2 fr. 25

COURS DE MATHÉMATIQUES APPLIQUÉES, levé des plans, arpentage et partage des terrains, nivellement, et notions de géométrie descriptive à l'usage de tous les établissements d'instruction publique, des écoles normales et des instituteurs, etc. 12e édit. Prix : 4 fr.

NOUVELLES LEÇONS DE COSMOGRAPHIE, 10e édition avec 134 figures dans le texte. 1 vol. in-8 broché. Prix :   4 fr. 50

COURS DE TRIGONOMÉTRIE RECTILIGNE, 11e édition, 1 vol. in-12 cartonné. Prix :   1 fr. 80

AVIS. — L'auteur de cet ouvrage se réserve le droit de le traduire ou de le faire traduire en toutes langues. Toutes contrefaçons ou traductions faites au mépris de ses droits seront poursuivis en vertu des lois, décrets ou traités internationaux.

Tout exemplaire non revêtu de la signature de l'auteur sera réputé contrefait.

COURS COMPLET
D'ALGÈBRE
ÉLÉMENTAIRE

CONVENANT AUX DEUX ENSEIGNEMENTS SECONDAIRES

A L'USAGE

DES LYCÉES ET COLLÈGES,

ET DE TOUS LES ÉTABLISSEMENTS D'INSTRUCTION PUBLIQUE,

CONFORME AUX DEUX PROGRAMMES,

**Considérablement augmenté et amélioré, contenant
s d 1200 exercices théoriques et pratiques**

PAR

A. GUILMIN

Ancien Professeur de Mathématiques, Officier de l'Instruction publique.

QUINZIÈME ÉDITION

PARIS
ALPHONSE PICARD, LIBRAIRE
rue Bonaparte, 82
1884

COURS COMPLET

D'ALGÈBRE

ÉLÉMENTAIRE

CONFORME AUX DERNIERS PROGRAMMES

des

DES LYCÉES ET COLLÈGES,

ET DE TOUS LES ÉTABLISSEMENTS D'INSTRUCTION PUBLIQUE,

PRIVÉS OU PUBLICS.

Comprenant, en outre, plus de quatre-vingt mille
à 1800 exercices théoriques et par lignes

par

M. GUILMIN

(Nouvelle Édition).

PARIS

ALPHONSE PICARD, LIBRAIRE

rue Bonaparte, 82

1881

AVANT-PROPOS.

Cette édition est tout à fait complète et convient à la fois à l'ancien enseignement secondaire classique et au nouvel enseignement spécial. C'est un livre sérieusement écrit dans lequel je me suis efforcé d'arriver au dernier degré de simplicité, de précision et de clarté, et que j'ai cherché en même temps à rendre le plus utile possible en traitant avec le plus grand soin les questions usuelles indiquées dans le nouveau programme, et d'autres encore non moins importantes. Je le soumets avec confiance à l'examen de tous les professeurs, et j'ai le ferme espoir que les élèves les plus ordinaires le comprendront aisément et l'étudieront avec intérêt et avec fruit.

La rédaction en est toute nouvelle depuis la première page jusqu'aux équations du premier degré inclusivement. J'espère que les professeurs voudront bien accorder à cette première partie une attention toute particulière ; car celle-là bien comprise, les élèves sont initiés à l'étude de l'algèbre et comprennent aisément tout le reste.

J'ai revu avec le plus grand soin, pour les insérer dans cette édition, tous les chapitres composant les suppléments aux anciennes éditions que j'avais publiés en attendant. J'ai même fait de notables changements dans plusieurs d'entre eux, notamment dans celui des rentes viagères. En un mot, je n'ai rien négligé pour que la partie pratique de mon livre fût tout à fait complète et en même temps utile et intéressante pour les lecteurs (*).

(*) Je prie donc les professeurs, même ceux qui ont bien voulu lire les suppléments, de vouloir bien en relire ici les diverses parties.

Le nombre des exercices théoriques et pratiques a été considérablement augmenté. J'ai eu pour but en les choisissant de mettre les élèves à même de mieux comprendre la théorie en l'appliquant, de tirer par la pratique un bon parti de leurs connaissances en algèbre élémentaire, et de les préparer complétement aux divers examens qu'ils peuvent être appelés à subir sur cette partie des mathématiques.

TABLE DES MATIÈRES.

Pages.

INTRODUCTION. — Définition de l'algèbre. — Emploi des lettres pour représenter les nombres. — Avantages de cette représentation mis en évidence par son application à quelques questions usuelles... 1

NOTIONS PRÉLIMINAIRES. — Définitions ; notations; expressions et formules algébriques. — Traduction en nombres. — Premières simplifications (réduction des termes semblables). 9

CHAPITRE Ier. — OPÉRATIONS ALGÉBRIQUES FONDAMENTALES. 21
 But des opérations algébriques. 21
 Addition et soustraction.. 23
 Multiplication. 27
 Division.. 36
 Divisibilité par $x-a$. 50
 Fractions algébriques. 52

CHAPITRE II. — ÉQUATIONS DU 1er DEGRÉ. 57
 Définitions ; notions préliminaires 57
 Équations à une inconnue.. 60
 Applications. — Problèmes à une inconnue. 65
 Équations à plusieurs inconnues. 70
 Méthodes d'élimination. 71
 Règle générale. — Remarques diverses. 85
 Interprétation des valeurs négatives dans les problèmes. 93
 Calcul des quantités négatives. 102
 Usages des quantités négatives. 104
 Cas d'impossibilité dans la résolution des équations et des problèmes. 114
 Cas d'indétermination. 118
 Formules générales pour la résolution des équations du 1er degré à deux inconnues. — Discussion complète de ces formules. ... 121
 Interprétation géométrique d'une équation du 2e degré à une seule inconnue ou à deux inconnues, et d'un système de deux équations du 1er degré. 130
 Discussion des problèmes. 134
 Observations générales sur la résolution des problèmes. 138

CHAPITRE III.—ÉQUATIONS DU 2e DEGRÉ. — APPLICATIONS.. 140
 Notions préliminaires. 140
 Équations du 2e degré. — Formule générale. 143
 Applications. 147
 Discussion. 147
 Décomposition du trinome x^2+px+q en facteurs du 1er degré en x. 150
 Résolution et discussion de l'équation $ax^2+bx+c=0$. 152
 Propriétés des racines de l'équation du 2e degré. — Relations entre ces racines et les coefficients. 154
 Équations bi-carrées. 157
 Applications. — Problèmes résolus. 159

TABLE DES MATIÈRES.

Interprétation géométrique des racines d'une équation du 2ᵉ degré à une inconnue.	164
Discussion et résolution de $ax + bx + c = 0$ quand a est très-petit.	168
Questions de maximum et de minimum.	172
CHAPITRE IV. — PROGRESSIONS ET LOGARITHMES. APPLICATIONS DIVERSES.	187
Progressions par différence.	187
Progressions par quotient.	191
LOGARITHMES.	196
Logarithmes vulgaires.	204
Usage des tables de logarithmes à cinq décimales. — Règle des parties proportionnelles.	207
Calculs par logarithmes.	214
Usage des logarithmes négatifs.	215
Compléments arithmétiques.	226
Usage des tables de Callet à sept décimales.	207
Intérêts composés.	233
Caisse d'épargne.	240
ANNUITÉS. Placements et remboursements par annuités.	244
Crédit foncier de France.	252
Amortissement des emprunts publics.	255
Probabilités mathématiques.	261
Tables de mortalité. — Applications.	265
Rentes viagères en général.	269
Caisse des retraites pour la vieillesse.	283
Questions usuelles relatives aux obligations remboursables avec primes à la suite de tirages périodiques.	289
Estimation des bois.	
APPENDICE AU CHAPITRE III.	
Discussion de quelques problèmes du 2ᵉ degré.	301
Équations du 2ᵉ degré à deux inconnues.	308
Transformation de $\sqrt{a + \sqrt{b}}$ en une expression de la forme $\sqrt{x} + \sqrt{y}$.	309
Calcul des radicaux du 2ᵉ degré.	311
APPENDICE aux questions de maximum et de minimum.	314
Exercices proposés.	321

FIN DE LA TABLE DES MATIÈRES.

COURS
D'ALGÈBRE ÉLÉMENTAIRE

INTRODUCTION ET NOTIONS PRÉLIMINAIRES

1. L'algèbre est une science qui a pour but de simplifier et de généraliser la résolution des questions proposées sur les nombres.

Pour cela, on représente par des lettres les nombres cherchés et très souvent aussi les nombres donnés de la question traitée, et on indique par des signes abréviatifs les opérations à effectuer.

2. On représente ordinairement les nombres cherchés par les dernières lettres de l'alphabet,... v, x, y, z, et les nombres donnés par les premières, a, b, c, d, etc.

Les signes abréviatifs, $+, -, \times, :, \sqrt{}$, l'exposant, employés en arithmétique et par suite *connus de tous nos lecteurs*, sont employés de même en algèbre pour indiquer les opérations à effectuer sur les nombres représentés par des lettres.

Ainsi, $a, b, c, d, e,...$ représentant de nombres,

L'*addition* s'indique ainsi, $a + b + c$ (lisez a plus b plus c);

La *soustraction* ainsi: $a - b$ (lisez a moins b);

La *multiplication* de trois manières, $a \times i \times t$ ou $a . i . t$ (lisez a multiplié par i multiplié par t), ou plus simplement, ait, sans signes (lisez a, i, t, en prononçant les lettres une à une, séparément.

La troisième manière ne s'emploie qu'en algèbre et seulement quand *tous* les facteurs consécutifs sont représentés par des lettres, ou tous excepté *un* qu'on écrit alors à la gauche des autres, ex. : 54 *ait*.

COEFFICIENT. Un *facteur* ou *multiplicateur* écrit en chiffres à la gauche d'une expression algébrique, ex. : 54, dans 54 *ait*, s'appelle un *coefficient*.

La division s'indique ainsi $a : b$ ou $\frac{a}{b}$ (lisez a divisé par b).

PUISSANCE, EXPOSANT. Une puissance d'un nombre a, c'est-à-dire un produit de plusieurs facteurs égaux à a, s'indique en abrégé par un *exposant* qui n'est autre que le nombre des facteurs de la puissance écrit en petit caractère à la droite et au haut du nombre a. Ex. : au lieu de $a \times a \times a \times a$, on écrit a^4 (lisez a quatre).

L'exposant indique *le degré* de la puissance.

RADICAL, INDICE. Une racine d'un nombre a, c'est-à-dire un nombre qui, élevé à une puissance désignée reproduit a, s'indique ainsi, $\sqrt[4]{a}$, (lisez racine quatrième de a., $\sqrt[4]{a}$ est le nombre dont la quatrième puissance est a.

Le signe, $\sqrt{}$, s'appelle un *radical*, et 4 est l'*indice* de la racine.

Par exception, le signe $\sqrt{}$, sans indice, indique la racine carrée ou deuxième. Ex. : $\sqrt{a}$, $\sqrt{16}$; lisez racine carrée de a, racine carrée de 16.

L'*égalité* s'indique par ce signe, $=$ (lisez égale).
Ex. : $a \times b = b \times a$.

L'*inégalité* s'indique par ces signes, $<, >$ (lisez *plus petit que*, *plus grand que*). Ex. $a < b$ (a plus petit que b), $b > a$ (b plus grand que a).

Telles sont les notations algébriques usitées. Nous allons, avant d'aller plus loin, donner à l'aide d'exemples une première idée de l'utilité de ces notations et du *but de l'algèbre*.

UTILITÉ DES NOTATIONS ALGÉBRIQUES

SIMPLIFICATION ET GÉNÉRALISATION DES QUESTIONS USUELLES.

3. Problème. *La somme de deux nombres est* 72 ; *leur différence est* 8. *Trouver ces nombres.*

Solution (*sans notations abréviatives*).

Le plus grand nombre étant égal au plus petit nombre plus 8, la somme 72 des deux nombres se compose de deux fois le plus petit nombre plus 8. Deux fois le plus petit nombre plus 8 valant 72, deux fois le plus petit nombre seulement valent 72 moins 8 qui égale 64. Le plus petit nombre vaut donc la moitié de 64 ou 64 divisé par 2. Je divise et je trouve 32. Le plus petit nombre valant 32, le plus grand vaut 32 plus 8 qui égale 40.

Les deux nombres demandés sont 32 et 40.

Vérification. 32 plus 40 égale 72 ; 40 moins 32 égale 8.

Simplification. L'emploi répété de ces locutions, *le plus petit nombre, plus, moins,* etc., *égale,* allonge et complique sensiblement le raisonnement qui précède. On abrège et on simplifie en remplaçant, comme il suit, ces locutions par des notations algébriques.

Représentons le plus petit nombre cherché par x. Le plus grand est alors $x + 8$, et la somme $x + x + 8$ ou $2x + 8$.

$$2x + 8 = 72; \quad \text{par suite } 2x = 72 - 8 = 64$$
$$x = 64 : 2 = 32. \quad x + 8 = 32 + 8 = 40.$$

Rép. Les deux nombres demandés sont 32 et 40.

Vérification. $40 + 32 = 72$; $40 - 32 = 8$.

La simplification est évidente. L'écriture est notablement abrégée et le raisonnement rendu beaucoup plus net, plus clair, plus facile.

Dans le cas particulier pris pour exemple et traité directement par le raisonnement, les opérations effectuées ont tellement modifié les nombres donnés 72 et 8 qu'il ne reste aucune trace de ces nombres dans les résultats. Par suite, la considération des nombres trouvés 32 et 40 n'apprend rien sur les opérations qui ont servi à les obtenir. On serait donc obligé de répéter le même raisonnement et d'écrire les mêmes égalités successives dans tous les autres cas particuliers si l'algèbre ne fournissait pas le moyen de se dispenser de cette répétition. *C'est une simplification de plus* que l'on réalise comme il suit :

Généralisation. La question précédente est une question usuelle, c'est-à-dire se présente assez souvent dans la pratique proposée sur des nombres donnés quelconques. Quand il en est ainsi, *afin de n'avoir pas à répéter toutes les fois le même raisonnement*, on pose et on résout ordinairement la question d'une manière générale, une fois pour toutes, *en représentant les nombres donnés eux-mêmes par des lettres*, comme il suit.

La somme de deux nombres est s; *leur différence est* d. *Trouver ces nombres.*

Représentons le plus petit nombre par x. Le plus grand est alors $x + d$, et la somme $x + x + d$ ou $2x + d$.

$2x + d + s$. $2x = s - d$. $x = \frac{s-d}{2} = \frac{s}{2} - \frac{d}{2}$.

$x + d = \frac{x}{2} - \frac{d}{2} + d = \frac{x}{2} + \frac{d}{2}$.

Les deux égalités : $x = \frac{s}{d} - \frac{d}{s}$ (1), et $x + d = \frac{s}{d} + \frac{d}{2}$ (2)

qu'on appelle des *formules algébriques*, nous apprennent que *le plus petit nombre s'obtient en retranchant la demi-différence de la demi-somme, et le plus grand en ajoutant la demi-différence à la demi-somme*.

Appliquons ces formules à notre exemple.

$s = 72$; $d = 8$.

$1/2\ s = 36$; $1/2\ d = 4$. $36 - 4 = 32$. $36 + 4 = 40$.

Les deux nombres demandés sont 32 et 40.

AUTRE CAS. $s = 84$, $d = 12$.

$1/2\ s = 42$; $1/2\ d = 6$. $42 - 6 = 36$; $42 + 6 = 48$.

Les deux nombres demandés sont 36 et 48.

AUTRE CAS. $s = 30, 6$; $d = 5, 4$

$1/2\ s = 15, 3$; $1/2\ d = 2, 7$. $15, 3 - 2, 7 = 12, 6$; $15, 3 + 2, 7 = 18$.

Les deux nombres demandés sont 18 et 12, 6.

Comme on le voit, les formules une fois établies, il n'y a plus, chaque fois que la question se présente, de raisonnement à faire ; il n'y a qu'à effectuer des opérations connues d'avance.

<small>Le raisonnement est pas à pas le même dans la solution particulière et dans la solution générale. Mais, en représentant dans celle-ci les nombres donnés de chaque cas particulier par des lettres *s* et *d*, on rend tout ce qui</small>

AVANTAGES DE L'ALGÈBRE

se fait dans cette solution indépendant des valeurs numériques de ces nombres. On n'effectue, parmi les opérations indiquées par le raisonnement, que celles qui sont indépendantes de ces valeurs numériques, par ex., $(2x + d - d = 2x;\ 1/2\,(s - d) = 1/2\,s - 1/2\,d;\ d - 1/2\,d = 1/2\,d$, quelles que soient les valeurs particulières des nombres s et d). On se borne nécessairement à indiquer par des signes abréviatifs les opérations qui ne peuvent être effectuées que sur des nombres écrits en chiffres celles-ci, par ex.: $s - d;\ 1/2\,s - 1/2\,d;\ 1/2\,s + 1/2\,d$.

Les lettres s et d, liées par des signes d'opérations, restant ainsi jusqu'à la fin dans les égalités successives, on trouve dans la solution générale, au lieu des égalités $x = 32;\ x + 8 = 40$, de la solution particulière, *les formules algébriques* (1) *et* (2), *qui indiquent d'une manière générale les opérations qu'il faut effectuer dans chaque cas particulier sur les nombres donnés pour trouver les nombres demandés.*

4. Considérons un autre exemple.

PARTAGE PROPORTIONNEL (*question très usuelle*).

PROBLÈME. *Partager* 120 *en parties proportionnelles aux nombres* 3, 5 *et* 7.

SOLUTION (*sans notations abréviatives*).

Les trois parties cherchées doivent avoir 120 pour somme, et, divisées respectivement par 3, 5 et 7, donner trois fois le même quotient. La 1re de ces trois parties vaut donc 3 fois, la 2e, 5 fois, et la 3e 7 fois ce quotient ou rapport commun. Par suite, leur somme, 120, vaut 3 fois plus 5 fois plus 7 fois, ou 15 fois ce rapport. Ce rapport est donc égal à la 15e partie de 120, autrement dit au quotient de la division de 120 par 15 qui est 8. Par suite, la 1re partie est égale à 8 fois 3 ou 24 ; la 2e à 5 fois 8 ou 40 ; et la 3e à 7 fois 8 ou 56. $24 + 40 + 56 = 120$.

SIMPLIFICATION. Représentons les trois parties cherchées par x, y, z, et posons, d'après l'énoncé, $\dfrac{x}{3} = \dfrac{y}{5} = \dfrac{z}{7} = q$.

Par suite, $x = 3q$; $y = 5q$; $z = 7q$; puis $x + y + z$ ou $120 = 3q + 5q + 7q = 15q$.

D'où $q = 120 : 15 = 8$; et enfin $x = 8 \times 3 = 24$; $y = 8 \times 5 = 40$; $z = 8 \times 7 = 56$.

GÉNÉRALISATION. *Partager un nombre donné* N *en parties proportionnelles aux nombres donnés* a, b, c.

Représentons les parties cherchées par x, y, z, et par q le quotient commun des divisions de ces parties par a, b, c. On a $x + y + z = N$; $x = q \times a$; $y = q \times b$; $z = q \times c$.

Par suite, $x + y + z$ ou $N = q \times a + q \times b + q \times c = q \times (a + b + c)$. D'où $q = \dfrac{N}{a + b + c}$ (1).

Puis $x = \dfrac{N \times a}{a + b + c}$ (2). $y = \dfrac{N \times b}{a + b + c}$ (3) ;

$z = \dfrac{N \times c}{a + b + c}$ (4).

Les formules (2) (3) et (4), nous apprennent que, *pour partager un nombre donné N en parties proportionnelles à des nombres donnés, a, b, c, il suffit en général de diviser le nombre N par la somme de ces nombres proportionnels, puis de multiplier successivement le quotient par chacun de ces nombres.*

4. bis. Nous avons simplifié, puis généralisé dans le second exemple comme dans le premier.

En résumé, d'après ces deux exemples,

On *simplifie* la résolution d'une question proposée sur des nombres écrits en chiffres en représentant les nombres cherchés par des lettres x, y, z,... et employant dans le raisonnement les signes $+$, $-$, etc. etc.

On *généralise*, c'est-à-dire on résout la même question d'une manière générale une fois pour toutes, en représentant *de plus* les nombres donnés eux-mêmes par des lettres a, b, c, d, etc., sur lesquelles on raisonne comme sur des nombres écrits en chiffres, en indiquant par des signes abréviatifs les opérations qu'on ne peut pas effectuer. *On obtient ainsi des formules algébriques qui indiquent d'une manière générale les opérations qu'il faut effectuer dans chaque cas particulier sur les nombres donnés pour trouver les nombres cherchés.*

5. La généralisation est souvent plus grande. Une formule algébrique sert souvent à résoudre d'une manière générale d'autres questions usuelles que celle à propos de laquelle elle a été établie. En voici un exemple bien connu de nos lecteurs.

AVANTAGES DE L'ALGÈBRE

1re QUESTION D'INTÉRÊT SIMPLE. (*Solution générale.*)

Trouver l'intérêt d'un capital donné, placé à un taux p. 0/0 donné, pendant un temps donné.

Représentons le capital donné par a, le taux p. 0/0 par i, le temps par t, et l'intérêt cherché de a par I.

Nous supposerons pour fixer les idées que le taux est annuel et par suite que t est le temps exprimé en années.

Raisonnement :

100^f en 1 an rapportent i^f.

1^f en 1 an — $\dfrac{i}{100}$.

a^f en 1 an — $\dfrac{i \times a}{100}$.

a^f en t années — $\dfrac{a \times i \times t}{100}$ ou $\dfrac{ait}{100}$

Cet intérêt de a est ce que nous avons appelé I.

Donc $\quad I = \dfrac{ait}{100}$. $\qquad$ (1)

APPLICATION. *Trouver l'intérêt d'un capital de 15800^f placé à 4 p. 0/0 pendant 3 ans.*

$$a = 15800\ ;\ i = 4\ \text{et}\ t = 3$$

On a donc $I = \dfrac{15800 \times 4 \times 3}{100} = 158 \times 4 \times 3 = 1896$.

La formule (1) équivaut à cette règle pratique :

Pour trouver l'intérêt d'un capital donné placé à un taux p. 0/0 donné pendant un temps donné, il suffit de multiplier le capital par le taux, le produit obtenu par le temps, et de diviser le 2e produit par 100.

La formule (1) *est beaucoup plus courte, plus expressive, plus facile à retenir et à appliquer que sa traduction en langage ordinaire.*

On l'emploie donc constamment comme nous venons de le faire sous sa forme algébrique.

Sous cette forme, elle ne sert pas seulement à résoudre la 1re question d'intérêts simples à propos de laquelle elle a été établie ; elle sert de plus à résoudre les trois autres questions d'intérêt simple ou d'escompte, comprises avec la première précédente dans cette question plus générale : *Trouver l'une quelconque des quatre quantités* I, a, i, t, *connaissant les trois autres* (*).

2° QUESTION. *Trouver* a, *connaissant* I, i, t.

EXEMPLE : On a à résoudre cette question : *Trouver le capital qui, placé à* 4 1/2 p. %, *par an, rapporterait* 504^f *dans* 2 *ans* 8 *mois.*

$I = 504$; $i = 4,5$; $t = 2^{\text{ans}}\, 8/12 = 32/12 = 8/3$.

De l'égalité (1), on déduit en multipliant de part et d'autre par 100, $100\,I = ait = a \times it$, et de là

$$a = \frac{100\,I}{it}. \qquad (2)$$

Cela fait, en remplaçant I, a, t, par leurs valeurs, on obtient

$$a = \frac{504 \times 100}{4,5 \times 8/3} = \frac{50400 \times 3}{4,5 \times 8} = 4200.$$

3° QUESTION. *Trouver* i, *connaissant* I, a, t.

Autrement dit : *Trouver le taux pour* 0/0 *auquel il faut placer un capital donné pour en retirer un intérêt donné dans un temps donné.*

On déduit de l'égalité (1) : $100\,I = ait = i \times at$, et de là

$$i = \frac{100\,I}{a \times t} \qquad (3)$$

Cela fait, on remplace I, a, t par leurs valeurs données.

4° QUESTION. *Trouver* t, *connaissant* I, a, i.

Autrement dit : *Trouver le temps qu'il faut à un capital*

(*) L'égalité ou formule (1) exprime une relation entre les quatre quantités I, a, i, t qui résulte *uniquement* de leurs définitions respectives, indépendamment de ce fait que l'une d'elles est *inconnue* et les trois autres *connues*. Cette égalité, établie *d'une manière générale* (page 4), doit donc être vérifiée dans chaque cas particulier par les valeurs numériques de ces quatre quantités.

Par suite, les valeurs numériques de trois *quelconques* de ces quantités étant données et mises à la place des lettres dans la formule (1), on obtient la valeur numérique de la quatrième en cherchant le nombre qui, substitué à la lettre non remplacée, vérifie l'égalité (1) conjointement avec les trois nombres donnés.

C'est pour plus de commodité que, dans les trois derniers cas, nous transformons un peu la formule (1) avant d'y remplacer les trois quantités données par leurs valeurs numériques.

donné placé à un *taux pour* 0/0 *donné pour rapporter un intérêt donné.*

De l'égalité (1), on déduit $100\ I = ait = t \times ai$, et de là
$$t = \frac{100\ I}{ai}. \qquad (4)$$

Cela fait, on remplace I, *a, t* par leurs valeurs données.

Nous nous bornerons à ces trois exemples. Nous nous sommes efforcé de donner par leur moyen à nos lecteurs, une *première* idée nette et précise de l'utilité de l'algèbre, suffisante pour les intéresser à l'étude de cette science. Nous espérons avoir réussi (*).

EXERCICES A FAIRE ICI. *Questions usuelles à résoudre, à simplifier et à généraliser* comme les précédentes. (Voy. à la fin du cours, n°ˢ 1 à 12).

Nous allons continuer cette étude en complétant cette introduction par quelques définitions et notions préliminaires indispensables.

6. DÉFINITIONS ET VALEURS NUMÉRIQUES DES EXPRESSIONS ALGÉBRIQUES. — RÉDUCTION DES TERMES SEMBLABLES.

On appelle en général *expression algébrique* un ensemble de nombres représentés par des lettres seulement, ou par des lettres et des chiffres, liés entre eux par des signes indiquant des opérations à effectuer.

EXEMPLES : $a + b + c$; $\ 5a^2b - 2cd + 8$; $2/3\ ac$.

Une expression algébrique est dite *fractionnaire* quand elle contient une ou plusieurs lettres dans un diviseur ou dénominateur. Exemples : $\dfrac{2ab + 7}{3cd}$; $\dfrac{3ab}{c}$

Une expression algébrique est dite *rationnelle* quand elle ne contient aucune lettre placée sous un radical; *irrationnelle* dans le cas contraire.

Toutes les expressions algébriques précédentes sont *rationnelles*.

(*) Ces trois exemples les aideront d'ailleurs à bien comprendre ce qui suit, notamment ce qui concerne les *valeurs numériques* des expressions algébriques et plus loin les définitions et les règles des opérations algébriques.

Celles-ci : $3\sqrt{a}$; $5\ ab + 7\sqrt{a^2 + b}$ sont *irrationnelles*.

Une expression algébrique est dite *entière*, quand elle n'est ni irrationnelle, ni fractionnaire.

Ex. : $a + b + c$; $5a^2b - 2cd + 8$; $2/3\ ac$.

MONÔME. Une expression algébrique qui ne contient l'indication d'aucune addition ou soustraction à effectuer s'appelle un *monôme*.

Ex. : $5a^2bc$, $3/5\ a^2bc$, $\frac{4}{7}\frac{ab}{c}$ sont des monômes.

COEFFICIENTS. Comme nous l'avons déjà dit n° 2, les nombres tels que $5, 3/5, \frac{4}{7}$ écrits en chiffres comme facteurs ou multiplicateurs à la gauche d'une expression algébrique, s'appellent des *coefficients*.

TERMES SEMBLABLES. Des monômes sont dits *semblables*, quand ils ne diffèrent que par leurs coefficients.

Exemples : 1° $5a^2bc$ et $3/5\ a^2bc$; 2° $6\frac{ab}{cd}$ et $\frac{3}{5}\frac{ab}{cd}$.

DEGRÉ. On appelle **degré d'un monôme** le nombre des facteurs littéraux qui entrent dans ce monôme, autrement dit la *somme* des exposants de ces lettres.

Ex. : $5a^3b^2c$ est du *sixième* degré $(3+2+1)$.

Une lettre sans exposant est considérée comme ayant l'exposant 1.

POLYNÔME. On appelle polynôme une expression algébrique composée de plusieurs monômes liés entre eux par les signes + et —.

EXEMPLE. $5a^2bc + 4/7\frac{ab}{c} - 3/5\ a^2b + 7$.

Les monômes $5a^2bc$, $4/7\frac{ab}{c}$, $3/5\ a^2b$ et 7, sont les *termes* du *polynôme*.

Un polynôme de deux termes s'appelle un *binôme* ; de trois termes, un *trinôme*.

DEGRÉ D'UN POLYNÔME. Un polynôme est dit **homogène** quand tous ses termes sont *du même degré*, qu'on appelle alors le **degré du polynôme**. Ex. : Le polynôme, $7a^3b^2 - 5a^2b^3 + 6ab^4$ est homogène et du 5° degré.

Pour abréger, on appelle souvent termes *positifs* les termes d'un polynôme qui sont précédés du signe +, termes *négatifs* ceux qui sont précédés du signe —.

Quand un monôme isolé, ou le premier terme d'un polynôme, n'est précédé d'aucun signe, il est regardé comme ayant le signe +.

( ) Parenthèses. Quand on veut marquer qu'une opération indiquée concerne *tout* un polynôme, ou *toute une* expression algébrique quelconque, et non un seul de ses termes ou facteurs, on enferme le polynôme ou cette expression algébrique entre ces deux crochets, ( ), qu'on appelle parenthèses. Ex. : $(3a^2 + 2ab + c) \times 3ad$.

On indique ainsi que c'est le polynôme $3a^2 + 2ab + c$ tout entier, qui doit être multiplié par $3ad$, et non pas seulement le dernier terme c, comme cela serait si on écrivait $3a^2 + 2ab + c \times 3ad$, (sans parenthèses).

$(5a^2b - 8a + 7) + (7a^3 - 4a^2 - 5a)$ indique l'addition à effectuer des polynômes $5a^2 - 8a + 7$ et $7a^3 - 4a^2 - 5a$.

Formule algébrique. On appelle *formule algébrique* une égalité entre deux expressions algébriques exprimant une relation générale entre les nombres représentés par les lettres qui y entrent, qui sert ordinairement à trouver la valeur d'un de ces nombres quand on connaît celles des autres.

Exemple : $I = \dfrac{ait}{100}$; $ax = \dfrac{n \times a}{a+b+c}$ (nos 4 et 5)

7. Valeurs numériques des expressions algébriques.

Quand on applique une formule algébrique, *chacune* des lettres qui y entre a ordinairement *une valeur numérique* qui est le *nombre entier, ou fractionnaire, ou incommensurable*, qu'elle représente d'une manière générale dans la formule.

Pour plus de simplicité et de clarté, nous ne parlerons pas, dans les raisonnements concernant les opérations algébriques, de *nombres incommensurables*; nous ne parlerons que de nombres entiers ou fractionnaires. Tout nombre incommensurable, comme $\sqrt{2}$, $\sqrt[3]{12}$ par exemple, peut être remplacé, sans erreur sensible, dans les opérations indiquées par les signes, par un nombre entier ou fractionnaire qui en diffère infiniment peu, aussi peu qu'on veut. Nous supposerons, *en raisonnant*, ce remplacement effectué (*).

On peut aussi, si on le trouve plus commode pour le raisonnement, supposer que tous les nombres fractionnaires considérés dans une application, sont réduits au même dénominateur.

On obtient dans chaque application la *valeur numérique d'une expression algébrique* en remplaçant toutes les lettres qui y entrent par leurs valeurs numériques données, puis effectuant les opérations indiquées par les signes abréviatifs.

EXEMPLE. APPLICATION *de la formule* $I = \dfrac{ait}{100}$ (N° 5).

Trouver l'intérêt d'un capital de 1,250 *fr., placé à* 4 1/2 *pour* 0/0 *par an pendant* 2 *ans* 8 *mois* $= 32/12$ *ou* 8/3 *d'année.*

Dans ce cas particulier, $a = 1250$; $i = 4, 5$; $t = 8/3$.

On remplace a, i, t par ces nombres dans la formule et on effectue les opérations indiquées.

$$I = \frac{1250 \times 4.5 \times 8/3}{100} = \frac{1250 \times 4.5 \times 8}{300} = 150.$$

150 est dans ce cas particulier la *valeur numérique* dé l'expression algébrique $\dfrac{ait}{100}$.

8. La **valeur numérique** d'un polynôme est le nombre qu'on obtient en calculant les valeurs numériques de ses termes, puis effectuant successivement les additions et les soustractions indiquées par les signes $+$ et $-$.

Ex. : *Trouver la valeur numérique du polynôme :* $5a^2b - 3ac + 2ab - 7b - 15$ *pour* $a = 2$, $b = 3$, $c = 1$.

$5a^2b = 5 \times 2^2 \times 3 = 60$; $3ac = 3 \times 2 \times 1 = 6$; $2ab = 2 \times 2 \times 3 = 12$; $7b = 7 \times 3 = 21$.

Il reste à calculer $60 - 6 + 12 - 21 - 15$.

$60 - 6 = 54$; $54 + 12 = 66$; $66 - 21 = 45$; $45 - 15 = 30$.

30 est la valeur numérique cherchée.

(*) On rend ainsi les raisonnements algébriques plus simples, *moins vagues*, plus faciles à comprendre, sans qu'ils cessent d'être exacts et rigoureux. Car les raisonnements ainsi faits s'appliquent *à la limite* aux nombres incommensurables eux-mêmes, tels que $\sqrt{2}$, $\sqrt[3]{12}$, qu'on substitue aux lettres dans les applications.

CALCUL DE LA VALEUR NUMÉRIQUE D'UN POLYNÔME 13

8 bis. Pour que cette définition soit claire, il est nécessaire de dire d'une manière précise comment on tient compte des signes $+$ et $-$.

Ayant remplacé tous les termes du polynôme par leurs valeurs numériques, on achève le calcul en réduisant le polynôme numérique ainsi obtenu à *quatre* termes (s'il en a *cinq* par exemple), puis à *trois*, puis à *deux*, puis à *un seul* terme, qui est par définition (n° 8) la valeur numérique, V, du polynôme. Cette réduction s'opère par des remplacements successifs de deux termes par un seul, qu'on effectue **sur la gauche**, conformément à cette règle.

Quand les deux termes à remplacer ont **le même signe**, $+$ ou $-$, on les remplace par leur **somme** précédée du signe commun. Quand ils ont des **signes contraires**, $+$ et $-$, on les remplace par leur **différence** précédée du signe du plus grand terme.

Nous avons appliqué cette règle aux deux arrangements ci-contre des termes du polynôme du n° 8.

Avis. Nous désignerons *souvent*, pour plus de commodité dans les raisonnements, les valeurs numériques supposées calculées des termes d'un polynôme par des lettres simples, a, b, c, d, e, etc. Nous le faisons déjà dans le n° suivant.

1er arrangement.
$60 - 6 + 12 - 21 - 15$
$54 \quad + 12 - 21 - 15$
$ 66 \quad - 21 - 15$
$ 45 \quad - 15$
$ V = 30$
$30 = (60+12) - (9+21+15)$

Autre arrangement.
$12 - 21 - 6 + 60 - 15$
$ - 9 - 6 + 60 - 15$
$ - 15 + 60 - 15$
$ + 45 - 15$
$ V = 30$

9. Avis important. *Nous supposerons jusqu'à nouvel avis dans tout ce qui va suivre que chaque signe $-$ indique exclusivement dans chaque polynôme donné, une soustraction qui doit pouvoir s'effectuer immédiatement quand on arrive à ce signe dans le calcul de la valeur numérique de ce polynôme.*

Corollaire I. *Quand cette condition est remplie, la valeur numérique, V, du polynôme est égale à l'excès de la somme,*

S_p, *des valeurs des termes positifs sur la somme*, S_n, *des valeurs des termes négatifs.*

$V = S_p - S_n.$

EXEMPLE : $a - b + c - d + e = (a + c + e) - (b + d).$

C'est évident, puisque, dans cette hypothèse, on retranche toutes les unités et parties d'unités des termes *négatifs* de celles qui composent les termes *positifs* (*).

COROLLAIRE II. *La valeur numérique d'un polynôme, dans l'hypothèse du n° 9, ne change pas quand on intervertit l'ordre de ses termes d'une manière quelconque,*

EXEMPLE. $a - b + c - d + e = a - d + e + c - b.$

En effet, les termes positifs et les termes négatifs étant les mêmes dans les deux arrangements, la valeur numérique du polynôme est toujours $\quad (a + c + e) - (b + d)$ (**).

(*) On rend l'évidence plus grande en allongeant cette démonstration comme il suit :

Considérons le polynôme des valeurs numériques trouvé n° 8 :
$$60 - 6 + 12 - 21 - 15. \quad (1)$$
La condition énoncée n° 9 est remplie.

Tous les termes positifs de la ligne (1), lue de gauche à droite, peuvent être considérés comme des nombres de francs reçus par un particulier de ses *débiteurs*, et versés aussitôt par lui dans un tiroir *vide quand il commence*, et les termes négatifs comme des nombres de francs pris par le même parmi les francs déjà reçus pour être payés à des *créanciers*. Les additions et les soustractions de la ligne (1) s'effectuent alors tour à tour dans le tiroir qui ne contient plus à la fin qu'un nombre de francs égal à la valeur numérique du polynôme. Cette valeur numérique est évidemment égale à l'excès de la somme des nombres de francs reçus et versés dans le tiroir (signes $+$), sur la somme des nombres de francs payés, (signes $-$), tous pris uniquement parmi les francs reçus.

(**) On peut démontrer le Corollaire II de la même manière que le Corollaire I.

Considérons l'arrangement tout à fait quelconque
$$12 - 21 - 6 + 60 - 15 \quad (2)$$
des termes du polynôme numérique (1) qui précède.

Les *débiteurs* et les *créanciers* arrivent dans le nouvel ordre (2) des termes du polynôme. Le particulier, *sachant d'avance qu'il a plus à recevoir qu'à payer*, est assis devant son tiroir vide. Il reçoit d'abord 12^f, qu'il verse dans le tiroir. Un 1er créancier lui réclame 21^f. Il lui donne les 12^f et le prie d'attendre pour les 9 fr. restants. Un 2e créancier, lui réclame 6^f ; il le prie aussi d'attendre. Total dû : 15^f.

Un 2e *débiteur* lui remet 60^f. Il paye les 15^f dus et verse le reste 60$^f - 15^f$

CALCUL DE LA VALEUR NUMÉRIQUE D'UN POLYNÔME

On obtient, d'après la définition précédente (corollaire I), la valeur numérique d'un polynôme en additionnant les valeurs numériques des termes positifs d'une part, celle des termes négatifs de l'autre, puis soustrayant la seconde somme de la première.

On peut aussi obtenir cette valeur numérique, quel que soit l'ordre des termes, en appliquant au polynôme des valeurs numériques la règle du n° 8 complétée (n° 8 *bis*).

10. RÉDUCTION DES TERMES SEMBLABLES D'UN POLINÔME (*).

On appelle *termes semblables* d'un polynôme les termes positifs ou négatifs qui ne diffèrent que par leurs coefficients. Ex. $5a^3b^2c$, $-2a^3b^2c$, $+7a^3b^2c$, $-3a^3b^2c$, sont des termes semblables. On peut évidemment remplacer tous ces termes par un seul ; voici la marche à suivre pour cela.

RÈGLE. *On considère successivement chaque série de termes tous semblables. On additionne d'une part tous les coefficients de la série précédés du signe* $+$; *d'autre part tous les coefficients précédés du signe* $-$. *On retranche la plus petite somme de la plus grande et on donne au reste le signe de la plus grande des deux sommes. Puis on écrit à la droite du coefficient unique ainsi obtenu la quantité littérale qui se trouve dans tous les termes considérés. Chaque série est ainsi remplacée par un monôme qui a évidemment la même valeur qu'elle.* (N° 9, Corollaire II.)

Ex. Soit à réduire les termes semblables du polynôme :
$5a^3b^2c - 8ab^3 - 2a^3b^2c + 5ab^3 + 7a^3b^2c - 2ab^3 - 3a^3b^2c$.

1re série. a^3b^2c			2e série. ab^3		
$+$	$-$		$+$	$-$	
5	2	$12 - 5 = 7$	5	8	$-10 + 5 = -5$
7	3	$+ 7a^3b^2c$ (*)		2	$- 5ab^3$ (*)
12	3			10	

$= 45^f$ dans le tiroir. Enfin, il paye 15^f à un 3e et dernier créancier, et il reste finalement dans le tiroir $45^f - 15^f = 30^f$.

Dans le 2e cas, comme dans le 1er, les créanciers ont été finalement payés avec les *francs* versés par les débiteurs. Tous les termes négatifs ont été retranchés, par partie ou autrement, des termes positifs. V est évidemment égal à $S_p - S_n$ comme dans le 1er cas.

Le Corollaire II est donc démontré. On peut d'ailleurs le démontrer d'une manière abstraite et générale *très simple*.

(*) Il est évident qu'en faisant cette réduction on ne change pas la valeur du polynôme.

Le polynôme se réduit à $7a^3b^2c - 5ab^3$ (*)

Nous avons écrit les calculs de chaque réduction pour en bien montrer le détail. On fait habituellement ces calculs de tête, mentalement. Souvent, pour plus de commodité, on écrit les termes semblables les uns sous les autres avec leurs signes. Voyez les additions et les soustractions effectuées dans le chapitre suivant.

EXERCICES

EXERCICES A FAIRE ICI. — Voyez à la fin du cours n°ˢ 13 à 27, et 10 (N) à 18 (N).

APPENDICE aux Nᵒˢ 8 et 8 *bis*. — GÉNÉRALITÉS.

11. La règle du n° 8 *bis*, appliquée comme nous l'avons fait à l'exemple du n° 8 *bis*, page 13, ne sert pas seulement à trouver la valeur numérique d'un polynôme qui remplit la condition énoncée n° 9. Elle sert à trouver la *Valeur numérique d'un polynôme algébrique* **quelconque**, c'est-à-dire d'un assemblage de termes positifs et de termes négatifs, *disposés dans un ordre quelconque*, dont chacun, positif ou négatif **indistinctement**, peut prendre une valeur numérique de grandeur quelconque (*sans restriction*).

12. THÉORÈME I. *La valeur numérique* V *d'un polynôme algébrique* **quelconque** *telle qu'elle est définie n° 8*, **calculée conformément à la règle du n° 8 bis**, *est égale à la différence entre la somme* S_p *des valeurs numériques (signes à part) des termes positifs et la somme* S_n *des valeurs numériques des termes négatifs, précédée du signe des termes de la plus grande de ces sommes.*

Dans notre exemple, page 13, $S_p = 60 + 12 = 72$; $S_n = 6 + 21 + 15 = 42$; $V = 72 - 42 = + 30$.

(*) On peut déplacer ainsi les termes du polynôme et en réduire le nombre sans changer la valeur numérique du polynôme. (COROLLAIRE II, n° 9.)

APPENDICE

DÉMONSTRATION. — Reproduisons ici pour plus de clarté les deux calculs du n° 8 bis :

	Premier arrangement.	*Autre arrangement*
P_5	$60 - 6 + 12 - 21 - 15$	$12 - 15 - 6 + 60 - 21$
P_4	$\quad + 54 + 12 - 21 - 15$	$\quad - 3 \;\; - 6 + 60 - 21$
P_3	$\quad + 66 \quad\;\; - 21 - 15$	$\quad - 9 \quad\;\; + 60 - 21$
P_2	$\quad\quad\;\; + 45 \;\cdot\;\; - 15$	$\quad\quad\;\; + 51 \quad\;\; - 21$
P_1	$V = \quad + 30$	$V = \quad + 30$

Chacun des polynômes numériques successifs, P_5, P_4, etc. de 5 termes, de 4 termes, de 3 termes, de 2 termes, de 1 terme, considérés dans chacun des arrangements ci-dessus, a sa somme S_p et sa somme S_n. Examinons ce que deviennent *après un remplacement* **quelconque**, les sommes S_p, S_n du polynôme **dans lequel on remplace**, 1° quand les deux nombres remplacés sont précédés *du même signe*, **+ ou —**; 2° quand ils sont précédés de *signes différents*, **+ et —**.

Dans *le 1ᵉʳ cas*, les sommes S_p, S_n **ne changent pas**. EXEMPLES. On remplace 1° $\;+12+5\;$ par $+17$; ou 2° $\;-12-5\;$ par -17. On ne change évidemment ni S_p (1ᵉʳ Ex.), ni S_n (2ᵉ Ex.), en remplaçant 12 et 5 par leur *somme* 17 précédée du signe *commun*.

Dans *le 2ᵉ cas*, les sommes S_p, S_n **sont diminuées du même nombre**. EXEMPLES. On remplace 3° $12 - 5$ par $+7$, ou 4° $5 - 12$ par -7. Or, $12 - 5 = 7 + 5 - 5$; $5 - 12 = 5 - 5 - 7$. Remplacer $12 - 5$ par $+7$, ou $5 - 12$ par -7 revient donc à supprimer $+5$ dans S_p et -5 dans S_n. Ces deux sommes **sont donc diminuées du même nombre 5.**

Nos quatre exemples 1°, 2°, 3°, 4°, représentent évidemment tous les cas possibles dans les remplacements.

Considérons maintenant tous les remplacements successifs indiqués dans la règle. Après *chacun* de ces remplacements, d'après ce qui précède, les sommes S_p, S_n ne changent pas *dans le 1ᵉʳ cas* (quand on additionne), ou sont toutes deux diminuées du même nombre *dans le 2ᵉ cas* (quand on soustrait).

Après *le dernier remplacement*, il ne reste plus qu'un monôme, + 30 ou — 30, par exemple, qui est par définition la valeur numérique V du polynôme algébrique considéré. Puisqu'il ne reste qu'*un signe*, + ou —, il ne reste qu'*une somme*, S_p ou S_n. L'une des sommes S_p ou S_n *du 1er polynôme numérique* a donc disparu *en entier*, diminuée successivement de **toute** sa valeur par les soustractions du 2e cas. L'autre somme a été diminuée **des mêmes nombres** exactement.

Le nombre restant, 30, est donc l'excès de la plus grande des sommes, S_p, S_n, *du* 1er *polynôme numérique*, sur la plus petite, et son signe + ou —, est le signe des termes de la plus grande de ces deux sommes. Ce Q. F. D.

$V = S_p - S_n$, ou $-(S_n - S_p)$, ou 0, suivant que S_p est $> S_n$, ou $< S_n$, ou $= S_n$.

Le raisonnement qui précède est tout à fait indépendant de l'ordre des termes du polynôme considéré. On conclut de là le théorème suivant.

13. Théorème II. *La valeur numérique d'un polynôme algébrique quelconque ne change pas quand on intervertit l'ordre des termes d'une manière quelconque,* **en conservant à chacun son signe + ou —**.

En effet, les termes positifs et les termes négatifs, *seulement déplacés*, étant les mêmes dans le 1er arrangement considéré et dans le 2e, **quel qu'il soit**, on trouvera évidemment dans la même application numérique les mêmes valeurs de S_p et de S_n, et par suite la même valeur de V, en appliquant à ces deux arrangements *la définition du n° 8 et la règle du n° 8 bis*.

14. Théorème III. *La valeur numérique d'un polynôme algébrique quelconque ne change pas:* 1° *quand on remplace deux de ses termes quelconques de même signe,* + **ou** —, **quel que soit leur rang**, *par un terme de même signe qu'eux et égal à leur somme;* 2° *quand on remplace de même deux termes quelconques de signes contraires (+ et —), par un terme égal à leur différence et de même signe que le plus grand.*

En effet, les termes du polynôme peuvent être considérés, d'après le théorème II, comme rangés dans un ordre tel que les deux termes en question, dans le cas 1°, ou dans le cas 2°, soient les premiers à gauche du polynôme. Cela étant, ils peuvent être remplacés par un seul terme qui, d'après la règle du n° 8 *bis*, a bien la valeur indiquée dans le présent théorème III.

Conclusion très importante.

15. Nous avons raisonné, *indépendamment de toute unité et application spéciales*, sur un polynôme algébrique *tout à fait quelconque*. Les théorèmes I, II et III qui précèdent s'appliquent donc *dans tous les cas possibles* aux valeurs numériques de **tous** les polynômes que l'on peut avoir à considérer dans les diverses applications de l'algèbre. **Démontrés** *simplement et rigoureusement*, ils nous serviront à démontrer *de même* des propositions usuelles importantes concernant ces valeurs numériques. On les applique très utilement dans toute leur généralité, soit qu'on emploie, soit qu'on n'emploie pas *les quantités négatives*. Nous commencerons par les appliquer exclusivement, jusqu'à nouvel avis, dans ce dernier cas.

Quantités négatives. Les résultats, — 3, — 9, des deux premiers remplacements (2° arrangement, page 17) sont ce qu'on appelle en algèbre des **quantités négatives**.

On appelle **quantité négative** un nombre ordinaire isolé précédé du signe —. Exemples : — 3 ; — 9 ; — 3/4 ; — 8,5 ; sont des **quantités négatives**.

Les nombres ordinaires 3 ; 9 ; 3/4 ; 8, 5 ; sont dits les *valeurs absolues* de ces quantités négatives.

On introduit donc, quand on applique la règle du n° 8 bis dans toute sa généralité, des quantités négatives dans le calcul. C'est précisément ce qui la rend applicable à tous les polynômes algébriques *sans exception*.

16. Observation générale **sur l'emploi des quantités négatives**.

Lorsque, dans une application de l'algèbre, tous les termes d'un polynôme ont été remplacés par leurs valeurs numériques, tous les nombres alors écrits, précédés chacun du signe + ou du signe —, expriment des quantités de la même espèce. Il arrive assez souvent, quand on examine tous les cas qui peuvent se présenter dans la résolution d'une même *question générale*, que les quantités de la même espèce exprimées par les valeurs numériques des termes d'un même polynôme sont susceptibles d'être prises *chacune dans deux sens opposés*, à propos desquels il est vrai de dire : « 1° *Deux quelconques*

« *de ces* quantités de *même sens* équivalent à une quantité *de*
« *même sens qu'elles, égale à leur somme*, par laquelle on peut
« les remplacer, quel que soit leur rang dans le polynôme, sans
« que la quantité exprimée par la valeur numérique du poly-
« nôme soit changée. 2° Deux quelconques de ces quantités de
« *sens opposés* équivalent à une quantité de même *sens que la*
« *plus grande et égale à leur différence*, par laquelle on peut
« de même les remplacer. »

En rapprochant cette observation du Théorème III du n° 8 *bis*, on voit tout de suite l'avantage qu'il y aurait alors à faire **cette convention** : que les *quantités comptées ou mesurées dans l'un des sens précités seront représentées par des nombres précédés du signe* +, *et les quantités, comptées ou mesurées dans l'autre sens, par des nombres précédés du signe* —.

Cette convention faite, l'emploi conforme des quantités négatives et de la règle du n° 8 *bis* permettent de résoudre la question générale considérée à l'aide **d'une seule et même formule** dans un nombre de cas plus ou moins grand qui, sans cela, exigeraient chacun une formule spéciale.

Exemples *de quantités auxquelles s'applique ce qui précède :*

*Les distances comptées sur une même ligne, les projections des côtés d'une ligne polygonale plane ou gauche sur la même ligne droite, sur un ou sur plusieurs axes de coordonnées par ex., les élévations et les abaissements de température indiqués par un thermomètre; les sommes inscrites à l'*avoir *et au* doit *d'un compte courant; les années comptées avant et après une époque fixée; les exposants positifs et les exposants négatifs combinés;* etc. etc.

Il y a aussi des questions où les quantités exprimées par les facteurs d'un produit ou par les termes d'une division sont susceptibles d'être prises chacune dans deux sens opposés, par ex., dans la formule $e = a + vt$. Alors il y a lieu, par ce fait, à une généralisation encore plus grande de la formule. Cette proposition s'applique et se démontre rigoureusement comme l'autre.

CHAPITRE PREMIER

DES QUATRE OPÉRATIONS ALGÉBRIQUES FONDAMENTALES.

17. Opérations préliminaires. Les expressions algébriques représentant des nombres entiers ou des nombres fractionnaires, on est naturellement conduit, en traitant des questions par l'algèbre, à effectuer sur ces expressions des additions, des soustractions, des multiplications, etc. (*).

Ces opérations, on le comprend aisément, ne s'effectuent pas sur des expressions algébriques composées de lettres a, b, c...., qui ont des valeurs numériques indéterminées, de la même manière que sur des nombres écrits en chiffres dans le même système de numération. Considérons l'addition par exemple.

18. Additionner des expressions algébriques,

(*) Exemples. Relisez les n°° 3, 4 et 5. Chaque fois qu'en simplifiant ou en généralisant, dans ces exemples, nous avons passé d'une égalité à une autre, nous avons effectué sur les deux membres de l'égalité que nous quittions l'une des quatre opérations algébriques, addition, ou soustraction, ou multiplication, ou division.

c'est trouver une expression algébrique qui ait, dans toutes les applications, pour valeur numérique la somme des valeurs numériques des expressions proposées.

On obtient immédiatement un polynôme satisfaisant à cette définition en indiquant l'addition par des signes, +, placés entre les expressions proposées. *Exemple.* Les monômes $3a$, $5cd$ et $7ab$ ont pour *somme algébrique* le trinôme $3a+5cd+7ab$. Cette somme ne peut pas être simplifiée. Mais s'il s'agit des monômes $3ab$, $5cd$ et $7ab$, leur somme $3ab + 5cd + 7ab$ se réduit à $10ab + 5cd$; c'est une simplification. S'il s'agit des monômes $3a^2b$, $5a^2b$, $7a^2b$, leur somme $3a^2b + 5a^2b + 7a^2b$ se réduit à $15a^2b$; c'est une simplification encore plus grande.

On entrevoit déjà ce que doit être la règle de l'addition algébrique. *Elle doit servir à trouver, par des transformations qui ne changent pas les valeurs numériques, l'expression algébrique* la plus simple possible *satisfaisant à la définition de l'opération.*

Il en est de même pour les trois autres opérations dont les définitions sont analogues à la précédente (*).

---

19. OBSERVATIONS IMPORTANTES. L'addition, la soustraction, la multiplication, etc., des expressions algébriques, n'étant autre chose que l'addition, la soustraction, la multiplication, etc., des valeurs numériques qui doivent remplacer ces expressions dans chaque application, nous devons tenir, et nous tiendrons compte en établissant les règles de ces opérations, de tout ce qui a été dit à propos des valeurs numériques dans les n°^{os} 7, 8, 9 et 10 qui précèdent (*relisez ces derniers numéros*).

Ces valeurs numériques étant des nombres entiers ou des nombres fractionnaires que l'on peut considérer si on veut, comme

---

(*) La première simplification à faire est évidemment *la réduction des termes semblables* des polynômes donnés ou trouvés. On fera bien de faire cette simplification *avant de commencer* l'opération proposée, quelle qu'elle soit. Cette réduction préliminaire, toujours avantageuse, est à peu près indispensable avant la multiplication et tout à fait indispensable avant la division.

réduits au même dénominateur, nous fonderons les démonstrations des règles sur les axiomes ou théorèmes spéciaux, *reconnus en arithmétique applicables à ces deux espèces de nombres*. Nous énonçons d'avance ces théorèmes sous le nom de *principes* (*)

ADDITION ET SOUSTRACTION

20. PRINCIPES. Les règles de l'addition et de la soustraction algébriques sont fondées sur les principes suivants, reconnus évidents ou démontrés en arithmétique, applicables aux nombres entiers et aux nombres fractionnaires.

1° *Pour ajouter une somme à un nombre quelconque* n, *il suffit de lui ajouter successivement, une à une, les parties de cette somme ;*

2° *Pour retrancher une somme d'un nombre* n, *il suffit d'en retrancher successivement, une à une, les parties de cette somme ;*

3° *Pour ajouter à un nombre* n, *la différence des deux autres, il suffit de lui ajouter le plus grand de ces deux nombres et de retrancher ensuite le plus petit ;*

4° *Pour soustraire d'un nombre* n, *la différence de deux autres, il suffit d'en soustraire le plus grand de ces deux nombre, et d'ajouter le plus petit au reste* (**).

(*) Démontrer chaque règle, en appliquant nettement et franchement ces principes, nous paraît être ce qu'il y a de plus simple, de plus méthodique, de plus clair et de plus rigoureux.

(**) L'exactitude des principes 1°, 2°, 3° et 4° est évidente sans démonstration. On peut, si on en veut une, considérer le 1er nombre n comme un nombre de francs qui se trouve déjà dans une bourse et les autres nombres comme des nombres de francs qu'on verse dans cette bourse (nombres ajoutés), ou qu'on en retire (nombres retranchés).

1° En versant dans la bourse 8^f, puis 7^f, puis 5^f, on verse en tout 20^f, et la bourse contient finalement $n^f + 20^f$.

2° En retirant de la bourse 8^f, puis 7^f, puis 5^f, on a retiré en tout 20^f ; la bourse contient donc finalement $n^f - 20^f$.

3° Soit, par exemple, $8 - 5 = 3$. Je verse dans la bourse 8^f, puis j'en re-

Addition

21. *Additionner des expressions algébriques*, c'est trouver « une expression algébrique qui ait, dans toutes les applications, pour valeur numérique, la somme des valeurs numériques des expressions proposées. »

Règle générale.

Pour additionner plusieurs monômes ou polynômes, on les écrit à la suite les uns des autres avec leurs signes respectifs, puis on fait la réduction des termes semblables.

Rappelons-nous qu'un terme sans signe, isolé ou non, est considéré comme ayant le signe $+$.

Exemple. Soit à additionner les polynômes :
$4ac + 2a^3 — 3a^2b$; $2ac + 4a^2b + 5a^3$; $ac — 3a^2 — 6a^2b$.

Suivant la règle, j'écris ces polynômes les uns à la suite des autres avec leurs signes respectifs, et je trouve :
$4ac + 2a^3 — 3a^2b + 2ac + 4a^2b + 5a^3 + ac — 3a^3 — 6a^2b$.

Puis, je réduis les termes semblables comme il a été expliqué n° 10 ; ce qui donne finalement la somme :

$$7ac + 4a^3 — 5a^2b.$$

Démonstration de la règle. Soit à additionner
$$P_1 = a — b + c — d \text{ et } P_2 = f — g — h + k.$$

P_2 peut s'écrire ainsi : $(f + k) — (g + h)$ (n° 9).

Pour ajouter cette différence à P_1, (n° 2°., 3°), j'ajoute d'abord le plus grand nombre $f + k$; ce qui donne $P_1 + f + k$ (n° 2°, 4°) ; puis, je retranche le plus petit nombre $g + h$ ce qui donne,

---

tire 5^f. Je retire ainsi 5^f des 8^f versés ; il n'en reste plus que 3. La bourse contient finalement $n^f + 3^f$.

4° Soit, par exemple, $8 — 5 = 3$. Je retire de la bourse 8^f ; puis j'y verse 5^f. Je remets ainsi dans la bourse 5^f des 8^f retirés d'abord ; les n^f sont donc diminués de 3^f seulement. Il reste finalement $n^f — 3^f$.

Tout ce que nous venons de dire est vrai, si, au lieu de francs, on considère des nombres fractionnaires quelconques de francs réduits au même dénominateur, par exemple des décimes, ou des centimes, ou des sous (vingtièmes de francs).

Au lieu de francs nous pourrions considérer des litres. Nos démonstrations sont donc générales et s'appliquent aux expressions algébriques

ADDITION

(n° 13, 2°), $P_1 + f + k - g - h = P_1 + f - g - h + k, = a - b + c - d + f - g - h + k$, résultat conforme à la règle.

Le même raisonnement s'applique *successivement* à tous les polynômes qui suivent le second quand il y en a plus de deux à additionner.

22. Pour plus de commodité, quand on remarque des termes semblables dans les polynômes à additionner, au lieu de les écrire immédiatement les uns à la suite des autres comme le prescrit la règle, on trouve plus commode d'écrire préalablement ces polynômes les uns sous les autres, en disposant leurs termes de manière que les termes semblables entre eux soit placés les uns sous les autres. Considérant tous les termes ainsi écrits comme faisant partie d'un même polynôme, qui est la somme cherchée, on fait la réduction des termes semblables. On écrit les résultats des diverses réductions sous les colonnes les uns à la suite des autres.

EXEMPLE. Nous posons ci-après, de cette manière, 1° l'addition précédente déjà faite autrement; 2° celle des polynômes $5a^2b^2 - 8a^2b - 7a$, $15a - 6a^2b + 4a^3b^2$, $4a^2b - 2a^3b^2 + 6a - 4$.

$4ac + 2a^3 - 3a^2b$	$5a^3b^2 - 8a^2b - 7a$
$2ac + 5a^3 + 4a^2b$	$4a^3b^2 - 6a^2b + 15a$
$ac - 3a^3 - 6a^2b$	$- 2a^3b^2 + 4a^2b + 6a - 4$
$7ac + 4a^3 - 5a^2b$	$7a^3b^2 - 10a^2b + 14a - 4$

La réduction des termes semblables est rendue ainsi plus facile. On additionne par colonnes verticales en appliquant la la règle du n° 10.

1re ADDITION. On s'énonce ainsi : 1re *colonne* 4 et 2, 6; et 1, 7 ; on écrit $7ac$. 2e *colonne*. 2 et 5, 7 ; $7 - 3 = 4$; on écrit $+ 4a^3$. 3e *colonne*. 3 et 6, 9 ; $- 9 + 4 - 5$; on écrit $- 5a^2b$.

EXERCICES. *Faites ici les exercices n° 28 à 33, et de plus* 19 (N) *et* 20 (N), *proposés à la fin du Cours.*

SOUSTRACTION.

23. « Soustraire une expression algébrique d'une autre,
« c'est trouver une expression algébrique qui ait dans toutes les
« applications pour valeurs numériques la différence des valeurs
« numériques des deux expressions proposées. »

RÈGLE GÉNÉRALE.

On écrit d'abord le monôme ou le polynôme dont il faut soustraire tel qu'il est donné; puis, à la suite, le monôme ou le polynôme à soustraire, en changeant tous ses signes. On fait ensuite la réduction des termes semblables.

Exemple. Soustraire $5a^3b^2 - 4a^2b + 5ac - 3a$ de $7a^2b + 3a^3b^2 - 2ac - 8a$.

J'applique la règle ce qui donne :
$7a^2b + 3a^3b^2 - 2ac - 8a - 5a^3b^2 + 4a^2b - 5ac + 3a$;
Je réduis les termes semblables et j'ai finalement pour reste
$11a^2b - 2a^3b^2 - 7ac - 5a$.

Démonstration de la règle. Soit à soustraire le polynôme $P_1 = f - g - h + k$ de $P_2 = a - b + c - d$. Le reste est d'après notre règle $P_2 - f + g + h - k$.

D'après ce qu'on a appris en arithmétique, la soustraction est bien faite si, en ajoutant au reste $P_2 - f + g + h - k$, le polynôme soustrait $P_1 = f - g - h + k$, on trouve pour somme le polynôme P_2 dont on soustrait. Or la somme $P_2 - f + g + h - k + f - g - h + k$ se réduit évidemment à P_2, puisque $-f + f = o$; $g - g = o$? etc.

Pour plus de commodité, quand on remarque à première vue des termes semblables dans les polynômes proposés, on écrit d'abord le polynôme dont il faut soustraire *tel qu'il est*, et au-dessous le polynôme à soustraire, *dont on change tous les signes*, de manière que les termes semblables entre eux se correspondent ; puis on réduit les termes semblables comme dans l'addition, les deux polynômes étant regardés comme n'en faisant qu'un.

Voici la soustraction précédente effectuée de cette manière.

$$7a^2b + 3a^3b^2 - 2ac - 8a$$
$$4a^2b - 5a^3b^2 - 5ac + 3a$$

Reste $\quad 11a^2b - 2a^3b^3 - 7ac - 5a$

Exercices

Faites ici les exercices de n°s 34 à 41 inclus et de plus n°s 21 (N) et 22 (N) *proposés à la fin du Cours.*

MULTIPLICATION.

24. *Multiplier des expressions algébriques*, c'est trouver une expression algébrique qui ait, dans toutes les applications, pour valeur numérique le produit des valeurs numériques des expressions proposées.

Les règles de la multiplication algébrique sont par suite fondées sur les théorèmes ou principes suivants qui sont, d'après l'arithmétique, applicables aux nombres entiers et aux nombres fractionnaires.

1° *Pour multiplier un nombre par une somme, il suffit de le multiplier successivement par les parties de cette somme, et d'additionner les produits partiels* (*).

2° *Pour multiplier un nombre par la différence de deux autres, il suffit de le multiplier par le plus grand de ces deux nombres, puis par le plus petit, et de retrancher le second produit du premier* (**).

3° *On peut, sans changer la valeur d'un produit, intervertir l'ordre de ses facteurs, et les grouper comme on veut.*

4° *Pour multiplier un nombre par un produit, il suffit de de multiplier ce nombre successivement par tous les facteurs du produit.*

25. MULTIPLICATION DES MONÔMES.

RÈGLE. *Pour multiplier deux monômes, on multiplie les deux coefficients l'un par l'autre. Si une lettre entre dans les deux facteurs, on l'écrit au produit avec un exposant égal à la somme de ses exposants dans les deux facteurs.*

Si une lettre n'entre que dans l'un des facteurs, on l'écrit au produit avec l'exposant qu'elle a dans ce facteur.

Une lettre qui n'a pas d'exposant indiqué est regardée comme ayant l'exposant 1.

EXEMPLE : Multiplier $5ab^2c^3$ par $7ab^2$.

(*). Ex. : $20 = 8 + 7 + 5$. Il est évident que 8 fois n + 7 fois n + 5 fois n = 20 fois n. De même, $8/12\, n + 7/12\, n + 5/12\, n = 20/12\, n$.

(**). $8 - 5 = 3$. 8 fois 30 — 5 fois 30 = 3 fois 30. De même, $8/12$ de 48 — $5/12$ de 48 = $3/12$ de 48.

D'après la règle, le produit est $5 \times 7\ a^{1+2}b^{2+3}c^3 = 35a^3b^5c^3$.

On s'énonce ainsi : 5 fois 7, 35 ; a multiplié par a^2 donne a^3 : b^2 par b^3 donne b^5 ; c^3.

DÉMONSTRATION. D'après le 4° principe n° 20, le produit cherché s'obtient en multipliant le 1ᵉʳ facteur ($5\ ab^2c^3$) par les facteurs du second $7a^2\ b^3$ considérés un à un.

$$5ab^2c^3 \times 7a^2b^3 = 5abbccc \times 7aabbb$$

D'après le principe 3°, on peut, en changeant l'ordre des facteurs, rapprocher les coefficients, puis les facteurs littéraux égaux ; ce qui donne :

$$5 \times 7aaabbbbbccc = 35a^3b^5c^3$$

résultat conforme à la règle.

26. MULTIPLICATION D'UN MONÔME PAR UN POLYNÔME, OU D'UN POLYNÔME PAR UN MONÔME.

Ce qui revient au même, puisque

$$n \times (a - b + c - d) = (a - b + c - d) = n\ \text{(n° 24, 3°)}.$$

RÈGLE. *On multiplie chaque terme du polynôme par le monôme, d'après la règle des monômes (n° 25), en donnant à chaque produit partiel le signe du terme du polynôme.*

Si le polynôme donné contient des termes semblables, on fera bien de les réduire avant de multiplier.

EXEMPLE. Multiplier $5a^3b^2 - 4a^2b + 7a - 8$ par $3a^2b$.

On pose l'opération comme il suit :

$$5a^3b^2 - 4a^2b + 7a - 8$$
$$3a^2b$$
$$\overline{15a^5b^3 - 12a^4b^2 + 21a^3b - 24a^2b.}$$

On s'énonce ainsi : 3 fois 5, 15 ; a^3 mutiplié par a^2 donne a^5 ; b^2 multiplié par b donne b^3. 2° *terme.* On écrit le signe — du multiplicande ; 3 fois 4, 12 ; a^2 par a^2 donne a^4 ; b par b donne b^2. Ainsi de suite.

Le multiplicande n'ayant pas de termes semblables, le produit n'en a pas non plus.

DÉMONSTRATION DE LA RÈGLE.

Soit à multiplier
$$a - b + c - d\ \text{par}\ n.$$
$$a - b + c - d = (a + c) - (b + d) \qquad \text{(n° 9)}.$$

D'après les principes 1° et 2° (n° 24), il faut multiplier n par

$(a + c)$, ce qui donne $na + nc$, puis n par $b + d$, ce qui donne $nb + nd$ et retrancher ce 2ᵉ produit du premier, ce qui donne :
$$na + nc - nb - nd = an - bn + cn - dn \text{ (n° 9, Cor. ii.)}$$
résultat conforme à la règle.

EXERCICES. N°s 23 (N) à 27 (N) à la fin du Cours.

27. MULTIPLICATION DE DEUX POLYNÔMES.

Si les polynômes donnés renferment des termes semblables, il faut réduire ces termes dans chacun avant de poser la multiplication.

RÈGLE. *On multiplie tous les termes du multiplicande par le 1ᵉʳ terme, puis successivement par tous les autres termes du multiplicateur. On effectue chaque produit de deux termes d'après la règle de la multiplication des monômes (n° 25), et on lui donne le signe indiqué par la règle suivante. Puis on fait la réduction des termes semblables s'il y a lieu.*

RÈGLE DES SIGNES.

Multiplicande.		Multiplicateur.	Produit.
$+$ multiplié	par	$+$ donne	$+$
$-$	»	par $+$ donne	$-$
$+$	»	par $-$ donne	$-$
$-$	»	par $-$ donne	$+$

EXEMPLE. On propose de multiplier $5a^4b^3 - 7a^3b^2 - 2a^2b + 6a$ par $4a^3b^2 - 3a^2b - 9a + 4$.

Pour plus de commodité dans la réduction des termes semblables du produit, on écrit, autant que possible, ces termes les uns sous les autres, et l'on dispose habituellement l'opération comme il suit (Voyez le n° 28) :

$$
\begin{array}{r}
5a^4b^3 - 7a^3b^2 - 2a^2b + 6a \\
4a^3b^2 - 3a^2b - 9a + 4 \\
\hline
20a^7b^5 - 28a^6b^4 - 8a^5b^3 + 24a^4b^2 \\
- 15a^6b^4 + 21a^5b^3 + 6a^4b^2 - 18a^3b \\
- 45a^5b^3 + 63a^4b^2 + 18a^3b - 54a^2 \\
+ 20a^4b^3 - 28a^3b^2 - 8a^2b + 24a \\
\hline
20a^7b^5 - 43a^6b^4 - 32a^5b^3 + 20a^4b^3 + 93a^4b^2 - 28a^3b^2 - 8a^2b - 54a^2 + 24a.
\end{array}
$$

Produit simplifié.

Le 1ᵉʳ produit partiel s'obtient en multipliant tout le multiplicande, terme à terme, par $4a^3b^2$. On s'énonce ainsi : $+$ par $+$

donne $+$; $5a^4b^4 \times 4a^3b^2 = 20a^7b^5$; on écrit $20a^7b^5$. — par $+$ donne $-$; $7a^3b^2 \times 4a^3b^2 = 28a^6b^4$; on écrit $-28a^6b^4$. Ainsi de suite. Le 2ᵉ produit s'obtient en multipliant tout le multiplicande par le second terme du multiplicateur. On s'énonce ainsi : $+$ par $-$ donne $-$; $5a^4b^3 \times 3a^2b = 15a^6b^4$; on écrit $-15a^6b^4$ sous le terme semblable $-28a^6b^4$ du 1ᵉʳ produit; $-$ par $-$ donne $+$; $7a^3b^2 \times 3a^2b = 21a^5b^3$; on écrit $+21a^5b^3$. Ainsi de suite. Tous les signes du 1ᵉʳ produit sont les mêmes que ceux du multiplicande. Tous les signes du 2ᵉ produit sont contraires un à un à ceux du multiplicande.

On a terminé en faisant la réduction des termes semblables des quatre produits partiels, considérés comme ne formant qu'un polynôme.

On les a réduits dans chaque colonne (n° 15).

2ᵉ Exemple :
$$x^3 - ax^2 + a^2x - a^3$$
$$x + a$$
$$\overline{x^4 - ax^3 + a^2x^2 - a^3x}$$
$$+ ax^3 - a^2x^2 + a^3x - a^4$$

Produit simplifié. $x^4 \qquad\qquad\qquad -a^4$

Démonstration de la règle. La règle des signes énoncée équivaut à celle-ci : Chaque produit de deux termes doit avoir le *même* signe que le terme *multiplié* du multiplicande, ou le signe *contraire*, suivant que le terme du multiplicateur (*qui multiplie*), a le signe $+$ ou le signe $-$. (*Vérifiez.*)

Cela posé, soit à multiplier $a - b + c - d$ par $m - n$.

$a - b + c - d$
$m - n$
$\overline{am - bm + cm - dm}$
$- an + bn - cn - dn$

D'après le n° 24, 2°, je multiplie $a - b + c - d$, 1° par m, d'après la règle du n° 26, ce qui donne $am - bm + cm - dm$; 2° par n, ce qui donne $an - bn + cn - dn$; et je retranche ce 2ᵉ produit du 1ᵉʳ en changeant tous ses signes et l'écrivant ainsi : $-an + bn - cn + dn$ sous le premier pour l'addition.

Tous les termes du produit par $+ m$ ont donc les mêmes signes que les termes correspondants du multiplicande, et tous les termes du produit par $- n$ des signes contraires. C'est conforme à la règle.

Nous n'avons considéré qu'un multiplicateur de deux termes. Mais ce serait exactement la même chose s'il en avait davantage, par exemple, si le multiplicateur était $m - n - p + q$. Comme $m - n - p + q = (m + q) - (n + p)$, il faudrait multiplier, d'après le n° 20 (2° et 1°), le multiplicande par m et par q (*termes positifs*) en conservant tous les signes du multiplicande, puis par n et par p

(*termes négatifs*), pour soustraire ensuite ces deux derniers produits en changeant tous leurs signes, ce qui les rend *contraires* à ceux du multiplicande. Tout se passe donc encore conformément à la règle.

28. Polynome ordonné. Dans l'opération précédente, nous avons ordonné le multiplicande, le multiplicateur, et le produit par rapport à lettre a. C'est plus régulier et plus commode et très exact puisque, en ordonnant, on ne fait que changer l'ordre des termes du produit.

Ordonner *un polynôme par rapport à une lettre* a, *c'est disposer les termes dans un ordre tel que les exposants de cette lettre aillent en* diminuant *ou en* augmentant. Dans le premier cas, le polynôme est dit ordonné par rapport aux puissances *décroissantes* de a qui s'appelle la lettre ordonnatrice. Dans le deuxième cas, le polynôme est dit ordonné par rapport aux puissances *croissantes* de la lettre ordonnatrice.

En jetant les yeux sur les deux facteurs de la 1re opération précédente et sur le produit, on voit que chacun de ces polynômes est ordonné par rapport aux puissances décroissantes de a.

Ils se trouvent aussi ordonnés par rapport aux puissances décroissantes de la deuxième lettre b. C'est par hasard ; car nous n'avons cherché qu'à les ordonner par rapport à a.

Quand les facteurs sont ainsi ordonnés par rapport à une lettre, la réduction des termes semblables du produit est plus facile. On démontre alors aussi plus aisément la proposition suivante, importante pour la division de deux polynômes.

29. Théorème. *Les deux facteurs et le produit d'une multiplication étant ordonnés par rapport aux puissances décroissantes ou aux puissances croissantes d'une même lettre, le premier terme du produit est, sans réduction, le produit du premier terme du multiplicande par le premier terme du multiplicateur.*

Le dernier terme du produit est, sans réduction, le produit du dernier terme du multiplicande par le dernier terme du multiplicateur.

En effet, prenons pour exemple la multiplication précédente :
$$5a^4b^3 - 7a^3b^3 - 2a^2b + 6a$$
$$4a^3b^2 - 3a^2b - 9a + 4$$

L'exposant a dans le premier produit monôme, $5a^4b^3 \times 4a^3b^2$, est la somme, $4+3$, des plus *forts* exposants de a dans le multiplicande et dans le multiplicateur. En formant les autres produits monômes, on additionne deux exposants de a, dont un au moins est plus faible que 4 ou 3. L'exposant de a est donc moindre que $4+3=7$ partout ailleurs que dans le premier produit monôme $5a^4b^3 \times 4^3ab^4 = 20a^7b^5$. Ce terme ne doit donc pas avoir de semblable parmi tous les termes du produit général, et doit se trouver écrit sans réduction en tête du produit ordonné, après l'application complète de la règle.

On démontre de même que le produit $6a \times 4$ ne se réduit avec aucun terme, et se trouve à la fin du produit ordonné.

30. COROLLAIRE. *Le produit de deux polynômes, ou celui d'un polynôme par un monôme, a toujours au moins deux termes, quelles qu'aient été les réductions de termes semblables.*

Il est facile de voir d'ailleurs que le maximum du nombre des termes d'un produit est le produit du nombre des termes du multiplicande multiplié par le nombre des termes du multiplicateur.

31. S'il y a dans un facteur plusieurs termes renfermant la lettre ordonnatrice avec le même exposant, on ordonne ces termes entre eux par rapport à une autre lettre. On met ordinairement la puissance commune en facteur commun, en écrivant l'ensemble de ces termes de l'une des manières suivantes :

$(-2b^4+4b^3+3b^2)a^5$, ou bien ainsi : $\begin{array}{r}-2b^4\\+4b^3\\+3b^2\end{array} \Big| a^5.$

Cela fait, on considère la quantité écrite entre parenthèses, ou bien en colonne verticale à gauche de la barre, comme un simple coefficient, de sorte que l'ensemble ci-dessus est considéré comme un seul terme, Ma^5. La même disposition ayant lieu pour les deux facteurs de la multiplication, on est dans le cas ordinaire, et on applique la règle générale.

On obtient ainsi, au produit, des termes de la forme $Ma^5 \times M'a^3 = M \times M'a^8$; seulement le produit $M \times M'$ s'obtient en multipliant le polynôme M par M'. Ce produit obtenu, on l'écrit

MULTIPLICATION

entre parenthèses ou en colonnes, en mettant a^8 à la droite de la barre, comme plus haut (*).

$$\text{Multiplicande}\dots\dots \quad \begin{array}{|c|c|c|} -2b^4 & -3b^2 & +6b \\ +4b^3 & +5b & -3 \\ +3b^2 & & \end{array} \begin{array}{c} a^5 \\ a^4 \\ a^3 \end{array}$$

$$\text{Multiplicateur}\dots\dots \quad \begin{array}{|c|c|c|} 2b^2 & -4b^3 & +3b \\ -5b & -7b^2 & -1 \end{array} \begin{array}{c} a^3 \\ a^2 \\ a \end{array}$$

$$\text{Produit par } \begin{array}{c} 2b^2 \\ -5b \end{array} \Big| \begin{array}{c} a^3 \end{array} \left\{ \begin{array}{|c|c|c|} -4b^6 & -6b^4 & +12b^3 \\ +18b^5 & +25b^3 & -36b^2 \\ -14b^4 & -25b^2 & +15b \\ -15b^3 & & \end{array} \begin{array}{c} a^8 \\ a^7 \\ a^6 \end{array} \right.$$

$$\text{Produit par } \begin{array}{c} -4b^3 \\ -7b^2 \end{array} \Big| a^2 \left\{ \begin{array}{|c|c|c|} +8b^7 & +12b^5 & -24b^4 \\ -2b^6 & +b^4 & -30b^3 \\ -40b^5 & -35b^3 & +21b^2 \\ -21b^4 & & \end{array} \begin{array}{c} a^7 \\ a^6 \\ a^5 \end{array} \right.$$

$$\text{Produit par } \begin{array}{c} 3b \\ -1 \end{array} \Big| a \left\{ \begin{array}{|c|c|c|} -6b^5 & -9b^3 & +18b^2 \\ +14b^4 & +18b^2 & -15b \\ +5b^3 & -5b & +3 \\ -3b^2 & & \end{array} \begin{array}{c} a^6 \\ a^5 \\ a^4 \end{array} \right.$$

$$\text{Produit total simplifié} \left\{ \begin{array}{|c|c|c|c|c|} -4b^6 & +8b^7 & +6b^5 & -24b^4 & +18b^2 \\ +18b^5 & -2b^6 & +15b^4 & -39b^3 & -15b \\ -14b^4 & -40b^5 & -18b^3 & +39b^2 & +3 \\ -15b^3 & -27b^4 & -39b^2 & +15b & \\ & +25b^3 & -5b & & \\ & -25b^2 & & & \end{array} \begin{array}{c} a^8 \\ a^7 \\ a^6 \\ a^5 \\ a^4 \end{array} \right.$$

(*) Pour justifier cette méthode, on conçoit chaque multiplicateur ou coefficient polynôme, $-2b^4 + 4b^3 + 3b^2 = M$, remplacé par sa valeur numérique m ; ce qui est permis. Alors, au lieu de Ma^5, il n'y aura qu'un terme monôme ma^5 ; de même au lieu de $M'a^3$ au multiplicateur, il y aura $m'a^3$. On rentre ainsi dans le cas ordinaire ; le produit contiendra le terme $m \times m'a^8$. Remplaçant alors $m \times m'$ par l'expression algébrique équivalente $M \times M'$, on obtient le résultat indiqué dans le texte.

ALGÈBRE N° 1

Nous n'avons pas écrit les multiplications partielles qui s'effectuent à part ; ce sont des multiplications ordinaires.

$$\begin{array}{r}-2b^4 + 4b^3 + 3b^2 \\ 2b^2 - 5b \\ \hline -4b^6 + 8b^5 + 6b^4 \\ + 10b^5 - 20b^4 - 15b^3 \\ \hline -4b^6 + 18b^5 - 14b^4 - 15b^3\end{array} \qquad \begin{array}{r}-3b^2 + 5b \\ 2b^2 - 5b \\ \hline -6b^4 + 10b^3 \\ + 15b^3 - 25b^2 \\ \hline -6b^4 + 25b^3 - 25b^2\end{array}$$

On a eu à effectuer, en outre de ces deux premières multiplications partielles, les suivantes :

$(6b - 3)(2b^2 - 5b)$; $(-2b^4 + 4b^3 + 3b^2)(-4b^3 - 7b^2)$;
$(-3b^2 + 5b)(-4b^3 - 7b^2)$; $(6b - 3)(-4b^3 - 7b^2)$;
$(-2b^4 + 4b^3 + 3b^2)(3b - 1)$; etc.

Exercices

Faites ici les exercices 42 à 78 inclus, 25 (N) et 26 (N), proposés à la fin du Cours.

Remarques diverses

32. Degré d'un monôme, d'un polynôme, d'un produit. — *On appelle degré d'un monôme entier la somme des exposants des lettres qui y entrent.* Ex. : $5a^4b^4$ est du 8ᵉ degré.

Le degré d'un polynôme entier est le plus élevé des degrés de ses termes. Ex. : $5a^4b - 7ab^3c^4 + ab^3 - ab$ est du *huitième* degré par rapport aux lettres a, b, c.

On considère aussi le *degré* par rapport à une seule lettre.

Le degré d'un monôme entier par rapport à une lettre est l'exposant de cette lettre dans ce monôme ; $5abx^3$ est du troisième degré par rapport à x.

Le degré d'un polynôme entier par rapport a une lettre est le plus haut exposant dont cette lettre est affectée dans ce polynôme.

Le dernier polynôme ci-dessus est du 4e degré par rapport à a.

Un polynôme est *homogène* quand tous ses termes sont du même degré.

Dans ce cas, le degré du polynôme est le degré de chacun de ses termes.

33. *Le degré d'un produit de monômes est évidemment égal à la somme des degrés de ses facteurs.* Ex. : $5a^3b^2 \times 3a^7b = 15a^{10}b^3$ est du degré $5 + 8 = 13$.

Si les facteurs d'un produit sont homogènes, le produit est homogène. Son degré est la somme des degrés de ses facteurs.

Si, par exemple, le multiplicande homogène est du degré 5 et le multiplicateur du degré 3, le produit sera homogène et du huitième degré.

En effet, chaque terme monôme du produit général, avant la réduction des termes semblables, est le produit d'un terme de cinquième degré par un terme du troisième degré ; il est du huitième degré. La réduction des termes semblables ne modifie pas d'ailleurs les exposants.

Voici un exemple :

$$5a^4b - 3a^3b^3 + 2a^2b^3 - 7ab^4$$

à multiplier par

$$4a^3 - 5a^2b + 7ab^2 - b^3$$

Le multiplicande étant du 5e degré et le multiplicateur du 3e, le produit sera du 8e degré.

34. PRODUITS REMARQUABLES. Voici quelques formules utiles à retenir obtenues par la multiplication :

1° $(a+b)(a+b)$ ou $(a+b)^2 = a^2 + 2ab + b^2$.
2° $(a-b)(a-b)$ ou $(a-b)^2 = a^2 - 2ab + b^2$.
3° $(a+b)(a-b) = a^2 - b^2$.

a et b pouvant représenter des quantités quelconques, ces formules ont la plus grande généralité ; elles expriment en abrégé les théorèmes suivants :

1° *Le carré de la somme de deux quantités est égal au carré de la première quantité, plus deux fois le produit de la première par la seconde, plus le carré de la seconde.*

2° *Le carré de la différence de deux quantités est égal au carré de la première quantité, moins deux fois le produit de la première par la seconde, plus le carré de la seconde.*

3° *Le produit de la somme de deux quantités par leur différence est égal à la différence des carrés de ces quantités ;* de sorte que la différence des carrés et ce produit peuvent toujours se remplacer mutuellement.

Exemples :

1° $(3a^4b^3c + 5a^2bc^2)^2 = 9a^8b^6c^2 + 30a^6a^4c^3 + 25a^4b^2c^4.$
2° $(5a^3b - 2ac)^2 = 25a^6b^2 - 20a^4bc + a^2c^2.$
3° $\begin{cases} (5a^3b + 2ac)(5a^3b - 2ac) = 25a^6b^2 - 4a^2c^2. \\ (-5a^3b + ac)(-5a^3b - 2ac) = 25a^6b^2 - 4a^2c^2. \end{cases}$

REMARQUE. *Quand on applique le troisième théorème* $(a+b)(a-b) = a^2 - b^2$, *le premier carré, celui qui a le signe + dans la différence des carrés, est le carré de la quantité qui a le même signe dans les deux facteurs.*

EXERCICES A FAIRE. Voyez page 34.

DIVISION.

35. DÉFINITION. Le but de la division est le même qu'en arithmétique. La division a pour objet, étant donnés un produit de deux facteurs nommé *dividende*, et l'un de ses facteurs nommé *diviseur*, de trouver l'autre facteur nommé *quotient*.

La division est donc l'inverse de la multiplication. Apprendre à *faire* une division, c'est apprendre à *défaire* une multiplication.

Nous ne nous occuperons ici que de la division de deux expressions algébriques entières.

Dans la division de ces expressions, il peut se présenter deux cas :

1er Cas. Le dividende est le produit du diviseur par une expression algébrique entière que la division fait connaître.

On dit alors que la division se fait exactement, que le dividende est *divisible* par le diviseur, est un *multiple* du diviseur.

2e Cas. Le dividende n'est pas le produit du diviseur par une expression algébrique entière.

Nous raisonnerons toujours comme si le premier cas avait lieu, afin de pouvoir nous appuyer simplement sur la multiplication des expressions algébriques entières que nous venons d'étudier. Nous chercherons ensuite comment se manifeste le deuxième cas, et nous dirons quelle utilité on peut encore tirer alors des procédés de la division algébrique.

36. DIVISION DE DEUX MONÔMES. RÈGLE. — *Pour diviser un monôme par un monôme, on divise le coefficient du dividende par le coefficient du diviseur.*

Si une lettre est commune aux deux termes de la division, on retranche son exposant dans le diviseur de son exposant dans le dividende, et on l'écrit au quotient avec l'exposant restant.

Si une lettre du dividende n'existe pas dans le diviseur, on l'écrit au quotient avec le même exposant qu'au dividende.

Si une lettre a le même exposant dans le dividende et dans le diviseur, on ne l'écrit pas au quotient.

Ex. : soit à diviser, $12a^4b^3c^2$ par $3ab^2$.

$$12 : 4 = 3; \quad 4 - 1 = 3; \quad 3 - 2 = 1.$$

D'après la règle, le quotient est $3a^3bc^2$.

DÉMONSTRATION. — *Coefficient*. Le coefficient du dividende est le produit du coefficient du diviseur par celui du quotient (n° 25). Connaissant un produit, 12, de deux facteurs et l'un de ses facteurs, 3, on obtient l'autre facteur, le coefficient du quotient, en divisant 12 par 3 ; $12 : 3 = 4$.

Exposant. L'exposant de la lettre a dans le dividende est la somme des exposants de cette lettre dans le diviseur et dans le quotient (n° 25). Connaissant une somme, 4, de deux parties et l'une de ses parties, 1, on obtient l'autre partie, l'exposant du quotient, en retranchant 1 de 4 ; $4 - 1 = 3$. On écrit a^3 au quotient. De même pour b ; $3 - 2 = 1$. On écrit b au quotient.

On écrit c^2 au quotient, parce qu'une lettre qui n'entre pas dans l'un des facteurs, le diviseur, doit se trouver dans l'autre facteur (le quotient) avec le même exposant que dans le produit (dividende) (n° 25).

COROLLAIRE. Si le quotient est un monôme entier, tout ce que notre règle prescrit doit pouvoir se faire.

Pour que la division de deux monômes soit possible, il faut donc et il suffit 1° *que le coefficient du dividende soit divisible par le coefficient du diviseur ;* 2° *que l'exposant d'une lettre quelconque du diviseur ne surpasse pas l'exposant de cette lettre dans le dividende ;* 3° *que toutes les lettres du diviseur se trouvent dans le dividende.*

Quand ces conditions ne sont pas remplies, la division ne peut pas s'effectuer exactement, et le quotient est ce qu'on appelle une *fraction algébrique*.

EXERCICES.

Faites ici les exercices 70 *et* 80, *puis* 30 *et* 31 (N), *proposés à la fin du Cours.*

37. *Division d'un polynôme par un monôme* (positif). Soit à diviser $12a^7b^4 - 15a^6b^3 - 6a^5b^2 + 21a^4b$ par $3a^2b$.

RÈGLE. *On réduit les termes semblables du dividende, s'il en contient, puis on divise successivement tous les termes du dividende par le diviseur, et on donne aux quotients partiels les signes des termes du dividende.*

On trouve ainsi pour le quotient de la division proposée

$$4a^5b^3 - 5a^4b^2 - 2a^3b + 7a^2.$$

Démonstration. Je suppose le quotient trouvé, ordonné et réduit comme le dividende. En multipliant le quotient par le diviseur (monôme), on obtiendra une série de termes dissemblables qui sont ceux du dividende. Chaque terme du dividende est donc le produit exact d'un terme du quotient par le diviseur; par suite on trouve les termes du quotient en divisant successivement les termes du dividende par le diviseur. Quant aux signes, on sait d'après la règle du n° 26, que, l'un des facteurs (le diviseur) étant un monôme isolé nécessairement positif, les signes correspondants de l'autre facteur (le quotient) et du produit (le dividende) doivent être les mêmes, chacun à chacun.

Corollaire. *Pour qu'un polynôme soit exactement divisible par un monôme, il faut et il suffit que chaque terme de polynôme soit divisible par le monôme.*

Nous n'avons pas à considérer *la division d'un monôme par un polynôme*; une pareille division ne peut pas se faire. On ne saurait trouver un quotient exact monôme ou polynôme, puisqu'un monôme ou un polynôme multiplié par un polynôme donne pour produit un polynôme.

38. Division de deux polynômes.

Règle. *Si ces polynômes renferment des termes semblables, on en fait d'avance la réduction.*

On écrit le dividende, un trait vertical, puis le diviseur que l'on souligne, en ordonnant ces deux polynômes par rapport aux puissances décroissantes de la même lettre. Cela fait, on divise le premier terme du dividende par le premier terme du diviseur (d'après la règle de la division des monômes); ce qui donne le premier terme du quotient qu'on écrit sous le diviseur.

Le signe de ce terme se déduit des signes des monômes divisés conformément à cette règle : + divisé par + donne + ;

— $par +$ donne — ; — par — donne $+$; et enfin $+$ par — donne —.

On multiplie tout le diviseur par ce premier terme du quotient, et on retranche le produit du dividende en ayant soin de faire la réduction des termes semblables.

On divise le premier terme du reste donné par le premier terme du diviseur ; ce qui donne le deuxième terme du quotient qu'on écrit à la droite du premier. Le signe de ce deuxième terme se déduit comme celui du premier des signes des monômes divisés. On multiplie tout le diviseur par ce second terme, et on retranche ce produit du premier reste, en ayant soin de faire la réduction des termes semblables ; ce qui donne un deuxième reste. On divise le premier terme de ce deuxième reste par le premier terme du diviseur ; ce qui donne le troisième terme du quotient qu'on écrit à la suite des deux autres (même règle pour le signe). On opère avec ce terme comme avec les deux autres.

Ainsi de suite ; on continue cette série d'opérations jusqu'à ce qu'on n'ait plus de reste, ou bien que le premier terme d'un reste obtenu ne soit plus divisible exactement par le premier terme du diviseur.

Remarque. On pourrait ordonner le dividende et le diviseur par rapport aux puissances croissantes d'une même lettre, puis opérer de la même manière.

Application. Soit à diviser
$$7a^5 + 17a^7 - 62a^4 + 30a^8 + 30a^3 - 22a^6$$
par
$$7a^4 + 6a^3 - 5a^3.$$

Voici d'abord le tableau de l'opération :

$$
\begin{array}{l|l}
30a^8 + 17a^7 - 22a^6 + 7a^5 - 62a^4 + 30a^3 & 6a^5 + 7a^4 - 5a^3 \\
-30a^8 - 35a^7 + 25a^6 & \overline{5a^3 - 3a^2 + 4a - 6.} \\
\hline
1^{er}\text{ reste. } -18a^7 + 3a^6 + 7a^5 - 62a^4 + 30a^3 & \\
+18a^7 + 21a^6 - 15a^5 & \\
\hline
2^e\text{ reste } \quad 24a^6 - 8a^5 - 62a^4 + 30a^3 & \\
-24a^6 - 28a^5 + 20a^4 & \\
\hline
3^e\text{ reste. } \quad -36a^5 - 42a^4 + 30a^3 & \\
+36a^5 + 42a^4 - 30a^3 & \\
\hline
4^e\text{ reste. } \quad \quad 0 \quad \quad 0 \quad \quad 0 &
\end{array}
$$

DIVISION DE DEUX POLYNÔMES

Explication *détaillée du calcul.*

J'écris le dividende *ordonné* par rapport aux puissances décroissantes de a, puis un trait vertical, puis le diviseur *ordonné* de la même manière que je souligne. Je divise le 1ᵉʳ terme $30a^8$ du dividende par le 1ᵉʳ terme $6a^5$ du diviseur d'après la règle de la division des monômes (n° 36); $30a^8 : 6a^5 = 5a^3$ (+ divisé par + donne +). J'écris $5a^3$ à la place réservée au quotient sous le diviseur. Je multiplie tout le diviseur par $5a^3$, et j'écris successivement les produits partiels obtenus sous les termes semblables du dividende, en changeant les signes de chacun pour effectuer la soustraction prescrite par la règle. Je dis + par + donne +, et pour soustraire, —; $6a^5 \times 5a^3 = 30a^8$; j'écris $-30a^8$ sous $30a^8$ du dividende. 2°. + par + donne +, et pour soustraire, —; $7a^4 \times 5a^3 = 35a^7$; j'écris $-35a^7$ sous $+17a^7$. — par + donne — et pour soustraire +; $5a^3 \times 5a^3 = 25a^6$: j'écris $+25a^6$ sous $-22a^6$. Cela fait, je souligne, et je réduis les termes semblables du dividende et du polynôme inférieur; j'obtiens ainsi le 1ᵉʳ reste.

Je divise le 1ᵉʳ terme, $-18a^7$, de ce reste par le 1ᵉʳ terme du diviseur en disant : — par + donne —; $18a^7 : 6a^5 = 3a^2$; j'écris : $-3a^2$ au quotient à droite de $5a^3$. Je multiplie tout le diviseur par $-3a^2$ d'après la règle connue (n° 26), et j'écris successivement tous les termes du produit changés de signes sous les termes semblables du 1ᵉʳ reste; puis je fais la réduction de termes semblables du 1ᵉʳ reste et du polynôme que je viens d'écrire au-dessous. J'obtiens ainsi le 2ᵉ reste.

Je divise le 1ᵉʳ terme $24a^6$ de ce reste par le 1ᵉʳ terme $6a^5$ du diviseur: (+ par + donne +), $24a^6 : 6a^5 = 4a$; j'écris $+4a$ au quotient. Je multiplie tout le diviseur par $4a$, et je retranche le produit du 2ᵉ reste, en agissant comme pour le 1ᵉʳ terme et pour le 2ᵉ. J'obtiens ainsi le 3ᵉ reste.

Je divise le 1ᵉʳ terme, $-36a^5$, de ce reste par $6a^5$; — par + donne —; $36a^5 : 6a^5 = 6$; j'écris au quotient — 6. Je multiplie tout le diviseur par 6, et je retranche le produit du 3ᵉ reste, comme je l'ai fait pour les autres termes. Je trouve cette fois 0 pour reste.

D'après cela, le quotient cherché est sans reste,

$$5a^3 - 3a^2 + 4a - 6.$$

SIMPLIFICATIONS.

Opération simplifiée.

$$
\begin{array}{l|l}
30a^8 + 17a^7 - 22a^6 + 7a^5 - 62a^4 + 30a^3 & 6a^5 + 7a^4 - 5a^3 \\
 - 35a^7 + 25a^6 & \overline{5a^3 - 2a^2 + 4a - 6} \\
\hline
 - 18a^7 + 3a^6 & \\
 + 21a^6 - 15a^5 & \\
\hline
 + 24a^6 - 8a^5 & \\
 - 28a^5 + 20a^4 & \\
\hline
 - 36a^5 - 42a^4 & \\
 + 42a^4 - 30a^3 & \\
\hline
 0 0 &
\end{array}
$$

1ʳᵉ SIMPLIFICATION. Ayant obtenu le 1ᵉʳ terme $5a^3$ du quotient en divisant $30a^8$ par $6a^5$, on ne peut pas manquer, en multipliant $6a^5$ par $5a^3$, d'avoir pour produit $30a^8$, et pour soustraire, $-30a^8$, qui détruira nécessairement $30a^8$.

Sachant cela d'avance, on considère le 1ᵉʳ terme $30a^8$ du dividende comme détruit sans laisser de reste, et on commence la multiplication par $5a^3$ au 2ᵉ terme du diviseur. $+$ par $+$ donne $+$ et pour soustraire, $-$: $7a^4 \times 5a^3 = 37a^7$. On écrit $-35a^7$ sous le terme $+17a^7$ du dividende. De même pour le produit suivant de $-5a^3$ par $5a^3$.

On raisonne et on opère de même pour trouver chaque reste quand on a écrit un nouveau terme au quotient. On commence la multiplication *au 2ᵉ terme* du diviseur seulement.

2ᵉ SIMPLIFICATION. Tous les termes du dividende ne se réduisent pas avec les termes du produit écrit au-dessous pour la soustraction. Il y a trois termes : $7a^5$, $-62a^4$, $+30a^3$, qui ne sont nullement modifiés. Ils font partie du 1ᵉʳ reste ; c'est pourquoi, dans la 1ʳᵉ opération, page 40, nous les avons abaissés (récrits) dans le 1ᵉʳ reste à la droite des deux termes, — $18a^7 + 3a^6$, obtenus par la soustraction.

Nous avons simplifié en ne les récrivant pas. *Aucun produit partiel n'ayant été écrit au-dessous de la soustraction*, on les reconnaît comme faisant partie du 1ᵉʳ reste.   Quand on fait la multiplication suivante pour trouver le 2ᵉ reste, on écrit le 2ᵉ produit, — $15a^5$, sous $+ 7a^5$.

On passe de même à la 3ᵉ division sans abaisser les termes — $62a^4 + 30a^3$ non encore modifiés.   On les reconnaît comme faisant partie du 2ᵉ reste à ce qu'aucun produit partiel n'a été écrit au-dessous pour la 2ᵉ soustraction.

39. Démonstration de la règle.

Le dividende et le diviseur étant ordonnés par rapport aux puissances décroissantes d'une même lettre, figurons-nous le quotient ordonné de la même manière et supposons par exemple qu'il ait 4 termes : f, g, h, k. D'après le n° 29, le 1ᵉʳ terme du dividende est sans réduction, le produit du 1ᵉʳ terme du diviseur par le 1ᵉʳ terme f du quotient. On obtient donc le 1ᵉʳ terme du quotient en divisant le 1ᵉʳ terme du dividende par le 1ᵉʳ terme du diviseur. Cela fait, on multiplie tout le diviseur par ce 1ᵉʳ terme du quotient et on retranche le produit du dividende. Le reste ainsi obtenu est le produit du diviseur par la somme des termes suivants g, h, k du quotient. D'après le principe du n° 29, on obtient le 1ᵉʳ de ces termes, g, en divisant le 1ᵉʳ terme du reste ordonné par le 1ᵉʳ terme du diviseur; on écrit ce 2ᵉ terme, g, du quotient à la droite du 1ᵉʳ f. On multiplie tout le diviseur par g, et on retranche le produit du premier reste. On obtient ainsi un 2ᵉ reste qui est le produit du diviseur par la somme des termes h et k encore à trouver du quotient. Ainsi de suite. Ce raisonnement conduit à opérer exactement comme notre règle le prescrit. Cette règle est donc démontrée à l'exception de la règle des signes dont nous allons nous occuper.

Ecrivons la règle des signes de la multiplication (n° 27) en mettant en tête les mots *quotient, diviseur, dividende* au lieu de *multiplicande, multiplicateur* et *produit*.

Quotient.	Diviseur.	Dividende.
+	+	+
—	+	—
—	—	+
+	—	—

En lisant ces signes de *droite à gauche* horizontalement, on trouve: + divisé par + donne +; — par + donne —; + par — donne —; — par — donne +. Ce qui est bien la règle des signes donnée dans la règle de la division de deux polynômes.

40. REMARQUE. On peut, comme nous l'avons déjà dit, ordonner le dividende et le diviseur par rapport aux puissances croissantes d'une même lettre. La division se fait toujours suivant la même règle. Mais il peut arriver alors que les premiers termes des restes successifs soient indéfiniment divisibles par le premier terme du diviseur. On cesse la division dans ce cas quand on arrive à mettre au quotient un terme qui renferme la lettre ordonnatrice affectée d'un exposant plus élevé que la différence entre les deux plus forts exposants de cette lettre au dividende et au diviseur. Voy. le n° 42, 2° CARACTÈRE.

EXEMPLE. La division de $8 + 3x - 5x^2 + 4x^3$ par $1 - 2x + 3x^2$ doit cesser si, après avoir trouvé au quotient un terme renfermant x^{5-2} ou x^3, on n'a pas zéro pour le reste.

41. De l'égalité, $D = d \times Q + r$, qui existe après chaque division partielle, on déduit $\dfrac{D}{d} = Q + \dfrac{r}{d}$.

THÉORÈME. *Le quotient complet est égal au quotient entier plus le quotient du reste par le diviseur.*

Le diviseur et le dividende étant habituellement ordonnés suivant les puissances décroissantes d'une lettre, quand on dit, le *reste d'une division* d'une manière générale, il s'agit du reste dont le premier terme n'est plus divisible par le premier terme du diviseur.

DIVISION.

CARACTÈRES AUXQUELS ON RECONNAÎT QU'UNE DIVISION NE PEUT PAS SE FAIRE EXACTEMENT.

42. OBSERVATIONS PRÉLIMINAIRES. Nous avons supposé dans la démonstration du n° 38 que le dividende était le produit exact du diviseur par un quotient entier. Or il peut arriver qu'il n'en soit pas ainsi; le plus souvent on ne sait pas d'avance si une division proposée peut ou non se faire exactement.

Cependant on applique toujours la règle précédente.

Quand on arrive au reste zéro, le dividende est évidemment le produit du diviseur par le quotient entier obtenu, qui est ainsi le quotient exact et complet.

Réciproquement, si le dividende est le produit du diviseur par une quantité entière, l'application de notre règle doit conduire au reste zéro.

En effet, dans ce cas, le raisonnement du n° 38 s'applique en tout point; l'emploi de la règle fait trouver nécessairement tous les termes du quotient cherché, et conduit au reste zéro; car elle conduit à retrancher successivement du dividende toutes les parties qui le composent.

Si donc la règle ne peut pas s'appliquer jusqu'au bout et conduire au reste zéro c'est que le dividende n'est pas le produit du diviseur par une quantité entière; la division ne saurait par aucun autre moyen se faire exactement.

Notre règle sert alors à décomposer le quotient en deux parties, l'une entière, l'autre fractionnaire $Q + \dfrac{R}{d}$.

De ces observations et de notre règle, on conclut les caractères suivants auxquels on reconnaît que la division de deux polynômes ne peut pas se faire exactement.

1ᵉʳ CARACTÈRE. *On reconnaît que la division de deux polynômes ne peut pas se faire exactement quand le premier ou le dernier terme du dividende ordonné par rapport à une lettre n'est pas exactement divisible par le premier ou le dernier terme du diviseur. Elle ne peut pas non plus se faire exactement quand le premier ou le dernier terme d'un reste ordonné n'est pas divisible exactement par le premier ou le dernier terme du diviseur ordonné de la même manière que ce reste.*

Dans chacun de ces cas, en effet, la règle ne peut évidemment pas s'appliquer jusqu'à donner le reste zéro.

2ᵉ CARACTÈRE. *La division ne peut pas se faire exactement quand on est conduit à écrire au quotient un terme dans lequel l'exposant de la lettre ordonnatrice est moindre que la différence entre les plus faibles exposants de cette lettre dans le dividende et dans le diviseur. Elle est également impossible quand on est conduit à mettre au quotient un exposant de cette lettre plus grand que la différence entre ses plus forts exposants dans le dividende et dans le diviseur.*

En effet, quand la division se fait exactement, le plus faible exposant de la lettre ordonnatrice dans le dividende est, d'après la règle de multiplication, la somme des plus faibles exposants de cette lettre dans le diviseur et dans le quotient (n° 25); le plus faible exposant du quotient est donc alors la différence entre le plus faible exposant du dividende et le plus faible exposant du diviseur. Si donc on trouve au quotient un exposant plus faible que cette différence, c'est que la division ne doit pas se faire exactement.

Même démonstration pour l'autre cas.

Ce 2ᵉ caractère manifeste souvent l'impossibilité d'une division plus promptement que le premier. De plus, il y a des divisions où le 1ᵉʳ caractère ne se manifeste pas, avec quelque loin qu'on continue l'opération, tandis que le second vient nécessairement avertir que la division ne peut pas se faire exactement. Ex. : faites la division de $1 - 2x + 4x^3 - 7x^4 + 3x^5$ par $1 - 3x - x^2$, en ordonnant les termes par rapport aux puissances croissantes de x.

Le 2ᵉ caractère est en réalité le principal; il faut faire attention quand il se manifeste.

43. CAS PARTICULIERS REMARQUABLES.

La théorie de la division est maintenant complète; ce que nous avons dit suffit à tous les cas, et on peut à la rigueur s'en contenter. Nous allons cependant en indiquer deux ou trois dans lesquels il y a quelques simplifications.

Il peut arriver que tous les termes du diviseur renferment la même puissance d'une lettre, par exemple a^3. Alors on met cette lettre en facteur commun (n° 31), et le diviseur prend la forme Ma^3. On ordonne le dividende par rapport à cette lettre, dont chaque puissance a été mise aussi en facteur commun.

Le dividende ayant pris la forme $Ma^7 + Na^6 + \ldots$, on applique la règle du n° 37, en traitant le diviseur comme un monome ; on divise Ma^7 par $M'a^3$, Na^6 par $M'a^3$, etc. Seulement les divisions de coefficients, $\frac{M}{M'}$, $\frac{N}{M'}$, sont des divisions de polynomes. Nous avons vu, page 32, comment on justifie cette méthode. La condition de divisibilité est évidente.

Exercice : $(25b^4 - 9b^2)a^4 - (125b^6 + 27b^3)a^3 + (15b^2c + 9bc)a^2$ à diviser par $(5b^2 + 3b)a^2$.

Quotient : $(5b^2 - 3b)a^2 - (25b^4 - 15b^2 + 9b)a + 3c$.

Une lettre peut entrer au dividende sans entrer au diviseur. On ordonne le dividende par rapport à cette lettre.

Le dividende est alors de la forme $Ma^4 + Na^3 + Pa^2 + Qa + R$; soit M' le diviseur. On est dans le cas précédent. On divise M par M', N par M', etc.

Pour que la division se fasse exactement, il faut ici que le coefficient de chaque puissance de a soit divisible par le diviseur tout entier.

Ex. Division du 1ᵉʳ polynome de l'exemple précédent par $5b^2+3b$. Le quotient est alors $(5b^2 - 3b)a^4 - (25b^4 - 15b^3 + 9b^2)a^3 + 3ca^2$.

44. Mise en évidence d'un facteur commun (application). Quand tous les termes d'un polynome ont un diviseur ou un facteur commun, qu'on trouve aisément en cherchant leur p-g-c-d° comme en arithmétique, il est quelquefois utile de mettre ce facteur en évidence (on dit *mettre en facteur commun*). On divise le polynome par ce facteur (n° 37); on enferme le quotient entre parenthèses, et on met à sa droite ou à sa gauche le facteur commun, en indiquant la multiplication.

Ex. $15a^5b^3c - 12a^4b^2c^2 - 18a^5b^4 + 21a^3b^2$. Tous les termes de ce polynome sont divisibles par $3a^3b^2$, ont le facteur commun $3a^3b^2$; pour mettre ce facteur commun en évidence, on divise chaque terme par $3a^3b^2$ (n° 37), et on écrit ainsi le polynome :

$$(5a^2bc - 4ac^2 - 6a^2b^2 + 7) \times 3a^3b^2.$$

EXERCICES.

Faites les Exercices de 79 *à* 98 *inclus.* (Voyez à la fin du Cours.)

45. *Il peut y avoir dans le dividende et dans le diviseur plu-*

sieurs termes renfermant la lettre ordonnatrice avec le même exposant. Alors on ordonne comme dans la multiplication du n° 31.

Le dividende est alors de la forme $Ma^8 + Na^7 + Pa^6 + \ldots$, et le diviseur de celle-ci : $M'a^5 + N'a^4 + \ldots$; M, M',... N, N', etc., étant des polynomes ou des monomes indépendants de a.

On applique alors la règle générale de division, en considérant M, N,... M', N', comme de simples coefficients de a (*). Seulement dans une division partielle, celle de Ma^8, par $M'a^5$, par exemple, au lieu de diviser deux monomes, on divise deux polynomes M et M'. On effectue cette division à part. Si le quotient est un polynome, on l'écrit à la place marquée et à côté a^3, de manière que le quotient complet se trouve disposé comme ont été disposés le dividende et le diviseur. Du reste, la multiplication du diviseur par le premier terme du quotient, et celles qui suivent, s'effectuent comme dans l'exemple du n° 31. Pour soustraire les produits partiels, on les écrit comme il est indiqué dans le tableau ci-après. Avant de commencer chacune de ces multiplications partielles, on barre le premier terme du dividende, polynome ou monome, et on ne commence la multiplication du diviseur qu'au deuxième terme.

(*) Pour justifier cette méthode, il suffit de concevoir momentanément M, M',..., N, N',... remplacés par leurs valeurs numériques $m, m', \ldots, n, n'\ldots$ La règle du n° 38 s'applique alors immédiatement, sans difficulté. La division une fois faite, rien n'empêche de remplacer la quantité $\frac{m}{m'}a^3$ par l'expression équivalente $\frac{M}{M'}a^3$, et ainsi des autres coefficients numériques; ce qui nous ramène les résultats consignés dans le tableau ci-après.

DIVISION.

1ʳᵉ DIVISION PARTIELLE.

$$\begin{array}{r|l} -4b^5+18b^5-14b^4-15b^3-2b^4+4b^3+3b^2 \\ -8b^5-6b^4 +2b^3-5b \\ \hline +10b^5-20b^4-15b^3 \\ +20b^4+15b^3 \\ \hline 0 \end{array}$$

2ᵉ DIVISION.

$$\begin{array}{r|l} 8b^7-2b^6-40b^5-21b^4 -2b^4+4b^3+3b^2 \\ +16b^6+12b^5 -4b^3-7b^2 \\ \hline +14b^6-28b^5-21b^4 \\ +28b^5+21b^4 \\ \hline 0 \end{array}$$

3ᵉ DIVISION.

$$\begin{array}{r|l} -6b^5+14b^4+5b^3-3b^2 -2b^4+4b^3+3b^2 \\ -12b^4-9b^3 +3b-1 \\ \hline +2b^4-4b^3-3b^2 \\ +4b^3+3b^2 \\ \hline 0 \end{array}$$

$$\begin{array}{r|l} -4b^6\,a^8+\,8b^7\,a^7+\,6b^5\,a^6-24b^4\,a^5+18b^2\,a^4 & -2b^4\,a^5-3b^2\,a^4+6b\,a^3 \\ +18b^3 -2b^6 +15b^4 -39b^3 -15b & +4b^3 +5b -3 \\ -14b^3 -40b^5 -18b^3 +39b^2 +3 & +3b^2 \\ -15b^3 -27b^4 -39b^2 -5b \\ +25b^3 -15b^2 \end{array}$$

$$\begin{array}{r|l} + 6b^4\,a^7-12b^3\,a^6 & 2b^3\,a^4-4b^3\,a^3+3b\,a \\ -25b^3 +36b^2 & -5b -7b^2 -1 \\ +25b^2 -15b \end{array}$$

1ᵉʳ reste. $\begin{cases} 8b^7\,a^7+\,6b^5\,a^6-24b^4\,a^5+18b^2\,a^4 \\ -2b^6 +15b^4 -39b^3 -15b \\ -40b^5 -30b^3 +39b^2 +3 \\ -21b^4 -3b^2 -5b \end{cases}$

$$\begin{array}{r} -12b^5\,a^6+24b^4\,a^5 \\ +b^4 +30b^3 \\ +35b^3 -21b^2 \end{array}$$

2ᵉ reste. $\begin{cases} -6b^5\,a^6+\,9b^3\,a^5+18b^2\,a^4 \\ +14b^4 +18b^2 -15b \\ +5b^3 -5b +3 \\ -3b^2 \end{cases}$

$$\begin{array}{r} 9b^3\,a^5-18b^2\,a^4 \\ -18b^2 +15b \\ +5b -3 \end{array}$$

3ᵉ reste. $\quad 0$

APPENDICE AU CHAPITRE PREMIER.

APPLICATIONS DE LA DIVISION.

1. On dit qu'une expression algébrique est entière par rapport à une lettre quand cette lettre n'y entre dans aucun diviseur ni sous un radical.

Une pareille expression peut renfermer des nombres ou d'autres lettres dans un diviseur ou sous un radical.

Une division se fait exactement par rapport à une lettre quand elle conduit à un quotient entier par rapport à cette lettre et au reste zéro, quand même on serait obligé, pour arriver là, d'admettre des coefficients fractionnaires de cette lettre.

Quand le dividende n'est pas le produit du diviseur par une expression algébrique entière par rapport à une lettre x, le but de la division est de décomposer ainsi le dividende, $D = d \times Q + R$, Q et R étant des quantités entières par rapport à cette lettre x qui sert de lettre ordonnatrice, R étant en x de degré inférieur au diviseur d. On parvient à opérer cette décomposition en ordonnant le dividende et le diviseur par rapport aux puissances décroissantes de x, et en appliquant à ces deux polynomes la règle générale de division, à condition toutefois qu'on admette des coefficients fractionnaires indépendants de cette lettre, s'il s'en présente.

DIVISION PAR $x - a$ D'UN POLYNOME ENTIER PAR RAPPORT A x.

2. THÉORÈME. *Pour obtenir le reste de la division par* $x - a$ *d'un polynome quelconque entier par rapport à* x, *sans effectuer cette division, il suffit de remplacer* x *par* a *dans ce polynome; le résultat de cette substitution est le reste demandé.*

Soit, par ex., : $Ax^5 + Bx^4 + Cx^3 + Dx^2 + Ex + F$ à diviser par $x - a$.

La première division partielle diminue seulement l'exposant de x d'une unité dans le premier terme du quotient; le premier reste obtenu à l'aide de ce 1ᵉʳ terme du quotient sera évidemment entier par rapport à x, et ainsi de suite. On sera évidemment conduit à mettre au quotient une série de termes entiers par rapport à x. Le diviseur ne renfermant x qu'à la première puissance, la division s'arrêtera seulement lorsqu'on sera arrivé au reste zéro, ou à un reste indépendant de x. Soit R ce reste dans tous les cas, et Q le quotient entier, nous avons l'égalité

$$Ax^5 + Bx^4 + Cx^3 + Dx^2 + Ex + F = Q \times (x - a) + R.$$

Si nous remplaçons x par a dans cette égalité, elle devra toujours subsister,

DIVISION (APPENDICE).

d'après la définition des opérations algébriques (18). Par cette substitution, Q prend une certaine valeur Q'; $x-a$ devient $a-a=0$; R indépendant de x ne change pas. On trouve ainsi :

$$Aa^6 + Ba^4 + Ca^3 + Da^2 + Ea + F = Q' \times 0 + R \;(^*).$$

ou

$$Aa^5 + Ba^4 + Ca^3 + Da^2 + Ea + F = R;$$

ce qui démontre notre proposition.

COROLLAIRE. *Un polynome entier par rapport à x est divisible par $x-a$ lorsque la substitution de a à la place de x dans ce polynome donne un résultat égal à 0.*

En effet, le reste R de la division est égal alors à 0.

2. *Formation du quotient.* On demande quelquefois la *loi* du quotient, c'est-à-dire la manière de déduire ses différents termes les uns des autres.

On divise le 1er terme du dividende par x, ce qui donne le 1er terme du quotient. Puis on calcule chaque terme suivant comme il suit : *on multiplie par a le coefficient du terme précédent, et on ajoute au produit le coefficient du terme du dividende qui renferme la même puissance de x que ce terme précédent. A côté du coefficient ainsi obtenu, on écrit la puissance de x immédiatement inférieure.* On applique cette règle jusqu'à ce qu'on soit arrivé à un terme indépendant de x.

RESTE DE LA DIVISION. *Pour obtenir le reste final, on multiplie par a le terme du quotient indépendant de x et on ajoute au produit le terme du dividende indépendant de x.*

Ex. $4x^6-3x^5+2x^4-7x^3+8x^2-5x+2$ | $x-2$
Reste 160, | $4x^5+5x^4+12x^3+17x^2+4.x+79$

$4x^6 : x = 4x^5$. J'écris $4x^5$ au quotient, et j'applique la règle, $(a=2)$; $4 \times 2 - 3 = 5$; j'écris $5x^4$. $5 \times 2 + 2 = 12$; j'écris $12x^3$. $12 \times 2 - 7 = 17$; j'écris $17x^2$. $17 \times 2 + 8 = 42$; j'écris $42x$. $42 \times 2 - 5 = 79$; j'écris 79. Ce terme ne renferme pas x. Le quotient entier est terminé.

RESTE $79 \times 12 + 2 = 158 + 2 = 160.$

On trouve cette règle et on la démontre, en prenant des coefficients littéraux, et en divisant $Ax^6 + Bx^5 + Cx^4 + Dx^3 + Ex^2 + Fx + H$, par exemple, par $x-a$, et comparant chaque terme du quotient au précédent pour voir comment on pourrait déduire l'un de l'autre. (Démontrez.)

CAS PARTICULIER. Dans les applications, il peut arriver que les exposants de x dans le dividende ou dans le quotient ne soient pas consécutifs, qu'il y manque certaines puissances de x, inférieures à la plus élevée. Alors il faut avoir soin de remplacer le coefficient de chaque terme manquant par zéro; on applique la règle dans ces conditions.

(*) Q' a toujours une valeur finie quand x a une valeur finie. On appelle valeur finie un nombre tel qu'il y en a de plus grands que lui.

Ex.: $2x^5 - 4x^3 + 2x - 7$ à diviser par $x - 3$. On applique la règle en prenant pour dividende $2x^5 + 0.x^4 - 4x^3 + 0.x^2 + 2x - 7$.

Division de $x^m - a^m$ par $x - a$.

$x^m - a^m$ est divisible par $x - a$ quel que soit le nombre entier m.

En effet, en faisant $x = a$ dans le dividende $x^m - a^m$, par application du théorème du n° 2, *corollaire*, on trouve pour reste $a^m - a^m = 0$.

Pour trouver le quotient il faut supposer le dividende égal à $x^m + 0.x^{m-1} + 0.x^{m-2} + \ldots + 0.x - a^m$ et appliquer la règle (n° 3).

$$\frac{x^m - a^m}{x - a} = x^{m-1} + ax^{m-2} + a^2x^{m-3} + \ldots + a^{m-2}x + a^{m-1}.$$

$x^m + a^m$ n'est pas divisible par $x - a$.

En effet, si on remplace x par a pour trouver le reste, on obtient $a^m + a^m = 2a^m$. Le reste n'est pas nul.

EXERCICES. (*Faites les exercices suivants, puis 99 à 116 inclus proposés à la fin du Cours.*)

$x^m - a^m$ est divisible par $x + a$ quand m est *pair*, et ne l'est pas quand m est *impair* (démontrez).

$x^m + a^m$ est divisible par $x + a$ quand m est *impair* et ne l'est pas quand m est *pair* (à démontrer).

DES FRACTIONS ALGÉBRIQUES.

4. *On appelle* FRACTION *le quotient d'une division qui n'est pas effectuée.*

L'expression d'une fraction se compose de deux quantités : la quantité à diviser, qu'on appelle *numérateur*, et la quantité qui divise, appelée *dénominateur*. Le numérateur et le dénominateur sont les deux termes de la fraction (*).

Une fraction s'écrit ainsi : $\dfrac{5ab^2}{3ac}$; $\dfrac{a^2 + b^2}{a^2 - b^2}$.

On écrit le dénominateur sous le numérateur, en séparant ces deux termes par une barre horizontale.

On énonce ainsi : $5ab^2$ divisé par $3ac$, ou $5ab^2$ sur $3ac$; $a^2 + b^2$ divisé par $a^2 - b^2$, ou $a^2 + b^2$ sur $a^2 - b^2$.

REMARQUE IMPORTANTE. La valeur numérique de chaque terme d'une fraction algébrique est un nombre quelconque, entier, fractionnaire, ou incommensu-

---

(*) Quand la division des deux termes peut s'effectuer exactement, il est préférable de remplacer la fraction par la quantité entière équivalente. Ex. $\dfrac{15a^3b^2}{3ab^2} = 5a^2$. Aussi la théorie que nous exposons, quoique s'appliquant aux fractions telles que nous les avons définies en général, n'a-t-elle été étudiée qu'en vue des fractions dont les numérateurs ne sont pas divisibles par les dénominateurs.

rable : il résulte de là que la valeur numérique de la fraction est un nombre de l'une de ces espèces. On ne peut donc plus dire en général que la fraction est une collection de parties égales de l'unité : il faut la considérer expressément comme le quotient de la division de deux nombres quelconques. Partant de là, nous allons faire voir que les propriétés et les règles de calcul relatives aux fractions arithmétiques, s'appliquent également aux fractions algébriques.

5. Théorème. *La valeur d'une fraction ne change pas quand on multiplie ou divise ses deux termes par une même quantité.*

1° Soit $\dfrac{a}{b}$ une fraction dont nous désignerons la valeur numérique par q (*); $\dfrac{a}{b} = q$. Par définition $a = b \times q$.

Multiplions les deux membres de cette égalité par la quantité quelconque m. On aura $a \times m = b \times q \times m$, ou bien $a \times m = b \times m \times q$.

D'où on déduit $\dfrac{a \times m}{b \times m} = q = \dfrac{a}{b}$.

2° Soient a' et b' les quotients de a et b par une quantité quelconque m; je dis que $\dfrac{a'}{b'} = \dfrac{a}{b}$. En effet, il résulte de nos hypothèses que $a = a' \times m$, et $b = b' \times m$; l'égalité précédente n'est donc autre que celle-ci : $\dfrac{a'}{b'} = \dfrac{a' \times m}{b' \times m}$, laquelle est vraie d'après 1°.

SIMPLIFICATION DES FRACTIONS.

6. *Quand les deux termes d'une fraction ont des facteurs communs, numériques ou autres, on réduit cette fraction à une expression plus simple en divisant ses deux termes par ces facteurs communs.*

Ex. : $\dfrac{15a^4b^3c^2}{10a^2b^2c^3d} = \dfrac{3a^2b}{2cd}$

Pour les monomes, on peut donner cette règle pratique :
Divisez les deux coefficients par leur plus grand commun diviseur. Si une lettre entre dans les deux termes, faites la différence des exposants, et écrivez la lettre affectée de l'exposant restant dans celui des deux termes où elle avait le plus fort exposant; si les deux exposants sont égaux, la lettre disparaît des deux termes. Si une lettre entre dans un seul terme, elle y reste telle qu'elle est.

(*) a et b peuvent désigner indifféremment les valeurs numériques des termes de la fraction, ou bien leurs expressions algébriques. Cette remarque s'applique à tout ce qui suit.

RÉDUCTION DES FRACTIONS AU MÊME DÉNOMINATEUR.

7. RÈGLE. *Pour réduire des fractions au même dénominateur, il suffit de chercher un multiple commun des dénominateurs donnés. Quand on l'a trouvé, on le divise par le dénominateur de chaque fraction; on multiplie le numérateur par le quotient obtenu, et on écrit au-dessous du produit le multiple commun lui-même.*

Soient par exemple les fractions,

$$\frac{m}{12a^3b^2c}, \quad \frac{n}{8ab^2}, \quad \frac{p}{3a^2bd^2}$$

En employant le procédé indiqué en arithmétique pour trouver le plus petit multiple commun, les lettres étant considérées comme des facteurs premiers, on trouve le multiple commun $24a^3b^2cd^2$.

Le quotient de ce multiple par $12a^3b^2c$ est égal à $2d^2$. En multipliant les deux termes de la première fraction par $2d^2$, on obtient, à la place de cette fraction, la fraction équivalente $\frac{2md^2}{24a^3b^2cd^2}$.

Pour la deuxième, le quotient de $24a^3b^2cd^2$ par le dénominateur, est $3a^2cd^2$; en multipliant les deux termes par ce quotient, on obtient la fraction égale $\frac{3na^2cd^2}{24a^3b^2cd^2}$.

On trouve de même $\frac{p}{3a^2bd^2} = \frac{8pabc}{24a^3b^2cd^2}$.

Ainsi que nous l'avons dit dans la règle, il est inutile de multiplier chaque dénominateur par le quotient qu'il a donné; on le remplace simplement par le multiple commun.

Le produit de tous les dénominateurs peut servir de dénominateur commun. La règle précédente appliquée peut alors se traduire ainsi:

Pour réduire des fractions données au même dénominateur, il suffit de multiplier les deux termes de chaque fraction par le produit effectué des dénominateurs des autres.

Nous avons pris pour exemples des fractions à termes monômes; mais ce que nous avons dit est général; quand les termes sont polynômes, il n'y a de différence que dans les procédés de multiplication ou de division de ces termes.

Avant de réduire des fractions au même dénominateur, il est bon de réduire chacune d'elles à sa plus simple expression, si on le peut (*).

(*) Nous ne parlons pas de la manière de réduire une fraction à sa plus simple expression; il nous faudrait nous appuyer sur des principes que nous n'exposons pas ici.

FRACTIONS ALGÉBRIQUES.

ADDITION DES FRACTIONS.

8. RÈGLE. *Pour additionner des fractions, on les réduit d'abord au même dénominateur; on additionne ensuite les numérateurs, et on donne à leur somme pour dénominateur le dénominateur commun.*

DÉMONSTRATION. Soient $\frac{a}{d}, \frac{b}{d}, \frac{c}{d}$, des fractions données, que nous considérons déjà réduites au même dénominateur; ce qui est toujours possible. Posons $\frac{a}{d} = q, \frac{b}{d} = q', \frac{c}{d} = q''$; q, q', q'' étant les valeurs numériques des fractions. Par définition nous avons $a = q \times d$, $b = q' \times d$, $c = q'' \times d$. En additionnant toutes ces égalités, membre à membre, on trouve
$$a + b + c = q \times d + q' \times d + q'' \times d = (q + q' + q'') d.$$

D'où l'on déduit $\quad q + q' + q'' = \dfrac{a + b + c}{d}.$

Mais $q + q' + q''$ est la somme des fractions données; cette somme est donc égale au résultat que fournit notre règle.

SOUSTRACTION.

9. RÈGLE. *On réduit les fractions au même dénominateur; cela fait, on retranche les numérateurs l'un de l'autre; et on donne à la différence, pour dénominateur, le dénominateur commun.*

DÉMONSTRATION. Soient $\frac{a}{d} = q, \frac{b}{d} = q'$; d'où $a = q \times d$; $b = q' \times d$;

$a - b = q \times d - q' \times d = (q - q') d$; d'où enfin $q - q' = \dfrac{a - b}{d},$

c'est-à-dire $\frac{a}{d} - \frac{b}{d} = \frac{a - b}{d}$. C. Q. F. D.

MULTIPLICATION.

10. RÈGLE. *On multiplie les numérateurs entre eux et les dénominateurs entre eux.*

DÉMONSTRATION. Soient $\frac{a}{b} = q, \frac{c}{d} = q'$ Ou $a = b \times q$, $c = d \times q'$.

En multipliant, on trouve $a \times c = b \times d \times q \times q'$; d'où $q \times q' = \dfrac{a \times c}{b \times d}$;

ou $\frac{a}{b} \times \frac{c}{d} = \frac{a \times c}{b \times d}$. C. Q. F. D.

DIVISION.

11. 1° Soient d'abord deux fractions de même dénominateur : $\frac{a}{d} = q$, $\frac{b}{d} = q'$.

Par définition, $a = d \times q$; $b = d \times q'$; d'où $\frac{a}{b} = \frac{d \times q}{d \times q'} = \frac{q}{q'}$ ou $\frac{a}{d} : \frac{b}{d} = \frac{a}{b}$.

Le quotient de la division de deux fractions qui ont le même dénominateur est égal au quotient de leurs numérateurs.

2° Soient maintenant deux fractions quelconques, $\frac{a}{b} = q, \frac{c}{d} = q'$. Nous pouvons réduire ces fractions au même dénominateur ; $\frac{a}{b} = \frac{ad}{bd}$; $\frac{c}{d} = \frac{bc}{bd}$; donc $\frac{a}{b} : \frac{c}{d} = \frac{ad}{bd} : \frac{bc}{bd} = \frac{ad}{bc}$, d'après 1°

L'égalité $\frac{a}{b} : \frac{c}{d} = \frac{a \times d}{b \times c}$ peut s'écrire $\frac{a}{b} : \frac{c}{d} = \frac{a}{b} \times \frac{d}{c}$: de là cette règle :

RÈGLE. *Pour diviser deux fractions, on multiplie la fraction dividende par la fraction diviseur renversée.*

12. OBSERVATION GÉNÉRALE. On peut avoir à opérer sur des quantités composées de plusieurs fractions comme celle-ci : $\frac{5x}{3} - \frac{3a}{b} + \frac{7c}{5}$, ou de termes entiers et de fractions comme celle-ci : $3a - \frac{2b}{3} + \frac{5c}{3a} - 4$. On applique à ces polynomes fractionnaires les règles indiquées pour les opérations analogues sur les polynomes entiers. On n'a plus alors, pour évaluer chaque terme du résultat, qu'à effectuer sur des termes fractionnaires isolés les opérations qu'on vient d'expliquer. Nos démonstrations pour les polynomes entiers, basées sur les valeurs numériques, s'appliquent évidemment aux expressions ci-dessus.

En appliquant les règles précédentes, on voit facilement que le quotient de deux quantités algébriques fractionnaires quelconques peut toujours être remplacé par le quotient de deux quantités entières, quand il ne se réduit pas à une seule quantité entière.

EXERCICES.

Faites sur les fractions, à propos de chaque opération, les exercices de 117 à 178 inclus, et 32 (N) à 43 (N), tous proposés à la fin du Cours.

CHAPITRE II.

ÉQUATIONS DU PREMIER DEGRÉ

PRÉLIMINAIRES.

46. Égalité. On appelle égalité l'expression à l'aide du signe, $=$, de l'équivalence des deux quantités.

Les deux quantités réunies par le signe $=$ s'appellent les deux *membres* de l'égalité.

Identité. On appelle en particulier *identité* une égalité arithmétique évidente d'elle-même ou *très*-facile à vérifier, ou bien encore, une égalité entre des quantités algébriques qui se vérifie pour toutes les valeurs attribuées aux lettres.

Exemples : $5 + 3 = 8$; $a^2 - b^2 = (a-b)(a+b)$.

Équation. On appelle *équation* une égalité qui ne peut être vérifiée que par des valeurs spéciales encore *inconnues*, attribuées à certaines lettres qui y entrent, et que l'équation même doit servir à déterminer.

Exemples : $5x - 3 = 17$; $2x^2 - 3x + 7 = 9$; $5x - 3y = 28$.

Une équation peut renfermer une ou plusieurs inconnues.

47. On appelle *racine* ou *solution* d'une équation à une inconnue un nombre qui, mis à la place de l'inconnue, vérifie l'équation, c'est-à-dire rend les deux nombres *identiquement* égaux.

Exemples. 4 est une solution de l'équation $5x - 3 = 17$.

2 est une solution ou une racine de l'équation $2x^2 - 3x + 7 = 9$.

On appelle *solution* d'une équation à plusieurs inconnues *un ensemble de nombres* qui, mis à la fois à la place des inconnues, rendent les deux membres de l'équation identiquement égaux.

Ex. : $x = 8$, $y = 4$ forment une solution de l'équation $5x - 3y = 28$.

Une seule équation à plusieurs inconnues a généralement une infinité de solutions, comme nous le verrons plus tard.

Résoudre une équation, c'est trouver la solution ou les solutions de cette équation.

48. *Deux équations sont dites* ÉQUIVALENTES *quand elles admettent exactement les mêmes racines, les mêmes solutions.* Telles sont évidemment les deux équations $5x + 3y = 31$, $10x + 6y = 62$.

49. Une équation est *numérique* quand l'inconnue ou les inconnues y sont seules représentées par des lettres. Ex. : $5 + x = 8$, $3x^2 - 5x = 2$.

Une équation est *littérale* quand des quantités connues y sont représentées par des lettres. Ex. : $2x + a = b + 1$.

Les inconnues se désignent ordinairement par les dernières lettres de l'alphabet, x, y, z; on remonte un peu plus haut, si cela est nécessaire, t, u, etc. Les quantités connues se désignent par les premières lettres, a, b, c.

50. Les équations se distinguent entre elles par leur degré et par le nombre de leurs inconnues.

On distingue les équations du premier degré à une inconnue, à deux inconnues, etc.

On distingue de même les équations du deuxième degré; etc.

Le degré d'une équation à une inconnue, dont les deux membres sont entiers par rapport à cette inconnue, est l'exposant le plus élevé dont cette inconnue est affectée dans les deux membres.

Ex. : $5x + 4 = 8x - 17$ est du premier degré; $x^3 - 5x + 2 = 0$ est du troisième degré.

Le degré d'une équation à plusieurs inconnues, dont les deux membres sont entiers par rapport à ces inconnues, est la plus forte somme des exposants des inconnues dans un même terme de l'équation.

Ex. : $xy - x - 3 = 12 + 3y$ est du deuxième degré; $5xy - 8 = 3xy^3 - 4x^2$ est du quatrième degré.

ÉQUATIONS DU 1ᵉʳ DEGRÉ (PRÉLIMINAIRES). 59

Quand les deux membres d'une équation ne sont pas entiers par rapport à une inconnue ou à des inconnues, on ne peut estimer son degré qu'après l'avoir ramenée à une forme entière par les transformations que nous étudierons.

51. Principes généraux. Pour résoudre une équation, on la suppose résolue, en regardant chaque inconnue, x, comme représentant actuellement un nombre vérifiant l'équation. On raisonne en conséquence comme sur une égalité reconnue, et on peut appliquer à l'équation tous les principes et axiomes relatifs aux égalités ou identités.

52. Axiomes. *On peut, sans troubler une égalité ou une équation, augmenter ou diminuer ses deux membres d'une même quantité.*

En multipliant ou en divisant les deux membres d'une équation à deux ou à plusieurs inconnues, par un même nombre connu, on obtient une équation exactement équivalente à la première (n° 48) (*).

Ex. : Les équations $5x + 3y = 31$, $10x + 6y = 62$ sont équivalentes (*Voyez la note*)

53. Faire passer les termes d'un membre dans un autre. On a souvent besoin de *faire passer les termes d'une équation d'un membre dans un autre.* Cela se fait bien simplement comme il suit:

(*) Remarque importante. Il n'en est pas toujours ainsi quand on multiplie les deux membres par une même expression algébrique; il faut alors *prendre garde* aux cas où cette expression deviendrait égale à 0 pour certaines valeurs des lettres qui y entrent; le principe ci-dessus n'est plus alors applicable. Si on multiplie par ex. par une expression qui renferme l'inconnue, on risque d'introduire ou de supprimer une ou plusieurs solutions, de remplacer par conséquent l'équation considérée par une autre qui ne lui est pas équivalente. Ex. : Si on multiplie les deux membres de l'équation $x + 3 = 5$ par $x - 7$, on obtient l'équation $(x+3)(x-7) = 5(x-7)$, qui admet la racine $x = 7$ de plus que l'équation donnée $x + 3 = 5$. De même, ayant l'équation $(x+3)(x-7) = 5(x-7)$, si on divisait des deux parts par $x - 7$, on substituerait à l'équation proposée une équation $x + 3 = 5$ ayant une racine de moins, $x = 7$.

Par ex., si pour faire disparaître les dénominateurs d'une équation (n° 57), on multiplie les deux membres par un facteur renfermant l'inconnue ou les inconnues, il faut avoir soin de vérifier chacune des racines ou solutions de l'équation finale obtenue ainsi, pour voir si elle satisfait à l'équation proposée non débarrassée de ses dénominateurs. Si cela est, cette solution doit être regardée comme bonne; dans le cas contraire, elle doit être rejetée.

Règle. *Pour faire passer un terme d'un membre d'une équation dans l'autre, on l'efface dans le membre où il se trouve, et on l'écrit dans l'autre avec un signe contraire.*

Ex. $$5x + 3 = 7x - 5. \qquad (1)$$

Je suppose qu'on veuille faire passer -5 du deuxième membre dans le premier. On efface -5 dans le deuxième membre et on écrit $+5$ à la fin du premier; ce qui donne

$$5x + 3 + 5 = 7x.$$

Démonstration. $7x = 7x - 5 + 5$. En écrivant $7x$ au lieu de $7x - 5$, on ajoute donc 5 au deuxième membre de l'égalité (1); pour ne pas troubler l'égalité, on ajoute 5 au premier membre.

On démontre de même que, pour faire passer $5x$ dans le deuxième membre, il suffit de l'effacer dans le premier, et de l'écrire dans le deuxième avec le signe $-$. On a ainsi : $3 + 5 = 7x - 5x$.

54. Corollaire. *On peut changer les signes de tous les termes d'une équation sans troubler l'égalité.*

En effet, si on transpose successivement tous les termes de l'équation d'un membre dans l'autre, puis qu'on change les membres de place, tous les signes se trouvent changés sans que l'égalité ait été troublée.

RÉSOLUTION D'UNE ÉQUATION DU PREMIER DEGRÉ A UNE SEULE INCONNUE.

55. Pour plus de régularité, nous considérerons d'abord deux cas : celui où l'équation ne renferme pas de dénominateurs, et celui où elle en renferme, puis nous donnerons une règle générale.

56. 1ᵉʳ Cas. L'ÉQUATION N'A QUE DES TERMES ENTIERS.

Règle. *Dans ce cas, on fait passer dans un membre tous les termes qui contiennent l'inconnue, et les termes tout connus dans l'autre. On réduit les termes semblables et on met x en facteur commun. Ayant ainsi obtenu une équation de cette forme,* $Ax = B$, *on en dé-*

déduit $x = \dfrac{A}{B}$, *c'est-à-dire qu'on obtient la valeur de l'inconnue* x, *en divisant le membre tout connu par le multiplicateur de* x.

EXEMPLE : Soit à résoudre l'équation
$$5x + 3 = 7x - 5.$$

On fait passer $5x$ dans le deuxième membre et -5 dans le premier ; on trouve ainsi $3 + 5 = 7x - 5x$, ou après réduction, $8 = 2x$; d'où $x = \dfrac{8}{2} = 4$.

On peut voir que 4 vérifie l'équation. En effet, si l'on y remplace x par 4, il vient
$$5 \times 4 + 3 = 7 \times 4 - 5 ;\ 20 + 3 = 28 - 5 ;\ 23 = 23.$$

2e EXEMPLE. Résoudre $5a^2 x - 7a^2 + 3x = 8ax - 5a + 4$.

Je fais passer tous les termes en x dans le 1er membre, et tous les termes connus dans le 2e :
$$5a^2 x - 8ax + 3x = 7a^2 - 5a + 4.$$

Je mets x en facteur commun :
$$(5a^2 - 8a + 3)x = 7a^2 - 5a + 4.$$

D'où je déduis $\quad x = \dfrac{7a^2 - 5a + 4}{5a^2 - 8a + 3}$

Si compliquée que soit une équation dont les termes sont entiers, on peut la résoudre en suivant cette marche.

57. 2e CAS. L'ÉQUATION RENFERME DES DÉNOMINATEURS.

RÈGLE. *On fait disparaître d'abord les dénominateurs, autrement dit on chasse les dénominateurs. Pour cela, on opère comme si on voulait réduire tous les termes fractionnaires au même dénominateur le plus simplement possible ; mais on n'écrit que les numérateurs ainsi obtenus ; on n'écrit pas les dénominateurs. Les termes fractionnaires se trouvant ainsi multipliés par le dénominateur commun; on multiplie, pour ne pas troubler l'égalité, chaque terme entier par ce dénominateur commun.*

L'équation n'ayant plus que des termes entiers, on achève de la résoudre en appliquant la règle du 1er cas.

1er Exemple : Soit à résoudre l'équation

$$\frac{5x}{12} - \frac{3}{4} = \frac{7x}{5} - \frac{2}{3} + 2x - 20. \qquad (1)$$

Choisissons un dénominateur commun ; pour cela, faisons comme il a été dit en Arithmétique. Le plus petit multiple commun des dénominateurs actuels est 60 ; pour donner ce dénominateur à tous les termes, y compris ceux actuellement entiers, il faut multiplier le numérateur de chaque terme fractionnaire par le quotient de 60 divisé par son dénominateur actuel, et chaque terme entier par 60 lui-même. Mais après cela, 60 se trouvant dénominateur commun, il faudrait le supprimer. On ne prend pas la peine de l'écrire.

Voici le calcul :

Multiple commun, 60.

Quotients : 5 15 12 20 60 60

$$\frac{5x}{12} - \frac{3}{4} = \frac{7x}{5} - \frac{2}{3} + 2x - 10$$

$$25x - 45 = 84x - 40 + 120x - 600 ;$$

cette équation équivaut à (1), puisque chaque terme de la nouvelle équation est égal à son correspondant de l'ancienne multiplié par 60.

Maintenant nous n'avons plus qu'à transposer les termes, de manière à n'avoir que des termes en x dans un membre, et des termes connus dans l'autre :

$$40 + 600 - 45 = 84x + 120x - 25x ;$$

et après réduction :

$$595 = 179x, \quad \text{d'où} \quad x = \frac{595}{179}.$$

Remarque. Il convient de faire passer les termes en x dans celui des membres de l'équation où les termes positifs en x doivent donner la plus grande somme.

ÉQUATIONS DU 1ᵉʳ DEGRÉ A UNE INCONNUE.   63

2ᵉ Exemple. Prenons pour second exemple une équation littérale.

$$\frac{5x}{a+b} - \frac{3}{a} = \frac{4x}{b-a} - \frac{7}{a^2b} + 3ab.$$

Le plus petit multiple commun des dénominateurs est ici :

$$(a+b)(b-a)a^2b = (b^2-a^2)a^2b = a^2b^3 - a^4b.$$

Voici le calcul :

Multiple commun, $(b^2-a^2)a^2b = a^2b^3 - a^4b.$

Quotients : $(b-a)a^2b$; $(b^2-a^2)ab$; $(b+a)a^2b$; b^2-a^2 ; $a^2b^3 - a^4b$

$$\frac{5x}{a+b} - \frac{3}{a} = \frac{4x}{b-a} - \frac{7}{a^2b} + 3ab.$$

Résultat : $5x(a^2b^2 - a^3b) - 3(ab^3 - a^3b) = 4x(a^2b^2 + a^3b) -$
$7(b^2-a^2) + 3ab(a^2b^3 - a^4b),$

ou $5a^2b^2x - 5a^3bx - 3ab^3 + 3a^3b = 4a^2b^2x + 4a^3bx -$
$7b^2 + 7a^2 + 3a^3b^4 - 3a^5b^2.$

Transposant les termes en x, puis mettant x en facteur commun dans le premier nombre, on a :

$$(5a^2b^2 - 5a^3b - 4a^2b^2 - 4a^3b)x = 3ab^3 - 3a^3b - 7b^2 + 7a^2 +$$
$$3a^3b^4 - 3a^5b^2.$$

En réduisant, on trouve :

$$(a^2b^2 - 9a^3b)x = 3ab^3 - 3a^3b - 7b^2 + 7a^2 + 3a^3b^4 - 3a^5b^2;$$

d'où enfin $x = \dfrac{3ab^3 - 3a^3b - 7b^2 + 7a^2 + 3a^3b^4 - 3a^5b^2}{a^2b^2 - 9a^3b}$

58. Tout ce qui précède se résume dans cette règle générale.

Règle générale. *Pour résoudre une équation du 1ᵉʳ degré à une inconnue, 1° on fait disparaître les dénominateurs ;   2° on réunit dans* un même membre tous les termes qui contiennent l'inconnue, et dans l'autre ceux qui ne la renferment pas ; 3° on fait dans chaque membre la réduction des termes semblables, et on met l'inconnue en facteur commun dans le membre où elle se trouve ; 4° on divise le membre de l'équation qui ne contient pas l'inconnue par le coefficient de celle-ci dans l'autre.

REMARQUE. Quand on fait disparaître les dénominateurs, il faut avoir égard à ce qui a été dit dans la note de la page 59.

59. DISCUSSION. A l'aide de la règle précédente, toute équation du premier degré peut être ramenée à la forme $Ax = B$. Cela fait, il peut se présenter trois cas dans la résolution d'une équation numérique : 1° *le coefficient* A *de* x *n'est pas nul;* 2° *on peut avoir* $A = 0$, *et* $B = m$, *nombre différent de* 0 ; 3° *on peut avoir à la fois* $A = 0, B = 0$.

1ᵉʳ CAS. A *n'est pas nul.*

L'équation $Ax = B$ admet alors la solution $x = \dfrac{B}{A}$, et n'en admet pas d'autre.

En effet, si nous désignons par a le quotient de B par A, il résulte de la définition de la division que $A \times a = B$. Si, à la place de x, on met un nombre quelconque b, plus grand ou plus petit que a, ce nombre ne satisfera plus à l'équation $Ax = B$; car le produit $A \times b$ sera plus grand ou plus petit que $B = A \times a$.

2ᵉ CAS. $A = 0$, $B = m$ *nombre différent de zéro.*

L'équation $Ax = B$, qui se présente alors sous la forme $0 \times x = m$, n'admet aucune solution.

En effet, quel que soit le nombre que l'on mette à la place de x, le premier nombre sera toujours égal à 0, et jamais à m. L'équation proposée est impossible.

3ᵉ CAS. On peut avoir $A = 0$, $B = 0$.

L'équation $Ax = B$ se présente alors sous cette forme $0 \times x = 0$. Quel que soit le nombre que l'on mette à la place de x, l'équation est satisfaite. Le premier nombre venu est une solution de l'équation.

On dit alors que l'équation admet une infinité de solutions, qu'elle est indéterminée. On dit aussi que la valeur de x est indéterminée (*).

EXERCICES.

Faites les *Exercices* 179 à 198 inclus proposés à la fin du cours.

APPLICATIONS. — PROBLÈMES RÉSOLUS.

60. Avant de nous occuper des équations à plusieurs inconnues, nous allons résoudre quelques problèmes ne conduisant qu'à des équations du premier degré à une seule inconnue.

La résolution d'un problème à l'aide d'équations se compose de deux parties: la mise en équation du problème, et la résolution de l'équation ou des équations posées.

La mise en équation du problème consiste à exprimer, à l'aide des symboles algébriques, les relations que l'énoncé établit entre les données et les inconnues.

61. Il n'y a pas de règle précise pour mettre les problèmes en équation ; c'est une affaire de sagacité et d'habitude quand les problèmes sont difficiles.

Voici ce qu'on peut dire de plus général à ce sujet. Nous citons M. Lacroix :

On indique, à l'aide de signes algébriques, sur les quantités connues représentées soit par des nombres, soit par des lettres, et sur

---

(*) Ce que nous venons de dire touchant la résolution d'une équation numérique du premier degré à une inconnue est suffisant au point de vue du calcul abstrait, c'est-à-dire quand on résout l'équation $Ax = B$ en vue seulement de trouver un nombre x qui satisfasse à cette équation, ou à toute autre équivalente (48) ; à ce point de vue, nous avons indiqué tous les cas qui peuvent se présenter et ce que l'on doit conclure dans chacun.

Plus tard, dans les applications, quand nous résoudrons une équation du premier degré à une inconnue pour trouver la réponse à un problème proposé sur certaines quantités, nous aurons quelque chose à ajouter pour les deux derniers cas, et nous reviendrons sur la discussion que nous venons de faire.

Nous y reviendrons aussi pour considérer le cas où l'équation $Ax = B$, ou son équivalente, $x = \dfrac{B}{A}$ est littérale, c'est-à-dire le cas où $x = \dfrac{B}{A}$ est ce qu'on appelle une formule. (Voyez pages 114 et suivantes.)

les quantités inconnues toujours représentées par des lettres, les opérations qu'il faudrait effectuer pour vérifier les valeurs inconnues supposées trouvées.

62. 1ᵉʳ Problème. *130ᶠ doivent être partagés entre trois personnes, de manière que la deuxième ait deux fois autant que la première, plus 8ᶠ, et la troisième autant que les deux autres ensemble, moins 6ᶠ. Trouver la part de chaque personne.*

Désignons par x la part de la première personne. La deuxième personne aura $2x+8$, et la troisième autant que les deux autres ensemble, ou $3x+8$, moins 6 c'est-à-dire $3x+8-6=3x+2$. Mais les trois parts additionnées doivent composer la somme à partager, c'est-à-dire 130ᶠ. J'écris cela :

$$x+(2x+8)+(3x+2)=130,$$

et j'ai l'équation du problème.

J'effectue l'addition algébrique : $\quad 6x+10=130$.
$6x=130-10=120$. Puis :

$$x=120:6=20$$

La première personne aura 20ᶠ; la deuxième $20^f \times 2 + 8^f =$ 48ᶠ; la troisième $20^f + 48^f - 6^f = 62^f$. Vérification : $20+48+62=130$.

2ᵉ Problème. *Une personne a dépensé la moitié de son avoir, puis le tiers, puis le douzième, et il lui reste 20ᶠ. Combien avait-elle ?*

Désignons l'avoir cherché par x. 1ʳᵉ *dépense :* $\frac{1}{2}x$; 2ᵉ *dépense.* $\frac{1}{3}x$; 3ᵉ *dépense :* $\frac{1}{12}x$. L'avoir total x se compose des trois dépenses et de ce qui reste. J'écris cela :

$$x=\frac{x}{2}+\frac{x}{3}+\frac{x}{12}+20,$$

et j'ai l'équation du problème.

Pour résoudre l'équation, je chasse les dénominateurs.
Le plus petit dénominateur commun est 12 ;
je multiplie tous les termes par 12, et je trouve :

$$12x=6x+3x+x+240. \quad 12x=11x+240$$

et enfin $12x-11x \quad$ ou $x=240^f$. C'est l'avoir cherché.

PROBLÈMES DU 1ᵉʳ DEGRÉ.

VÉRIFICATION. 1ʳᵉ dépense: 240ᶠ : 2 = 120ᶠ ; 2ᵉ dép. 240ᶠ : 3 = 80ᶠ ; 3ᵉ dépense: 240ᶠ : 12 = 20ᶠ ; total des dépenses : 220ᶠ. 240ᶠ — 220ᶠ = 20ᶠ. Il reste en effet 20ᶠ.

3ᵉ PROBLÈME. *Quatre personnes se sont partagé des oranges. La 1ʳᵉ en a pris la moitié moins 6 ; la 2ᵉ a pris le tiers du reste moins 2 ; la 3ᵉ, le quart du nouveau reste moins 1 ; la 4ᵉ a eu 13 oranges qui restaient. On propose de trouver le nombre des oranges partagées, et la part de chaque personne.*

Désignons par x le nombre des oranges partagées :

1ʳᵉ part : $\frac{1}{2}x - 6$.

1ᵉʳ reste : $x - \left(\frac{x}{2} - 6\right) = x - \frac{x}{2} + 6 = \frac{x}{2} + 6$.

2ᵉ part : $\frac{1}{3}\left(\frac{x}{2} + 6\right) - 2 = \frac{x}{6} + 2 - 2 = \frac{x}{6}$.

2ᵉ reste : $\left(\frac{x}{2} + 6\right) - \frac{x}{6} = \frac{3x}{6} + 6 - \frac{x}{6} = \frac{2x}{6} + 6$.

3ᵉ part : $\frac{1}{4}\left(\frac{2x}{6} + 6\right) - 1 = \frac{2x}{24} + \frac{6}{4} - 1 = \frac{x}{12} + \frac{1}{2}$.

4ᵉ part : 13.

Le nombre des oranges à partager x est la somme des 4 parts. J'écris cela :

$$x = \left(\frac{x}{2} - 6\right) + \frac{x}{6} + \left(\frac{x}{12} + \frac{1}{2}\right) + 13,$$

et j'ai l'équation du problème.

Je la résous en chassant les dénominateurs, et je trouve
$12x = 6x - 72 + 2x + x + 6 + 156 = 9x - 72 + 162$;
d'où, $12x - 9x$ ou $3x = 162 - 72 = 90$; $x = 30$.

VÉRIFICATION. 1ʳᵉ part. $(30 : 2) - 6 = 15 - 6 = 9$. 1ᵉʳ reste : 21. 2ᵉ part : $(21 : 3) - 2 = 7 - 2 = 5$. 2ᵉ reste : $21 - 5 = 16$. 3ᵉ part : $(16 : 4) - 1 = 4 - 1 = 3$. 3ᵉ reste : $16 - 3 = 13$. Ce qui est précisément le dernier reste donné. $9 + 5 + 3 + 13 = 30$.

4ᵉ PROBLÈME. *Un nombre est composé de trois chiffres. La somme de ces chiffres est 11 ; le chiffre des centaines est égal à deux fois le chiffre des dizaines ; de plus, si on retranche 396 de ce nombre, on obtient le nombre renversé. Quel est ce nombre ?*

Soit x le chiffre des dizaines; celui des centaines est $2x$, et celui des unités, égal à 11 moins la somme des deux autres, vaut $11-3x$.

Le nombre considéré se composant de $2x$ centaines, de x dizaines, et de $11-3x$ unités, contient en totalité un nombre d'unités simples égal à :

$$100 \times 2x + 10x + 11 - 3x.$$

Le nombre renversé est un autre nombre composé de $(11-3x)$ centaines, plus x dizaines, plus $2x$ unités, ou bien égal en unités simples à :

$$100 \times (11-3x) + 10x + 2x.$$

En retranchant 396 du premier de ces nombres, on doit trouver le second. Vérifions : x doit être tel que l'on ait :

$$200x + 10x + 11 - 3x - 396 = 100(11-3x) + 10x + 2x.$$

Le problème est mis en équation; il faut le résoudre.

L'équation ne renfermant que des termes entiers, il n'y a qu'à effectuer les calculs indiqués, et à réduire les termes semblables. On trouve ainsi :

$$200x + 10x - 3x + 300x - 10x - 2x = 1100 + 396 - 11;$$

d'où $\quad 495x = 1485;\quad$ puis enfin $\quad x = 3.$

Le chiffre des dizaines étant 3, celui des centaines est 6, et celui des unités, 2; le nombre demandé est 632; $632 - 396 = 236$, qui est bien 632 renversé.

5ᵉ Problème. *La distance de Paris à Lille par le chemin de fer est de* $374^{Km},2$. *Deux trains partent en même temps de Paris et de Lille; le premier, train ordinaire, a une vitesse moyenne de* $32^{Km},2$; *le second, train express, a une vitesse de* $5^{Km},3$. *A quelle distance de Paris se rencontrent les deux trains.*

$$\overline{\qquad\qquad\qquad\qquad\qquad\qquad\qquad\qquad}$$
$$\text{P} \qquad\qquad\qquad\qquad r \qquad\qquad\qquad\qquad \text{L}$$

Représentons par la ligne droite PL le chemin de fer de Paris à Lille; soit r le point de rencontre des deux trains. On connaît $\text{PL} = 274,2$, et il faut trouver $\text{P}r$; soit $\text{P}r = x$; par suite, $\text{L}r = 274,2 - x$.

PROBLÈMES DU 1ᵉʳ DEGRÉ.

Les deux trains partant à la même heure, l'un de P, l'autre de L, et arrivant en même temps à l'endroit r du chemin, mettent exactement le même temps, l'un pour parcourir $Pr = x$, l'autre pour parcourir $Lr = 274,2 - x$. Or le premier train, parcourant $32^{Km},2$ par heure, mettra pour parcourir x^{Km} autant d'heures qu'il y a de fois 32,2 dans x ; il mettra $\dfrac{x}{32,2}$ heures. Le second, faisant $55^{Km},3$ à l'heure, parcourra $274^{Km},2 - x$ en $\dfrac{274,2 - x}{55,3}$ heures. Ces deux nombres d'heures doivent être égaux ; on a donc l'équation

$$\frac{x}{32,2} = \frac{274,2 - x}{55,3},$$

ou plus simplement

$$\frac{x}{322} = \frac{274,2 - x}{553}.$$

Il faut résoudre cette équation.

En chassant les dénominateurs (57), on trouve :

$$553x = 274,2 \times 322 - 322x ;$$

d'où

$$(553 + 322)x = 274,2 \times 322, \quad \text{ou} \quad 875x = 274,2 \times 322 ;$$

d'où enfin

$$x = \frac{274,2 \times 322}{875}.$$

62 BIS. GÉNÉRALISATION DU PROBLÈME PRÉCÉDENT. *Deux mobiles partis en même temps des points* A *et* B, *qui sont distants de* a *mètres, parcourent la droite* ABX *d'un mouvement uniforme, dans le sens* X'X ; *leurs vitesses respectives sont* v *mètres et* v' *mètres par heure. Trouver la distance du point* B *à leur point de rencontre.*

$$\overline{\qquad X' \qquad A \qquad B \qquad R \qquad X \qquad}$$

Soit R le point de rencontre présumé des deux mobiles ; désignons par x la distance BR. Comme $AB = a$, $AR = a + x$. Le premier mobile parcourant v mètres par minute, met, pour parcourir le chemin AR ou $a + x$, autant de minutes qu'il y a de fois

v dans $a+x$, c'est-à-dire $\dfrac{a+x}{v}$ minutes. Le second parcourt la distance $\mathrm{BR} = x$ dans $\dfrac{x}{v'}$ minutes. Les deux mobiles partent en même temps l'un de A, l'autre de B, et arrivent ensemble au point R; les deux temps sont donc égaux : $\dfrac{a+x}{v} = \dfrac{x}{v'}$.

Cette équation résolue donne : $x = \dfrac{av'}{v-v'}$. \hfill (1)

EXERCICES.

Faites ici les exercices 246 à 328 inclus proposés à la fin du cours.

ÉQUATIONS DU 1ᵉʳ DEGRÉ A DEUX INCONNUES.

63. *Une équation isolée à deux inconnues admet une infinité de solutions.*

EXEMPLE : $\qquad 5x + 7y = 34.$ \hfill (1)

Cette équation équivaut à celle-ci : $5x = 34 - 7y$.

En donnant diverses valeurs à y dans cette équation, on en déduit autant de valeurs correspondantes de x.

Pour $y = 2$, $\quad 5x = 34 - 14 = 20$; $\quad x = 20 : 5 = 4$.

$y = 2$, $x = 4$ vérifient ensemble l'équation (1).
Pour $y = 3$, on trouve $\quad 5x = 34 - 21 = 13$; $\quad x = {}^{13}/_5$;
$y = 3$, $x = {}^{13}/_5$, vérifient ensemble l'équation (1). De même $y = 4$ donnerait $x = {}^{6}/_5$. Ainsi de suite.

L'équation (1) isolée admet donc une infinité de solutions.
On dit alors que cette équation est *indéterminée*, qu'elle ne fournit que des valeurs *indéterminées* de x et de y.

Un problème à deux inconnues n'est donc pas déterminé quand on ne peut établir qu'une équation entre ces deux inconnues. Il faut qu'on puisse établir deux équations au moins, et nous allons apprendre à résoudre un système de deux équations à deux inconnues.

ÉQUATIONS DU 1er DEGRÉ A DEUX INCONNUES.

Résolution de 2 *équations du 1er degré à 2 inconnues.*

64. 1er Cas. *Une des équations ne renferme qu'une inconnue.*

Ex. : $5x + 7y = 34.$ (1) $3x = 12.$ (2)

Je tire de l'équation (2) la valeur de x; $x = 12 : 3 = 4$. Je substitue cette valeur de x dans la 1re équation, et j'ai $5 \times 4 + 7y = 34$; ou $20 + 7y = 34$, équation à une inconnue que je sais résoudre. J'en déduis : $7y = 34 - 20 = 14$; d'où $y = 14 : 7 = 2$. $x = 4, y = 2,$ vérifient ensemble les deux équations proposées.

Ce sont les seules valeurs qui les vérifient ensemble. Car l'équation (2) ne peut être vérifiée que par $x = 4$, et quand x a été remplacé par 4, l'équation (1) ne peut être vérifiée que par $y = 2$.

65. 2e Cas. *Les deux équations renferment les deux inconnues.*

Ex. : $7y + 5x = 34.$ (1)
$8y - 3x = 4.$ (2)

On ramène ce cas au précédent, en *éliminant* une inconnue, c'est-à-dire en déduisant des deux équations proposées une équation à une inconnue, qui jointe à l'une des proposées compose un nouveau système d'équations que l'on sait résoudre (n° 64, 1er cas), et qui est équivalent au système proposé, c'est-à-dire a exactement les mêmes solutions.

Il y a plusieurs manières d'éliminer une inconnue.

66. 1re méthode. élimination par substitution.

$7y + 5x = 34.$ (1)   Considérant y comme un nombre connu,
$8y - 3x = 4.$ (2)   je résous la 1re équation par rapport à x. J'en déduis $5x = 34 - 7y$; puis

$$x = \frac{34 - 7y}{5} \qquad (3)$$

Comme x doit avoir la même valeur dans les deux équations, je puis remplacer x par cette valeur (3), lui substituer cette valeur dans l'équation (2). Je le fais et je trouve :

$$8y - 3\frac{(34 - 7y)}{5} = 4. \qquad (4)$$

Je résous cette équation à une seule inconnue.

72   COURS D'ALGÈBRE.

Pour cela, je chasse le dénominateur, et j'effectue la multiplication indiquée, puis la soustraction ;

ce qui donne $40y - 102 + 21y = 20$;

d'où $61y = 102 + 20 = 122$; puis $y = 122 : 61 = 2$.

Je remplace y par cette valeur, 2, dans l'équation (3), et je trouve $x = \dfrac{34 - 14}{5} = \dfrac{20}{5} = 4$.

$y = 2$, $x = 4$ vérifient ensemble les équations proposées, composent une *solution* du système des équations proposées. Cette olution est la seule qu'il admette.

DÉMONSTRATION. Au lieu des équations proposées.

$$\left. \begin{array}{ll} x = \dfrac{34 - 7y}{5} & (3) \\ 8y - 3x = 4 & (2) \end{array} \right\} (m), \quad [\text{l'équation (3) équivaut à l'éq.(1)}]$$

on a résolu finalement les équations

$$\left. \begin{array}{l} x = \dfrac{34 - 7y}{5} \quad (3) \\ 8y - 3\left(\dfrac{34 - 7y}{5}\right) = 4 \quad (4) \end{array} \right\} (n).$$

Les deux systèmes (m) et (n) sont équivalents, c'est-à-dire que *l'un ne peut être vérifié par deux valeurs associées $x = a$, $y = b$ de x et de y sans que l'autre le soit.*

En effet, si un des systèmes, *n'importe lequel*, est vérifié par $x = a$, $y = b$, l'équation (3) qui fait partie des deux systèmes est vérifiée, et on a

$$a = \dfrac{34 - 7b}{5} ;$$

par suite $8b - 3a = 8b - 3\left(\dfrac{34 - 7b}{5}\right)$.

Mais l'un des membres de cette dernière égalité est égal à 4 puisque l'une des équations (2) ou (4) est nécessairement vérifiée ; donc l'autre membre est aussi égal à 4, et par suite, les équations (2) et (4) sont vérifiées à la fois.

(3) et (2) sont vérifiées ; (3) et (4) sont vérifiées.

Les systèmes (m) et (n) sont donc vérifiés par les mêmes valeurs de x et de y ; résoudre l'un revient à résoudre l'autre.

Or, le système (n), qui renferme une équation à une seule inconnue (y), admet la solution trouvée $y = 2$, $x = 4$, et n'admet que cette solution, comme il a été expliqué n° 64, 1er cas. Le système (m) des équations proposées admet donc cette solution, et n'en admet pas d'autres.

ÉQUATIONS DU 1er DEGRÉ A DEUX INCONNUES.

67. 2ᵉ Méthode. Élimination par comparaison.

$5x + 7y = 34$ (1)   Supposant y connu, je déduis la valeur de x successivement de chacune des équations proposées :

$8y - 3x = 4$ (2)

1° $\quad 5x = 34 - 7y;\quad$ d'où $\quad x = \dfrac{34 - 7y}{5}$ $\Biggr\}$ (m)

2° $\quad 8y - 4 = 3x;\quad$ d'où $\quad x = \dfrac{8y - 4}{3}$

Ces deux valeurs de x doivent être égales ; j'écris cette égalité

$$\frac{34 - 7y}{5} = \frac{8y - 4}{3}.$$

Je résous l'équation en y seul ainsi obtenue. Pour cela, je chasse d'abord les dénominateurs ; ce qui donne :

$102 - 21y = 40y - 20.\quad$ D'où $\quad 102 + 20 = 40y + 21y$;

puis $\quad 122 = 61y;\quad$ d'où enfin $\quad y = 122 : 61 = 2$

Je remplace y par 2 dans l'une des valeurs (m) de x, dans la 1ʳᵉ par exemple, et j'ai $x = \dfrac{34 - 14}{5} = \dfrac{20}{5} = 4$.

$y = 2$, $x = 4$, vérifient ensemble les équations proposées. C'est la solution déjà trouvée.

Démonstration. Les équations proposées (1) et (2) peuvent être mises sous cette forme :

$x = \dfrac{34 - 7y}{5}\quad$ (3) $\Biggr\}$ (m)
$x = \dfrac{8y - 4}{3}\quad$ (4)

Au lieu de ce système (m), on a résolu finalement celui-ci :

$x = \dfrac{34 - 7y}{5}\quad$ (3) $\Biggr\}$ (n).
$\dfrac{34 - 7y}{5} = \dfrac{8y - 4}{3}\quad$ (5)

74   COURS D'ALGÈBRE.

Ces deux systèmes (m) et (n) sont équivalents.
En effet, 1° Si $x=a$, $y=b$ vérifient le système (m), c'est-à-dire, si

$$a = \frac{34-7b}{5}, \text{ et } a = \frac{8b-4}{3}; \text{ alors } \frac{34-7b}{5} = \frac{8b-4}{3};$$

Les équations (3) et (5) sont vérifiées ; le système (n) est vérifié.
2° Si $x=a'$, $y=b'$ vérifient le système (n), c'est-à-dire si

$$a' = \frac{34-7b'}{5} \quad \frac{34-7b'}{5} = \frac{8b'-4}{3}; \text{ alors } a' = \frac{8b'-4}{3}.$$

Les équations (3) et (4) sont vérifiées ; le système (m) est vérifié.
L'un des systèmes (m) et (n) ne peut donc être vérifié sans que l'autre le soit ; résoudre l'un revient donc à résoudre l'autre.
Or, le système (n) qui renferme une équation à une inconnue (y), admet la solution *trouvée* $x=4$, $y=2$. et n'admet que celle-là (Voy. le 1er cas, n° 64).
Les équations proposées admettent donc cette solution et n'en admettent pas d'autre.

68. 3e Méthode. Élimination par addition ou soustraction.

$$7y + 5x = 34 \quad (1)$$
$$8y - 3x = 4 \quad (2)$$

On remplace d'abord les deux équations proposées par deux équations équivalentes telles que l'une des inconnues, x, par exemple, ait le même coefficient dans les deux équations.

Pour cela, il suffit de multiplier la 1re équation par le coefficient, 3, de x dans la 2e, et la 2e équation par le coefficient, 5, de x dans la 1re. J'opère ainsi et je trouve :

$$21y + 15x = 102 \quad (3)$$
$$40y - 15x = 20 \quad (4)$$

Cela fait, il est évident que si on additionne les deux équations nouvelles, $+15x$ et $-15x$ se détruiront, et on obtiendra une équation en y seul.

J'additionne donc les équations (3) et (4), et je trouve :

$$21y + 40y = 102 + 20, \text{ ou } 61y = 122;$$

d'où
$$y = 122 : 61 = 2.$$

ÉQUATIONS DU 1er DEGRÉ A DEUX INCONNUES.

Je mets cette valeur de y dans l'équation (1), et je trouve :

$$7 \times 2 + 5x = 34; \quad 5x = 34 - 14 = 20;$$

et enfin $\qquad x = 20 : 5 = 4.$

C'est toujours la même solution $y = 2$, $x = 4$.

Si les termes en x avaient le même signe dans les deux équations proposées, on soustrairait les équations (3) et (4), membre à membre, et on achèverait de la même manière.

DÉMONSTRATION. Au lieu des équations proposées que l'on peut ainsi représenter $\begin{cases} A = B \\ A' = B' \end{cases}$, on a résolu celles-ci : $\begin{cases} A = B \\ mA - nA' = mB - nB' \end{cases}$.

Cela revient au même. Car si deux valeurs associées de x et de y, vérifiant e 1er système donnent $A = B$, $A' = B'$, évidemment $mA = mB$, $nA' = nB'$, et $mA - nA' = mB - nB'$; c'est-à-dire que le 2e système est aussi vérifié. Réciproquement si le 2e système est vérifié, $A = B$ donnant $mA = mB$, la 2e équation vérifiée du 2e système se réduit à $nA' = nB'$ d'où $A' = B'$; le 1er système est donc aussi vérifié.

L'un des deux systèmes ne peut donc être vérifié sans que l'autre le soit. Or le 2e système résolu admet la solution $y = 2$, $x = 4$, et n'admet que celle-là (n° 64, 1er cas). Le premier système proposé admet donc cette solution et n'en admet pas d'autre.

69. SIMPLIFICATION. Le calcul peut être simplifié quand les coefficients de l'inconnue qu'on élimine ont des facteurs communs.

EXEMPLE : $\qquad 5y - 8x = 9.$

$$7y + 6x = 47.$$

Ayant pris la valeur de x dans la première équation pour la porter dans la seconde, on trouve :

$$7y + \frac{6(5y - 9)}{8} = 47;$$

on réduit $\frac{6}{8}$ à sa plus simple expression :

$$7y + \frac{3(5y - 9)}{4} = 47.$$

On obtient ainsi des nombres plus simples pour la suite du laccul.

En général, pour plus de simplicité, on choisit, pour l'éliminer l'inconnue dont les coefficients, considérés dans leur ensemble, sont les plus faibles, ou bien le deviennent quand on les a divisés par leur plus grand commun diviseur.

Ce que nous venons de dire à propos de simplification, s'applique à un système d'équations à un nombre quelconque d'inconnues.

70. Nous avons pris pour exemples des équations dans lesquelles les coefficients des inconnues sont des nombres entiers. Tout ce que nous avons dit s'applique au cas où ces coefficients sont fractionnaires. On peut d'ailleurs rendre entiers les coefficients de chaque équation en chassant les dénominateurs à l'aide de la règle du n° 57, qui s'applique aussi bien aux équations à plusieurs inconnues qu'aux équations à une seule. L'équation à laquelle on arrive est équivalente à la proposée (48).

Ex. : l'équation $\frac{5x}{12} = \frac{7y}{3} + \frac{1}{6}$ se remplace facilement par celle-ci : $5x - 28y = 2$.

71. Nous avons supposé que chaque équation n'avait qu'un terme en x, un en y, et un seul terme connu. S'il en était autrement, on reviendrait à cette forme d'équation sans changer les solutions, en faisant passer dans un membre tous les termes contenant les inconnues, dans l'autre tous les termes connus, puis réduisant les termes semblables, et mettant chaque inconnue en facteur commun de tous les termes qui la contiennent.

L'équation $\frac{5x}{12} - \frac{3}{4} + \frac{2y}{5} = \frac{4x}{3} - 6 + \frac{7y}{9}$ se remplace d'abord par celle-ci :

$$75x - 135 + 72y = 240x - 1080 + 140y;$$

puis par celle-ci :

$$165x + 68y = 945.$$

72. Nous pouvons, d'après ce qui précède établir cette règle générale.

RÈGLE GÉNÉRALE. *Pour résoudre un système de deux équations à*

ÉQUATIONS DU 1ᵉʳ DEGRÉ A TROIS INCONNUES.

deux inconnues, on ramène d'abord le système proposé à la forme :

$$ax + by = c$$
$$a'x + b'y = c',$$

puis on élimine une des inconnues par l'une des méthodes expliquées. On obtient aussi une équation à une inconnue que l'on résout d'après la règle connue (n° 58). *On remplace cette inconnue par la valeur trouvée dans l'une des équations proposées, d'où on déduit ensuite la valeur de la deuxième inconnue.*

EXERCICES.

Faites ici les Exercices 199 *à* 214 *inclus et* 43 (N) *à* 46 (N) *proposés à la fin du cours.*

73. Équations a trois inconnues.

Une équation à trois inconnues considérée isolément admet une infinité de solutions.

Ex. $\qquad 5x - 3y + 2z = 30.$

Pour le prouver donnons à y et à z dans cette équation deux valeurs quelconques, $y = 1$, $z = 2$, par exemple, puis déduisons de l'équation aussi obtenue une valeur correspondante de x; $x = \dfrac{29}{5}$. L'équation admet la solution $y = 1$, $z = 2$, $x = \dfrac{29}{5}$. En changeant arbitrairement les valeurs données à y et à z, on obtiendra autant d'autres solutions qu'on voudra.

Un système de deux équations à trois inconnues admet une infinité de solutions, ou n'en admet aucune (*). (*Voyez la note*).

Ex. : $\qquad 5x - 3y + 2z = 20,$
$\qquad\qquad 4x + 7y - 8z = 14.$

Donnons à z une valeur quelconque, $z = 3$ par exemple. Nous aurons ces deux équations à trois inconnues : $5x - 3y + 6 = 20$;

(*) Les équations peuvent être *incompatibles*. On appelle ainsi des équations qui n'admettent aucune solution commune, qui ne peuvent être vérifiées par un même système de valeurs des inconnues.

Ex. : $5x - 3y + 2z = 20$; $10x - 6y + 4z = 30.$

$4x + 4y — 24 = 14$, qui, résolues, fourniront généralement deux valeurs $x = a$, $y = b$. Le système proposé admettra évidemment la solution $z = 3$, $x = a$, $y = b$.

En changeant arbitrairement la valeur de z, on aura autant de nouvelles solutions différentes qu'on voudra.

Il faut donc au moins trois équations à trois inconnues pour que les valeurs des inconnues soient déterminées. Occupons-nous d'un tel système.

74. 1ᵉʳ Cas. *Deux des équations ne renferment que deux inconnues.*

Ex. :
$$7y + 5x = 34. \qquad (1)$$
$$8y — 3x = 4. \qquad (2)$$
$$3y — 5x + 4z = 6. \qquad (3)$$

On résout d'abord, comme il a été expliqué précédemment, le système des équations (1) et (2) considérées isolément; on trouve la solution *unique* $x = 4$, $y = 2$. (Voy. *la démonstration de chaque méthode d'élimination.*)

Ce sont les seules valeurs de x et y qui puissent convenir au système proposé des équations (1), (2), (3). Car si une valeur de x, une de y, et une de z vérifient ensemble ces trois équations, les valeurs $x = 4$, $y = 2$ qui vérifient seules les équations (1) et (2) doivent faire partie des trois valeurs en question de x, y et z. Pour trouver z, on remplace x et y par 4 et par 2 dans l'équation (3); on obtient ainsi une équation en z seul, $6 — 20 + 4z = 6$, qui donne une *seule* valeur de z correspondante à $x = 4$, $y = 2$. En réduisant, on trouve $4z = 20$, ou $z = 5$.

Le système des trois équations données admet donc la solution $x = 4$, $y = 2$, $z = 5$, et n'admet que celle-là.

75. 2ᵉ Cas. Quand deux des équations données, ou toutes les trois, renferment les trois inconnues, on ramène la question au cas précédent, en *éliminant une des inconnues*, c'est-à-dire en déduisant des équations proposées deux équations ne renfermant plus l'une des inconnues, qui jointes à l'une des proposées composent un système d'équations que nous savons résoudre (1ᵉʳ cas, n° 74) et qui est équivalent au système proposé, c'est-à-dire a exactement les mêmes solutions.

ÉQUATIONS DU 1ᵉʳ DEGRÉ A TROIS INCONNUES.

En général, *éliminer une inconnue* appartenant à un système donné de m équations à m inconnues, c'est déduire de ces m équations, $m-1$ équations ne renfermant plus l'inconnue en question, qui, jointes à l'une des équations proposées, forment un système d'équations que l'on sait résoudre, et qui est équivalent au système proposé.

Il y a toujours plusieurs manières d'éliminer.

Élimination par *substitution*. Ex. : Soit à résoudre le système :

$$8x - 5y + 4z = 39. \quad (1)$$
$$10x - 4y - 7z = 12. \quad (2)$$
$$3x + 2y - 5z = 8. \quad (3)$$

On tire de l'équation (1) la valeur de x en y supposant y et z connus ; on trouve ainsi $x = \dfrac{39 + 5y - 4z}{8}$ (4). On substitue cette valeur à la place de x dans les deux autres équations proposées, (2) et (3). On obtient ainsi deux équations à deux inconnues :

$$10\left(\frac{39 + 5y - 4z}{8}\right) - 4y - 7z = 12. \quad (5)$$

$$3\left(\frac{39 + 5y - 4z}{8}\right) + 2y - 5z = 8. \quad (6)$$

On résout ces deux équations après les avoir ramenées à la forme la plus simple (nᵒˢ 69 à 73). On trouve la solution unique $y = 5$, $z = 4$.

On substitue ces valeurs de y et de z dans l'équation (4), laquelle donne alors : $x = \dfrac{39 + 25 - 16}{8} = \dfrac{48}{8} = 6$. On conclut de là que $x = 6$, $y = 5$, $z = 4$ composent une solution du système proposé, le seul qu'il admette.

Démonstration. Le système des équations proposées équivaut à celui-ci

$$\left. \begin{array}{ll} x = \dfrac{39 + 5y - 4z}{8} & (4) \\ 10x - 4y - 7z = 12 & (2) \\ 3x + 2y - 5z = 8 & (3) \end{array} \right\} (m),$$

puisque l'équatio   est exactement équivalente à l'équation (1).

Mais les valeurs trouvées $x=6$, $y=5$, $z=4$ ont été obtenues par la résolution des équations suivantes :

$$x = \frac{39 + 5y - 4z}{8} \qquad (4)$$

$$10\left(\frac{39 + 5y - 4z}{8}\right) - 4y - 7z = 12 \qquad (5) \quad \Big\} \; (n).$$

$$3\left(\frac{39 + 5y - 4z}{8}\right) + 2y - 5z = 8 \qquad (6)$$

Le système (n) qui renferme deux équations à deux inconnues a été résolu, et n'admet que la solution trouvée $x=6$, $y=5$, $z=4$ comme il a été expliqué n° 74 (1er cas). Si nous prouvons que les deux systèmes d'équations (m) et (n) sont équivalents, nous aurons prouvé que le système proposé (m) a lui-même pour solution unique $x=6$, $z=5$, $x=4$. Nous allons donc démontrer que les systèmes (m) et (n) sont équivalents.

L'un d'eux ne peut être vérifié par un système de valeurs de x, y, z sans que l'autre le soit. En effet, supposons que l'un de ces systèmes, n'importe lequel, soit vérifié par $x=a$, $y=b$, $z=c$. L'équation (4) *commune aux deux systèmes* est vérifiée, et on a l'égalité,

$$a = \frac{39 + 5b - 4c}{8},$$

d'où résulte évidemment celle-ci

$$10a - 4b - 7c = 10\left(\frac{39 + 5b - 4c}{8}\right) - 4b - 7c.$$

Mais l'un des membres de cette dernière égalité est égal à 12, puisque, par hypothèse, l'une des équations (2) et (5) est vérifiée ; donc l'autre est aussi égal à 12, et les deux équations (2) et (5) sont vérifiées en même temps.

De l'égalité $a = \dfrac{39 + 5b - 4c}{8}$ résulte encore celle-ci :

$$3a + 2b - 5c = 3\left(\frac{39 + 5b - 4c}{8}\right) + 2b - 5c.$$

Mais l'un des membres de cette dernière égalité est égal à 8, puisque, par hypothèse l'une des équations (3) et (6) est vérifiée ; donc l'autre est aussi égal à 8, et les deux équations (3) et (6) sont vérifiées en même temps.

Donc les équations du système (m) et celles du système (n), sont vérifiées nécessairement par les mêmes valeurs de x, de y et de z ; ces deux systèmes sont donc équivalents, et résoudre l'un revient à résoudre l'autre. C. Q. F. D.

ÉLIMINATION PAR COMPARAISON.

$$8x - 5y + 4z = 39 \qquad (1)$$
$$10x - 4y - 7z = 12 \qquad (2)$$
$$3x + 2y - 5z = 8. \qquad (3)$$

ÉQUATIONS DU 1er DEGRÉ A TROIS INCONNUES.

On déduit des trois équations successivement les valeurs de la même inconnue, de x : par ex., en supposant y et z connus :

$$x = \frac{39 + 5y - 4z}{8} \ (4); \quad x = \frac{12 + 4y + 7z}{10} \ (5); \quad x = \frac{8 - 2y + 5z}{3} \ (6).$$

On exprime que ces trois valeurs de x sont égales entre elles ; ce qui donne deux équations à deux inconnues :

$$\frac{39 + 5y - 4z}{8} = \frac{12 + 4y + 7z}{10} \qquad (7)$$

$$\frac{39 + 5y - 4z}{8} = \frac{8 - 2y + 5z}{3} \qquad (8)$$

On résout ces deux équations ; ce qui donne un seul système de valeurs convenables de y et de z ; $y = 5$, $z = 4$. On porte ces valeurs de y et z dans l'une des valeurs (4), (5), (6) de x, dans (4) par exemple ; on trouve ainsi $x = \frac{39 + 25 - 16}{8} = 6$. En joignant cette valeur de x à celles de y et z, on obtient $x = 6$, $y = 5$, $z = 4$ pour solution unique du système des équations proposées.

DÉMONSTRATION. Les trois équations proposées (1), (2), et (3) peuvent être mises sous cette forme :

$$x = \frac{39 + 5y - 4z}{8} \ (4); \quad x = \frac{12 + 4y + 7z}{10} \ (5); \quad x = \frac{8 - 2y + 5z}{3} \ (6) \quad (m)$$

Au lieu de ces équations, on a résolu celles-ci

$$x = \frac{39 + 5y - 4z}{8} \ (4); \quad \frac{39 + 5y - 4z}{8} = \frac{12 + 4y + 7z}{10} \ (7) \quad \Big\} \ (n).$$
$$\frac{39 + 5y - 4z}{8} = \frac{8 - 2y + 5z}{3} \qquad (8)$$

Les systèmes (m) et (n) sont équivalents,
En effet : 1° Si $x = a$, $y = b$, $z = c$ vérifient le système (m) ; c'est-à-dire

si $\quad a = \dfrac{39 + 5b - 4c}{8} ; \ a = \dfrac{12 + 4b + 7c}{10} ; \ a = \dfrac{8 - 2b + 5c}{3},$

ALGÈBRE N° 1

par suite $\dfrac{39 + 5b - 4c}{8} = \dfrac{12 + 4b + 7c}{10}$, et $\dfrac{39 + 5b - 4c}{8} = \dfrac{8 - 2b + 5c}{3}$

et le système (a) est vérifié.

2° Si $x = a'$, $y = b'$, $z = c'$ vérifient le système (n) ; c'est-à-dire si

$a' = \dfrac{39 + 5b' - 4c'}{8}$; $\dfrac{39 + 5b' - 4c'}{8} = \dfrac{12 + 4b' + 7c'}{10}$, et $\dfrac{39 + 5b' - 4c'}{8} =$

$\dfrac{8 - 2b' + 5c'}{3}$; il en résulte $a' = \dfrac{12 + 4b' + 7c'}{10}$ et $a' = \dfrac{8 - 2b' + 5c'}{3}$,

c'est-à-dire que le système (m) est vérifié.

L'un des systèmes (m) et (n) ne peut être vérifié sans que l'autre le soit. Résoudre l'un revient donc à résoudre l'autre.

Or, le système (n), qui contient deux équations à deux inconnues a été résolu et n'admet que la solution unique $x = 6$, $y = 5$, $z = 4$, comme il a été démontré n° 74. Les équations (n) proposées admettent donc cette solution et n'en admettent pas d'autre.

ÉLIMINATION PAR ADDITION OU SOUSTRACTION.

$$8x - 5y + 4z = 39 \qquad (1)$$
$$10x - 4y - 7z = 12 \qquad (2)$$
$$3x + 2y - 5z = 8. \qquad (3)$$

On élimine l'une des inconnues, y par exemple, entre les équations (1) et (3) d'abord. Pour cela, il suffit de multiplier les deux membres de la 1re équation par 2, et ceux de la 3e équation par 5; ce qui donne :

$$16x - 10y + 8z = 78 \qquad (4)$$
$$15x + 10y - 25z = 40, \qquad (5)$$

puis d'additionner membre à membre les deux équations (4) et (5) ainsi obtenues. On trouve ainsi l'équation à deux inconnues :

$$31x - 17z = 118. \qquad (6)$$

Ensuite on élimine la même inconnue y entre (2) et (3). Pour cela, remarquant que le coefficient de y dans (2) est double du coefficient de y dans (3), on multiplie les deux membres de l'équation (3) par 2; ce qui donne $6x + 4y - 10z = 16$ (7). Puis on additionne, membre à membre, les équations (2) et (7); ce qui donne une nouvelle équation à deux inconnues :

$$16x - 17z = 28. \qquad (8)$$

ÉQUATIONS DU 1ᵉʳ DEGRÉ A TROIS INCONNUES.   83

On résout le système des équations (6) et (8) ; ce que nous avons appris à faire. Ce système admet pour solution unique $x = 6$, $z = 4$.

Cela fait, on remplace x et z par ces valeurs dans l'une des équations données, par exemple dans l'équation (3), qui est la plus simple ; on trouve ainsi :

$$18 + 2y - 20 = 8;$$
d'où $\qquad 2y = 28 - 18 = 10,$ et $y = 5.$

$x = 6$, $y = 5$, $z = 4$ composent une solution du système des équations données, qui n'admet que cette solution.

DÉMONSTRATION. Il suffit de démontrer que le système proposé des équations (1), (2), (3), équivaut absolument au système des équations (6), (8) et (3), que nous avons finalement résolu et qui n'admet que cette solution : $x = 6$, $y = 5$, $z = 4$ (n° 74).

Pour cette démonstration, on représente, pour plus de simplicité, les équations proposées de cette manière :

$$\left.\begin{array}{ll} A = B & (1) \\ A' = B' & (2) \\ A'' = B'' & (3) \end{array}\right\} (m).$$

On observe que le 2ᵉ système, d'après les calculs effectués, n'est autre que celui-ci :

$$\left.\begin{array}{ll} 2A + 5A'' = 2B + 5B'' & (6) \\ A' + 2A'' = B' + 2B'' & (8) \\ A'' = B'' & (3) \end{array}\right\} (n).$$

Toute solution du système (m) est évidemment une solution du système (n), car si $A = B$, $A' = B'$, $A'' = B''$, certainement

$$2A + 5A'' = 2B + 5B''; \quad A' + 2A'' = B' + 2B''.$$

Réciproquement si le système (n) est vérifié, A'' étant égal à B'' (équation (3)), l'équation (6) vérifiée se réduit évidemment par simplification à $A = B$, et l'équation (8), également vérifiée, à $A' = B'$. Le système (m) est donc vérifié.

Les deux systèmes sont donc équivalents.

84 — COURS D'ALGÈBRE.

Voici le tableau du calcul d'après cette dernière méthode :

$$8x - 5y + 4z = 39 \quad (1)$$
$$10 - 4y - 7z = 12 \quad (2)$$
$$3x + 2y - 5z = 8 \quad (3)$$

1re élimination de y.
$$16x - 10y + 8z = 78 \quad (4)$$
$$15x + 10y - 25z = 40 \quad (5)$$

Additionnant (4) et (5) on trouve l'équation (6).

2e élimination de y entre (2) et (3).
$$\begin{cases} 10x - 4y - 7z = 12 \quad (2) \\ 6x + 4y - 10z = 16 \quad (7) \end{cases}$$

Additionnant (4) et (5) on trouve l'équation (8).

$$31x - 17z = 118 \quad (6)$$
$$16x - 17z = 28 \quad (8)$$

z ayant dans (6) et (8) le même coefficient précédé du même signe, on soustrait (8) de (6), membre à membre, et on trouve

$$15x = 90 \quad (9)$$
$$x = \frac{90}{15} = 6.$$

En substituant $x = 6$ dans (8), on trouve $16 \times 6 - 17z = 28$; d'où
$$96 - 28 = 17z \; ; \; 68 = 17z \text{ et } z = 4.$$

Enfin, faisant $x = 6$, $z = 4$ dans (3), on trouve :
$$3 \times 6 + 2y - 5 \times 4 = 8 \; ; \text{ d'où}$$
$$y = \frac{8 + 20 - 18}{2} = 5.$$

REMARQUES. Au fur et à mesure qu'on obtient une équation à deux inconnues, on l'écrit à part de manière à avoir l'une sous l'autre les deux équations à deux inconnues.

EXERCICES.

Faites les exercices 215 à 245 inclus proposés à la fin du cours.

76. ÉQUATIONS A PLUS DE TROIS INCONNUES.

On démontre pour les équations à un nombre quelconque d'inconnues, comme pour les équations à trois inconnues (n° 73), les propositions suivantes.

Une équation isolée à plusieurs inconnues admet une infinité de solutions.

Les inconnues, quel qu'en soit le nombre, ne sont pas déterminées quand le nombre des équations distinctes n'est pas au moins égal au nombre des inconnues.

77. La marche que nous avons suivie pour résoudre les équations à deux et à trois inconnues est évidemment générale et peut s'employer pour résoudre un système quelconque de m équations à m inconnues. La voici formulée en règle générale :

ÉQUATIONS DU 1ᵉʳ DEGRÉ A PLUS DE TROIS INCONNUES.

Règle générale *par la résolution de* m *équations à* m *inconnues.*

On élimine d'abord une inconnue entre l'une des équations, la première par exemple, et chacune des m — 1 autres. On obtient ainsi m — 1 équations à m — 1 inconnues, qui, avec l'une des proposées, composent un système équivalent au proposé. On élimine ensuite une nouvelle inconnue entre l'une des m — 1 nouvelles équations et les m — 2 autres, considérées successivement ; on obtient ainsi m — 2 équations à m — 2 inconnues, qui, avec une des m — 1 équations à m — 1 inconnues et celle des proposées que nous y avions jointe, forment un système équivalent au proposé. On continue ainsi à éliminer une inconnue dans chaque nouveau système jusqu'à ce qu'on arrive à une équation à une seule inconnue. Cette équation donne la valeur de cette inconnue, que l'on porte dans la plus simple des équations à deux inconnues précédemment obtenues ; on obtient ainsi la valeur d'une deuxième inconnue. On porte les valeurs des deux inconnues trouvées dans la plus simple des équations à trois inconnues ; ce qui donne la valeur d'une troisième inconnue. Et ainsi de suite, jusqu'à ce que, étant remonté jusqu'à l'une des m équations données, on ait obtenu la valeur de la $m^{\text{ième}}$ inconnue.

78. Remarques diverses. En conservant une équation d'un système, pour la joindre aux équations ayant une inconnue de moins dans le système suivant, on peut prendre celle que l'on veut dans le système que l'on quitte ; c'est la plus simple que l'on choisit. [Nous avons choisi tout à l'heure l'équation (3).]

79. Pour éliminer une inconnue entre n équations à n inconnues, il n'est pas non plus nécessaire de combiner une même équation avec les $n-1$ autres ; on peut combiner les équations deux à deux, d'une manière arbitraire, jusqu'à ce qu'on ait un système de $n-1$ équations ayant au plus $n-1$ inconnues. On ne peut rien dire de bien précis sur le choix des équations que l'on doit combiner pour l'élimination. En pratiquant, on apprend à choisir ces équations de telle sorte que les calculs à effectuer soient les plus simples. (*Voy.* les exemples traités plus loin.)

80. Si une ou plusieurs équations renfermaient des coefficients ou des termes fractionnaires, on les ramènerait d'abord à la forme entière avant de commencer les éliminations (70).

81. S'il y avait dans une équation plusieurs termes renfermant la même inconnue, on la ramènerait à la même forme que les précédentes en réduisant les termes semblables, ou en mettant chaque inconnue en facteur commun (72).

82. On ne doit négliger à l'occasion aucune des simplifications analogues à celle que nous avons faite n° 69.

83. Il peut arriver qu'une inconnue ou plusieurs inconnues n'entrent pas dans toutes les équations du système. Alors l'élimination est moins longue ; voici la marche que nous conseillons pour ce cas.

On remarque l'inconnue qui entre le moins souvent dans les équations. On élimine cette inconnue entre les n équations qui la contiennent, de manière à obtenir $n-1$ équations indépendantes de cette inconnue. Ces $n-1$ équations et celles qu'on n'a pas employées composent $m-1$ équations à $m-1$ inconnues, auxquelles on joint une des (n) équations précitées. On remarque encore l'inconnue qui entre le moins souvent dans les $m-1$ équations à $m-1$ inconnues, et on l'élimine des équations qui la contiennent, et ainsi de suite. Quand on arrive à un système dont chaque équation contient toutes les inconnues restantes, on rentre dans le cas général, et on applique la règle du n° 77. (Voy. plus loin n° 85 *bis*.)

84. Si une inconnue n'entre que dans une équation, on doit résoudre les $m-1$ autres, puis remplacer dans l'équation réservée toutes les inconnues, moins une, par leurs valeurs trouvées ; on déduit de l'équation résultante la valeur de l'inconnue en question.

C'est en pratiquant que l'on apprend à effectuer toutes les simplifications précédentes et à combiner avantageusement les équations proposées. Nous allons en donner des exemples

85. APPLICATIONS.

Nous allons d'abord appliquer ce qui a été dit n° 79 : Pour éliminer une inconnue entre m équations à m inconnues, il n'est pas nécessaire de combiner une même équation avec les $m-1$ autres ; on combine les équations deux à deux, d'une manière arbitraire, jusqu'à ce qu'on ait un système de $m-1$ équations distinctes ayant au plus $m-1$ inconnues.

Voici un exemple :

$$4x - 5y + 3z - 2t = 10 \quad (1)$$
$$3x + 2y - 5z - 4t = 12 \quad (2)$$
$$6x - 4y - 2z + 3t = 19 \quad (3)$$
$$5x - 6y - z + 6t = 8 \quad (4)$$

ÉQUATIONS DU 1ᵉʳ DEGRÉ A PLUS DE TROIS INCONNUES.

Nous allons éliminer t par la méthode *d'addition ou de soustraction*.

D'abord entre (1) et (2); on double l'équation (1) et on la combine avec (2) par soustraction :

$$6x - 10y + 6z - 4t = 20$$
$$3x + 2y - 5z - 4t = 12 \qquad (2)$$
$$\overline{5x - 12y + 11z = 8} \qquad (5)$$

Puis entre (3) et (4); on double (3), et du résultat on retranche (4).

$$12x - 8y - 4z + 6t = 88$$
$$5x - 6y - z + 6t = 8 \qquad (4)$$
$$\overline{7x - 2y - 3z = 30} \qquad (6)$$

Enfin, nous combinons (1) et (3); on multiplie (1) par 6, et l'équation (3) par 2, puis on ajoute les résultats.

$$12x - 15y + 9z - 6t = 30$$
$$12x - 6y - 4z + 6t = 38$$
$$\overline{24x - 23y + 5z = 68} \qquad (7)$$

Il nous faut maintenant éliminer une inconnue entre les équations (5), (6) et (7). Nous éliminerons y.

D'abord entre (5) et (6). On multiplie l'équation (6) par 6, et on retranche l'équation (5) de l'équation obtenue.

$$42x - 12y - 18z = 180$$
$$5x - 12y + 11z = 8$$
$$\overline{37x - 29z = 172.} \qquad (8)$$

On combine ensuite (6) et (7). On multiplie l'équation (6) par 23, et (7) par 2, puis on retranche encore, membre à membre.

$$161x - 46y - 69z = 690$$
$$48x - 46y + 10z = 136$$
$$\overline{113x - 79z = 554.} \qquad (9)$$

Il nous faut maintenant éliminer une inconnue entre (8) et (9); nous éliminerons z. Il faudra encore soustraire.

$$2923x - 2291z = 13588$$
$$3277x - 2291z = 16066$$
$$\overline{354x = 2478.} \qquad (10)$$

Cette dernière équation donne $x = 7$.

On porte cette valeur dans l'équation (8), qui devient

$$37 \times 7 - 29z = 172,$$

d'où
$$z = \frac{37 \times 7 - 172}{29} = \frac{259 - 172}{29} = \frac{87}{29} = 3.$$

On fait ensuite $x = 7$, $z = 3$, dans l'équation (6), et on trouve :

$$7 \times 7 - 2y - 3 \times 3 = 30;$$

d'où on déduit $y = 5$.

On porte enfin les valeurs trouvées $x = 7$, $y = 5$, $z = 3$ dans l'équation (1) on trouve :

$$4 \times 7 - 5 \times 5 + 3 \times 3 - 2t = 10,$$

laquelle donne $t = 1$.

Nous avons donc une solution unique ainsi composée :

$$x = 7, \quad y = 5, \quad z = 3, \quad t = 1. \;(^*)$$

Le lecteur peut remarquer que nous avons profité de toutes les simplifications qui se présentaient; nous l'engageons à faire aussi attention à la manière de choisir les équations pour les combiner deux à deux. C'est la pratique qui habitue aux simplifications, dont aucune ne doit être négligée; nous en indiquons plus bas une autre très-importante (83).

85 bis. Nous allons maintenant appliquer ce qui a été dit n° 83 à un système de cinq équations à cinq inconnues telles que toutes ne contiennent pas les cinq inconnues.

$$
\begin{align}
3x - 5y + 4z &= 25 \qquad &(1)\\
4x - 3y + 2z - 2u &= 24 \qquad &(2)\\
5x - 3t &= 20 \qquad &(3)\\
10y - 3z - 5u &= 12 \qquad &(4)\\
7y - 2t + 4u &= 26 \qquad &(5)
\end{align}
$$

(*) Les systèmes équivalents dont parle la règle (n° 77), et qui se succéderaient dans le raisonnement, sont les suivants; il est peu important de les considérer dans la pratique.

1er système.

Le système proposé des équations (1), (2), (3), (4).

2e <i>système.</i>	3e <i>système.</i>	4e <i>système.</i>
$4x-5y+3z-2t=10$ (1)	$4x-5y+3z-2t=10$ (1)	$4x-5y+3z-2t=10$ (1)
$5x-12y+11z=8$ (5)	$7x-2y-3z=30$ (6)	$7x-2y-3z=30$ (6)
$7x-2y-3z=30$ (6)	$37x-29z=172$ (8)	$37x-29z=172$ (8)
$24x-23y+5z=68$ (7)	$113x-79z=554$ (9)	$354x=2478$ (10)

ÉQUATIONS DU 1ᵉʳ DEGRÉ A PLUS DE TROIS INCONNUES.

L'inconnue qui entre le moins souvent est t; elle n'entre que dans les deux équations (3) et (5); éliminons entre ces deux équations. Nous multiplions (3) par 2, et (5) par 3, puis nous retranchons, membre à membre:

$$\begin{array}{r} 10x - 6t = 40 \\ 21y - 6t + 12u = 78 \\ \hline 21y - 10x + 12u = 38. \end{array} \qquad (6)$$

L'équation (6) compose avec (1), (2) et (4), un système de quatre équations à quatre inconnues.

x, u et z entrent chacune dans trois équations; on peut choisir entre elles pour l'élimination. Nous choisissons z à l'inspection des coefficients, comme devant donner lieu aux calculs les plus simples. Nous doublons (2), et nous retranchons du résultat l'équation (1).

$$\begin{array}{r} 8x - 6y + 4z - 4u = 48 \\ 3x - 5y + 4z = 25 \\ \hline 5x - y - 4u = 23 \end{array} \qquad (7)$$

Nous éliminons ensuite z entre (2) et (4); pour cela, nous multiplions (2) par 3, puis (4) par 2, et nous ajoutons les résultats, membre à membre.

$$\begin{array}{r} 12x - 9y + 6z - 6u = 72 \\ 20y - 6z - 10u = 24 \\ \hline 12x + 11y - 16u = 96. \end{array} \qquad (8)$$

z est éliminé. L'équation (6) et les équations (7) et (8) composent un système de trois équations à trois inconnues renfermant chacune les trois inconnues. Nous allons éliminer entre elles l'inconnue y.

Nous multiplions (7) par 21, et nous ajoutons l'équation résultante, membre à membre, avec (6).

$$\begin{array}{r} 105x - 21y - 84u = 483 \\ 21y - 10x + 12u = 38 \\ \hline 95x - 72u = 521. \end{array} \qquad ((9)$$

Nous multiplions l'équation (7) par 11, et nous additionnons l'équation résultante avec (8), membre à membre; nous trouvons ainsi:

$$67x - 60u = 349. \qquad (10)$$

Nous voilà arrivé à deux équations à deux inconnues, x et u. Nous éliminons u, en multipliant (9) par 5 et (10) par 6, puis nous retranchons le 2ᵉ résultat du 1ᵉʳ.

Nous trouvons ainsi $73x = 511$; ce qui donne $x = 7$.

Nous portons cette valeur dans l'équation (10); $67 \times 7 - 60u = 349$; d'où $u = 2$.

Nous faisons $x = 7$, $u = 2$ dans l'équation (7), ce qui donne $5 \times 7 - y - 4 \times 2 = 23$; d'où $y = 4$.

90   COURS D'ALGÈBRE.

En faisant $y=4$, $u=2$ dans (4), nous avons $10 \times 4 - 3z - 5 \times 2 = 12$; d'où $z=6$.
En remplaçant x par 7, dans 3, on trouve $t=5$.
De sorte que nous arrivons à une solution unique ainsi composée :

$$x=7, \quad y=4, \quad z=6, \quad t=5, \quad u=2.$$

EXERCICES.

Faites les Exercices 215 à 245 inclus proposés à la fin du Cours.

PROBLÈMES A PLUSIEURS INCONNUES.

86. Problème. *Le père et le fils travaillent ensemble chez un particulier. Pendant un mois, le père fait 24 journées, le fils en fait 19, et ils reçoivent 177 fr. Ils y retournent une autre fois; le père fait 11 journées, le fils en fait 17, et ils reçoivent 156 fr. Combien ont-ils gagné par jour ?*

Soient x le gain journalier du père et y celui du fils.

La première fois, ils ont gagné, à eux deux, $24x + 19y$; la deuxième ils ont gagné, à eux deux, $21x + 17y$. D'après l'énoncé, x et y doivent être tels que l'on ait

$$24x + 19y = 177 \qquad (1)$$
et $$21x + 17y = 156 \qquad (2)$$

Voilà le problème mis en équation : il faut maintenant résoudre les équations.

De (1) on tire $x = \dfrac{179 - 19y}{24}$. En substituant cette valeur de x dans l'équation (2), et effectuant le calcul, on arrive à l'équation $136y - 133y = 1248 - 1239$, laquelle se réduit à $3y = 9$; d'où $y = 3$.

En mettant cette valeur de y dans l'équation (2), on en déduit $x = 5$.

Le père gagnait 5 fr. par jour et le fils 3 fr.

87. Problème. *Une personne possède un capital de 30000 fr; qu'elle fait valoir à un certain intérêt; mais elle doit 20000 fr. dont elle paye un autre intérêt ; l'intérêt qu'elle retire surpasse celui qu'elle paye de 800 fr.*

Une autre personne possède 35000 fr. qu'elle fait valoir au se

PROBLÈMES DU 1ᵉʳ DEGRÉ A PLUSIEURS INCONNUES.   91

cond taux d'intérêt; mais elle doit une somme de 24000 fr. dont elle paye l'intérêt au premier taux; ce qu'elle retire surpasse de 310 fr. ce qu'elle paye. Quels sont les deux taux?

Désignons par x le premier taux et par y le second.

On trouve facilement que l'intérêt que retire la première personne est $\dfrac{x \times 30000}{100}$, ou $300x$; que l'intérêt qu'elle paye est $\dfrac{y \times 20000}{100}$, ou $200y$. L'excès du premier intérêt sur le second étant $300x - 200y$, on doit avoir, d'après l'énoncé, $300x - 200y = 800$.

On trouve de même que la deuxième personne retire un intérêt égal à $\dfrac{35000y}{100}$, ou $350y$, et paye un intérêt égal à $\dfrac{24000x}{100}$, ou $240x$. x et y étant trouvés, on vérifierait la seconde condition du problème en voyant si $350y - 240x = 310$.

La mise en équation conduit donc aux deux équations : $300x - 200y = 800$; $350y - 240x = 310$ qui peuvent être simplifiées. En divisant les deux membres de la première par 100, et ceux de la deuxième par 10, on obtient ces équations équivalentes plus simples :

$$3x - 2y = 8. \qquad (1)$$
$$35y - 24x = 31. \qquad (2)$$

24 étant divisible par 3, il faut éliminer x.

$x = \dfrac{8 + 2y}{3}$; cette valeur de x étant substituée dans l'équation (2), on trouve après réduction, $35y - 16y = 31 + 64$, ou $19y = 95$. D'où l'on tire $y = 5$.

En mettant cette valeur de y dans (1), on en déduit $x = 6$.

Le premier taux est donc 6 p. 0/0, et le second 5.

88. Problème. *Un homme qui s'est chargé de transporter des vases en porcelaine de trois grandeurs a fait ce marché : pour chaque vase qu'il cassera, il payera autant qu'il reçoit pour chaque vase rendu en bon état.*

On lui donne d'abord deux petits vases, quatre moyens et neuf grands; il casse les moyens, rend tous les autres, et reçoit 28 fr.

On lui donne ensuite sept petits vases, trois moyens et cinq grands. Cette fois il rend les petits et les moyens, mais il casse les cinq grands, et reçoit 3 fr.

Enfin on lui remet neuf petits vases, dix moyens et onze grands, il casse les derniers, rend les autres, et ne reçoit que 4 fr.

On demande ce qu'on a payé pour le transport d'un vase de chaque grandeur?

Désignons par x le prix du transport d'un petit vase, y celui d'un moyen, z celui d'un grand.

Au premier voyage le porteur a gagné $2x+9z-4y$; au deuxième, $7x+3y-5z$; au troisième, $9x+10y-11z$. x, y, z, étant connus, on vérifierait le problème en vérifiant les équations suivantes :

$$2x+ 9z- 4y = 28 \qquad (1)$$
$$7x+ 3y- 5z = 3 \qquad (2)$$
$$9x+10y-11z = 4. \qquad (3)$$

Ce sont les équations du problème; il n'y a plus qu'à les résoudre.

Ce système admet pour unique solution, $x=2, y=3, z=4$.

La réponse est donc : le prix du transport pour un petit vase était de 2 fr.; pour un moyen, 3 fr., pour un grand, 4 fr.

EXERCICES.

Résolvez les problèmes suivants et faites les *Exercices* 329 à 412 inclus proposés à la fin du Cours.

Cinq joueurs conviennent que le perdant doublera l'argent des quatre autres. Après cinq parties, le premier a 80 fr., le deuxième 40 fr., le troisième 20 fr., le quatrième 40 fr., et le cinquième 5 fr. Trouver ce que chaque joueur avait en entrant au jeu, sachant que les joueurs ont perdu chacun une partie dans l'ordre indiqué précédemment.

Un renard poursuivi par un lévrier a 60 sauts d'avance. Il fait 9 sauts pendant que le lévrier n'en fait que 6; mais 3 sauts du lévrier en valent 7 du renard. Combien le lévrier doit-il faire de sauts pour atteindre le renard?

36 kilogrammes d'étain perdent dans l'eau 5 kilogrammes, et 23 kilogrammes de plomb perdent dans l'eau 2 kilogrammes. Une

composition de plomb et d'étain pesant 120 *kilogrammes perd dans l'eau* 14 *kilogrammes. Combien y a-t-il de plomb et d'étain dans la composition?*

La pesanteur spécifique du fer en barre est 7,79; *celle du zinc fondu,* 6,86; *celle de l'anthracite,* 1,8. *Combien faut-il unir de kilogrammes de fer en barres et de kilogrammes d'anthracite pour obtenir un alliage de* 150 *kilogrammes ayant la pesanteur spécifique du zinc?*

Hiéron, roi de Syracuse, avait remis à un orfèvre 10 *livres d'or pour faire une couronne qu'il voulait offrir à Jupiter. Le travail étant achevé, la couronne se trouva du poids de* 10 *livres; mais le roi, soupçonnant que l'orfèvre avait allié de l'argent à l'or, consulta Archimède. Celui-ci, sachant que l'or perd dans l'eau les* 52 *millièmes de son poids, et que l'argent y perd les* 99 *millièmes du sien, détermina le poids de la couronne plongée dans l'eau, et trouva qu'il était de* 9 *livres* 6 *onces; ce qui fit reconnaître la fraude. On demande combien il y avait de livres de chaque métal dans la couronne?*

INTERPRÉTATION DES VALEURS NÉGATIVES DANS LES PROBLÈMES.

89. Dans la résolution d'une équation du premier degré, après avoir fait passer tous les termes inconnus dans un membre, et tous les termes connus dans l'autre, on applique textuellement à chacun des membres d'équation ainsi obtenu la règle du n° 16 pour la réduction des termes semblables, *les nombres, quels que soient leurs signes, étant traités comme des termes semblables entre eux* (*). C'est ainsi que nous avons constamment opéré.

En agissant ainsi, on arrive souvent, dans la résolution des problèmes, à des expressions singulières telles que celles-ci, —5, —2,

---

(*) RÈGLE. *Pour remplacer par un terme unique tous les termes d'un polynome semblables entre eux, on fait, d'une part, la somme des coefficients précédés du signe* +; *d'autre part, la somme des coefficients précédés du signe* —; *on retranche la plus petite somme de la plus grande. On donne au reste le signe de la plus grande somme obtenue; puis on écrit à la place de tous les termes semblables ainsi considérés un terme semblable à eux, ayant pour coefficient le reste obtenu avec son signe.*

qu'à dessein, et pour plus de simplicité, nous avons passées jusqu'ici sous silence. Nous allons maintenant nous occuper de ces expressions singulières qu'on appelle *quantités négatives*, pour examiner comment elles se présentent dans le calcul, et quel usage on en peut faire (*).

90. Proposons-nous ce problème :

1ᵉʳ Problème. *Un père a 52 ans; son fils en a 28. A quelle époque l'âge du père est-il le double de l'âge du fils ?*

Dès le premier abord, il se présente une difficulté ; l'époque inconnue est-elle dans l'avenir ? est-elle dans le passé ? Nous ne pouvons pas répondre *à priori* à cette question ; nous devons par conséquent examiner les deux hypothèses.

Supposons d'abord l'époque inconnue dans l'avenir, et soit x le nombre d'années qui la séparent de l'époque actuelle. Dans x années l'âge du père sera $52 + x$ et l'âge du fils $20 + x$; on doit donc avoir :

$$52 + x = 2(28 + x), \qquad (1)$$

Appliquons à cette équation les règles ordinairement suivies ; elles donnent successivement :

$$52 + x = 56 + 2x; \quad 52 = 56 + x; \quad x = 52 - 56;$$

puis, en appliquant la règle du n° 16, on obtient.

$$x = -4.$$

Nous trouvons donc que l'époque demandée arriverait dans -4 ans ; ce résultat n'a absolument aucune signification par lui-même. Or si l'époque demandée avait lieu dans l'avenir, le nombre x d'années après lequel elle aurait lieu devrait nécessairement satisfaire à l'équation (1), le calcul précédent devrait nous le faire connaître d'une manière précise. Si nous sommes arrivé à un résultat insignifiant, c'est que l'époque demandée n'a pas lieu dans l'avenir.

Nous sommes donc réduit à chercher si cette époque n'est pas dans le passé ; supposons qu'il en soit ainsi, et soit toujours x le nombre d'années qui nous en sépare. Il y a x années, l'âge du père était $52 - x$, l'âge du fils $28 - x$; donc

$$52 - x = 2(28 - x). \qquad (2)$$

INTERPRÉTATION DES VALEURS NÉGATIVES.   95

D'où, en résolvant :

$$52 - x = 56 - 2x.$$
$$2x - x = 56 - 52.$$
$$x = 4.$$

Cette valeur, $x = 4$, vérifiant l'équation (2), on en conclut que l'époque demandée a eu lieu il y a 4 ans.

Ainsi, dans le problème qui nous a occupé, l'inconnue était susceptible d'être comptée dans deux sens différents. Dans la mise en équation, nous nous étions trompé sur le sens dans lequel elle devait être comptée, et nous avons été averti de notre erreur par ce résultat absurde $x = -4$. *Ainsi averti, nous avons recommencé la mise en équation du problème, en comptant l'inconnue dans l'autre sens. Nous avons alors trouvé la vraie valeur* $x = 4$.

Ce résultat $x = 4$ s'obtient en changeant le signe du premier résultat : $x = -4$. On pouvait s'y attendre, puisque l'équation (2) se déduit de l'équation (1) par le simple changement du signe de x, en changeant x en $-x$.

La même remarque se fait dans la résolution de tous les problèmes analogues où l'inconnue est susceptible d'être prise dans deux sens opposés. Considérons un second exemple.

91. 2º Problème. *Deux trains partent à la même heure, l'un de Paris, l'autre d'Étampes, se dirigeant tous deux dans le même sens sur le chemin de fer de Paris à Orléans et à Nantes. De Paris à Étampes il y a 64 kilomètres; d'Étampes à Orléans il y en a 56. Le premier train fait 75 kilomètres à l'heure; le second n'en fait que 25; on demande à quelle distance d'Orléans a lieu la rencontre des deux trains ?*

P ——— E ——— R' ——— O ——— R ——— N

Dès le premier abord une difficulté se présente : le lieu de rencontre cherché se trouve-t-il au delà ou en deçà d'Orléans ? A priori, nous ne pouvons pas répondre à cette question; nous devons par conséquent examiner les deux hypothèses.

Supposons d'abord le lieu de rencontre R au delà d'Orléans, et soit x la distance cherchée d'Orléans à ce lieu de rencontre. De Paris au lieu R, le premier train fait le chemin PO + OR =

$(120+x)$ Km ; il parcourt 75 kilomètres à l'heure ; il mettra pour franchir la distance PR un nombre d'heures égal à $\dfrac{120+x}{75}$. Le second train fait le chemin EO $+$ OR $=(56+x)$ Km, et parcourt 25 kilomètres par heure ; il fait donc ce chemin ER dans un nombre d'heures égal à $\dfrac{56+x}{25}$. Les deux trains partant au même instant de Paris et d'Étampes, et arrivant ensemble au lieu R, les deux temps que nous venons d'évaluer sont égaux ; nous avons donc l'équation

$$\frac{120+x}{75} = \frac{56+x}{25}.$$

En résolvant cette équation on trouve

$$x = \frac{-1200}{50}$$

Voilà encore un résultat qui n'a aucune signification par lui-même. Nous devons donc conclure que le lieu de rencontre cherché ne se trouve pas au delà d'Orléans ; nous sommes conduit à le chercher en deçà d'Orléans. Soit R' ce point de rencontre, et désignons toujours par x la distance de ce lieu R' à Orléans. Cette fois

$$\text{PR}' = \text{PO} - \text{OR}' = 120 - x ; \text{ER}' = \text{EO} - \text{ER}' = 56 - x.$$

Le premier train franchit la distance PR' en un nombre d'heures égal à $\dfrac{120-x}{75}$; le second parcourt la distance ER' $= 56 - x$ dans le temps $\dfrac{56-x}{25}$; nous avons donc l'équation :

$$\frac{120-x}{75} = \frac{50-x}{25}. \qquad (2)$$

En résolvant, nous trouvons :

$$x = \frac{1200}{50} = 24.$$

Cette valeur $x = 24$ satisfaisant à l'équation (2), nous en concluons que les trains se rencontrent à 24 kilomètres d'Orléans du côté de Paris.

Dans ce second problème, comme dans le premier, l'inconnue est susceptible d'être comptée dans deux sens différents. Dans la mise en équation, nous nous étions trompé sur le sens dans lequel elle devait être comptée, et nous avons été averti de notre erreur par ce résultat absurde : $x = \dfrac{-1200}{50}$. Ayant alors recommencé la mise en équation du problème, en comptant l'inconnue dans le sens inverse, nous avons trouvé la vraie valeur $x = \dfrac{1200}{50}$.

Ici encore l'équation (2) se déduit de l'équation (1) par le simple changement de x en $-x$, et le second résultat $x = \dfrac{1200}{50}$ ne diffère du premier, $x = -\dfrac{1200}{50}$, que par le signe.

92. La même remarque ayant été faite dans la résolution d'un très-grand nombre de problèmes analogues, on a été conduit à cette conclusion : lorsque, en résolvant un problème dont l'inconnue est susceptible d'être prise dans deux sens opposés, on trouve une valeur négative, on obtient la véritable solution du problème en interprétant la solution négative trouvée conformément à la règle suivante :

Règle pour l'interprétation des valeurs négatives.

Quand l'inconnue d'un problème est susceptible d'être comptée dans deux sens opposés, on met le problème en équation sous l'un des points de vue. Si on trouve une valeur négative, il faut mettre le problème en équation sous le second point de vue. 1° Si la nouvelle équation se déduit de la première par le simple changement de x en $-$ x, il est inutile de la résoudre. La valeur absolue du premier résultat comptée dans le second sens est la solution du problème.

2° Si la seconde équation diffère autrement de la première, il faut la résoudre pour avoir la solution du problème (*). (Voy. la note).

(*) Problème. Deux trains partent des points A et B, et marchent dans le sens AB, avec des vitesses respectives de 25 lieues et de 15 lieues à l'heure

3° *Si, l'inconnue n'étant pas susceptible d'être comptée dans deux sens opposés, on trouve une valeur négative, cette valeur in-*

---

mais en C, où il y a une rampe, les vitesses se ralentissent et ne sont plus que de 22 lieues et de 12 lieues à l'heure. On demande à quelle distance du point C se rencontreront les deux trains. AB = 120 lieues ; BC = 40 lieues.

$$\text{A} \qquad \text{B} \quad \text{R} \quad \text{C} \quad \text{R}'$$

La rencontre peut avoir lieu avant ou après le point C. Supposons qu'elle ait lieu avant le point C, en R, et désignons la distance RC par x. Le premier train fait le chemin $ABR = AB + BR = 120 + 40 - x$, dans un nombre d'heures égal à $\dfrac{120 + 40 - x}{25}$. Le second fait le chemin $BR = 40 - x$ dans un nombre d'heures égal à $\dfrac{40 - x}{15}$. Ces nombres d'heures sont égaux ; d'où l'équation

$$\frac{120 + 40 - x}{25} = \frac{40 - x}{15} \quad (1), \text{ qui donne } x = -140.$$

On ne peut pas cependant conclure de là que la rencontre aura lieu à 140 lieues au delà de C. En effet, si on met le problème en équation dans cette seconde hypothèse, on obtient l'équation

$$\frac{120 + 40}{25} + \frac{x}{22} = \frac{40}{15} + \frac{x}{12} \quad (2), \text{ qui donne } x = 98,56 ;$$

$x = 98,56$ est la véritable solution du problème.

Dans cet exemple la 2ᵉ équation ne se déduit pas de la 1ʳᵉ en changeant simplement x en $-x$; elle en diffère essentiellement d'ailleurs par les valeurs absolues de certains nombres donnés.

Il est évident qu'en disant simplement dans une édition précédente, *si l'inconnue est susceptible d'être comptée dans deux sens opposés*, nous entendions que toutes les autres conditions explicites du problème restent les mêmes, que les nombres donnés ne changent pas de valeurs quand on compte l'inconnue dans un sens différent, en un mot que le sens de l'inconnue est la seule chose qui change quand on passe d'une hypothèse à l'autre. La question que nous venons de traiter est évidemment double. Quand on a traité le 1ᵉʳ cas et trouvé une valeur négative, il est difficile de se tromper au point de conclure immédiatement que la rencontre aura lieu à 140 lieues au delà de C. Une pareille conclusion serait absurde alors qu'on n'a tenu aucun compte du changement des vitesses qui a eu lieu en C ; on a simplement constaté que la rencontre n'a pas lieu avant le point C. Il faut évidemment traiter le second cas et résoudre la nouvelle équation.

En résumé, la règle donnée dans l'édition en question est exacte. Néanmoins, sur une observation qui nous a été faite, par scrupule, et pour éviter toute ambiguïté, nous avons préféré faire à cette règle une addition très-simple en elle-même.

INTERPRÉTATION DES VALEURS NÉGATIVES. 99

dique que *le problème proposé est impossible. Son énoncé renferme une contradiction.*

Voyez n° 94, *une addition à cette règle.*

Les deux exemples que nous avons traités se rapportent au 1er cas indiqué dans cette règle. Nous donnons en note un exemple du 2e cas. Voici maintenant un exemple du 3e cas (n° 94) que nous avons indiqué à l'avance, afin que la règle fût complète.

95. Problème. *Un particulier a employé un ouvrier pendant 13 jours en été, et pendant 17 jours en hiver ; il lui donne 2 francs de moins par journée d'hiver que par journée d'été. La première fois l'ouvrier a subi une retenue de 22 fr., et la seconde fois il a reçu une gratification de 28 fr., et cependant il a reçu chaque fois la même somme. On demande combien il recevait par journée d'hiver et par journée d'été.*

Appelons x le prix d'une journée d'été, et par suite $x-2$ le prix d'une journée d'hiver. En hiver, l'ouvrier a reçu $17(x-2)$ pour 17 journées de travail, et une gratification de 28 fr. ; en tout $17(x-2)+28$. De même il a reçu en été $13x-22$. Donc, puisque chaque fois il a reçu la même somme,

$$17(x-2)+28 = 13x-22. \qquad (1)$$

Appliquons à cette équation les règles ordinaires.

$$17x-34+28 = 13x-22.$$
$$4x = 34-28-22;$$

d'où, en appliquant la règle du n° 16,

$$4x = -16.$$
$$x = -4.$$

L'ouvrier aurait donc reçu -4 fr. par journée d'été ; ce qui n'a pas de sens. Or ici nous ne pouvons pas dire, comme dans les questions précédentes, que ce résultat tient à ce que nous nous sommes trompé, en mettant le problème en équation, sur le sens dans lequel devait être comptée l'inconnue ; car le prix d'une journée de travail n'est pas susceptible d'être compté dans deux sens différents. Ce résultat absurde ne peut donc tenir qu'à ce que le problème renferme une contradiction : *ce problème est impossible.* Notre règle se trouve ainsi vérifiée.

L'impossibilité constatée, il n'est pas inutile de montrer que, tout en attestant l'absurdité du problème proposé, la solution négative peut servir à nous mettre sur la voie de la rectification que l'énoncé doit subir, pour que la contradiction disparaisse.

En effet, si $x = -4$ ne peut pas être considéré comme la solution du problème proposé, au moins nous pouvons dire que si *nous convenons d'appliquer à cette quantité négative, -4, les règles démontrées pour les termes soustractifs des polynomes,* et si de plus *nous convenons de regarder deux quantités négatives comme égales quand elles sont formées de nombres égaux précédés du signe $-$, la valeur, -4, mise pour* x *dans l'équation* (1), *la transforme en égalité vérifiée.* En effet, cette substitution effectuée, nous avons

$$17(-4-2)+28 = 13(-4)-22,$$

ce qui, eu égard aux conventions précédentes, revient, tout calcul effectué, à

$$-74 = -74;\ \text{égalité vérifiée.}$$

Ainsi la quantité -4 est une solution de l'équation (1). Or remarquons que substituer -4 pour x dans cette équation, revient à substituer pour x une quantité telle que $-m$, sauf à y faire après coup $m = 4$. Mettons en effet pour x cette quantité $-m$; nous obtiendrons (en observant toujours les mêmes conventions),

$$-17(m+2)+28 = -13m-22.$$

Ou bien encore, en remarquant que si les deux membres de cette équation sont égaux pour $m = 4$, ils le seront encore quand on les aura changés de signe :

$$17(m+2)-28 = 13m+22.$$

Ou enfin, en remettant au lieu de la lettre m la lettre x, ce qui n'a évidemment aucun inconvénient :

$$17(x+2)-28 = 13x+22, \qquad (2)$$

et nous sommes en droit de dire que cette équation sera satisfaite quand on y fera $x = 4$, c'est-à-dire qu'elle admet la même solution, sauf le signe, que l'équation primitive (1).

Or si nous cherchons à interpréter cette équation (2), en nous rapprochant le plus possible de l'énoncé du problème proposé, nous voyons aisément qu'elle est la traduction de cet autre problème :

Un particulier a employé un ouvrier pendant 13 jours en été, et 17 jours en hiver. Il lui donnait 2 fr. de plus par journée d'hiver que par journée d'été. L'hiver l'ouvrier a subi une retenue de 28 fr., et l'été il a mérité une gratification de 22 fr. On demande combien il recevait par journée d'hiver et par journée d'été, sachant que chaque fois il a reçu la même somme.

94. Les considérations que nous avons employées dans ce dernier exemple conduisent en général à ce complément souvent utile de la règle d'interprétation que nous avons donnée tout à l'heure :

Quand l'inconnue d'un problème n'est pas susceptible d'être prise dans deux sens opposés, si l'équation par laquelle on a traduit l'énoncé a une solution négative, cette valeur négative de l'inconnue atteste une contradiction dans cet énoncé. Mais, en outre, elle met sur la voie de la rectification à lui faire subir pour faire disparaître la contradiction. Pour cela, il suffit de changer x en $-x$ dans l'équation du problème, en appliquant à la quantité $-x$ les règles du calcul trouvées pour les termes soustractifs des polynomes ordinaires, puis de traduire la nouvelle équation en se rapprochant le plus possible de l'énoncé primitif.

95. Remarque. En terminant ces considérations sur l'interprétation des valeurs négatives des inconnues dans les problèmes, nous ferons remarquer que dans tous nos exemples, *la valeur négative est une solution de l'équation qui l'a fournie; elle vérifie cette équation à condition qu'on lui applique dans les calculs, une fois la substitution faite, les règles démontrées pour les termes soustractifs des polynomes.*

Cela a été vérifié pour le 3⁰ exemple. Il est facile de le vérifier pour les deux autres ; nous allons le faire pour le premier (n° 90).

Imaginons que nous remplacions x par -4 dans l'équation (1) de ce 1er problème, qui est

$$52 + x = 2(28 + x), \qquad (1)$$

elle deviendra :

$$52 + (-4) = 2[28 + (-4)].$$

Or, d'après les règles que nous *convenons* d'appliquer ici, $52 + (-4)$ n'est autre chose que $52 - 4$ (n° 21); $28 + (-4)$ n'est autre chose que $28 - 4$. Nous avons donc

$$52 - 4 = 2 \times (28 - 4).$$

Or c'est là une égalité vérifiée, puisque c'est là précisément ce qu'on obtiendrait en mettant dans l'équation (2), page 94, à la place de x, le nombre 4, qui par hypothèse, vérifie cette équation. Nous pouvons donc dire que, moyennant la convention de calcul ci-dessus exprimée, $x = -4$ est une solution de l'équation (1).

La même vérification a lieu pour l'équation du 2e problème.

Le parti qu'on tire des quantités négatives, en appliquant les règles précédentes à l'occasion, nous conduit à nous occuper de ces quantités d'une manière spéciale. Nous préciserons d'abord la manière dont on les traite dans le calcul, puis nous nous occuperons d'une manière générale de l'usage qu'on en fait, qui est loin de se borner à ce que nous savons déjà.

CALCUL DES QUANTITÉS NÉGATIVES.

96. Définitions. On appelle *quantité négative* une quantité ordinaire ou arithmétique, précédée du signe $-$; exemples : $-7, -4, -\frac{5}{7}$.

Les nombres 7, 4, $\frac{5}{7}$ sont ce qu'on appelle les *valeurs absolues* de ces quantités négatives.

Ajoutons que, par opposition, les quantités ordinaires ou arithmétiques telles que 7, 4, $\frac{5}{7}$, sont appelées des quantités *positives*.

CALCUL DES QUANTITÉS NÉGATIVES.

97. Convention fondamentale. Les quantités négatives n'ont absolument aucun sens par elles-mêmes. Néanmoins, quand on les rencontre dans le calcul, ou qu'on les y introduit comme nous le verrons plus loin,

On convient de leur appliquer les règles des diverses opérations telles qu'elles ont été établies pour les termes soustractifs des polynomes ordinaires.

D'après cela, et par définition :

1° Ajouter une quantité négative à une autre quantité quelconque, c'est écrire cette quantité négative avec son signe à la suite de l'autre quantité. Le résultat ainsi obtenu est la *somme* des deux quantités. Ex. : la somme de 12 et de —5 est 12—5.

2° Retrancher une quantité négative d'une autre quantité quelconque, c'est écrire cette quantité négative en changeant son signe, à la suite de l'autre quantité (*). D'après cette convention,
$3 — (— 5) = 3 + 5; \quad — 3 — (— 5) = — 3 + 5.$

3° Multiplier une quantité positive par une quantité négative, ou *vice versâ*, c'est faire le produit des valeurs absolues de ces quantités, et faire précéder le résultat du signe —; **multiplier** une quantité négative par une quantité négative, c'est faire le produit de leurs valeurs absolues, et donner à ce produit le signe +. On convient dans les deux cas de considérer le résultat obtenu de la manière indiquée comme le produit des deux quantités données. D'après cela

$$3 \times (—7) \text{ ou } (—7) \times 3 = — (3 \times 7), \text{ ou } —21$$
$$(— 3) \times (— 7) = 3 \times 7 = 21.$$

4° Division. La définition de la division résulte immédiatement de celle de la multiplication : *Diviser* deux quantités quelconques positives ou négatives l'une par l'autre, c'est faire le quotient de leurs valeurs absolues, et donner à ce quotient le signe + ou le signe —, suivant que les quantités données ont le même signe ou des signes contraires.

(*) La soustraction étant l'inverse de l'addition, cette dernière définition résulte immédiatement de celle de l'addition.

98. Pour compléter ce que nous avons à dire sur le calcul des quantités négatives, nous ajouterons qu'il résulte des conventions précédentes *que les règles de calcul relatives aux polynomes ordinaires ou arithmétiques s'étendent à tous les polynomes, quelle que soit leur valeur* (V. n° 103).

Enfin, on convient, dans la résolution des équations, de *regarder deux quantités négatives comme égales quand leurs valeurs absolues sont égales.*

USAGES DES QUANTITÉS NÉGATIVES.

99. Moyennant ces conventions, qui ne sont nullement arbitraires, mais résultent de l'ensemble des observations faites sur l'emploi des quantités négatives, *ces quantités deviennent en algèbre un puissant moyen de généralisation.*

Tantôt elles permettent d'étendre certaines idées, certaines définitions, ou de supprimer certaines restrictions; tantôt elles servent à réunir en une seule formule un nombre souvent très-considérable de formules.

Nous allons donner quelques exemples de leur emploi à ces usages.

100. 1ᵉʳ Exemple. Jusqu'ici nous avons dû considérer un polynome, $a-b+c-d$, comme résultant de plusieurs quantités positives combinées par voie d'addition et de soustraction. Or il est évident qu'en vertu des conventions précédentes, ce polynome peut s'écrire ainsi :

$$a+(-b)+c+(-d).$$

C'est-à-dire qu'un polynome peut être considéré comme la somme de plusieurs quantités positives ou négatives. En se plaçant à ce point de vue, on incorpore, pour ainsi dire, les signes aux termes qu'ils affectent. Le signe $+$ ou le signe $-$ devient une espèce d'attribut qui imprime à chaque quantité un caractère spécial. Les termes précédés du signe $-$ cessent d'être des termes soustractifs pour devenir des *quantités négatives*. Ce point de vue est commode dans beaucoup d'applications.

101. Ainsi la somme algébrique de plusieurs quantités, posi-

USAGES DES QUANTITÉS NÉGATIVES.

tives ou négatives, est le polynome qu'on obtient en écrivant ces quantités à la suite les unes des autres avec leurs signes respectifs.

102. 2ᵉ Exemple. Nous pouvons maintenant supprimer la restriction qui a été établie n° 13 au sujet de la valeur d'un polynome algébrique ; nous ne supposerons plus que la somme des termes précédés du signe $+$ l'emporte nécessairement sur la somme des termes précédés du signe $-$. Désormais nous considérerons la valeur d'un polynome sous ce point de vue plus général : *la valeur d'un polynome est la quantité positive ou négative qu'on obtient en faisant, d'une part, la somme des termes précédés du signe $+$, d'autre part, la somme des termes précédés du signe $-$, puis retranchant la plus petite somme de la plus grande, et donnant enfin au résultat le signe des termes qui composent la plus grande somme.*

Remarque. Il résulte de cette définition que la valeur d'un polynome change de signe quand on change les signes de tous ses termes.

Rappelons-nous également que l'on peut intervertir l'ordre des termes d'un polynome sans en changer la valeur.

103. La restriction du n° 13 étant levée,

On peut appliquer à tous les polynomes, sans se préoccuper si leurs valeurs sont positives ou négatives, les règles des opérations telles qu'elles ont été démontrées pour les polynomes à valeurs positives (*).

Ceci n'est pas une convention nouvelle. C'est une conséquence des conventions fondamentales qui ont été faites précédemment (n° 97).

104. *Formules généralisées par le moyen des quantités négatives.*

3ᵉ Exemple. Considérons la formule qui donne le carré d'un binome. Un binome peut prendre quant aux signes, et en supposant $a > b'$, les formes suivantes : $a + b$, $a - b'$; on a

---

(*) V. le n° 18, pour la définition générale d'une opération algébrique.

$$(a+b)^2 = a^2 + 2ab + b^2 \qquad (1)$$
$$(a-b')^2 = a^2 - 2ab' + b'^2. \qquad (2)$$

Nous avons ainsi deux formules différentes. Or je dis que, moyennant les conventions précédentes, la formule (2) peut être considérée comme résultant de la formule (1), et que celle-ci suffit pour tous les cas, si nous admettons que les termes a et b puissent y prendre, non-seulement des valeurs positives, mais encore des valeurs négatives.

En effet, si dans cette formule (1) nous supposons que b ait une valeur négative $-b'$, il viendra

$$[a+(-b')]^2 = a^2 + 2a\times(-b') + (-b')^2.$$

Appliquons aux quantités négatives les règles ordinaires (convention fondamentale). Dans le premier membre, $[a+(-b')]$ devient $a-b'$ (n° 97, 1°); par suite $[a+(-b')]^2 = (a-b')^2$. Dans le second membre $2a\times(-b') = -2ab'$ (n° 97, 3°); on doit ajouter ce résultat à a^2; on obtient par la règle d'addition $a^2 - 2a\times b'$.

Il reste à ajouter $(-b')^2$; mais d'après la règle de multiplication, $(-b')^2$ ou $(-b')(-b') = b'\times b' = b'^2$. Nous avons donc enfin

$$[a+(-b')]^2 \text{ ou } (a-b')^2 = a^2 - 2ab' + b'^2,$$

ce qui n'est autre chose que la formule (2).

Moyennant les conventions relatives aux quantités négatives, tous les résultats que fournirait la formule (2) peuvent s'obtenir par la formule (1). Les deux formules ne sont donc pas nécessaires; la formule (1) suffit.

Mais ce n'est pas encore là toute la généralisation dont la formule (1) est susceptible. En effet, nous avons admis qu'un polynome pouvait avoir une valeur négative; par suite, les formes $a+b$, $a-b'$ ne sont pas les seules que puisse affecter un binome, il peut encore avoir celles-ci: $-a+b$, $-a-b$. Si nous faisons le carré de chacun de ces binomes par la règle ordinaire, nous trouvons

$$(-a+b)^2 = a^2 - 2ab + b^2 \qquad (3)$$
$$(-a-b)^2 = a^2 + 2ab + b^2. \qquad (4)$$

Or reprenons la formule (1), et remplaçons-y d'abord a par

$-a$, en observant que $-a+b$ peut s'écrire $+(-a)+b$. D'après cette formule (1)
$(-a+b)^2 = [(-a)+b]^2 = (-a)^2 + 2(-a)\times b + b^2 = a^2 - 2ab + b^2$;
ce qui est précisément la formule (3);
de même $\quad (-a-b)^2 = [(-a)+(-b)]^2 = (-a)^2 +$
$$2(-a)(-b)+(-b)^2 = a^2 + 2ab + b^2;$$
ce qui est la formule (4).

La formule (1) tient donc lieu des formules (2), (3) et (4); elle donne à elle seule le carré d'un binome quelconque, quels que soient les signes des deux termes.

Dans l'exemple précédent, on a pu réunir quatre formules en une seule. Mais si, au lieu d'un binome à élever au carré, on avait un trinome, ce trinome pourrait affecter, quant aux signes, les formes suivantes : $a+b+c$, $a+b-c$, $a-b+c$, $-a+b+c$, $a-b-c$, $-a+b-c$, $-a-b+c$, $-a-b-c$.

En procédant comme à l'ordinaire, nous aurions huit formules différentes relatives chacune à l'une de ces formes. On vérifie, comme on a fait pour un binome, que toutes ces formules peuvent se déduire d'une seule d'entre elles, par ex. : de celle que l'on trouve en élevant $a+b+c$ au carré. Dans le cas actuel, l'emploi des quantités négatives permet donc de réunir huit formules en une seule. Pour un polynome de cinq ou six termes, le nombre des formules ainsi réunies en une seule deviendrait beaucoup plus considérable. Enfin, si le nombre des termes devenait encore plus grand, on aurait, pour exprimer le carré d'un polynome donné sous toutes les formes possibles, un nombre de formules si considérable, que le procédé de généralisation, au moyen des quantités négatives, ne serait pas seulement utile pour soulager la mémoire; il deviendrait même d'une nécessité absolue.

105. 4e Exemple. *Application à la résolution des équations du 1er degré à plusieurs inconnues.*

L'utilité des quantités négatives comme moyen de généralisation est encore plus évidente peut-être dans la résolution générale des équations de 1er degré à plusieurs inconnues. Nous nous contenterons ici de citer cet exemple; nous ferons plus loin cette application (n° 117) à la résolution des deux équations à deux inconnues $(ax+by=c;\ a'x+b'y=c')$.

106. *Application à la résolution des problèmes.*

Nous avons déjà appliqué les quantité négatives à la résolution des problèmes, mais seulement en ce qui concerne les valeurs des inconnues : nous allons montrer, en traitant une question très-usuelle, celle du *mouvement uniforme*, qu'on obtient une généralisation bien plus grande encore en appliquant les conventions précédentes à toutes les quantités *données* ou *cherchées* de la question *sans distinction*. Cette application permet de faire servir une formule obtenue en traitant un cas particulier de la question proposée, à résoudre celle-ci, dans tous les cas où les diverses quantités considérées seraient prises dans des sens opposés susceptibles d'être distingués par les signes $+$ et $-$.

5e Exemple. *Un mobile se meut sur une droite d'un mouvement uniforme. Est-il possible de déterminer par une seule formule la position de ce mobile à un instant quelconque ?*

$$\text{A} \qquad \text{B} \qquad \text{X}$$

Supposons d'abord que le mobile se meuve de gauche à droite. Soit B sa position actuelle ; il est clair que la position du mobile, à un instant déterminé, sera connue si l'on connaît la distance qui le sépare en ce moment d'un point invariable, et si l'on sait de plus dans quel sens cette distance doit être comptée.

Désignons par x la distance du mobile au point invariable A, à une époque distante de t heures de l'époque actuelle ; par a la distance AB ; enfin par v la vitesse du mobile, c'est-à-dire, par exemple, le nombre de mètres qu'il parcourt en une heure.

Cela posé, il y a trois régions où le mobile peut se trouver à une époque donnée, soit dans le passé, soit dans l'avenir ; il peut être à droite de B, ou entre A et B, ou à gauche de A (que nous supposons lui-même à gauche de B). Examinons ces diverses positions.

Supposons d'abord le mobile en X à droite de B ; ce n'est que dans l'avenir que le mobile occupera cette position. Nous aurons

$$\text{AX} = \text{AB} + \text{BX}.$$

Or t désignant le nombre d'heures écoulées depuis le passage du mobile en B, c'est-à-dire le temps qu'il a employé à parcourir la distance BX, on a BX $= vt$; d'ailleurs AX $= x$, et AB $= a$; donc

$$x = a + vt. \qquad (1)$$

Cette formule nous donne la position du mobile à une époque quelconque dans l'avenir.

Considérons maintenant la position du mobile dans le passé. Le mobile peut, dans le passé, se trouver soit entre A et B, soit à gauche de A. Supposons-le d'abord entre A et B, en X'.

A   X'   B

Désignons toujours par x la distance du mobile au point A, distance qui, de même que dans le premier cas, est comptée à droite de l'origine A, et soit t' le nombre d'heures qui se sont écoulées entre les passages du mobile en X' et en B. Nous aurons

$$AX' = AB - X'B,$$

ou
$$x = a - vt'. \qquad (2)$$

Cette formule diffère de la formule (1) par le signe du dernier terme. N'y aurait-il pas moyen d'établir quelque convention qui permît de déduire la formule (2) de la formule (1) ? Dans le premier cas le temps était compté dans l'avenir ; dans le second, il est compté dans le passé. Convenons que lorsque la lettre t représentera un temps compté dans le passé, on la remplacera dans la formule (1) par une quantité négative, $-t'$, et de plus qu'on appliquera à cette quantité négative isolée les règles ordinaires des signes (n° 97). Quand on remplace, d'après cela, t par $-t'$ dans l'équation (1), cette équation devient

$$x = a + v(-t'),$$

puis
$$x = a - vt',$$

ce qui n'est autre chose que la formule (2).

Ainsi, moyennant les conventions précédentes, la formule (1) convient au second cas comme au premier (*).

(*) Ce résultat justifie les conventions précédentes qui n'auraient aucun sens par elles-mêmes, si on les isolait du but qu'on se propose en les établissant.

Supposons en troisième lieu que le mobile soit à gauche de A, en X″

```
X″            A              B              X′
```

Désignons par x'' la distance du mobile au point A, distance dont le sens est cette fois inverse de celui qu'elle avait dans les cas précédents, et par t'' le temps que le mobile emploie à parcourir X″B. Nous aurons

$$AX'' = X''B - AB,$$
$$x'' = vt'' - a. \qquad (3)$$

Si nous comparons cette formule aux formules (1) et (2), nous trouvons que tous les termes sont les mêmes, mais non tous les signes.

Or, si nous comparons le cas qui nous occupe au premier cas, nous voyons : 1° que le temps qui, dans le premier cas, se comptait dans l'avenir, se compte maintenant dans le passé ; 2° que la distance du mobile au point A qui, dans le premier cas, se comptait de gauche à droite, se compte maintenant de droite à gauche. Ces différences constatées, convenons, comme nous l'avons déjà fait pour le second cas, que le temps compté dans le passé sera considéré comme négatif, et remplacé en conséquence dans l'équation (1) par une quantité négative, $t = -t''$. Convenons de plus que la distance x du mobile au point A, comptée de droite à gauche (sens AX″), sera représentée par un nombre négatif, $x = -x''$; convenons enfin que ces quantités négatives isolées, $-t''$, $-x''$, une fois introduites dans le calcul, seront traitées comme les termes soustractifs des polynomes (convention fondamentale, n° 97). Moyennant ces conventions, l'équation (1) devient dans le cas actuel

$$-x'' = a + v(-t''),$$
puis
$$-x'' = a - vt''.$$

Or nous avons admis que deux quantités négatives sont égales quand elles ont même valeur absolue. Changeons donc les signes des deux membres de cette égalité ; ils deviendront positifs, et resteront égaux,

$$x'' = vt'' - a,$$

ce qui est précisément la formule (3).

Ainsi, moyennant les conventions précédentes relatives à t et à x, la formule (1) comprend la formule (3) et convient au troisième cas comme au premier (*).

Pour terminer l'analyse de la question, il reste à considérer : 1° le cas où le point B, où se trouve le mobile à l'époque actuelle, est à gauche de A au lieu d'être à droite ; 2° celui où le mouvement, au lieu d'avoir lieu dans le sens BX' (dernière figure), a lieu dans le sens contraire, BX'' ; ces deux cas peuvent d'ailleurs se combiner avec ceux que nous avons déjà examinés.

Si on met le problème en équation dans chacun de ces deux derniers cas, sans faire d'abord aucune convention particulière, on trouve pour le premier

$$x = vt - a', \qquad (4)$$

la distance AB étant désignée par a' ;

et pour le second $\qquad x = a - v't, \qquad (5)$

la vitesse étant désignée par v'.

Or il est facile de voir que ces deux dernières formules se déduisent de la formule (1), si on convient de remplacer, dans celle-ci, a par un nombre négatif $-a'$, quand le point B se trouvera à gauche de A, et v par un nombre négatif $-v'$, quand le mobile ira dans le sens BX'' au lieu d'aller dans le sens BX', en appliquant d'ailleurs les conventions du n° 97.

Ainsi, en résumé, moyennant les conventions établies précédemment sur les signes des quantités, t, x, a, v, conventions dépourvues de signification par elles-mêmes, mais amenées par la comparaison des divers cas qui peuvent se présenter, et justifiées seulement par l'exactitude des résultats qu'elles fournissent, le problème proposé qui aurait comporté un grand nombre de cas, eût nécessité un nombre égal de formules, suivant la position de l'origine et le sens du mouvement du mobile, se résout par cette seule formule

$$x = a + vt \qquad (1)$$

comprenant tous les cas possibles (**).

(*) Même observation que dans la note précédente.
(**) Il est facile de voir que la question comprend jusqu'à seize cas différents

107. Remarque importante. On peut remarquer que, conformément à ce que nous avons dit en commençant n° 106, rien dans ce qui précède ne suppose que l'une des quantités x, a, v, t, soit plutôt inconnue que l'une des autres; cette égalité exprime une relation entre ces quatre grandeurs, résultant de leurs définitions, et tout à fait indépendante de l'hypothèse que nous signalons. Si donc on vient à employer cette formule (1) dans un problème, et qu'une ou même plusieurs de ces quantités x, a, v, t, jouent le rôle d'inconnues, la discussion sera toute faite relativement aux signes de ces inconnues, et on saura d'avance ce que signifieront les signes dont seront affectées les valeurs trouvées pour ces inconnues.

108. Cette observation conduit à la méthode d'interprétation des valeurs des inconnues susceptibles d'être comptées dans deux sens différents, que nous avons fait connaître à l'avance. Cette méthode résulte évidemment de considérations analogues aux précédentes et des conventions auxquelles ces considérations conduisent.

On s'en convainc facilement en traitant d'une manière générale le problème des âges, c'est-à-dire en désignant les âges par des lettres.

109. En terminant notre étude sur les quantités négatives, nous mentionnerons une locution souvent employée:

On dit qu'une quantité négative est moindre que 0. Ce ne peut être qu'une convention de langage, car il n'y a rien de moindre que 0. Pour justifier cette convention, il suffit de montrer qu'elle résulte de l'extension de l'idée qu'on se fait habituellement de l'ordre des grandeurs de deux quantités ordinaires.

De deux quantités, la plus grande est celle à laquelle il faut ajouter le moins pour arriver à une même somme. Or à 0, il faut ajouter 5 pour avoir pour la somme 5; à -2, en opérant d'après la convention adoptée n° 97 (1°), il faut ajouter 7 pour avoir la même somme 5; $-2+7=7-2=5$. Voilà ce qui conduit à dire que -2 est moindre que 0.

Dans le même ordre d'idées, on dit conventionnellement: *de deux quantités négatives, la plus grande est celle qui a la plus petite valeur absolue.* Par exemple, on dit que -2 est > -4. Il faut moins ajouter à -2 qu'à -4 pour avoir la même somme désignée, 5 par exemple; $-2+7=5$; $-4+9=5$.

USAGES DES QUANTITÉS NÉGATIVES.

109 bis. Exposant positif. Exposant 0. Exposant négatif.

Si on considère la division de a^m par a^n, trois cas peuvent se présenter : $m > n$; $\quad m = n$; $\quad m < n$.

1ᵉʳ Cas. Exposant positif. $m > n$, ou $m = n + p$. Si on applique alors la règle de la division des monomes, on a $\quad a^m : a^n = a^{m-n} = a^p$.

2ᵉ Cas. Exposant 0. $m = n$. Si on applique la même règle, on trouve $a^m : a^n = a^{m-n} = a^0$. Que signifie ce symbole a^0? Rép. $a^0 = 1$.

En effet puisque $m = n$, $a^m : a^n = a^m : a^m = 1$. Si donc on emploie ce symbole, a^0, pour conserver la trace de la lettre, a, qui sans cela disparaîtrait, il faut convenir que a^0 n'a pas d'autre valeur que 1, que $a^0 = 1$.

3ᵉ Cas. Exposant négatif. $m > n$; $n = m + p$. Si on applique alors la règle de division, on trouve, $a^m : a^n = a^{m-n} = a^{m-m-p} = a^{-p}$. Que signifie ce symbole a^{-p}? Rép. $a^{-p} = \dfrac{1}{a^p}$.

En effet, dans le cas actuel, $a^m : a^n = a^m : a^{m+p} = \dfrac{a^m}{a^m \times a^p} = \dfrac{a^m \times 1}{a^m \times a^p} = \dfrac{1}{a^p}$. Si donc on écrit dans ce cas, $a^m : a^n = a^{-p}$, c'est par pure convention; a^{-p} signifie $\dfrac{1}{a^p}$.

Observation générale sur l'emploi des quantités négatives.

110. *Les quantités négatives n'ont aucun sens par elles-mêmes; il en est de même des conventions relatives au calcul de ces quantités si on les isole des circonstances qui les ont amenées et du but qu'on se propose en les appliquant.* Ces conventions, qui sont amenées par le désir de généraliser le plus possible qui nous préoccupe constamment en algèbre, n'ont absolument rien d'arbitraire. Ce qui est arbitraire, c'est ce désir de généralisation. Ainsi, nous sommes parfaitement libres d'avoir 10, 15, 100, 1000 formules pour tous les cas d'un même problème général. Puis si, embarrassés de ce grand nombre de formules, nous voulons les faire dériver toutes de l'une d'elles, moyennant certaines conventions que leur comparaison pourra nous indiquer, nous sommes encore libres de choisir la formule à laquelle nous désirons ramener toutes les autres. Mais ce choix fait, nous ne sommes plus libres quant au choix des conventions à faire pour réaliser notre désir de généralisation. Ces conventions nous sont dictées par la comparaison à la formule adoptée pour type, de celle qui, en l'absence de toute convention particulière (c'est-à-dire dans l'esprit de l'arithmétique ordinaire), convient à chaque cas particulier; cette comparaison étant faite graduellement, et avec l'ordre que nous avons mis par exemple dans la généralisation de la formule $x = a + vt$. Les conventions ainsi faites successivement ne doivent pas être contradictoires et ne le sont pas, si on procède avec ordre et attention, comme nous le disons. C'est ainsi qu'on est amené à l'emploi des quantités négatives et aux conventions qui les concernent. *Ces règles conventionnelles ne se démontrent pas ; elles ne sont justifiées que par les résultats auxquels on arrive par leur moyen.* Or l'exactitude de ces résultats a été vérifiée, *à posteriori*, dans des circonstances si nombreuses et si variées, qu'il ne peut plus exister, dans aucun esprit juste, le moindre doute sur la convenance et l'utilité de l'emploi des quantités négatives dans le calcul, suivant les conventions fondamentales que nous avons fait connaître.

CAS D'IMPOSSIBILITÉ ET D'INDÉTERMINATION DANS LA RÉSOLUTION DES ÉQUATIONS.

111. Outre les cas singuliers où l'on trouve pour les inconnues des valeurs négatives, on rencontre encore dans la résolution des équations des cas d'*impossibilité* et des cas d'*indétermination*.

CAS D'IMPOSSIBILITÉ. La valeur d'une inconnue dans un problème du 1er degré s'obtient généralement en résolvant finalement une équation de cette forme $Ax = B$; d'où la formule

$$x = \frac{B}{A} \qquad (1) \; (*)$$

Il peut arriver que dans une application on ait $A = 0$, et $B = m$ nombre différent de 0 ; la formule (1) donne alors $x = \frac{m}{0}$.

Pour interpréter cette valeur singulière, remontons à l'équation proposée $Ax = B$, et remplaçons-y A par 0, et B par m : cette équation devient alors $0 \times x = m$; elle n'admet évidemment aucune solution ; elle est impossible, absurde. En effet, quelque nombre que l'on mette à la place de x, on aura toujours $0 \times x = 0$, et jamais $0 \times x = m$.

Le résultat $x = \frac{m}{0}$ *indique donc que l'équation proposée est impossible, n'a pas de solution dans le cas particulier considéré.*

(*) Nous avons déjà discuté cette formule au point de vue des équations numériques ; mais, au point de vue des équations littérales, il nous faut revenir sur le second et le troisième cas indiqués n° 59.

Mais il n'en est toujours de même du problème qui a donné lieu à cette équation. Il peut arriver qu'à ce résultat singulier $x = \dfrac{m}{0}$ corresponde une solution du problème, qu'on peut aussi appeler une solution *singulière* en ce sens qu'elle ne rentre pas comme cas particulier dans la solution générale qu'on a eu pour but de trouver en mettant le problème en équation. (Voy. le 2° cas ci-après n° 117).

Pour voir comment cela peut arriver, examinons comment on peut être amené dans les applications à cette valeur singulière.

Considérons l'expression $\dfrac{m}{A}$, et supposons que m reste constant, tandis que A prend des valeurs successivement décroissantes, 0, 1; 0,01; 0,001; $\dfrac{1}{10^n}$, par ex.; $\dfrac{m}{A}$ prend alors ces valeurs successivement croissantes: $m : 0,1 = m \times 10$ ou $10\,m$; $m : 0,01 = 100\,m$; ... $m : \dfrac{1}{10^n} = m \times 10^n$; etc. La valeur de A diminuant ainsi jusqu'à devenir moindre qu'un nombre donné quelconque, $\dfrac{m}{A}$ croît évidemment jusqu'à dépasser toute limite, et devient ce qu'on appelle infiniment grand (*).

(*) Il n'est pas nécessaire de supposer m fixe comme nous l'avons fait pour plus de commodité; tout ce que nous avons dit est vrai alors même que m varie avec A, pourvu que A arrivant à zéro, m n'y arrive pas. Si m est variable, il y a alors parmi les valeurs de m une valeur minimum, m'. On peut remplacer notre valeur fixe de tout à l'heure par m'; on verra $\dfrac{m'}{A}$ tendant vers $\dfrac{m'}{0}$, croître au delà de toute limite; il en est de même, *à fortiori*, des valeurs de $\dfrac{m}{A}$, par lesquelles on remplacera celles de $\dfrac{m'}{A}$ pour avoir la suite vraie, puisque chaque valeur de $\dfrac{m}{A}$ est au moins égale à sa correspondante de $\dfrac{m'}{A}$ pour une même valeur de A.

C'est ce qu'on exprime ordinairement en disant que pour A$=0$, $\frac{m}{0} = \infty$; lisez $\frac{m}{0} =$ l'infini).

Définition. Pour dire en abrégé qu'un nombre variable peut, en diminuant, devenir moindre que tout nombre donné, on dit qu'il tend vers 0. Pour dire qu'il peut devenir plus grand que tout nombre donné, on dit qu'il tend vers l'infini. Ces termes 0 ou ∞ (*l'infini*) n'ont pas alors d'autres significations.

Cela posé, quand on arrive au résultat $x = \frac{m}{0}$, il peut se présenter deux cas :

1er cas. *La question proposée n'admet qu'une solution qui dépend de l'existence d'une grandeur telle que le nombre qui l'exprime vérifie l'équation proposée. Dans ce cas, par cela même qu'il n'existe pas de nombre satisfaisant à l'équation, il n'existe pas de grandeur satisfaisant au problème. Le problème est impossible comme l'équation.*

Exemple : Il s'agit de trouver la distance qui sépare un point donné de la ligne parcourue par deux mobiles du point où ceux-ci se rencontrent. Si on trouve $x = \frac{m}{0}$, les deux mobiles ne se rencontrent pas.

Exemple : Dans le problème des mobiles, n° 62 *bis*, nous avons trouvé :

$$x = \frac{a.v'}{v - v'}$$

Si dans une application de cette formule il arrive que $v = v'$, sans que a soit nul, on trouve $x = \frac{a.v'}{0}$. Dans ce cas, le problème est impossible; en effet, au moment du départ, l'un des mobiles est en arrière de l'autre de la distance AB $= a$; les deux mobiles ayant la même vitesse, l'un ne gagnera pas sur l'autre ; ils seront toujours séparés par un intervalle égal à AB.

Ex. : $a = 40$ mètres ; $v = 4$ mètres ; $v' = 4$ mètres. Il est évident que dans ce cas les mobiles seront toujours séparés par cette distance de 40 mètres.

Ne supposons pas tout de suite $v = v'$; supposons $v = 4^m,1$ et $v' = 4^m$.

Alors $v - v' = 0,1$; par suite $x = 40 \times 4 : 0,1 = 1600$ mètres.

Les mobiles se rencontrent à 1600 mètres de distance du point B.

Soit en second lieu $v = 4^m,01$; $v' = 4^m$.

Alors on a $v - v' = 0,01$; par suite $x = 40 \times 4 : 0,01 = 16000$.

Les mobiles se rencontreront à 16000 mètres du point B.

Et ainsi de suite; à mesure que la différence $v - v'$ diminue, la distance du point A au point de rencontre devient de plus en plus grande. Il est évident que la différence des vitesses devenant moindre que toute grandeur donnée, le point de rencontre se transporte à une distance plus grande que toute grandeur donnée, et finalement quand $v = v'$, il n'y a plus de rencontre.

2° cas *Le problème proposé, outre la solution générale que l'on se propose de trouver en mettant le problème en équation, peut avoir une solution singulière, c'est-à-dire qui ne rentre pas dans la solution générale précitée, mais vers laquelle on tend indéfiniment, comme vers une limite, quand les données du problème tendent vers les valeurs relatives qui produisent ce résultat singulier* $x = \dfrac{m}{0}$. *Alors, quand on trouve* $x = \dfrac{m}{0}$, *on adopte la solution singulière dont l'exactitude peut souvent d'ailleurs être vérifiée directement.*

Exemple. *On propose de mener une tangente commune extérieure à deux circonférences données.*

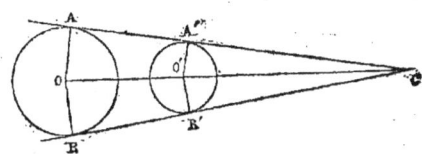

La tangente extérieure cherchée peut *rencontrer la ligne des centres ou lui être parallèle*. Supposons qu'elle la rencontre. Si on connaissait le point de rencontre C, le problème serait résolu; il suffirait de mener de ce point C une tangente à la circonférence voisine, circ. O'A' (2° livre de géométrie); cette ligne prolongée irait toucher circ. OA. Nous connaîtrons le point C, si nous déterminons sa distance O'C au centre O'.

Soient $O'C = x$, $OA = R$; $O'A' = R'$, et la distance des centres $OO' = d$. Les triangles rectangles semblables CAO, CA'O' donnent l'égalité

$$\frac{OC}{O'C} = \frac{OA}{O'A'} \quad \text{ou} \quad \frac{d+x}{x} = \frac{R}{R'}.$$

D'où $d.\text{R}' + \text{R}'x = \text{R}.x$: puis $d.\text{R}' = (\text{R} - \text{R}')x$, et enfin $x = \dfrac{d.\text{R}'}{\text{R} - \text{R}'}$. (1)

Pour le cas de $\text{R} = \text{R}'$, cette formule donne $x = \dfrac{d.\text{R}'}{0}$.

Ce résultat singulier $x = \dfrac{m}{0}$, indique que l'équation posée (1) n'admet pas alors de solution (n° 111). S'ensuit-il que le problème n'en admet pas non plus? En examinant la question de plus près, on remarque que l'inconnue x du problème exprimant la distance qui existe entre le centre O' et le point de rencontre de la tangente avec la ligne des centres prolongée, le résultat singulier auquel nous sommes arrivé indique seulement que ce point de rencontre n'existe pas quand $\text{R} = \text{R}'$. On conclut de là qu'une tangente commune aux deux cercles ne rencontre pas alors la ligne des centres. Mais *elle peut lui être parallèle*. En effet quand $\text{R} = \text{R}'$, il suffit de mener deux rayons OA, O'A' perpendiculaires à la ligne des centres, et de tirer la droite AA'; cette ligne tangente aux deux cercles est parallèle à OO'.

Ce que nous avons dit en commençant (2° cas) se vérifie très-bien ici. Si, sans changer le rayon R (de notre figure), on augmente graduellement R' jusqu'à le rendre égal à R, la différence R — R' diminuant, la distance $\text{O}'\text{C} = x$ augmente continuellement. Si on mène une tangente commune de chaque point C ainsi obtenu, cette tangente, s'inclinant de plus en plus, tend indéfiniment, comme vers une position limite, à se confondre avec la parallèle AA' à OO', dont nous venons de parler. De ce fait seul, on est en droit de conclure qu'à la limite, quand $\text{R} = \text{R}'$, cette parallèle AA' est la tangente commune cherchée   C'est bien là *une solution singulière* (dans le sens indiqué) correspondant au *résultat singulier* $x = \dfrac{m}{0}$.

Autre exemple. *On détermine par l'algèbre la tangente trigonométrique d'un angle cherché.*

Nous proposons de démontrer exactement, comme nous venons de le faire en dernier lieu pour la tangente commune, que le résultat singulier x ou tang. A $= \dfrac{m}{0}$ indique alors certainement que l'angle cherché A est *droit*; $\text{A} = 90°$ A.

112. Cas d'indétermination.

Dans l'application de la formule $x = \dfrac{\text{B}}{\text{A}}$ qui résout l'équation $\text{A}x = \text{B}$, il peut arriver qu'on ait à la fois

$$\text{A} = 0, \quad \text{B} = 0.$$

Dans ce cas, la formule donne le résultat singulier

$$x = \dfrac{0}{0}$$

Si, pour interpréter ce résultat, on remonte à l'équation
$$Ax = B$$
pour y faire
$$A = 0, \quad B = 0,$$
elle devient
$$0 \times x = 0.$$

Tout nombre mis à la place de x vérifie cette équation. On dit alors, *en général*, que la valeur de x est *indéterminée*; on dit de l'équation elle-même qu'elle est *indéterminée*.

113. Nous disons, *en général*; car il peut arriver que l'indétermination manifestée par le symbole $\frac{0}{0}$ ne soit *qu'apparente*, que, malgré ce résultat insignifiant $\frac{0}{0}$ d'abord obtenu, l'expression proposée ait dans le cas particulier en question une valeur unique et précise qu'il faut seulement trouver d'une autre manière.

Considérons, en effet, l'expression $\frac{2a^2 + a - 10}{a^2 - 4}$, qui se réduit à $\frac{0}{0}$ quand on y fait $a = 2$. On peut voir que le numérateur et le dénominateur ont le facteur commun $a - 2$;

$$\frac{2a^2 + a - 10}{a^2 - 4} = \frac{(2a+5)(a-2)}{(a+2)(a-2)}. \qquad (1)$$

C'est ce facteur commun $a - 2$ qui amène le résultat $\frac{0}{0}$ dans le cas de $x = 2$. Si nous supprimons ce facteur, l'expression proposée se réduit à
$$\frac{2a+5}{a+2}$$
laquelle, pour $a = 2$, a la valeur numérique $\frac{9}{4}$. Je dis que $\frac{9}{4}$ est la vraie et unique valeur de l'expression proposée elle-même, quand $a = 2$. En effet, d'après l'égalité
$$\frac{2a^2 + a - 10}{a^2 - 4} = \frac{2a+5}{a+2} \times \frac{a-2}{a-2},$$

quand a tend vers la valeur 2, si rapproché qu'il soit de cette valeur, les nombres variables représentés par les deux expressions, $\dfrac{2a^2 + 2a - 10}{a^2 - 4}$, $\dfrac{2a + 5}{a + 2}$, sont constamment égaux. (A mesure que a, diminuant par exemple, se rapproche de la valeur 2, si rapproché qu'il en soit, on a constamment $\dfrac{a-2}{a-2} = 1$). *Quand deux grandeurs variables sont ainsi constamment égales leurs limites sont égales.* Or quand $a = 2$, l'expression $\dfrac{2a + 5}{a + 2}$ atteint la limite $\dfrac{9}{4}$; donc à la limite, pour $a = 2$, $\dfrac{2a^2 + 2a - 10}{a^2 - 4}$ est aussi égal à $\dfrac{9}{4}$.

114. Le même raisonnement peut être fait chaque fois que les deux termes de la formule qui donne $\dfrac{0}{0}$ ont un facteur commun qui devient égal à 0. On conclut de là cette règle :

RÈGLE. *Si, pour une certaine hypothèse, une fraction algébrique se réduit à $\dfrac{0}{0}$, on ne devra d'abord rien conclure de ce résultat ; mais il faudra examiner avec soin si ses deux termes n'ont pas un facteur commun qui devient nul par suite de l'hypothèse dont il s'agit. Si l'on découvre un pareil facteur, il faut le supprimer, et faire ensuite dans l'expression simplifiée l'hypothèse qui avait donné $\dfrac{0}{0}$; on aura ainsi la vraie valeur de l'expression proposée. Si un pareil facteur n'existe pas, il faudra remonter à l'équation dont l'inconnue est exprimée par cette fraction, y faire les hypothèses qui ont amené $\dfrac{0}{0}$, et résoudre ensuite la nouvelle équation. Si cette équation se réduit à une identité, ex. : $3x + 2 = 3x + 2$, elle est réellement indéterminée ; car elle est satisfaite par une infinité de valeurs de x ; c'est alors que $\dfrac{0}{0}$ est un véritable symbole d'indétermination.*

114 bis. APPLICATION AUX PROBLÈMES. Quand une équation reconnue ainsi indéterminée est l'équation d'un problème proposé, de telle sorte qu'à chaque solution de l'équation correspond nécessairement une solution du problème, *le problème est indéterminé comme l'équation*; il admet, comme elle, *une infinité de solutions*.

Exemple. Si dans le problème des mobiles, que nous avons traité n° 63, il arrivait que l'on eût à la fois $a = 0$ et $v = v'$, on aurait $x = \dfrac{0}{0}$. Or il est évident que av' et $v - v'$ n'ont pas de facteur commun; il convient donc de remonter à l'équation de laquelle a été déduite la valeur générale de x. Si l'on fait dans l'équation

$$av' = (v - v')\,x,$$

les hypothèses $a = 0$, $v = v'$, elle se réduit à une identité $0 = 0$. La valeur de x est donc réellement indéterminée. On explique facilement cette conclusion $a = 0$; les deux mobiles partent ensemble du point A; $v = v'$; ils ont la même vitesse; partant du même point, avec la même vitesse, ils seront toujours ensemble; tous les points de la route sont des points de rencontre.

EXERCICES.

Faites les Exercices 426 à 442 inclus proposés à la fin du Cours.

FORMULES GÉNÉRALES POUR LA RÉSOLUTION DES ÉQUATIONS DU 1ᵉʳ DEGRÉ A DEUX INCONNUES. DISCUSSION COMPLÈTE DE CES FORMULES.

115. En représentant les données par des lettres dans les équations du 1ᵉʳ degré à plusieurs inconnues, on peut établir des formules générales donnant immédiatement les valeurs de ces inconnues composées avec leurs coefficients et les termes tout connus.

D'abord nous supposerons que dans chaque équation on ait préalablement réuni dans un même membre tous les termes qui renferment une inconnue, que l'on ait mis chaque inconnue en facteur commun des nombres qui la multiplient, et isolé les termes tout connus dans le second membre. On obtient ainsi des équations telles que celles-ci :

$$ax + by + cz + \ldots = k.$$

Une équation à deux inconnues affectera alors cette forme générale

$$ax + by = c.$$

116. Nous avons vu, n° 63, qu'il faut deux équations distinctes pour que les inconnues aient des valeurs déterminées. Considérons donc le système d'équations

$$ax + by = c \qquad (1)$$
$$a'x + b'y = c' \qquad (2)$$

et résolvons-le d'abord. Nous agirons exactement comme pour les équations numériques.

Déduisons de l'équation (1) la valeur de y :

$$y = \frac{c - ax}{b}. \qquad (3)$$

Substituons cette valeur de y dans la seconde équation ;

$$a'x + \frac{b'(c - ax)}{b} = c'. \qquad (4)$$

Chassons les dénominateurs ;

$$ba'x + cb' - ab'x = bc';$$

puis faisons passer les termes en x dans le 2ᵉ membre ;

$$cb' - bc' = (ab' - ba')x; \qquad (5)$$

d'où la formule
$$x = \frac{cb' - bc'}{ab' - ba'} \qquad (m)$$

En substituant cette valeur de x dans l'équation (3), on trouve

$$y = \frac{c - a\dfrac{cb' - bc'}{ab' - ba'}}{b} = \frac{ab'c - ba'c - acb' + abc'}{b(ab' - ba')}$$

et, après réduction,

$$y = \frac{ac' - ca'}{ab' - ba'}. \qquad (n)$$

FORMULES POUR RÉSOUDRE $ax + by = c$; $a'x + b'y = c'$. 123

Les égalités (m) et (n) sont les formules annoncées.

117. Nous allons immédiatement en faire une application. Reprenons les équations

$$7y + 5x = 34 \qquad (1)$$
$$8y - 3x = 4, \qquad (2)$$

déjà résolues, et calculons les valeurs de x et y à l'aide des formules (m) et (n). Dans le cas actuel, $a = 5$, $b = 7$, $c = 34$; $b' = 8$; $a' = -3$, $c' = 4$. D'après cela, les formules (m) et (n) donnent

$$x = \frac{34 \times 8 - 7 \times 4}{5 \times 8 - 7 \times (-3)} = \frac{272 - 28}{40 + 21} = \frac{244}{61} = 4.$$

$$y = \frac{5 \times 4 - 34 \times (-3)}{5 \times 8 - 7 \times (-3)} = \frac{20 + 102}{40 + 21} = \frac{122}{61} = 2.$$

Ce sont les valeurs trouvées par l'élimination.

117 bis. REMARQUE. Les formules (m) et (n) ne pourraient pas servir à la résolution des équations (1) et (2), si on n'adoptait pas les conventions relatives à l'emploi des quantités négatives. Il faudrait d'autres formules déduites des équations générales, $ax + by = c$, $b'y - a'x = c'$. Il y a encore un grand nombre d'autres cas pour chacun desquels il faudrait aussi des formules spéciales. (Les deux équations renferment 6 quantités a, b, c, a', b', c', susceptibles de prendre chacune deux signes + ou —.) Mais si on fait usage des quantités négatives, les formules (m) et (n) suffisent pour tous les cas.

118. On a déjà remarqué que les valeurs générales (m) et (n) de x et de y avaient le même dénominateur facile à retenir. En regardant de près les numérateurs, on a vu que chacun pouvait se déduire facilement du dénominateur commun. On a ainsi trouvé une règle pour écrire immédiatement les formules (m) et (n), sans faire aucun calcul.

RÈGLE *pour écrire immédiatement* $\begin{cases} ax + by = c. & (1) \\ a'x + b'y = c'. & (2) \end{cases}$
la solution générale des équations :

On écrit à la suite l'un de l'autre les arrangements ab, ba, *des deux lettres* a *et* b ; *on sépare ensuite ces deux arrangements par le signe* —, *puis on accentue seulement la dernière lettre de chacun. On obtient ainsi le dénominateur commun* ab' — ba' *des valeurs générales de* x *et de* y. *Pour avoir le numérateur de* x, *on remplace dans* ab′ — ba′ *chaque lettre qui est un coefficient de* x *dans l'une des équations données*, (1) *et* (2), *par le terme tout connu qui lui correspond, c'est-à-dire* a *par* c, *et* a′ *par* c′. *On trouve ainsi le numérateur* cb′ — bc′; *ce qui donne* $x = \dfrac{cb' - bc'}{ab' - ba'}$. *On fait de même pour* y; *on remplace dans* ab′ — ba′ *chaque lettre qui est un coefficient de* y *par le terme tout connu qui lui correspond, c'est-à-dire* b′ *par* c′ *et* b *par* c; *ce qui donne* $y = \dfrac{ac' - ca'}{ab' - ba'}$.

Ceci est une règle purement mnémonique, servant à retrouver au besoin des formules dont on connaît l'exactitude, pour les avoir obtenues au moins une fois par un calcul direct, par l'élimination par exemple.

DISCUSSION COMPLÈTE DES FORMULES GÉNÉRALES

$$x = \dfrac{cb' - ba'}{ab' - ba'} (m) \quad \text{et} \quad y = \dfrac{ac' - ac'}{ab' - ba'} (n).$$

119. Ces formules, obtenues *au moyen de l'élimination*, dispensent précisément de l'élimination en permettant de calculer immédiatement et séparément dans chaque cas particulier les valeurs de x et de y.

Les valeurs ainsi trouvées conviennent-elles dans tous les cas possibles, même dans ceux où l'élimination *ne peut pas se faire*. et est inutile, c'est-à-dire, quand chacune des équations ne renferme qu'une inconnue ; c'est ce qu'il importe d'examiner. C'est dans cet examen que consiste la discussion des formules.

120. Reprenons les équations générales

$$ax + by = c \qquad (1)$$
$$a'x + b'y = c'. \qquad (2)$$

Faisons de nouveau les calculs nécessaires pour arriver aux formules (*m*) et (*n*) (n° 116).

De (1) on tire $\qquad y = \dfrac{c - ax}{b};\qquad$ (3)

d'où, en remplaçant y dans (2),

DISCUSSION DES FORMULES : $x = \dfrac{cb' - bc'}{ab' - ba'}$, $y = \dfrac{ac' - ca'}{ab' - ba'}$.

$$a'x + \frac{b'(c-ax)}{b} = c', \qquad (4)$$

puis
$$a'bx + cb' - ab'x = bc',$$
$$cb' - bc' = (ab' - ba')x. \qquad (5)$$

De cette équation (5) on déduit la formule

$$x = \frac{cb' - bc'}{a'b' - ba'}, \qquad (m)$$

puis, par substitution dans l'équation (3), toutes réductions faites,

$$y = \frac{ac' - ca'}{ab' - ba'}. \qquad (n)$$

On peut observer que l'équation (5) et la formule (m), signifiant exactement la même chose, ne peuvent pas manquer de donner dans tous les cas le même résultat.

Maintenant discutons.

Nous supposerons d'abord qu'aucun des coefficients a, a', b, b' ne manque, n'est égal à zéro.

L'équation (5) est de la forme $Ax = B$; $A = ab' - ba'$; $B = cb' - bc'$. De là, eu égard à la discussion de l'équation $Ax = B$, n° 59, les conséquences diverses qui suivent.

121. 1ᵉʳ CAS. $ab' - ba'$ *est différent de* 0. L'équation (5) donne pour x une *seule* valeur finie (*), celle que donne la formule (m) (A différent de zéro, n° 59).

En substituant cette valeur de x dans l'équation (1), ou dans (3), on trouve pour y une seule valeur finie, $y = \dfrac{c - ax}{b}$, qui est la valeur fournie par la formule (n) (*).

1° *Lors donc que* $ab' - ba'$ *n'est pas nul, le système des équations* (1) *et* (2) *n'admet qu'une solution composée d'une valeur finie de* x, *et une de* y, *lesquelles sont données par les formules générales.*

Autrement dit, les formules donnent alors le même résultat que le calcul direct appliqué aux équations données.

(*) On a déduit la valeur (n) de y de l'équation (3) en y remplaçant x par sa valeur (m).

122. 2ᵉ CAS. Supposons $ab' - ba' = 0$, $cb' - bc' = m$, nombre *différent* de 0, autrement dit, $cb' >$ ou $< bc'$.

La valeur de x prend alors la forme $\dfrac{m}{0}$.

La valeur de y *prend aussi la forme* $\dfrac{m'}{0}$. Pour le démontrer comme le dénominateur de y, $ab' - b'a' = 0$, il nous suffit de prouver que $ac' - ca'$ est différent de 0.

En effet, $ab' - ba' = 0$ donne $ab' = ba'$; d'où $\dfrac{a}{a'} = \dfrac{b}{b'}$. Ensuite $cb' - bc' = m$ équivaut à $cb' >$ ou $< bc'$; d'où $\dfrac{c}{c'} >$ ou $< \dfrac{b}{b'}$. Si l'on remplace, dans cette inégalité, $\dfrac{b}{b'}$ par la valeur égale $\dfrac{a}{a'}$, on trouve $\dfrac{c}{c'} >$ ou $< \dfrac{a}{a'}$; d'où $ca' >$ ou $< ac'$, et enfin $ac' - ca'$ = un nombre m' différent de zéro. *La valeur de* y *a donc la forme* $\dfrac{m'}{0}$.

Nous avons vu que le symbole $\dfrac{m}{0}$ indique l'impossibilité dans le cas d'une équation du premier degré à une seule inconnue; nous allons voir qu'il en est de même pour deux équations à deux inconnues.

Introduisons les hypothèses actuelles dans les deux équations générales (1) et (2). De l'égalité $\dfrac{a}{a'} = \dfrac{b}{b'}$, on déduit $a = \dfrac{ba'}{b'}$.

Remplaçons a par cette valeur dans l'équation (1), il vient $\dfrac{ba'}{b'}x + by = c$, d'où $ba'x + bb'y = cb'$, qui peut s'écrire ainsi :

$$b(a'x + b'y) = cb'. \qquad (1)$$

Comparons l'équation (1), mise sous cette forme, à l'équation (2) :

$$a'x + b'y = c'.$$

Le 1ᵉʳ membre de (1) est, dans le cas actuel, égal au 1ᵉʳ membre

DISCUSSION DES FORMULES : $x = \dfrac{cb' - bc'}{ab' - bc'}$, $y = \dfrac{ac' - ca'}{ab' - ba'}$. 127

de (2) multiplié par b. Pour que les deux équations pussent être vérifiées par un même système de valeurs de x et de y, il faudrait donc que le 2ᵉ membre, cb', de (1) fût égal au 2ᵉ membre, c', de (2), multiplié par b ; on devrait avoir :

$$cb' = c'b \quad \text{ou} \quad cb' - bc' = 0,$$

ce qui n'est pas, puisque par hypothèse $cb' - bc' = m$.

Les deux équations (1) et (2) ne peuvent donc pas être vérifiées par un même système de valeurs de x et de y ; on dit alors qu'elles *sont incompatibles* entre elles. V. la note (*).

2° Ainsi donc, quand on a en même temps $ab' - ba' = 0$ et $cb' - bc' >$ ou < 0, *les équations* (1) *et* (2) *sont* incompatibles *entre elles, c'est-à-dire ne peuvent pas être vérifiées par un même système de valeurs de* x *et de* y. *Il y a* impossibilité *de résoudre le système des équations proposées.*

123. 3ᵉ CAS. $ab' - ba' = 0$; $cb' - bc' = 0$.

Alors la valeur (m) de (x) se présente sous la forme $\dfrac{0}{0}$.

Il en est de même de la valeur (n) *de* (y) :

En effet, de $ab' - ba' = 0$, on tire $\dfrac{a}{a'} = \dfrac{b}{b'}$; de $cb' - bc' = 0$, on déduit $\dfrac{c}{c'} = \dfrac{b}{b'}$; donc $\dfrac{a}{a'} = \dfrac{c}{c'}$, et par suite $ac' = ca'$, puis $ac' - ca' = 0$; d'où $y = \dfrac{0}{0}$.

(*) Quand les valeurs de x et de y se présentent sous la forme $\dfrac{m}{0}$, $\dfrac{m'}{0}$, on peut au point de vue des applications, interpréter ces symboles comme on l'a fait à propos de l'équation $A \times x = B$, n° 111. On peut, en supposant $cb' - bc'$ égal à un nombre m, concevoir que les données de la question varient de telle sorte que le dénominateur commun $ab' - ba'$ prenne des valeurs successivement et constamment décroissantes. Les formules (m) et (n), toujours applicables, donnent pour x et y des valeurs convenables, constamment croissantes, qui peuvent toutes deux devenir plus grandes qu'un nombre donné quelconque, si le nombre $ab' - ba'$ devient suffisamment petit (111) : c'est ce qu'on veut exprimer quand on dit que, pour $ab' - ba' = 0$, $x = \dfrac{m}{0} = \infty$; $y = \dfrac{m'}{0} = \infty$.

Ces valeurs de x et de y indiquent en général l'indétermination, si on s'en rapporte à ce qui a été dit à propos de l'équation $Ax = B$, n°⁸ 59 et 112.

Voyons s'il en est de même pour les équations (1) et (2).

De $ab' = ba'$, on déduit $a = \dfrac{ba'}{b'}$; si on substitue cette valeur dans l'équation (1), elle prend la forme

$$\frac{b\,a}{b'}x + by = c, \text{ équivalant à celle-ci :}$$

$$b(a'x + b'y) = cb'.$$

Comparant l'équation (1) mise sous cette forme à l'équation (2),

$$a'x + b'y = c',$$

on voit que ces deux équations sont équivalentes dans le cas actuel, puisque cb' étant égal à bc', l'équation (1) n'est autre que l'équation (2) dont on a multiplié les deux membres par le même nombre b.

Toute solution de l'équation (1), considérée *isolément*, vérifie l'équation (2), et satisfait au système (1) et (2). Or l'équation (1), considérée *isolément*, admet une infinité de solutions; le système des équations (1) et (2) admet donc une infinité de solutions.

3° *Quand on a à la fois* $ab' - ba' = 0$, $cb' - bc' = 0$, *le système des équations* (1) *et* (2) *admet en général une infinité de solutions; on dit qu'il est indéterminé*; x et y peuvent prendre une infinité de valeurs différentes.

REMARQUE. Dans ce 3° cas, on peut donner à l'une des inconnues x ou y une valeur tout à fait quelconque; mais une fois qu'on a donné à x une certaine valeur $x = \alpha$, par exemple, on ne peut plus donner à y une valeur arbitraire; cette valeur de y doit être tirée de l'équation $a\alpha + by = c$.

124. CAS PARTICULIERS. Dans ce qui précède, nous avons supposé tous les coefficients, a, b, a', b' différents de 0. Si un seul d'entre eux était nul, il n'y aurait pas d'élimination à faire, et avec le système des équations (1) et (2) elles-mêmes, nous serions tout aussi avancé qu'avec le système (5) et (1). Nous allons voir que les

DISCUSSION DES FORMULES : $x = \dfrac{cb' - bc'}{ab' - ba'}$, $y = \dfrac{ac' - ca'}{ab' - ba'}$

formules conviennent au cas où un seul coefficient serait nul, aussi bien qu'à celui où x manquerait dans la première équation et y dans la seconde, ou *vice versâ*.

Ex.: $b' = 0$. les équations deviennent $ax + by = c$; $a'x = c'$; d'où $x = \dfrac{c'}{a'}$, et $y = \dfrac{ca' - ac'}{ba'}$. Ce sont les valeurs que donnent les formules (m) et (n), quand on y fait $b' = 0$.

Pour $b = 0$ même vérification.

Les formules s'appliquent quand a seul est nul, ou a' seul nul.

Même vérification et même conclusion quand on a en même temps $b = 0$, $a' = 0$. Les équations se réduisent à $ax = c$, $b'y = c'$, lesquelles donnent $x = \dfrac{c}{a}$; $y = \dfrac{c'}{b'}$. Or les formules donnent ces valeurs dans le cas actuel.

Même vérification quand $b = 0$, $a = 0$.

Si l'on avait à la fois $b = 0$, $b' = 0$, les équations proposées ne seraient plus que des équations à une seule inconnue $ax = c$, $a'x = c'$, lesquelles ne pourraient évidemment s'accorder qu'autant que $\dfrac{c}{a}$ serait égal à $\dfrac{c'}{a'}$. Ces valeurs $\dfrac{c}{a}$, $\dfrac{c'}{a'}$ de x sont d'ailleurs celles que donne la formule (m) quand on y introduit l'hypothèse $\dfrac{c}{a} = \dfrac{c'}{a'}$. En effet, si on y remplace c par sa valeur $\dfrac{ac'}{a'}$, on trouve

$$x = \dfrac{\dfrac{ac'b'}{a'} - bc'}{ab' - ba'} = \dfrac{c'(ab' - ba')}{a'(ab' - ba')} \quad \text{ou bien,} \quad x = \dfrac{c'}{a'},$$

quand on supprime le facteur commun $ab' - ba'$.

Quant à la valeur (n) de y, elle prend, dans le cas actuel, la forme $\dfrac{0}{0}$, puisque $ac' = ca'$ et $ab' = ba'$; y est indéterminé.

125. RÉSUMÉ. *Quand le dénominateur commun, $ab' - ba'$, des valeurs générales de* x *et de* y *n'est pas nul, les équations proposées n'admettent qu'une solution composée d'une valeur finie de* x, *et d'une valeur finie de* y, *qui sont données par les formules générales.*

Quand les formules générales donnent simultanément $x = \dfrac{m}{0}$, $y = \dfrac{m'}{0}$, *les équations proposées sont incompatibles; il n'existe aucun système de valeurs de* x *et de* y *pouvant vérifier à la fois ces deux équations.*

Enfin, quand ces formules donnent à la fois $x = \dfrac{0}{0}$ *et* $y = \dfrac{0}{0}$, *les équations proposées rentrent l'une dans l'autre; elles admettent une infinité de solutions communes. Les valeurs de* x *et de* y *sont indéterminées.*

Dans ce dernier cas, les valeurs de x *et de* y *sont liées l'une à l'autre par la seule équation,* $ax + by = c$.

Ces conclusions sont générales et s'appliquent dans tous les cas possibles, excepté celui où l'on a $b = 0$ et $b' = 0$, ou bien $a = 0$ et $a' = 0$. Dans ce cas, il faut remonter aux équations proposées elles-mêmes.

Ce cas singulier est précisément celui que nous avons signalé n° 119 comme devant être nécessairement examiné à propos des formules. L'examen que nous venons de faire, utile en général, était indispensable pour ce cas singulier.

125 *bis*. Équations du 1ᵉʳ degré a trois inconnues. *Formules générales.*

(Voyez l'appendice à la fin du cours.)

INTERPRÉTATION GÉOMÉTRIQUE DES ÉQUATIONS DU Iᵉʳ DEGRÉ.

NOTIONS PRÉLIMINAIRES.

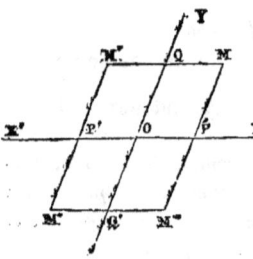

1. Coordonnées d'un point. On appelle *coordonnées* d'un point M d'un plan ses distances MQ, MP, précédées chacune du signe $+$ ou du signe $-$, à deux droites YOY', XOX' qui se coupent dans ce plan, et qu'on appelle *axes* des coordonnées. La distance à chaque axe se mesure sur une parallèle à l'autre.

INTERPRÉTATION GÉOMÉTRIQUE DES ÉQUATIONS DU 1ᵉʳ DEGRÉ. 131

ABSCISSE, ORDONNÉE. La distance MQ du point M à l'axe YOY', ou son égale OP, avec son signe $+$ ou $-$, s'appelle *en particulier* l'*abscisse* de ce point; sa distance MP à l'axe X'OX ou son égale, OQ, avec son signe, s'appelle *ordonnée*. L'abscisse et l'ordonnée se désignent algébriquement par les lettres x et y.

Les coordonnées OP et OQ (x et y), remplaçant MQ et MP, se mesurent ordinairement sur les axes X'OX, YOY' à partir du point O. Le point O est dit l'*origine* des coordonnées, X'OX l'*axe* des x, et YOY' l'*axe* des y.

L'abscisse d'un point prend le signe $+$ ou le signe $-$, suivant que ce point, M ou M', se trouve à *droite* ou à *gauche* de YOY'. Pour le point M, $x = +\,\text{OP}$; pour le point M', $x = -\,\text{OP}'$. L'ordonnée a le signe $+$ ou le signe $-$, suivant que le point M ou M''', est situé *au-dessus* ou *au-dessous* de l'axe X'OX. L'y du point M est OQ ou $+\,\text{OQ}$; l'y du point M'' est $-\,\text{OQ}'$.

UN POINT D'UN PLAN EST DÉTERMINÉ PAR SES DEUX COORDONNÉES. On le trouve aisément quand on connaît ses deux coordonnées en grandeurs et en signes. Ex. : Supposons que les coordonnées d'un point soient $x=3, y=5$. Je prends à partir de O sur X'OX (*fig. précéd.*) à droite de YOY', puisque x est positif, une distance OQ$=3$ (3 unités linéaires), et sur YOY', au-dessus de X'OX, puisque y est positif, une distance OQ$=5$. J'achève ensuite le parallélogramme OQMP, qui a OQ et OP pour premiers côtés; le sommet M est le point cherché. C'est évidemment le seul point du plan qui ait les coordonnées $x=3, y=5$.

On trouve de même le point $x=-3, y=5$, (M'); le point $x=3, y=-5$, (M'''); et enfin le point $x=-3, y=-5$ (M'').

2. INTERPRÉTATION GÉOMÉTRIQUE D'UNE ÉQUATION ISOLÉE A UNE OU DEUX INCONNUES. On dit qu'une équation à une inconnue x ou y, ou à deux inconnues x et y, représente une ligne, est l'équation d'une ligne, quand elle est vérifiée par la valeur numérique de l'x ou de l'y, ou par les valeurs numériques de l'x et de l'y d'un point *quelconque* de cette ligne.

3. INTERPRÉTATION GÉOMÉTRIQUE D'UNE ÉQUATION ISOLÉE DU 1ᵉʳ DEGRÉ A UNE INCONNUE. *Une équation isolée du 1ᵉʳ degré à une inconnue*, x *ou* y, *représente une ligne droite parallèle à l'un des axes.*

Elle représente une parallèle à l'axe des y, si c'est une équation en x, une parallèle à l'axe des x, si c'est une équation en y.

Toute équation en x résolue peut être ramenée à la forme $x = a$, comme toute équation en y à la forme $y = b$; a et b représentant chacun un nombre quelconque, positif ou négatif.

Supposons $a = 3$. L'équation $x = 3$ représente une droite AA''' tracée parallèlement à l'axe YOY' par le point P telle que OP $= 3$. En effet l'abscisse MQ d'un point quelconque M de cette droite $=$ OP $= 3$.

De même $x = -3$ représente la parallèle A'A'' à YOY', telle que $-$OP' $= -3$.

L'équation $y = 5$ représente la parallèle MM' à X'OX menée par le point Q telle que OQ $= 5$; enfin $y = -5$ représente la droite M'' M'''.

4. INTERPRÉTATION GÉOMÉTRIQUE D'UNE ÉQUATION DU 1ᵉʳ DEGRÉ A DEUX INCONNUES x et y. *Une équation du 1ᵉʳ degré à deux inconnues* x *et* y, *représente une droite qui rencontre les deux axes.*

Une équation du 1ᵉʳ degré à deux inconnues x et y, résolue par rapport à l'une d'elles, y par ex., peut être ramenée à l'une des formes, $y = ax$, ou $y = ax + b$, a et b étant des nombres quelconques, positifs ou négatifs.

L'équation $y = ax$ *représente une ligne droite qui passe par l'origine des coordonnées.*

La ligne représentée passe par l'origine; car l'équation est vérifiée quel que soit a, par $x = 0, y = 0$, coordonnées de l'origine O.

Supposons par exemple $a = 2/3$. Alors $y = 2/3 x$ ou $\dfrac{y}{x} = \dfrac{2}{3}$.

Je prends sur les axes OY, OX, à partir de l'origine O, les distances OE $= 2$ et OD $= 3$, et j'achève le parallélogramme ODAE. Puis je mène la droite OA qui prolongée devient COAH. L'équation

INTERPRÉTATION GÉOMÉTRIQUE DES ÉQUATIONS DU 1er DEGRÉ. 133

$y = {}^2/_3 x$ ou $\dfrac{y}{x} = \dfrac{2}{3}$ représente la droite COAH. En effet, pour un point *quelconque*, M, de cette droite, on a $\dfrac{MP}{OP}$ ou $\dfrac{y}{x} = \dfrac{AD}{OD} = \dfrac{2}{3}$.

On vérifie aisément que les coordonnées d'un point quelconque situé hors de cette droite ne vérifient pas cette équation. $y = {}^2/_3 x$ représente uniquement la droite COAH.

2e CAS : $y = ax + b$. Cette équation représente une ligne droite qui rencontre les deux axes ailleurs qu'à l'origine.

Supposons $a = {}^2/_5$ et $b = 4$.

Je construis comme dans le cas précédent la droite COH représentée par l'équation $y = {}^2/_5 x$. Je prends sur OY la longueur OB = 4, et je mène par ce point B la droite IK parallèle à CH. L'équation $y = {}^2/_5 x + 4$ représente IK. En effet, menons l'y, MD, d'un point M quelconque de cette droite, qui rencontre CH en A; MD = AD + MA. Or, A étant sur CH dont l'équation est $y = {}^2/_5 x$, AD = ${}^2/_5$ OD. D'ailleurs, MA = OB = 4. Donc MD = AD + OB = ${}^2/_5$ OD + 4. Mais OD est l'x du point M; on a donc pour ce point M, $y = {}^2/_5 x + 4$. L'y et l'x d'un point quelconque de IBK vérifient l'équation $y = {}^2/_5 x + 4$; donc cette équation représente la droite IBK. On vérifie aisément qu'elle ne représente aucune autre ligne.

5. INTERPRÉTATION D'UN SYSTÈME DE 2 ÉQUATIONS A 2 INCONNUES x ET y. *Ce système représente un point unique* M, *quand ces deux équations, distinctes et compatibles entre elles, sont vérifiées par un seul couple de valeurs de* x *et de* y.

Le point M est celui qui a pour coordonnées ces valeurs de x et de y. C'est le point de rencontre des deux lignes droites représentées respectivement par les deux équations proposées $y = ax + b$, $y = a'x + b'$. Ce système ne représente qu'un point puisqu'il n'y a qu'un couple de valeurs de x et de y qui vérifient à la fois les deux équations.

134

COURS D'ALGÈBRE.

Droites parallèles. Quand $a = a'$, les droites, $y = ax + b$, $y = ax + b'$, étant parallèles à la même droite $y = ax$ sont parallèles entre elles. Le système de ces deux équations ne représente aucun point, en ce sens qu'il n'existe pas de point dont les coordonnées vérifient ensemble ces deux équations. En effet, pour le même x, on devrait avoir $y - b = y - b'$, ou $b = b'$; ce qui n'est pas. L'algèbre d'accord avec la géométrie montre ainsi que ces deux droites n'ont pas de point commun, sont parallèles.

APPENDICE AU CHAPITRE DEUXIÈME.

DISCUSSION DES PROBLÈMES.

126. La discussion du problème suivant est prise en général pour modèle de discussion des problèmes du premier degré à une ou à plusieurs inconnues, parce qu'on y trouve des exemples de presque tous les cas qui peuvent se présenter.

Problème. *Deux trains sont en marche depuis un temps indéfini sur un chemin de fer*

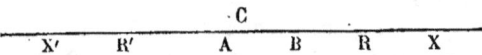

qu'ils parcourent tous deux dans le même sens X'ABX. Le premier, qui fait v kilomètres à l'heure, passe au point connu A, h heures avant que le second, qui fait v' kilomètres à l'heure, ne passe en B; on connaît la distance $AB = a$ kilomètres; on demande de trouver le point de rencontre de ces deux trains.

Soit R le point de rencontre cherché.

Si on connaissait la distance de ce point R à l'un des points connus A et B, au point B par exemple, et le sens dans lequel cette distance doit être comptée, on trouverait immédiatement ce point R. Prenons donc pour inconnue la distance BR; et posons $BR = x$; par suite $AR = a + x$.

Nous ne savons pas si le point de rencontre est au delà ou en deçà de B sur la route parcourue; mais l'admission des quantités négatives nous permet de passer outre malgré cette indétermination. Nous supposerons que la rencontre a lieu en R au delà de B; si nous trouvons alors pour x une valeur négative nous en conclurons que nous nous sommes trompé en faisant cette hypothèse et nous porterons la distance trouvée à gauche de B au lieu de la porter à droite.

Le premier train passe en A, h heures avant que le second ne passe en B; dans ces h heures, ce train parcourt h fois v kilom., ou vh kilom., au delà du point A; si donc nous prenons AC$=vh$, nous pouvons dire que le premier train passe en C à l'instant où le deuxième passe en B. En outre les deux trains se retrouvent ensemble au point R; ces trains mettent donc le même temps pour aller, le premier du point C au point R, le second de B en R : désignons ce temps par t^{heures}.

CR $=$ AB $-$ AC $= a + x - vh$; le premier train, qui fait v kilom. à l'heure, faisant ce chemin CR en t heures, on a l'équation

$$a + x - vh = vt. \qquad (1)$$

Le second train, qui fait v' kilomètres à l'heure, faisant le chemin BR $=x$ en t heures, on a l'équation

$$x = v't. \qquad (2)$$

Pour résoudre ces deux équations, nous remplacerons x par $v't$ dans l'équation (1) ce qui donne

$$a + v't - vh = vt; \quad \text{d'où} \quad t = \frac{a - vh}{v - v'}. \qquad (3)$$

Cette valeur de t étant substituée dans (2), nous trouvons

$$x = \frac{v'(a - vh)}{v - v'} \qquad (4)$$

DISCUSSION. La formule (4) est la formule du problème. Il faudrait deux formules, (3) et (4), si on tenait à connaître, en même temps que le point de rencontre, le temps qui s'écoule entre le passage du second train en B et la rencontre des deux trains. Nous allons discuter la formule (4); c'est-à-dire que, examinant les divers cas qui peuvent se présenter dans l'application, nous verrons jusqu'à quel point le résultat trouvé donne la réponse à la question proposée, et comment il donne cette réponse.

En voyant les *différences* que contient cette formule, on est naturellement conduit à faire le tableau suivant des cas qui peuvent se présenter.

La valeur de x (en même temps que celle de t) est *finie, déterminée et positive* dans chacun des deux cas suivants :

    1° $a > vh$ en même temps que $v > v'$
    2° $a < vh$ . . . . $v < v'$.

La valeur de x (en même temps que celle de t) est *finie, déterminée*, mais *négative* dans chacun des deux cas suivants :

    3° $a > vh$ en même temps que $v < v'$
    4° $a < vh$ . . . . $v > v'$.

La valeur de x sera nulle (aussi bien que celle de t), si en même temps

5° $a = vh$, et v différent de v'.

La valeur de x (de même que celle de t) se présente *sous la forme* $\frac{m}{0}$ quand on a

6° $a >$ ou $< vh$ en même que $v = v'$.

Enfin la valeur de x et celle de t se présentent *sous la forme* $\frac{0}{0}$ quand

7° $a = vh$ en même temps que $v = v'$.

Examinons successivement ces différents cas.

La valeur de x (en même temps que celle de t) est *finie, déterminée* et *positive* dans chacun des deux cas suivants :

1° $a > vh$ en même temps que $v > v'$.
2° $a < vh$ . . . . $v < v'$.

Dans chacun de ces cas on conclut qu'il y a un point de rencontre, R, et un seul, au delà du point B ; la valeur de x donne la distance BR.

On peut se rendre compte *à priori* de l'exactitude de ces conclusions. Considérons par exemple le 1ᵉʳ cas. Par hypothèse $a > vh$, c'est-à-dire AB > AC; le point C est en arrière de B. Quand le second train arrive en B, l'autre est en arrière au point C; mais le premier train va plus vite que le second ($v > v'$); il regagnera donc progressivement l'avance que l'autre a sur lui. Cette avance diminuant, à chaque instant, finira par s'annuler; le premier train atteindra *postérieurement* le second à une certaine distance du point B.

On vérifie de même pour le 2ᵉ cas. Par hypothèse $a < vh$, c'est-à-dire AB moindre que AC; le point C est au delà de B

```
X'      A      B   C         R         X
```

Quand le second train arrive en B, le premier est en avant, au point C; mais le second train va plus vite que le premier ($v < v'$ ou $v' > v$); donc le second train regagnera progressivement cette avance du premier qu'il atteindra *postérieurement*, à une certaine distance au delà du point B.

La valeur de x (en même temps que celle de t) est *finie, déterminée*, mais *négative* dans chacun des deux cas suivants :

3° $a > vh$ en même temps que $v < v'$
4° $a < vh$ . . . . $v > v'$.

```
X'      R''      A      R'         B         X
```

En interprétant la valeur négative de x suivant la règle du n° 92, nous concevons du **résultat trouvé** qu'il y a un point de rencontre, et un seul situé en deçà de B. En comptant la valeur absolue de x sur la ligne BX', on aura la position du point de rencontre. (Cette rencontre aura lieu en R' entre A et B, ou en R" à gauche de A, suivant que la valeur absolue de $\dfrac{v'(a-vh)}{v-v'}$ sera plus petite ou plus grande que a.)

On peut encore vérifier *à priori* l'exactitude de ces conclusions.

3° $a > vh$ et $v < v'$; AB > AC, c'est-à-dire que C est en arrière de B. Quand le second train arrive en B, le premier est en arrière, au point C; de plus le premier train va moins vite que le second ($v < v'$). Le premier train, au lieu de regagner l'avance qu'a en ce moment le second, restera de plus en plus en arrière, et ne le rencontrera pas dans la suite du mouvement; il n'y aura donc pas de rencontre au delà de B. Pour montrer qu'il y en a eu une, *antérieure* au moment du passage du deuxième train en B, il suffit de concevoir que les deux trains reculent sur la route déjà parcourue, l'un à partir de C, l'autre à partir de B, dans le sens BAX', avec leurs mêmes vitesses respectives v, v'. Comparer leurs positions aux mêmes époques de ce mouvement rétrograde, c'est étudier leurs positions relatives, antérieures à l'arrivée du premier train en C et du second en B. S'il y a rencontre dans ce mouvement rétrograde, il y a eu rencontre antérieure, or il y aura évidemment rencontre dans le sens BAX'; car le deuxième train, qui va le plus vite, est en arrière de l'autre. On vérifie de même pour le cas 4°.

La valeur de x sera nulle (de même que celle de t), si l'on a en même temps

5° $a = vh$ et v différent de v'.

$x = 0$; le point de rencontre est B. Partout ailleurs les trains sont séparés l'un de l'autre.

En effet, puisque $a = vh$, c'est-à-dire AC = AB, quand le second train arrive en B, le premier y arrive avec lui. Il n'y a pas eu de rencontre antérieure; sans quoi, à partir de ce point de rencontre, le train qui va le plus vite aurait pris l'avance, et ne serait pas avec l'autre au point B. Il n'y aura pas de rencontre au delà de B ; car après ce point B, le train qui va le plus vite prendra l'avance et la gardera.

La valeur de x (ainsi que celle de t) se présente *sous la forme* $\dfrac{m}{0}$ quand

6° $\begin{matrix}a<\\\text{ou}>\end{matrix}$ vh en même temps que $v = v'$.

Dans ce cas, les trains ne se rencontrent en aucun point de la ligne indéfinie X'X.

a différent de vh; c'est-à-dire AB différent de AC. Quand le second train arrive en B, le premier est en arrière ou en avant de ce point; il y a entre les deux trains un certain intervalle; or comme $v = v'$, cet intervalle a toujours existé tel qu'il est, et il restera le même. Il n'y a pas eu de rencontre, et il n'y en aura pas.

138 COURS D'ALGÈBRE.

Enfin la valeur de x (en même temps que celle de t) se présente *sous la forme* $\frac{0}{0}$ quand on a simultanément

7° $a = vh$ et $v = v'$.

Comme $a - vh$ et $v - v'$ n'ont évidemment pas de facteur commun, la valeur de x (aussi bien que celle de t) est indéterminée.

Dans ce cas, les deux trains sont ensemble, à côté l'un de l'autre, à tous les endroits de la route qu'ils suivent. On peut regarder chaque point de la ligne XX' comme un point de rencontre; BR est ce que l'on veut.

$a = vh$; AB = AC. Les deux trains arrivent ensemble au point B; $v = v'$; leur vitesse étant la même, ils ont dû être toujours ensemble antérieurement; car s'il y avait eu entre eux un intervalle quelconque, cet intervalle existerait encore à l'arrivée du second train en B. Après le point B, ils ne se quitteront pas; il n'y a pas de raison pour que l'un dépasse l'autre. Ils sont donc ensemble à tous les points et à toutes les époques de leur mouvement.

Notre discussion est terminée. Nous avons déjà remarqué ailleurs que, si on admet que chacune des quantités a, v, v', h, sera représentée par un nombre précédé du signe $+$, ou par une quantité négative, suivant le sens dans lequel elle sera prise, on peut étendre l'application de la formule, $x = \dfrac{v(a - vh)}{v - v'}$, à d'autres cas que ceux que nous avons considérés. Supposons, par exemple que le signe donné au nombre désigné par v ou v' indique le sens de la marche du train, savoir le signe $+$, la marche dans le sens X'ABX; le signe $-$, la marche dans le sens contraire XBAX'; alors la formule donnera encore le point de rencontre des trains, si, les autres circonstances, restant les mêmes, ils allaient en sens contraire l'un de l'autre, le premier dans le sens X'ABX, l'autre dans le sens XBAX'.

De même si l'on donnait au nombre d'heures désigné par h le signe $+$ ou le signe $-$, suivant que le moment de l'arrivée du deuxième train en B est postérieur ou antérieur au moment de l'arrivée du premier en A, la même formule précédente donnerait la réponse au problème dans l'un ou l'autre cas.

Si l'on suppose $a = 0$, ou le point B confondu avec le point A, la formule répond encore à la question. Elle y répond également quand on suppose $h = 0$, c'est-à-dire que les deux trains sont au même instant l'un en A, l'autre en B. C'est le cas du problème déjà traité, n° 63 *bis*, et on peut voir que pour $h = 0$ les équations des deux problèmes sont les mêmes.

OBSERVATIONS GÉNÉRALES SUR LA RÉSOLUTION DES PROBLÈMES.

127. Un problème a été mis en équation; nous savons résoudre l'équation ou les équations posées; cela fait, comment le résultat du calcul indique-t-il la réponse à faire au problème?

En général, quand l'équation ou le système des équations d'un problème admet une solution, le problème en admet une qui est indiquée par les nom-

DISCUSSION DES PROBLÈMES DU 1ᵉʳ DEGRÉ. 139

bres trouvés; la réponse au problème se voit facilement. (V. les problèmes ré solus jusqu'ici.)

Mais il n'en est pas toujours ainsi :

Ayant bien mis un problème en équation, on a trouvé une solution de l'équation ou des équations posées; malgré cela, il peut arriver que le problème n'admette pas de solution.

EN GÉNÉRAL. *Si toutes les conditions nécessaires que doivent remplir les inconnues d'un problème sont exprimées dans l'équation ou les équations établies, à une solution des équations correspond une solution du problème, qu'on aperçoit sans la moindre peine.*

128. *Mais il y a telles conditions qu'il n'est pas possible d'exprimer dans les équations, et qui sont parfaitement distinctes des conditions exprimées.*

En voici plusieurs exemples :

Chaque lettre que nous écrivons dans une équation est susceptible de désigner un nombre quelconque, entier, fractionnaire, incommensurable, positif ou négatif. Dans un but de généralisation, nous avons écarté des conventions ou règles de l'algèbre toute restriction qui ferait représenter à une lettre un nombre de l'une de ces espèces plutôt que d'une autre. Dès lors, nous nous sommes interdit d'exprimer dans une équation qu'une lettre représente un nombre entier et non pas un nombre fractionnaire, un nombre commensurable et non pas un nombre incommensurable, un nombre positif et non pas un nombre négatif; nous n'avons aucun moyen général de faire de pareilles distinctions. Si donc une des conditions d'un problème est par exemple que l'inconnue doit être un nombre entier, on ne pourra pas comme nous venons de le dire, exprimer cette condition dans l'équation ou les équations du problème. Or, une fois les équations posées, l'énoncé n'existe plus, pour ainsi dire, pour le calculateur; le résultat auquel il arrive satisfait à toutes les conditions exprimées dans les équations; l'algèbre ne s'embarrasse pas des autres. Lorsque par exemple, dans notre hypothèse, l'équation étant du premier degré à une seule inconnue, n'admet qu'une solution, si cette solution est un nombre entier, tant mieux; le nombre qui satisfait aux conditions nécessaires exprimées (aux conditions *explicites*), satisfait à la condition nécessaire non exprimée (condition *implicite* de l'énoncé); ce nombre, en même temps qu'il résout l'équation, donne une solution du problème.

Mais si la solution unique de l'équation est un nombre fractionnaire, on en conclut que le seul nombre qui satisfait aux conditions nécessaires exprimées ne satisfaisant pas à une condition nécessaire non exprimée dans l'équation, il n'y a pas de solution du problème, quoiqu'il y en ait une de l'équation; le problème est impossible.

Ce que nous venons de dire pour le cas où l'inconnue du problème ne peut être qu'un nombre entier, est vrai pour tous les cas où l'énoncé comprend une ou plusieurs conditions particulières indiquées ci-dessus, ou tout autre condition non susceptible d'être exprimée comme restrictive de la généralité des conventions fondamentales de l'algèbre. Nous citerons encore comme exemple le cas où l'inconnue est l'un des chiffres d'un nombre écrit dans le système décimal : si l'on trouve pour solution de l'équation un nombre fractionnaire ou un nombre plus grand que 9, ou une quantité négative, le problème proposé n'en est pas moins impossible.

129. En résumé, *toutes les fois que les equations du problème admettent une solution, on est à même de vérifier si les nombres trouvés remplissent, ou non, toutes les conditions du problème, celles qui sont exprimées dans les équations, et les autres, s'il y en a; il faut faire cette vérification. Dans le premier cas, ces nombres fournissent une solution du problème; dans le cas contraire, le problème n'a pas de solution.*

Voilà le précepte qu'il faut observer avant tout.

Rappelons-nous encore qu'il peut arriver que l'équation ou les équations d'un problème n'admettent aucune solution, et que cependant le problème ait une solution, la question posée une réponse, comme nous l'avons vu n° 111.

CHAPITRE III.

ÉQUATIONS DU SECOND DEGRÉ. APPLICATIONS.

NOTIONS PRÉLIMINAIRES.

130. Une racine carrée s'indique ainsi : $\sqrt{A}$, racine carrée de A ; $\sqrt{\dfrac{a}{b}}$, racine carrée de $\dfrac{a}{b}$ (pour une fraction, on doit faire descendre le signe $\sqrt{}$ au-dessous de la barre). Quand la quantité A est un polynome, on la couvre d'une barre partant du haut du signe $\sqrt{}$ (*). Ex. : $\sqrt{ax^2 + bx + c}$, ou bien on écrit ainsi $\sqrt{}\,(ax^2 + bx + c)$.

(*) Cette barre se met aussi au-dessus d'un monome.

ÉQUATIONS DU 2.ᵉ DEGRÉ (PRÉLIMINAIRES).

On dit que $\sqrt{A}$ *s'extrait exactement, que* A *est un carré parfait*, quand on peut trouver une quantité rationnelle qui, élevée au carré, reproduit exactement la quantité A.

Dans le cas contraire, $\sqrt{A}$ s'appelle une quantité irrationnelle.

L'expression $\sqrt{A}$ s'appelle un *radical carré*, que A soit ou non un carré parfait; cependant on emploie généralement cette dénomination dans le dernier cas seulement.

131. D'après la règle de multiplication, *le carré d'un monome* $5a^3b^2c$ *s'obtient en élevant le coefficient au carré et doublant l'exposant de chaque lettre.* $(5a^3b^2c)^2 = 5a^3b^2c \times 5a^3b^2c = 25a^6b^4c^2$.

Quant au *signe*, un carré est toujours précédé du signe $+$, puisque ce carré est toujours le produit de deux facteurs de même signe.

Réciproquement, *pour extraire la racine carrée d'un monome, il suffit* évidemment *d'extraire la racine carrée du coefficient, et de prendre la moitié de l'exposant de chaque lettre.*

Ex. : $\sqrt{25a^6b^4c^2} = 5a^3b^2c$. (Pour le signe, voir plus loin.)

132. Quand un monome est un carré, tout ce que prescrit la dernière règle pour l'extraction de la racine, doit pouvoir se faire; si donc la règle ne s'applique pas, c'est que le monome n'est pas un carré. En conséquence, nous dirons :

Un monome n'est pas un carré ; 1° *quand son coefficient n'est pas un carré parfait ;* 2° *quand une de ses lettres a un exposant impair.*

Ex. : $\sqrt{12a^3b^4c^2d}$.

133. *La valeur numérique d'un radical est la racine qu'on obtient en remplaçant la quantité placée sous le signe* $\sqrt{}$ *par sa valeur numérique;* cette dernière peut être positive ou négative.

Cette valeur numérique peut être telle que $\sqrt{16}$ ou $\sqrt{7}$, ou bien telle que $\sqrt{-16}$, $\sqrt{-7}$.

1ᵉʳ CAS. *Un radical couvre une valeur numérique positive.*

Dans ce cas, la valeur numérique du radical est un des nombres considérés en arithmétique, c'est un nombre commensurable, ex. : $\sqrt{16}$, ou bien un nombre incommensurable : $\sqrt{7}$. Ce nombre commensurable ou incommensurable considéré en valeur absolue est ce qu'on appelle *la valeur arithmétique* du radical. Celle de $\sqrt{16}$ est 4; quant à $\sqrt{7}$, on ne peut pas l'obtenir exactement, mais on peut en approcher autant qu'on veut. (V. l'*Arithmétique*.)

Un radical n'a qu'une valeur arithmétique, les carrés de deux valeurs absolues différentes ne pouvant pas être égaux.

134. Mais si l'on entend plus généralement par $\sqrt{16}$ tout nombre positif ou négatif qui, élevé au carré, reproduit $\sqrt{16}$, il y a évidemment deux nombres qui méritent ce nom de $\sqrt{16}$: ce sont $+4$ et -4; il n'y en a que deux, vu que ces nombres ne peuvent différer en valeur absolue. En général, si $A = a^2$, évidemment $(-a)^2 = A$, et $\sqrt{A} = \pm a$ (Lisez *plus ou moins* a).

On dit dans ce sens que *toute racine carrée a deux valeurs algébriques égales et de signes contraires*.

$\sqrt{A}$ n'étant pas extraite, on désigne habituellement la racine positive par $\sqrt{A}$ ou $+\sqrt{A}$, et la négative par $-\sqrt{A}$.

Ex. : $\pm\sqrt{16}, \pm\sqrt{7}, \pm\sqrt{25 a^6 b^4 c^2} = \pm 5 a^3 b^2 c$.

135. 2ᵉ cas. *Un radical carré couvre un nombre précédé du signe* —.

QUANTITÉS IMAGINAIRES. Considérons maintenant le cas où la valeur numérique placée sous le signe $\sqrt{}$ est négative. Ex. : $\sqrt{-16}, \sqrt{-7}$. Nous savons qu'un nombre positif ou négatif quelconque élevé au carré produit toujours un nombre positif : $(\pm 4)^2 = +16$. Il n'existe pas de nombre positif ou négatif qui, élevé au carré, donne un résultat négatif tel que $-16, -7$; ces symboles $\sqrt{-16}, \sqrt{-7}$ ne représentent donc aucun nombre positif ou négatif; on les appelle des *quantités imaginaires*.

Quoique ces expressions n'aient aucune signification réelle, *on est convenu de leur appliquer les mêmes règles de calcul qu'aux racines carrées ordinaires positives ou négatives*. On met même le signe $\pm$ devant ces symboles imaginaires : $\pm\sqrt{-16}, \pm\sqrt{-7}$.

Par opposition à ce nom de quantité *imaginaire*, on dit d'un radical que sa valeur est *réelle*, quand le nombre placé sous le signe $\sqrt{}$ est positif.

Tout radical imaginaire peut être considéré comme le produit d'une quantité réelle. Par $\sqrt{-1}$ par ex., B étant un nombre positif, $\sqrt{B}$ est une quantité réelle, et $\sqrt{-B}$ une quantité imaginaire.

$$\sqrt{-B} = \sqrt{B \times -1} = \sqrt{B} \times \sqrt{-1}.$$
$$\sqrt{-b^2} = \sqrt{b^2 \times (-1)} = b\sqrt{-1}.$$

Exemples numériques : $\sqrt{-16} = 4\sqrt{-1}$; $\sqrt{-7} = \sqrt{7}\sqrt{-1}$.

ÉQUATIONS DU SECOND DEGRÉ.

136. *Une équation à une seule inconnue est du second degré quand, ses deux membres étant entiers par rapport à l'inconnue, celle-ci y entre à la seconde puissance, sans y entrer à une puissance plus élevée.*

Ex. : $7x^2 - 3x + \dfrac{2}{3} = \dfrac{3}{2}x - 8$.

Toute équation du second degré à une inconnue peut être ramenée à la forme $ax^2 + bx + c = 0$.

Pour ramener une équation du 2e degré à cette forme, on chasse les dénominateurs, si l'équation en renferme ; on fait passer tous les termes de l'équation dans le même membre, en écrivant zéro dans le second ; on met x^2 en facteur commun de tous les termes qui le contiennent ; de même pour x ; enfin on groupe tous les termes connus.

Prenons pour exemple l'équation numérique ci-dessus. Nous chassons d'abord les dénominateurs ; ce qui donne $42x^2 - 18x + 4 = 9x - 48$; puis en transposant et en réduisant les termes semblables, nous trouvons $42x^2 - 27x + 52 = 0$.

Une équation du 2e degré à une inconnue est dite *complète* quand, après toutes les simplifications possibles, elle prend cette forme : $ax^2 + bx + c = 0$, c'est-à-dire renferme un terme en x^2, un terme en x, et un terme tout connu.

Une équation du second degré qui ne renferme pas ces trois termes est dite *incomplète*.

Une *équation incomplète du second degré peut être ramenée à l'une de ces deux formes* :

$$ax^2 + bx = 0 ; \quad ax^2 = c.$$

137. L'équation $ax^2 + bx = 0$, peut s'écrire $x(ax+b)=0$. Pour que le produit $x(ax+b)$ soit annulé par une valeur de x, il faut et il suffit que cette valeur annule un des facteurs, c'est-à-dire que l'on doit avoir $x = 0$, ou bien $ax + b = 0$: cette dernière égalité est vérifiée par $x = -\dfrac{b}{a}$.

Les seules solutions de l'équation $ax^2 + bx = 0$ sont donc $x = 0$, $x = -\dfrac{b}{a}$.

APPLICATION : $5x^2 - 3x = 0$.

On écrira $x(5x-3) = 0$; d'où : 1°, $x = 0$; 2°, $5x - 3 = 0$, d'où $x = \dfrac{3}{5}$.

138. Soit maintenant l'équation $ax^2 = c$. On en déduit $x^2 = \dfrac{c}{a}$, puis $x = \pm \sqrt{\dfrac{c}{a}}$.

En effet, l'équation sera satisfaite si l'on met pour x un nombre quelconque qui, élevé au carré, reproduit $\dfrac{c}{a}$. Si $\dfrac{c}{a}$ est positif, il existe un seul nombre positif satisfaisant à cette condition, qu'on désigne par $\sqrt{\dfrac{c}{a}}$, et un seul nombre négatif ayant la même valeur absolue et que l'on désigne par $-\sqrt{\dfrac{c}{a}}$; x doit donc avoir l'une ou l'autre de ces valeurs et pas d'autre. On écrit $x = \pm \sqrt{\dfrac{c}{a}}$.

L'équation $ax^2 = c$ admet donc deux racines, et pas davantage.

ÉQUATIONS DU 2ᵉ DEGRÉ A UNE INCONNUE.

Quand $\frac{c}{a}$ est négatif, $\sqrt{\frac{c}{a}}$ est une quantité imaginaire; on n'en écrit pas moins $x = \pm \sqrt{\frac{c}{a}}$.

Ex. : $5x^2 = 80$; $x^2 = \frac{80}{5} = 16$; $x = \pm \sqrt{16} = \pm 4$;

$5x^2 = -80$; $x^2 = -\frac{80}{5} = -16$; $x = \pm \sqrt{-16}$.

159. Remarque. Comme $\frac{c}{a} = \left(\sqrt{\frac{c}{a}}\right)^2$ l'équation $x^2 = \frac{c}{a}$ peut s'écrire ainsi : $x^2 = \left(\sqrt{\frac{c}{a}}\right)^2$; d'où l'équation équivalente :

$x^2 - \left(\sqrt{\frac{c}{a}}\right)^2 = 0$. Le 1ᵉʳ membre étant la différence de deux carrés, l'équation peut s'écrire ainsi :

$$\left(x - \sqrt{\frac{c}{a}}\right)\left(x + \sqrt{\frac{c}{a}}\right) = 0.$$

C'est-à-dire que *ce 1ᵉʳ membre peut se décomposer en deux facteurs du 1ᵉʳ degré en* x.

140. Considérons maintenant l'équation complète

$$ax^2 + bx + c = 0.$$

Nous pouvons diviser tous les termes par le coefficient, a, de x^2; on obtient ainsi l'équation équivalente : $x^2 + \frac{b}{a}x + \frac{c}{a} = 0.$

Désignons, pour simplifier l'écriture, le quotient $\frac{b}{a}$ par une seule lettre p, et $\frac{c}{a}$ par q, l'équation prend alors la forme :

$$x^2 + px + q = 0.$$

$x^2 + px$ est le commencement du carré de $x + \dfrac{p}{2}$ qui est égal à

$$x^2 + px + \dfrac{p^2}{4}.$$

D'après cela, pour rendre le 1er membre un carré parfait et n'avoir qu'à extraire une racine pour ramener notre équation à être du 1er degré, faisons passer q dans le 2e membre, ce qui donne

$$x^2 + px = -q,$$

et ajoutons $\dfrac{p^2}{4}$ aux deux membres, pour compléter dans le premier le carré de $x + \dfrac{p}{2}$. On obtient ainsi :

$$x^2 + px + \dfrac{p^2}{4} = \dfrac{p^2}{4} - q$$

ou
$$\left(x + \dfrac{p}{2}\right)^2 = \dfrac{p^2}{4} - q$$

Extrayons la racine carrée de part et d'autre, nous aurons

$$x + \dfrac{p}{2} = \pm \sqrt{\dfrac{p^2}{4} - q}.$$

d'où
$$x = -\dfrac{p}{2} \pm \sqrt{\dfrac{p^2}{4} - q}.$$

Car on a vu que $+\sqrt{\dfrac{p^2}{4} - q}$ et $-\sqrt{\dfrac{p^2}{4} - q}$ sont les seules quantités qui, élevées au carré, reproduisent $\dfrac{p^2}{4} - q$.

L'égalité (m) est une formule que l'on peut traduire ainsi :
RÈGLE. *L'équation du second degré étant ramenée à la forme* $x^2 + px + q = 0$, *on obtient les deux seules racines de l'équation en écrivant la moitié du coefficient de* x, *pris en signe contraire,*

ÉQUATIONS DU 2° DEGRÉ A UNE INCONNUE.   147

plus ou moins la racine carrée du nombre obtenu en retranchant du carré de cette moitié de coefficient le terme tout connu, tel qu'il est dans le premier membre.

141. APPLICATIONS. 1er Ex. : $x^2 - 5x + 6 = 0$. Nous pouvons écrire tout de suite d'après la règle :

$$x = \frac{5}{2} \pm \sqrt{\frac{25}{4} - 6}$$

$\frac{25}{4} - 6 = \frac{1}{4}$; $\sqrt{\frac{1}{4}} = \frac{1}{2}$; donc $x = \frac{5}{2} \pm \frac{1}{2}$.

Nous avons donc pour x les deux valeurs :

$$x' = \frac{5}{2} + \frac{1}{2} = 3;\quad x'' = \frac{5}{2} - \frac{1}{2} = 2.$$

2e Ex. : $3x^2 + 7x + 4 = 0$.

Écrivons $x^2 + \frac{7}{3}x + \frac{4}{3} = 0$; nous aurons d'après la formule :

$$x = -\frac{7}{6} \pm \sqrt{\frac{49}{36} - \frac{4}{3}}$$

$\frac{49}{36} - \frac{4}{3} = \frac{49}{36} - \frac{48}{36} = \frac{1}{36}$; $\sqrt{\frac{1}{36}} = \frac{1}{6}$,

d'où, pour x, les deux valeurs : $x' = -\frac{7}{6} + \frac{1}{6} = -1$, et

$x'' = -\frac{7}{6} - \frac{1}{6} = -\frac{8}{6} = -\frac{4}{3}$.

3e Ex. : $3x^2 + 7x - 4 = 0$.

Écrivons $x^2 + \frac{7}{3}x - \frac{4}{3} = 0$; d'où, suivant la formule,

$$x = -\frac{7}{6} \pm \sqrt{\frac{49}{36} + \frac{4}{3}}$$

$\frac{49}{36} + \frac{4}{3} = \frac{49}{36} + \frac{48}{36} = \frac{97}{36}$; $x = -\frac{7}{6} \pm \sqrt{\frac{97}{36}}$. $\sqrt{\frac{97}{36}}$ est incommensurable; les valeurs de x sont incommensurables (*).

4ᵉ Ex. : $3x^2 + 5x + 4 = 0$.

On écrira $x^2 + \dfrac{5}{3}x + \dfrac{4}{3} = 0$, d'où, suivant la formule,

$$x = -\frac{5}{6} \pm \sqrt{\frac{25}{36} - \frac{4}{3}}.$$

$\dfrac{25}{36} - \dfrac{4}{3} = \dfrac{25}{36} - \dfrac{48}{36} = -\dfrac{23}{36}$; $\sqrt{-\dfrac{23}{36}}$ est imaginaire; on peut

l'écrire sous cette forme : $\sqrt{\dfrac{23}{36}}\sqrt{-1} = \dfrac{\sqrt{23}}{6}\sqrt{-1}$. Les racines

cherchées sont alors $x = -\dfrac{5}{6} \pm \dfrac{\sqrt{23}}{6}\sqrt{-1}$; ce sont deux racines imaginaires.

5ᵉ Ex. : Résoudre $(a^2 - b^2)x^2 - 2a^2bx + a^2b^2 = 0$.

Écrivons $x^2 - \dfrac{2a^2b}{a^2 - b^2}x + \dfrac{a^2b^2}{a^2 - b^2} = $.

Appliquons la formule :

$$x = \frac{a^2b}{a^2 - b^2} \pm \sqrt{\left(\frac{a^2b}{a^2 - b^2}\right)^2 - \frac{a^2b^2}{a^2 - b^2}}.$$

Réduisons au même dénominateur sous le radical, puis extrayons la racine carrée de chaque terme de la fraction résultante dont le dénominateur est le carré de $a^2 - b^2$; il vient :

$$x = \frac{a^2b \pm \sqrt{a^4b^2 - a^2b^2(a^2 - b^2)}}{a^2 - b^2}$$

$$x = \frac{a^2b \pm \sqrt{a^2b^4}}{a^2 - b^2} = \frac{a^2b \pm ab^2}{a^2 - b^2}.$$

(*) Les deux valeurs de x contenant le même radical, $\sqrt{\dfrac{p^2}{4} - q}$, ne peuvent pas être commensurables l'une sans l'autre.

DISCUSSION DE LA FORMULE $x = \dfrac{p}{2} \pm \sqrt{\dfrac{p^2}{4} - q}.$

Séparant les racines, et mettant ab en facteur commun au numérateur, on trouve :

$$x' = \frac{ab(a+b)}{a^2 - b^2} = \frac{ab}{a-b}$$

$$x'' = \frac{ab(a-b)}{a^2 - b^2} = \frac{ab}{a+b}.$$

Nous conseillons, comme exercice, de vérifier, dans chaque exemple, les racines trouvées.

EXERCICES. *Résolvez les équations suivantes, et faites les Exercices 524 à 553 inclus proposés à la fin du Cours.*

(1) $\qquad 5x^2 - 37x + 664 = 0.$

(2) $\qquad x^2 - (4a - 2b)x + 3a^2 - 8ab - 3b^2 = 0.$

(3) $\qquad \dfrac{a}{x-b} + \dfrac{b}{x-a} = 2.$

(4) $\qquad \dfrac{3a}{x+b} + \dfrac{x-2b}{a-b} = 4.$

(5) $\qquad \dfrac{a}{x-a} + \dfrac{b}{x+b} + \dfrac{a^2 - b^2}{ab} = 0.$

(6) $\qquad \dfrac{x}{x+1} + \dfrac{3-x}{x+1} - \dfrac{1}{x-1} = 0.$

142. DISCUSSION *de la formule* $x = \dfrac{p}{2} \pm \sqrt{\dfrac{p^2}{4} - q}.$ (m)

1° Les racines de l'équation du second degré, ramenée à la forme, $x^2 + px + q = 0$, sont *réelles et égales* quand $\dfrac{p^2}{4} - q = 0$, ou $\dfrac{p^2}{4} = q$; car elles se réduisent alors toutes deux à $x = -\dfrac{p}{2}$.

2° Ces racines sont *réelles et inégales* quand on a $\dfrac{p^2}{4} - q > 0$, ou $\dfrac{p^2}{4} - q$ positif.

En effet, dans ce cas, $\sqrt{\frac{p^2}{4}-q}$ est une quantité réelle ; les deux termes de chaque racine sont réels ; d'ailleurs leur différence $x'-x''=2\sqrt{\frac{p^2}{4}-q}$ n'est pas nulle.

3° Les racines sont *imaginaires* quand on a $\frac{p^2}{4}-q<0$, ou $\frac{p^2}{4}<q$.

En effet, la racine carrée de la quantité négative, $\frac{p^2}{4}-q$, est une quantité *imaginaire*. Aucun nombre positif ou négatif, mis à la place de x, ne peut dans ce dernier cas vérifier l'équation proposée.

143. REMARQUE. Quand le terme tout connu de $x^2+px+q=0$ est un nombre précédé du signe —, ex. : $3x^2+7x-4=0$, on peut dire, sans calcul, que les racines de l'équation sont réelles.

En effet, dans ce cas, $-q$, valeur de signe contraire à q, est un nombre précédé du signe $+$; $\frac{p^2}{4}-q$ est alors positive ; car c'est la somme de deux quantités positives.

Dans notre exemple $\frac{p^2}{4}-q=\frac{49}{36}+\frac{4}{3}$.

144. DÉCOMPOSITION DU TRINOME x^2+px+q.

Le trinome du second degré x^2+px+q *peut être décomposé en deux facteurs du premier degré par rapport à* x.

Pour effectuer cette décomposition, on ajoute au trinome et on en retranche $\frac{p^2}{4}$; ce qui n'en change pas la valeur. Puis on fait subir à l'expression ainsi obtenue les transformations indiquées ci-après :

$$x^2+px+q=x^2+px+\frac{p^2}{4}+q-\frac{p^2}{4}$$

$$= \left(x+\frac{p}{2}\right)^2 + q - \frac{p^2}{4} = \left(x+\frac{p}{2}\right)^2 - \left(\frac{p^2}{4}-q\right)$$

$$= \left(x+\frac{p}{2}\right)^2 - \left(\sqrt{\frac{p^2}{4}-q}\right)^2$$

$$= \left(x+\frac{p}{2}+\sqrt{\frac{p^2}{4}-q}\right)\left(x+\frac{p}{2}-\sqrt{\frac{p^2}{4}-q}\right).$$

Sous cette dernière forme, la valeur du trinome est bien décomposée en deux facteurs du premier degré par rapport à x.

145. COROLLAIRE. Au lieu de $x^2 + px + q = 0$, on pourrait donc écrire

$$\left(x+\frac{p}{2}+\sqrt{\frac{p^2}{4}-q}\right)\left(x+\frac{p}{2}-\sqrt{\frac{p^2}{4}-q}\right) = 0. \ (m')$$

Pour que cette équation soit satisfaite, il faut et il suffit qu'un des facteurs du produit soit nul. En égalant successivement ces facteurs à 0, on obtient, en intervertissant leur ordre, les deux racines déjà trouvées autrement :

$$x' = -\frac{p}{2} + \sqrt{\frac{p^2}{4}-q}, \ x'' = -\frac{p}{2} - \sqrt{\frac{p^2}{4}-q}.$$

On voit facilement que

$$x-x' = x + \frac{p}{2} - \sqrt{\frac{p^2}{4}-q}; \ x-x'' = x + \frac{p}{2} + \sqrt{\frac{p^2}{4}-q}.$$

En remplaçant dans l'équation (m') les deux facteurs du 1er membre par les valeurs plus simplement écrites, $x-x'$, $x-x''$, on trouve

$$(x-x')(x-x'') = 0.$$

Le 1er membre d'une équation du second degré ramenée à la forme $x^2 + px + q = 0$, *peut être décomposé en deux facteurs du premier degré en* x, *qu'on forme en retranchant successivement de* x *les deux racines de l'équation.*

146. Corollaire. x' *étant une racine d'une équation du second degré, le 1er membre de cette équation est divisible par* $x - x'$.

1er Ex. : $\qquad x^2 - 5x + 6 = (x-3)(x-2)$.

2e Ex. : $\qquad \left(x^2 + \dfrac{7}{3}x + \dfrac{4}{3}\right) = (x+1)\left(x + \dfrac{4}{3}\right)$.

Application. *Former une équation qui admette pour racines deux nombres donnés*, par ex. : $x = 3, x = 5$. Il suffit de former le produit $(x-3)(x-5)$, que l'on peut, d'ailleurs, multiplier par un nombre quelconque, puis d'égaler ce produit à 0.

$$(x-3)(x-5) = x^2 - 8x + 15 = 0.$$

147. Résolution immédiate de $ax^2 + bx + c = 0$. *On peut résoudre l'équation du second degré sans diviser par le coefficient de* x^2.

Autrement dit, on peut établir des formules qui donnent les racines au moyen des coefficients a, b, c, de l'équation $ax^2 + bx + c = 0$.

En effet, nous sommes passé de l'équation $ax^2 + bx + c = 0$ à $x^2 + px + q = 0$, en remplaçant $\dfrac{b}{a}$ par p et $\dfrac{c}{a}$ par q. Pour rapporter les formules du n° 140 à l'équation $ax^2 + bx + c = 0$, nous ferons l'inverse ; nous remplacerons dans ces formules p par $\dfrac{b}{a}$ et q par $\dfrac{c}{a}$: on obtient ainsi :

$$x = -\frac{b}{2a} \pm \sqrt{\frac{b^2}{4a^2} - \frac{c}{a}} = -\frac{b}{2a} \pm \sqrt{\frac{b^2 - 4ac}{4a^2}},$$

ou enfin

$$x = \frac{-b \pm \sqrt{b^2 - 4ac}}{2a}. \qquad (n) \qquad (^*)$$

(*) On peut résoudre directement l'équation $ax^2 + bx + c = 0$. Écrivons-la ainsi

$$ax^2 + bx = -c,$$

DISCUSSION DE $x = \dfrac{-b \pm \sqrt{b^2 - 4ac}}{2a}$

Appliquons la formule (n) à l'équation $3x^2 + 7x + 4 = 0$.

$$a = 3, \ b = 7, \ c = 4.$$

$$x = \frac{-7 \pm \sqrt{49 - 4 \times 3 \times 4}}{6} = \frac{-7 \pm \sqrt{49 - 48}}{6};$$

$$x = \frac{-7 \pm 1}{6}; \quad \text{d'où} \quad x' = -\frac{6}{6} = -1; \quad x'' = -\frac{8}{6} = -\frac{4}{3}.$$

REMARQUE. Quand le coefficient de la première puissance de x est pair, il est bon d'en prendre la moitié; alors le diviseur est a au lieu de $2a$.

Ex. : $3x^2 - 16x + 2 = 0$; $x = \dfrac{8 \pm \sqrt{8^2 - 2 \times 3}}{3}$. Sous le radical, on met alors ac, et non plus $4ac$.

148. DISCUSSION DE LA FORMULE (n). L'équation du second degré ayant la forme $ax^2 + bx + c = 0$, nous pouvons toujours supposer que le coefficient a de x^2 est positif. S'il ne l'était pas, on pourrait, sans altérer l'égalité, le rendre positif en changeant les signes de tous les termes de l'équation.

Multiplions de part et d'autre par $4a$, il vient

$$4a^2x^2 + 4abx = -4ac.$$

Complétons le carré commencé dans le premier membre

$$4a^2x^2 + 4abx + b^2 = b^2 - 4ac,$$

ou $\qquad\qquad\qquad (2ax + b)^2 = b^2 - 4ac;$

d'où, en extrayant la racine carrée, on déduit

$$2ax + b = \pm \sqrt{b^2 - 4ac}.$$

En résolvant cette double équation du premier degré, on obtient précisément les valeurs (n) de x trouvées dans le texte.

Cela posé, on fait à l'inspection seule de la formule (n) les remarques suivantes :

Si $b^2 - 4ac = 0$, les racines sont *réelles et égales.*
Si $b^2 - 4ac$ est > 0, elles sont réelles et inégales.
Si $b^2 - 4ac$ est < 0, les racines sont imaginaires.

Si le dernier terme c est un nombre précédé du signe —, $-4ac$ est positif; $b^2 - 4ac > 0$. Ainsi donc,

Quand le dernier terme de l'équation $ax^2 + bx + c = 0$ *est négatif, on peut dire sans calcul que les racines sont réelles (a étant positif).*

(Voy. plus loin, p. 170, l'examen de deux cas particuliers remarquables, et la manière de calculer les racines quand a est très-petit.)

RELATIONS ENTRE LES RACINES ET LES COEFFICIENTS DE L'ÉQUATION

$$x^2 + px + q = 0.$$

149. L'équation du second degré étant ramenée à la forme $x^2 + px + q = 0$, distinguons les racines par des noms différents :

$$x' = -\frac{p}{2} + \sqrt{\frac{p^2}{4} - q}; \qquad (1)$$

$$x'' = -\frac{p}{2} - \sqrt{\frac{p^2}{4} - q}. \qquad (2)$$

Cela fait, on vérifie facilement les propriétés suivantes :

1° *La somme des racines d'une équation du second degré, ramenée à la forme* $x^2 + px + q = 0$, *est égale à* $-p$, *c'est-à-dire au coefficient de la première puissance de* x, *pris en signe contraire.*

En effet, en ajoutant les valeurs de x' et x'', nous trouvons, toute réduction faite :

$$x' + x'' = -p.$$

2° *Le produit des racines d'une équation du second degré, ramenée à la forme* $x^2 + px + q = 0$, *est égal à* q, *c'est-à-dire à la quantité toute connue de l'équation, telle qu'elle est dans le premier membre.*

PROPRIÉTÉS DES RACINES DE $x^2 + px + q = 0$.

En effet, en multipliant, l'une par l'autre, les valeurs ci-dessus de x' et de x'', on trouve successivement :

$$x' \times x'' = \left(-\frac{p}{2} + \sqrt{\frac{p^2}{4} - q}\right)\left(-\frac{p}{2} - \sqrt{\frac{p^2}{4} - q}\right) =$$

$$\left(-\frac{p}{2}\right)^2 - \left(\sqrt{\frac{p^2}{4} - q}\right)^2 = \frac{p^2}{4} - \left(\frac{p^2}{4} - q\right) = +\frac{p^2}{4} - \frac{p^2}{4} + q = q.$$

On peut ajouter cette troisième relation :

$$x' - x'' = 2\sqrt{\frac{p^2}{4} - q},$$

obtenue par la soustraction des deux formules (1) et (2); donc

3° *La différence des racines de l'équation* $x^2 + px + q = 0$ *est égale au double du radical,* $2\sqrt{\frac{p^2}{4} - q}$ (*). (*Voyez la note.*)

150. *Relations entre les coefficients et les racines de l'équation* $ax^2 + bx + c = 0$.

Si l'équation a la forme, $ax^2 + bx + c = 0$, on conçoit que pour la résoudre on l'ait ramenée à la forme $x^2 + \frac{b}{a}x + \frac{c}{a} = 0$.

(*) L'égalité $x' - x'' = \sqrt{\frac{p^2}{4} - q}$ démontre immédiatement cette proposition :

Pour que les deux racines de l'équation $x^2 + px + q = 0$ soient égales et de même signe, il faut et il suffit que l'on ait $\frac{p^2}{4} - q = 0$. Alors, en effet, $x' - x'' = 0$, ou $x' = x''$.

L'égalité $x' + x'' = -p$ démontre cette autre proposition :

Pour que les deux racines de l'équation du second degré $x^2 + px + q = 0$ soient égales et de signes contraires, $x' = -x''$, il faut et il suffit que $p = 0$, c'est-à-dire que le terme en x manque. Alors, en effet, $x' + x'' = 0$; d'où $x' = -x''$.

Comparant alors à $x^2 + px + q = 0$, on conclut alors, x' et x'' désignant les racines :

$$x' + x'' = -p = -\frac{b}{a}; \quad x'x'' = +q = \frac{c}{a};$$

$$x' - x'' = 2\sqrt{\frac{p^2}{4} - q} = 2\sqrt{\frac{b^2}{4a^2} - \frac{c}{a}} = \frac{\sqrt{b^2 - 4ac}}{a}.$$

En général, toutes les fois qu'on trouve quelque propriété des racines de l'équation, $x^2 + px + q = 0$, on peut les traduire ainsi pour les appliquer à $ax^2 + bx + c = 0$.

1er Ex. : $x^2 - 5x + 6 = 0$.

La somme des racines, $x' + x'' = 5$; leur produit $x'x'' = 6$.

2e Ex. : $3x^2 + 7x + 4 = 0$.

On écrit $x^2 + \frac{7}{3}x + \frac{4}{3} = 0$; d'où la somme $x' + x'' = -\frac{7}{3}$; le produit $x'x'' = \frac{4}{3}$.

151. *On peut à l'inspection seule des coefficients d'une équation de la forme* $x^2 + px + q = 0$ *dire les signes de ses racines, si ces racines sont réelles.*

Remarquons en passant que, d'après les formules mêmes, les racines sont réelles quand on a $\frac{p^2}{4} - q = 0$, ou $\frac{p^2}{4} - q > 0$.

Cela posé, *si q est positif, les deux racines sont de même signe*, puisque leur produit q est positif. Le signe commun de ces racines est celui de leur somme, $-p$; donc elles sont de signe contraire à p.

Ex. : $x^2 - 5x + 6 = 0$; 6 étant positif, les deux racines de cette équation sont de même signe; leur somme égale 5; donc elles sont positives.

2e Ex. : $3x^2 + 7x + 4 = 0$ (forme $ax^2 + bx + c = 0$).

Le produit des racines étant $+\frac{4}{3}$, elles sont de même signe; leur somme étant $-\frac{7}{3}$, elles sont toutes deux négatives.

Si q est négatif, les deux racines sont de signes contraires, puisque leur produit est négatif. La racine qui a la plus grande valeur

ÉQUATIONS BICARRÉES.

absolue, donnant son signe à la somme des deux racines, a le même signe que cette somme $-p$. *La plus grande racine en valeur absolue est donc celle qui est de signe contraire à* p.

Ex. : $3x^2 + 7x - 4 = 0$.

A cause de $-\frac{4}{3}$, les racines sont de signes contraires; et la plus grande en valeur absolue est négative, à cause de la somme $-\frac{7}{3}$.

EXERCICES.

Faites ici les Exercices 688 *à* 721 *inclus proposés à la fin du Cours.*

Équations bicarrées.

152. La résolution d'une équation du quatrième degré à une inconnue peut être ramenée à celle d'une équation du second degré, *quand cette équation ne renferme que la quatrième et la seconde puissance de l'inconnue*. Une pareille équation peut toujours se ramener à la forme

$$x^4 + px^2 + q = 0. \qquad (1)$$

C'est ce qu'on appelle une équation *bicarrée*.
Pour la résoudre, nous posons $x^2 = y$, d'où $x^4 = y^2$. L'équation (1) devient alors

$$y^2 + py + q = 0. \qquad (2)$$

En résolvant cette dernière, nous trouvons $y = -\frac{p}{2} \pm \sqrt{\frac{p^2}{4} - q}$.

Mais $x^2 = y$ donne $x = \pm \sqrt{y}$.

Nous avons donc $x = \pm \sqrt{-\frac{p}{2} \pm \sqrt{\frac{p^2}{4} - q}}. \qquad (\alpha)$

x a quatre valeurs, qui correspondent deux à deux à chacune des valeurs de y. Si, par exemple, nous distinguons les valeurs de y en écrivant
$y' = -\frac{p}{2} + \sqrt{\frac{p^2}{4} - q}$, $y'' = -\frac{p}{2} - \sqrt{\frac{p^2}{4} - q}$, à y' correspondent deux

valeurs de x, $x' = +\sqrt{-\dfrac{p}{2} + \sqrt{\dfrac{p^2}{4} - q}}$, $x_1' = -\sqrt{-\dfrac{p}{2} + \sqrt{\dfrac{p^2}{4} - q}}$,
à y'' deux autres valeurs:

$$x'' = +\sqrt{-\dfrac{p}{2} - \sqrt{\dfrac{p^2}{4} - q}}, \quad x_1'' = -\sqrt{-\dfrac{p}{2} - \sqrt{\dfrac{p^2}{4} - q}}.$$

Ces racines sont deux à deux égales et de signes contraires, $x_1' = -x'$, $x_1'' = -x''$; la somme des quatre racines est donc nulle (*).

APPLICATION. Résoudre $x^4 - 11x^2 + 18 = 0$.

Posons $x^2 = y$, par suite, $x^4 = y^2$; nous avons ainsi $y^2 - 11y + 18 = 0$; laquelle résolue donne $y = \dfrac{11}{2} \pm \sqrt{\dfrac{121}{4} - 18}$.

On aura donc:

$$x = \pm\sqrt{\dfrac{11}{2} \pm \sqrt{\dfrac{121}{4} - 18}} = \pm\sqrt{\dfrac{11}{2} \pm \sqrt{\dfrac{121-72}{4}}} =$$

$$\pm\sqrt{\dfrac{11 \pm \sqrt{49}}{2}} = \pm\sqrt{\dfrac{11 \pm 7}{2}}.$$

En séparant les signes placés sous le radical, nous avons

$$x' = \pm\sqrt{\dfrac{18}{2}} = \pm 3; \quad \text{puis} \quad x'' = \pm\sqrt{\dfrac{4}{2}} = \pm\sqrt{2}.$$

Nous avons trouvé quatre racines:

$$x' = +3, \quad x_1' = -3, \quad x'' = +\sqrt{2}, \quad x_1'' = -\sqrt{2}.$$

EXERCICES.

Faites ici les exercices 554 à 687 inclus proposés à la fin du Cours.

(*) Leur produit est égal à q; en effet, nous avons $x' = +\sqrt{y'}$, $x'' = +\sqrt{y''}$; donc $x'x'' = \sqrt{y'y''}$; de même $x_1' = -\sqrt{y'}$, $x_1'' = -\sqrt{y''}$; donc $x_1'x_1'' = \sqrt{y'y''}$. Donc enfin $x'x''x_1'x_1'' = \sqrt{y'y''} \times \sqrt{y'y''} = y'y'' = q$.

EXERCICES SUR LES ÉQUATIONS DU 2ᵉ DEGRÉ.

APPLICATIONS DE LA THÉORIE DES ÉQUATIONS DU SECOND DEGRÉ.

Problèmes et exercices.

153. Problème. *La somme de deux nombres est* 9; *leur produit est* 14. *Trouver ces nombres?*

Soient x et y ces deux nombres; on a

$$x + y = 9 \ (1), \quad \text{et} \quad xy = 14. \qquad (2)$$

De (1) on tire $y = 9 - x$. En substituant dans (2), on a $x(9-x) = 14$; $9x - x^2 = 14$. Puis, en changeant tous les signes,

$$x^2 - 9x + 14 = 0.$$

Le nombre x est une racine de cette équation. Il est facile de voir que y est précisément l'autre racine; en effet, si nous désignons un instant cette autre racine par x', on a $x + x' = 9$; mais $x + y = 9$; donc $y = x'$. D'ailleurs, rien ne distingue x de y. Résolvons donc l'équation :

$$x = \frac{9}{2} + \sqrt{\frac{81}{4} - 14}$$

$$y = \frac{9}{2} - \sqrt{\frac{81}{4} - 14}$$

Tout calcul fait, $x = 7$, $y = 2$.

Ce problème peut être généralisé.

154. Problème. *La somme de deux nombres* x *et* y *est* a; *leur produit est* b. *Trouver ces nombres?*

$$x + y = a, \quad xy = b.$$
$$y = a - x; \quad x(a - x) = b; \quad ax - x^2 = b.$$

Et enfin $\qquad x^2 - ax + b = 0.$

Nous savons que x et y sont les racines de cette équation. C'est là une proposition générale qu'il est bon d'établir :

Théorème. *Quand la somme de deux nombres* x *et* y *est un nom-*

bre a, *et leur produit un nombre* b, x *et* y *sont les racines de cette équation du second degré :*

$$X^2 - aX + b = 0.$$

Cette équation résolue donne

$$x = \frac{a}{2} + \sqrt{\frac{a^2}{4} - b}$$

$$y = \frac{a}{2} - \sqrt{\frac{a^2}{4} - b}.$$

155. On résout plus aisément certains problèmes en les ramenant au précédent.

Exemple. *La somme de deux nombres est* a; *calculer ces nombres connaissant d'ailleurs la somme de leurs carrés, ou celle de leurs cubes.*

1° $\qquad x + y = a, \quad x^2 + y^2 = b.$

On trouve facilement

$$(x+y)^2 = a^2 \quad \text{ou} \quad x^2 + y^2 + 2xy = a^2;$$

ce qui revient à $\qquad b + 2xy = a^2;$

d'où l'on déduit $\qquad xy = \dfrac{a^2 - b}{2}.$

Connaissant $x + y$ et xy, on achève d'après le premier problème

2° $\qquad x + y = a; \quad x^3 + y^3 = b.$

On trouve aisément

$$(x + y)^3 = a^3 \quad \text{ou} \quad x^3 + 3x^2y + 3xy^2 + y^3 = a^3,$$

ce qui revient à $\qquad b + 3xy(x+y) = a^3,$

ou bien encore à $\qquad b + 3axy = a^3;$

d'où $\qquad xy = \dfrac{a^3 - b}{3a}.$

On connaît $x + y$ et xy.

APPLICATION. *Trouver les deux côtés de l'angle droit d'un triangle rectangle dont l'hypoténuse est 13 mètres et la surface 30 mètres carrés.*

Soient x et y les côtés cherchés.

$$x^2 + y^2 = 13^2 = 169.$$

$$\frac{1}{2}xy = 30, \quad \text{ou} \quad xy = 60.$$

$$(x+y)^2 = x^2 + y^2 + 2xy = 169 + 120 = 289.$$

$$x + y = \sqrt{289} = 17.$$

x et y sont les racines de l'équation du second degré,

$$X^2 - 17X + 60 = 0.$$

En résolvant cette équation, on trouve :

$$x = 12, \quad y = 5.$$

156. Problème. *Plusieurs personnes ont fait en société un dîner dont la carte monte à 120 fr. Deux de ces personnes s'en vont sans payer ; les autres, obligées de payer pour elles, donnent chacune 3 fr. de plus qu'elles n'auraient donné sans cela. Combien y avait-il de personnes et combien a payé chaque personne ?*

Soit x le nombre de personnes cherché. Si toutes avaient payé, chacune aurait donné $\frac{120}{x}$; $x-2$ seulement ont payé ; chacune de celles qui ont payé a donc donné $\frac{120}{x-2}$. D'après l'énoncé

$$\frac{120}{x-2} = \frac{120}{x} + 3. \qquad (1)$$

On peut chasser les dénominateurs en multipliant de part et d'autre par $(x-2)x = x^2 - 2x$; cela n'a pas d'inconvénient, car ni $x = 0$, ni $x = 2$, n'est une racine de l'équation (1). On trouve alors $120x = 120x - 240 + 3x^2 - 6x$. En réduisant et en divisant des deux côtés par 3, on trouve

$$x^2 - 2x = 80.$$

En résolvant cette équation, on trouve $x = 1 \pm \sqrt{1+80} = 1 \pm 9$.

Les deux racines sont $x' = 10$, $x'' = -8$. Évidemment la solution positive est la seule convenable; *il y avait au dîner 10 personnes.* Chacune d'elles aurait donc dû donner $\frac{120^f}{10}$, ou 12 francs; 8 seulement ayant payé, chacune d'elles a dû donner 15 francs.

Interprétation de la racine négative. Si on veut interpréter la valeur négative trouvée pour x, on changera x en $-x$ dans l'équation (1) d'après la règle du n° 96; ce qui donne

$$\frac{120}{-x-2} = \frac{120}{-x} + 3,$$

ou bien, en changeant tous les signes :

$$\frac{120}{x+2} = \frac{120}{x} - 3. \qquad (2)$$

Ce qui montre que la valeur absolue 8 de la racine négative de l'équation (1) répond à la question suivante :

Plusieurs personnes payent en commun un écot de 120 francs; si la dépense avait été payée par deux personnes de plus, chacune aurait payé 3 francs de moins. Combien de personnes ont payé ? Rép. 8.

157. Problème. *Un capital augmenté de son intérêt pour 8 mois égale 4160 francs; un autre capital, plus son intérêt pour 10 mois, égale 6300 francs; la somme des deux intérêts est 460 francs. Trouver le taux d'intérêt.*

Soit x ce taux. Désignons un instant par a le premier capital, et par a' le second. Nous allons chercher les deux intérêts de a et de a', et nous égalerons leur somme à 460 fr. Nous nous servirons pour cela de la formule $\quad I = \frac{a \cdot i \cdot t}{100}. \qquad (1)$

Nous avons d'abord $\quad a + I = 4160$ francs. $\qquad (2)$

De (1) nous tirons $a = \frac{100\, I}{i \cdot t}$; remplaçons a par cette valeur dans (2), et chassons le dénominateur

EXERCICES SUR LES ÉQUATIONS DU 2° DEGRÉ.

$$I(100+i.t.)=4160it;$$

d'où on déduit
$$I=\frac{4160\,i.t}{100+i.t}.$$

Dans notre problème $i=x$; 8 mois $=\frac{2}{3}$ d'année, ou $t=\frac{2}{3}$.

Nous avons donc $I=\dfrac{4160\times\dfrac{2}{3}x}{\left(100+\dfrac{2x}{3}\right)}=\dfrac{4160x}{150+x}.$

Si on appelle I' l'intérêt du second capital, 10 mois étant les $\frac{5}{6}$ d'un an, on aura :

$$I'=\frac{6300\times\dfrac{5}{6}x}{100+\dfrac{5}{6}x}=\frac{6300x}{120+x}.$$

Or
$$I+I'=460.$$

Donc
$$\frac{4160x}{150+x}+\frac{6300x}{120+x}=460.$$

C'est l'équation du problème.

En résolvant, on trouve $x=6$ et $x=-138$.

Le taux cherché est 6. Évidemment la seconde racine ne convient pas.

158. Problème. *Trouver les dimensions d'un parallélipipède rectangle, sachant que sa diagonale est 7 mètres, que la surface de sa base est 12 mètres carrés, et que la somme de ses douze arêtes est 44 mètres.*

Soient x et y les deux côtés adjacents de la base, et z la hauteur du parallélipipède.

$$x^2+y^2+z^2=49.$$
$$xy=12.$$
$$4x+4y+4z=44;\quad\text{ou}\quad x+y+z=11.$$

De la dernière équation on déduit :

$$x + y = 11 - z,$$

d'où $\quad x^2 + y^2 + 2xy = 121 - 22z + z^2,$

mais $\quad x^2 + y^2 = 49 - z^2 \;;\; 2xy = 24 \;;$

on a donc $\quad 49 - z^2 + 24 = 121 - 22z + z^2,$

$$2z^2 - 22z + 48 = 0.$$

Ou bien $\quad z^2 - 11z + 24 = 0;$

d'où $\quad z = 8,\text{ et } z = 3.$

La valeur $z = 8$ ne peut pas convenir; car le carré de 8 est à lui seul plus grand que 49 ; nous prendrons donc $z = 3$. La troisième équation proposée nous donne alors $\quad x + y = 11 - 3 = 8.$

D'ailleurs, $\quad xy = 12.$

x et y sont donc les racines de cette équation du 2e degré :

$$X^2 - 8X + 12 = 0.$$

On en déduit $\quad X = 4 \pm \sqrt{16 - 12} = 4 \pm 2.$

$$x = 6, \quad y = 2;\; \text{ou } vice\ versâ.$$

EXERCICES.

Faites les exercices 722 à 877 proposés à la fin du Cours.

159. INTERPRÉTATION GÉOMÉTRIQUE ET CONSTRUCTION DES RACINES D'UNE ÉQUATION DU 2e DEGRÉ A UNE INCONNUE.

Quand on emploie l'algèbre pour résoudre une question de géométrie, on établit ordinairement les équations nécessaires en raisonnant sur les lignes données ou cherchées indépendamment de toute unité linéaire. En résolvant ensuite les équations ainsi obtenues, on obtient des formules qui servent à construire les racines, c'est-à-dire les lignes cherchées au moyen des lignes données *employées telles qu'elles sont*, sans qu'il soit nécessaire de les mesurer pour les exprimer en nombres. Ce sont ces constructions, *qui*

INTERPRÉTATION GÉOM. DE L'ÉQUAT. $x^2+px+q=0$.

remplacent alors le calcul, que nous allons expliquer en ce qui concerne les équations du 2ᵉ degré à une inconnue.

On démontre par des considérations géométriques que nous n'avons pas à développer ici que toute équation du 2ᵉ degré à une inconnue obtenue géométriquement comme nous venons de l'expliquer, peut être, si l'on met les signes en évidence, ramenée à l'une de ces quatre formes :

(1) $x^2 - px + a^2 = 0$ (2) $x^2 + px + a^2 = 0$
(3) $x^2 - px - a^2 = 0$ (4) $x^2 + px - a^2 = 0$.

p et a désignant des lignes connues, c'est-à-dire données ou que l'on peut immédiatement construire à l'aide des lignes données.

Nous considérerons successivement ces quatre équations, en appelant x' et x'' uniformément les valeurs absolues des racines de chacune d'elles, c'est-à-dire *les lignes cherchées abstraction faite de leurs signes*. On construit ordinairement ces racines sans se préoccuper de leurs signes, puis on les emploie suivant les conditions de la question proposée, c'est-à-dire en tenant compte de leurs signes convenablement interprétés.

Équation (1). $x^2 - px + a^2 = 0$. Le produit des racines, $(+ a^2)$, étant positif, ces racines sont de même signe. Leur somme $(+ p)$, ayant le signe $+$, elles ont toutes deux le signe $+$. D'après les égalités

$$x'x'' = a^2, \quad x' + x'' = p,$$

Ces racines x' et x'' peuvent donc être considérées comme *les côtés adjacents d'un rectangle équivalent à un carré donné a^2, composant à eux deux une somme donnée p*.

On peut d'après cela, *sans résoudre l'équation*, construire les racines comme il est expliqué dans notre Géométrie in-8°, n° 223, à la fin du 4ᵉ livre.

On les construit d'ailleurs aisément en résolvant l'équation

$$x' = 1/2p + \sqrt{(1/2p)^2 - a^2}; \quad x'' = 1/2p - \sqrt{(1/2p)^2 - a^2}$$

Posons $\sqrt{(1/2p)^2 - a^2} = z$ où $z^2 = (1/2p)^2 - a^2$

z est un côté de l'angle droit d'un triangle rectangle dont l'hypoténuse est $1/2p$ et l'autre côté de l'angle droit a. Il est facile de construire ce triangle et de trouver z; puis $x' = 1/2p + z$ et $x'' = 1/2p - z$. Voici cette construction :

On construit un angle droit DEO ; on prend DE $= a$; de D comme centre avec un rayon égal à $1/2p$, on décrit un arc de cercle à la rencontre de EO en O. EO est la valeur de z ; car $\overline{EO}^2 = \sqrt{\overline{DO}^2 - \overline{DE}^2} = \sqrt{(1/2p)^2 - a^2}$. Pour avoir x' et x'', on décrit une demi-circonférence ADB de O comme centre avec $1/2p$ pour rayon. On obtient ainsi BE $=$ EO $+$ OB $= z + 1/2p = x'$, et AE $=$ AO $-$ EO $= 1/2p - z = x''$.

Pour que cette construction réussisse, il faut et il suffit que a ne surpasse pas $1/2p$; ce qui est précisément la condition indiquée par l'algèbre pour que les racines soient réelles. Si $a = 1/2p$, $z = 0$, et on trouve immédiatement, sans construction, $x = 1/2p$ et $x'' = 1/2p$; $x' = x''$; les racines sont égales.

Équation (2). $x^2 + px + a^2 = 0$. Le produit des racines, $+a^2$, étant positif, les racines sont encore de même signe. Leur somme étant négative, ces racines sont toutes deux négatives.

Nous les appellerons donc $-x'$ et $-x''$, leurs valeurs absolues étant x' et x''.

Les égalités $\quad -x' \times -x'' = a^2$ et $-x' - x'' = -p$

donnent pour les valeurs absolues $x'x'' = a^2$; et $x' + x'' = p$, c'est-à-dire que les valeurs absolues des racines de l'équation (2) sont les mêmes que celles de l'équation (1). On les construit donc exactement de même ; ce sont encore BE et AE. Ces racines construites, on les appelle $-$BE et $-$AE, et on en fait l'usage indiqué par leurs signes d'après les conditions particulières de la question proposée qui a donné lieu à l'équation (2).

Équation (3). $x^2 - px - a^2 = 0$. Le produit des racines ($-a^2$) étant négatif, ces deux racines sont de signes contraires ; nous les appellerons x' et $-x''$. Leur somme algébrique $x' - x'' = p$ est en réalité la différence de leurs valeurs absolues x' et x''. Cette différence $x' - x''$ étant positive, la racine positive a la plus grande valeur absolue.

INTERPRÉTATION GÉOM. DE L'ÉQUAT. $x^2+px+q=0$. 167

On a $x' \times -x'' = -a^2$; ou $x' x'' = a^2$, et $x'-x''=p$. x' et x'' peuvent donc être considérées comme les côtés d'un rectangle équivalant à un carré donné a^2, ayant entre eux une différence donnée p.

On peut d'après cela, sans résoudre l'équation, construire ces racines comme il est expliqué dans notre Géométrie in-8°, n° 224.

On les construit d'ailleurs aisément en résolvant l'équation

$x = 1/2 p + \sqrt{(1/2p)^2 + a^2}$; $-x'' = 1/2p - \sqrt{(1/2p)^2+a^2}$, ou $x'' = -1/2p + \sqrt{(1/2p)^2+a^2}$.

Posons $\sqrt{(1/2p)+a^2} = z$.

z est l'hypoténuse d'un triangle rectangle donc les deux côtés de l'angle droit sont $1/2p$ et a. On peut aisément construire ce triangle ; ce qui donnera z ; puis construire $x' = z + 1/2p$, et $x'' = z - 1/2p$. Voici cette construction :

On construit l'angle droit BAO ; et on prend $AB = a$ et $AO = 1/2p$, et on trace BO. Puis de O comme centre avec $OA = 1/2p$ pour rayon, on décrit une circonférence qui rencontre BO et son prolongement en C et en D. BD et BC sont les lignes cherchées x' et x''; car $BD = BO + OD = z + 1/2p$, et $BC = BO - OC = z - 1/2p$. Les racines de l'équation sont BD et $-BC$.

ÉQUATION (4) $x^2 + px - a^2 = a$. Le produit des racines ($-a^2$) étant négatif, les deux racines sont de signes contraires ; appelons-les x' et $-x''$. Leur somme algébrique $x' - x'' = -p$; d'où $x'' - x' = p$; ce qui annonce que la racine négative $-x''$ a la plus grande valeur absolue.

On a $x' \times -x'' = -a^2$; d'où $x' \times x'' = a^2$ et $x' - x'' = p$.

D'après ces égalités, les racines de cette équation (4) s'interprètent et se construisent exactement comme celles de l'équation (3). Leurs valeurs absolues sont encore BC et BD (figure précédente). Mais la racine négative étant la plus grande, ces racines sont cette fois : $x' = BC$ et $x'' = -BD$.

REMARQUES. Dans les deux derniers cas, le radical des valeurs de x' et x'' est $\sqrt{(1/2p)^2 + a^2}$. La géométrie elle-même nous montre qu'alors ces racines peuvent toujours se construire ; ce qui s'accorde avec ce que l'on dit en algèbre : *ces racines sont toujours réelles.*

Les racines d'une équation du 1er degré à une inconnue quand elles sont réelles, peuvent toujours être construites de l'une des manières indiquées. Quand la géométrie appliquée ainsi indique l'impossibilité, c'est que les racines sont imaginaires, n'existent pas.

Les deux constructions qui précèdent sont au fond à peu près les mêmes que celles que nous indiquons en géométrie ; l'explication seule est différente.

APPENDICE

A LA RÉSOLUTION ET A LA DISCUSSION DES ÉQUATIONS DU SECOND DEGRÉ.

EXAMEN D'UN CAS PARTICULIER REMARQUABLE.

1. Lorsque dans l'équation

$$ax^2 + bx + c = 0,$$

on suppose $a = 0$, les formules

$$x' = \frac{-b + \sqrt{b^2 - 4ac}}{2a}$$

$$x'' = \frac{-b - \sqrt{b^2 - 4ac}}{2a}$$

donnent $\quad x' = \frac{0}{0}; \quad x'' = \frac{-2b}{0}.$

D'un autre côté, l'équation proposée devient

$$bx + c = 0,$$

laquelle admet pour solution unique $x = -\frac{c}{b}$.

$ax^2+bx+c=0.$ EXAMEN DU CAS OU a EST TRÈS-PETIT.

Les formules générales semblent donc en défaut dans ce cas.

Remarquons d'abord que dans les raisonnements que nous avons faits pour trouver les formules, nous avons expressément supposé a différent de 0; si donc les formules étaient ici en défaut, cela ne prouverait rien contre nos raisonnements.

Les valeurs x' et x'' satisfaisant à l'équation, quelque petit que soit a, l'une des racines doit tendre vers la limite $-\dfrac{c}{b}$ quand a tend vers 0. C'est ce qu'on vérifie de la manière suivante :

Multiplions les deux termes de la valeur de x' par $-b-\sqrt{b^2-4ac}$; le numérateur devient alors égal à la différence des deux carrés

$$x' = \frac{-b+\sqrt{b^2-4ac}}{2a} = \frac{(-b+\sqrt{b^2-4ac})(-b-\sqrt{b^2-4ac})}{2a(-b-\sqrt{b^2-4ac})}$$

$$= \frac{b^2-(b^2-4ac)}{2a(-b-\sqrt{b^2-4ac})} = \frac{4ac}{2a(-b-\sqrt{b^2-4ac})} = \frac{2c}{-b-\sqrt{b^2-4ac}}$$

Sous cette forme, on voit que x' tend indéfiniment vers la limite $\dfrac{2c}{-b-\sqrt{b^2}} = -\dfrac{c}{b}$, quand a tend vers 0, et arrive à cette valeur limite quand $a=0$. (V. page 170, une méthode pour calculer x' approximativement quand a est très-petit.)

Quant à x'', on peut l'écrire sous cette forme

$$x'' = \frac{-b-\sqrt{b^2-4ac}}{2a} = \frac{(-b-\sqrt{b^2-4ac})(-b+\sqrt{b^2-4ac})}{2a(-b+\sqrt{b^2-4ac})}$$

$$= \frac{4ac}{2a(-b+\sqrt{b^2-4ac})} = \frac{2c}{-b+\sqrt{b^2-4ac}}$$

a diminuant indéfiniment, $\sqrt{b^2-4ac}$ se rapproche indéfiniment de $\sqrt{b^2}$ ou b, de manière à en différer aussi peu que l'on veut; $-b+\sqrt{b^2-4ac}$ diminue donc indéfiniment, se rapprochant de $-b+b$ ou de 0. Le numérateur $2c$ ne changeant pas, x'' augmente de manière à dépasser toute limite quand a devient suffisamment petit; pour $a=0$, x'' prend la forme $\dfrac{m}{0}$. Ces considérations étant exactement les mêmes que celles que nous avons développées n° 441, à propos des équations et des problèmes du 1er degré, nous pouvons en tirer les mêmes conclusions relativement à tout problème qui donnerait lieu à une équation du 2e degré dans laquelle a serait susceptible de prendre des valeurs infiniment décroissantes.

Quand on trouve alors $x''=\dfrac{m}{0}$, bien que la seconde racine manque, le problème peut quelquefois admettre une deuxième solution correspondant au cas spécial où la deuxième racine croit au delà de toute limite.

Il peut arriver que chacun des coefficients a et b, diminuant indéfiniment à partir d'une certaine valeur, tende vers 0, de manière qu'on arrive à la fois à $a = 0$, $b = 0$.

Les valeurs de x' et x'' prennent toutes deux la forme $\frac{0}{0}$, tandis que l'équation proposée se réduit à $c = 0$, équation impossible et absurde, si c lui-même n'est pas nul.

Les formules semblent encore en défaut. Employant exactement le même artifice de calcul que dans le cas précédent, on trouve finalement :

$$x' = \frac{2c}{-b - \sqrt{b^2 - 4ac}}, \qquad x'' = \frac{2c}{-b + \sqrt{b^2 - 4ac}}.$$

Sous cette forme, a et b tendant vers 0, chacune de ces racines augmente indéfiniment à partir d'une certaine valeur; et pour $a = 0$, $b = 0$ on a $x' = \frac{2c}{0}$, $x'' = \frac{2c}{0}$ (abstraction faite du signe).

Tout ce qui a été dit du symbole $\frac{m}{0}$ relativement aux solutions des problèmes s'applique donc ici.

RÉSOLUTION DE L'ÉQUATION $ax^2 + bx^2 + c = 0$ QUAND a EST TRÈS-PETIT.

2. Nous venons de voir que si dans l'équation

$$ax^2 + bx + c = 0,$$

le coefficient a est très-petit, une des racines est très-grande en valeur absolue, tandis que l'autre racine conserve une valeur finie qui est d'autant plus rapprochée de $-\frac{c}{b}$ que a est plus petit. Nous allons indiquer un moyen d'obtenir promptement cette dernière racine avec une *grande approximation*.

On fait passer les termes, $ax^2 + c$, dans le second membre et on divise par b; l'équation prend la forme

$$x = -\frac{c}{b} - \frac{ax^2}{b}. \qquad (1)$$

Le coefficient a étant très-petit, et l'inconnue x ayant une valeur finie, le terme $\frac{ax^2}{b}$ a une valeur très-petite relativement à celle de x; si donc on néglige ce terme, on aura une *première* valeur approchée de l'inconnue :

$$x = -\frac{c}{b}.$$

RÉSOLUTION DE $ax^2 + bx + c = 0$ QUAND a EST TRÈS-PETIT.

Si maintenant, dans le second membre de l'équation (1), nous remplaçons x par la valeur approchée $x = -\dfrac{c}{b}$, nous obtiendrons une seconde valeur

$$x = -\frac{c}{b} - \frac{ac^2}{b^3}$$

beaucoup plus approchée que la première. Ordinairement, dans la pratique, cette seconde valeur est suffisamment approchée. Cependant si on veut une approximation encore plus grande, on substituera cette seconde valeur dans le deuxième membre de l'équation (1); ce qui donnera une troisième valeur encore plus approchée, et ainsi de suite. Cette méthode est connue sous le nom de *méthode des approximations successives*.

Appliquons cette méthode à un exemple.

1° Soit l'équation

$$0,001 x^2 + x - 2 = 0.$$

Calculons d'abord la racine qui a la plus petite valeur. Nous écrivons l'équation sous la forme

$$x = 2 - 0,001 x^2. \qquad (a)$$

En négligeant le second terme qui a une valeur très-petite relativement à x, nous avons une première valeur approchée de la racine cherchée

$$x = 2.$$

Substituant cette valeur de x dans le second membre de l'équation (a), nous avons

$$x = 2 - 0,001 \times 4 = 1,996.$$

Substituant dans le second membre de (a) cette seconde valeur approchée, nous avons la troisième valeur approchée

$$x = 2 - 0,001 \times (1,996)^2 = 1,996015984.$$

La seconde correction ajoute à peu près 16 millionièmes à la première valeur approchée; celle-ci était donc déjà très-approchée. Nous nous arrêterons à cette seconde valeur $x = 1,996$, dont l'expression est plus simple.

Quant à la second racine de l'équation, on se fonde sur ce que la somme des deux racines est égale à $-\dfrac{1}{0,001} = -1000$; la seconde racine est donc approximativement:

$$-1000 - 1,996 = -1001,996.$$

EXERCICES.

Faites les exercices 553 *bis et* 553 *ter proposés à la fin du Cours.*

DES QUESTIONS DE MAXIMUM ET DE MINIMUM QUI PEUVENT SE RÉSOUDRE AU MOYEN D'ÉQUATIONS DU 2e DEGRÉ.

160. Il arrive souvent qu'une quantité qui peut varier dans certaines conditions déterminées a une limite supérieure qu'elle ne peut pas dépasser, ou une limite inférieure au-dessous de laquelle elle ne peut pas descendre.

Ex. : L'aire d'un rectangle inscrit dans une circonférence ne peut pas surpasser l'aire du cercle et ne peut pas même être égale à cette aire; il existe donc certainement une limite supérieure de l'aire de ce rectangle plus petite que l'aire du cercle.

Au contraire, l'aire d'un triangle isocèle circonscrit à une circonférence ne peut pas être inférieure à l'aire du cercle inscrit, et ne peut même pas être égale à l'aire de ce cercle. Il existe donc certainement une limite inférieure de l'aire de ce triangle circonscrit plus grande que l'aire du cercle.

Nous pourrions multiplier ces exemples.

La limite supérieure d'une quantité qui varie dans des conditions déterminées, autrement dit sa plus grande valeur possible, s'appelle le *maximum* de cette quantité.

La limite inférieure d'une quantité variable dans des conditions déterminées, autrement dit sa plus petite valeur possible, s'appelle le *minimum* de cette quantité.

REMARQUE. On attribue en algèbre, un sens plus général que le précédent à chacun de ces termes : *maximum* ou *minimum* d'une quantité variable. Nous indiquerons ailleurs ce sens plus général (*); mais les définitions précédentes convenant dans le plus grand nombre de cas pratiques que l'on traite ordinairement à l'aide des équations du 2e degré, nous les avons données pour plus de clarté et de simplicité. Ce que nous ferons en nous y conformant n'a d'ailleurs rien de contradictoire avec ce qu'on ferait en se conformant, *en algèbre élémentaire*, aux définitions générales.

Nous montrerons d'abord par des exemples la marche à suivre

(*) AVIS IMPORTANT. Nous donnerons, dans un appendice à la fin du Cours, les définitions générales du *maximum* et du *minimum* d'une expression algébrique variable. Nous résoudrons alors quelques autres questions plus difficiles de *maximum* ou de *minimum* toujours à l'aide d'équations du 2e degré.

QUESTIONS DE MAXIMUM ET DE MINIMUM.

pour trouver le maximum ou le minimum d'une quantité variable, tel que nous venons de le définir, quand la question peut être résolue à l'aide d'équations du 2° degré. Nous établirons ensuite une règle pratique que le lecteur peut lire dès à présent s'il le veut. Mais il vaut mieux, selon nous, étudier les exemples d'abord ; la règle sera ensuite plus facile à comprendre et à appliquer.

Il faut bien faire attention à la manière de poser chaque question.

160 bis. 1ᵉʳ Problème. *Partager un nombre donné a en deux parties dont le produit soit le plus grand possible.*

Désignons l'une des parties par x ; l'autre est $a-x$; il s'agit de trouver la plus grande valeur possible du produit $x(a-x)$.

On se propose d'abord cette question : *Quelle valeur faut-il donner à* x *pour que le produit* x(a — x) *ait une valeur donnée* m ?

Pour le savoir, il suffit de résoudre l'équation :

$$x(a-x) = m.$$

On trouve successivement

$$ax - x^2 = m ; \quad x^2 - ax + m = 0 ;$$

et enfin
$$x = \frac{a}{2} \pm \sqrt{\frac{a^2}{4} - m}. \qquad (1)$$

D'après cette formule, x ne peut être réel que si m est moindre que $\frac{a^2}{4}$, ou bien au plus égal à $\frac{a^2}{4}$. Mais m est une valeur quelconque du produit $x(a-x)$; la plus grande valeur cherchée de ce produit, son maximum est donc $\frac{a^2}{4}$.

Quand $m = \frac{a^2}{4}$, $x = \frac{a}{2}$; $a - x = \frac{a}{2}$; $x = a - x$.

Le produit a sa plus grande valeur quand la somme est divisée en deux parties égales.

Ainsi se trouve établie cette proposition importante :

Théorème. *Le produit de deux nombres variables dont la somme est constante est le plus grand possible quand ces deux nombres sont égaux.*

Autrement dit : *Pour partager un nombre donné en deux parties dont le produit soit le plus grand possible, il suffit de le diviser en parties égales* (*).

APPLICATION. *De tous les rectangles de même périmètre, quel est le plus grand ?* Rép. C'est le carré.

161. 2ᵉ QUESTION. *Décomposer un nombre donné p en deux facteurs dont la somme soit la plus petite possible.*

Désignons un des facteurs par x ; l'autre sera $\frac{p}{x}$. Il s'agit de trouver la plus petite valeur possible de la somme $x + \frac{p}{x}$.

On se propose *de déterminer* x *de manière que la somme* $x + \frac{p}{x}$ *ait une valeur donnée* m ? Pour cela, il suffit de résoudre l'équation :

$$x + \frac{p}{x} = m;$$

on trouve successivement

$$x^2 + p = mx; \quad x^2 - mx + p = 0,$$

et enfin
$$x = \frac{m}{2} \pm \sqrt{\frac{m^2}{4} - p}. \qquad (1)$$

D'après cette formule, x ne peut être réel que si $\frac{m^2}{4}$ est plus grand que p, ou au moins égal à p. Si $\frac{m^2}{4} = p$, $m^2 = 4p$ et $m = \sqrt{4p}$. m étant une valeur quelconque de la somme $x + \frac{p}{x}$, il résulte de notre formule que la plus petite valeur cherchée de cette somme, son *minimum*, est $\sqrt{4p}$ (**).

(*) On voit aisément que le produit $x(a-x)$ n'a pas de minimum. On peut en effet le rendre aussi petit que l'on veut en prenant x suffisamment petit.

(**) Il est facile de voir que la somme en question n'a pas de maximum. On peut en effet la rendre aussi grande que l'on veut en prenant x suffisamment grand.

QUESTIONS DE MAXIMUM ET DE MINIMUM.   175

Quand $m = \sqrt{4p}$ ou $\dfrac{m^2}{4} = p$, $x = \dfrac{m}{2} = \sqrt{p}$; en même temps l'autre facteur $\dfrac{p}{x} = \sqrt{p}$; les deux facteurs sont égaux. Ce qui démontre cette proposition :

Le minimum de la somme de deux nombres variables dont le produit est constant, a lieu quand ces deux nombres sont égaux.

APPLICATION. *De tous les rectangles qui ont la même surface* m, *lequel a le plus petit périmètre?* Rép. C'est le carré.

162. 3ᵉ QUESTION. *Trouver le maximum de la surface d'un rectangle inscrit dans un cercle donné.*

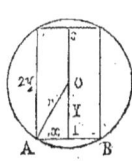

Désignons la base de ce rectangle par $2x$ et sa hauteur par $2y$; sa surface sera exprimée par $2x \times 2y = 4xy$. On se propose de déterminer x et y de manière que la surface du rectangle ait une valeur déterminée m² (*). On a d'abord l'équation :

$$4xy = m^2. \qquad (1)$$

Comme il y a deux inconnues, il faut une seconde équation entre x et y. En nous reportant à la figure, nous voyons que
$$\overline{AI}^2 + \overline{OI}^2 = r^2,$$
ou $$x^2 + y^2 = r^2. \qquad (2)$$

Nous pourrions résoudre ces deux équations et raisonner comme précédemment sur les formules qui donneraient x et y; mais rien qu'en jetant les yeux sur les équations (1) et (2), on est conduit pour trouver le maximum du produit $4xy$, ce qui est notre but principal, à raisonner comme il suit :

Si au lieu de xy nous avions dans l'équation (1) x^2y^2, nous pourrions appliquer le théorème du n° 160, puisque la somme $x^2 + y^2$ est constante. En vertu de ce principe, le produit x^2y^2 est le plus grand possible quand $x^2 = y^2$ ou $x = y$. Mais évidemment xy est le plus grand possible quand x^2y^2 est le plus grand possible. Le

―――――

(*) Quand on veut représenter algébriquement une surface donnée, on la désigne ordinairement par un carré m^2 afin que les formules soient homogènes.

maximum de xy, et par suite celui de $4xy$, a donc lieu quand $x=y$. Le plus grand rectangle inscrit dans un cercle donné est donc précisément le carré inscrit.

On résout de même la question suivante :

Trouver le maximum de la surface du cylindre inscrit dans une sphère donnée (même fig.).

La résolution de ce problème conduit aux mêmes équations (1) et (2) que le précédent; la conclusion est donc la même. Le cylindre inscrit est le plus grand possible quand $x=y$. Il est engendré par le demi-carré inscrit dans un cercle de la sphère.

On voit facilement qu'il n'existe pas de minimum dans l'une ou dans l'autre question précédente.

REMARQUE. Quand on veut, dans une question de maximum ou de minimum se débarrasser d'un radical carré, il est souvent très-commode d'élever au carré les quantités algébriques considérées, par application de cette proposition évidente. *Les valeurs absolues d'une quantité et de son carré atteignent en même temps leurs plus petites ou leur plus grandes valeurs.*

163. 4° QUESTION. *Inscrire dans un triangle donné le plus grand rectangle possible.*

On se propose d'abord d'inscrire dans le triangle donné ABC, un rectangle EFGH ayant une surface donnée m^2.

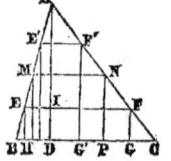

Désignons par x et par y la base EF et la hauteur ID de ce rectangle. Le problème sera évidemment résolu si l'on connaît la hauteur, ID $=y$. Le rectangle devant avoir une surface donnée m^2, on a d'abord l'équation

$$xy = m^2. \qquad (1)$$

Comme il y a deux inconnues, il faut une seconde équation entre x et y. Pour l'obtenir, nous remarquons que dans les triangles semblables AEF, ABC, les bases sont entre elles comme les hauteurs; $\dfrac{EF}{BC} = \dfrac{AI}{AD}$. Désignons les lignes données, BC par a, et AD par h; par suite AI $= h - y$.

QUESTIONS DE MAXIMUM ET DE MINIMUM.

L'égalité de rapports précédents devient, d'après cela, $\dfrac{x}{a} = \dfrac{h-y}{h}$ (2). On en déduit $x = \dfrac{a(h-y)}{h}$.

En substituant cette valeur de x dans l'équation (1), on trouve

$$\frac{a(h-y)y}{h} = m^2. \qquad (3)$$

En résolvant cette équation (3) par la méthode ordinaire, on trouve

$$y = \frac{ah \pm \sqrt{a^2h^2 - 4ahm^2}}{2a}. \qquad (4)$$

Pour que la question posée en dernier lieu soit possible, il faut que cette formule (4) donne pour y des valeurs réelles. A l'inspection de cette formule, on voit que les valeurs de y ne sont réelles que si l'on a $4ahm^2 < a^2h^2$, ou au plus $4ahm^2 = a^2h^2$, c'est-à-dire si on a $m^2 < \dfrac{ah}{4}$, ou au plus $m^2 = \dfrac{ah}{4}$.

On conclut de là que la plus grande valeur que l'on puisse donner à m^2 pour que la question dernièrement posée soit possible est $m^2 = \dfrac{ah}{4}$; $\dfrac{ah}{4}$ *est donc la plus grande surface possible d'un rectangle inscrit dans le triangle proposé.*

Quand $m^2 = \dfrac{ah}{4}$, ou $4ahm^2 = a^2h^2$, on a $y = \dfrac{h}{2}$. On obtient donc le plus grand rectangle inscrit dans le triangle proposé en divisant la hauteur AD en deux parties égales, au point I, puis achevant la construction comme l'indique la figure. La surface de ce rectangle maximum, $\dfrac{ah}{4}$, est la moitié de la surface du triangle donné.

Quand la surface du rectangle donné est plus petite que cette valeur maximum, la formule (4) donne deux valeurs de y, auxquelles correspondent deux valeurs de x; le problème a deux solutions.

REMARQUE IMPORTANTE. Cette quatrième question peut aussi se

ramener à la première et être résolue par application du théorème énoncé n° 160.

En effet, d'après l'équation (3), la surface m^2 du rectangle considéré ayant pour expression $\dfrac{a(h-y)y}{h}$, le maximum de cette surface correspond au maximum du produit $(h-y)y$, dont les deux facteurs variables ont une somme constante $h-y+y=h$, quel que soit y. D'après le théorème du n° 160, ce produit est le plus grand possible, quand les deux facteurs variables sont égaux, c'est-à-dire quand $h-y=y$ ou $y=\dfrac{h}{2}$. Ce qui donne bien pour le maximum de la surface m^2, d'après l'équation (3), $\dfrac{ah^2}{4h}=\dfrac{ah}{4}$.

164. 5ᵉ Question. *Trouver le maximum ou le minimum des valeurs positives de la fraction algébrique* $\dfrac{8x^2-23x-7}{4x^2}$, *dans laquelle x désigne une variable à laquelle on donne successivement toutes les valeurs réelles possibles.*

On se propose de déterminer x de telle manière que cette expression algébrique ait une valeur donnée m. Pour cela il suffit de résoudre l'équation

$$\dfrac{8x^2-23x-7}{4x^2}=m. \qquad (1)$$

$$(8-4m)x^2-23x-7=0.$$

$$x=\dfrac{23\pm\sqrt{23^2+4(8-4m)\times 7}}{16-8m}=\dfrac{23\pm\sqrt{753-112m}}{16-8m}. \qquad (2)$$

Pour que la valeur de x soit réelle, il faut et il suffit que l'on ait $112m<753$, ou au plus $112m=753$; c'est-à-dire $m=\dfrac{753}{112}$. Le maximum demandé de m, c'est-à-dire la plus grande des valeurs positives que peut prendre l'expression algébrique donnée, pour des valeurs réelles de x, est donc $\dfrac{753}{112}$.

Pour obtenir la valeur de x qui donne à l'expression cette

QUESTIONS DE MAXIMUM ET DE MINIMUM. 479

valeur maximum, il suffit de remplacer, dans la formule (2), m par $\dfrac{753}{112}$ (*).

165. MÉTHODE GÉNÉRALE. La résolution d'un certain nombre de questions de maximum ou de minimum apprend mieux, comme nous l'avons déjà dit, qu'une règle quelconque la marche qu'il faut suivre pour résoudre de pareilles questions. Néanmoins, comme il y a, pour cela, une méthode générale dont le lecteur a pu se rendre compte, il n'est peut-être pas inutile d'indiquer explicitement cette méthode.

RÈGLE. *Pour trouver le maximum ou le minimum d'une certaine quantité par la résolution d'équations du 2° degré, on suppose d'abord en général, que cette quantité a une valeur donnée que l'on exprime par une lettre* m, *par exemple, ou par une expression algébrique* πm^2, πm^3, $\dfrac{1}{3}\pi m^3$ (**) (V. *les exemples géométriques*).

Puis, considérant la variable ou les variables qui entrent dans l'expression de la quantité proposée comme des inconnues, on se propose de déterminer la valeur ou les valeurs de ces inconnues x, y,... *pour lesquelles la quantité proposée aura cette valeur supposée* m.

De cette manière, en résolvant une ou plusieurs équations, on

---

(*) REMARQUE. Si on considérait les valeurs négatives de m, il faudrait changer m en $-m'$, ce qui donnerait le radical $\sqrt{753 + 112\,m'}$, dont les valeurs sont toujours réelles quelle que soit la valeur absolue de m'. Il n'y a donc ni *maximum* ni *minimum* des valeurs négatives de l'expression considérée.

(**) En géométrie, quand on veut exprimer un volume donné d'une manière générale, on le désigne par un cube m^3, a^3, afin que les formules trouvées soient homogènes. S'il s'agit du volume d'un corps rond, on le désigne ordinairement par des expressions de cette forme, πm^3, $\dfrac{1}{5}\pi m^3$, afin de pouvoir se débarrasser du facteur π, et des diviseurs numériques qui se trouvent généralement dans l'expression de ces volumes.

En général, si l'expression algébrique considérée renferme des facteurs ou des diviseurs numériques ou littéraux *constants*, il est plus simple d'introduire ces facteurs ou diviseurs constants dans la valeur supposée connue attribuée à l'expression proposée. On se débarrasse ainsi de ces facteurs ou diviseurs qu'on supprime aussitôt comme facteurs communs.

obtient, pour exprimer chacune des variables x, y,... *une formule qui renferme la quantité algébrique* m *ou* m². *On discute ces formules, c'est-à-dire qu'on cherche quelles limites on doit assigner à la quantité* m, *ou* m², *ou* m³, *pour que les valeurs de* x *ou de* y *soient réelles, et en général remplissent certaines conditions connues.*

Quand les valeurs des inconnues x, y,... *données par des équations du* 2ᵉ *degré renferment un radical carré, on exprime que la quantité placée sous le radical doit être positive ou nulle, jamais négative. On obtient ainsi, entre la valeur* m *ou* m², *etc., assignée à la quantité proposée, et les constantes de la question, une relation d'inégalité ou d'égalité qui fait connaître le maximum ou le minimum de la quantité proposée. On reconnaît aussi de cette manière que cette quantité est susceptible de maximum ou de minimum, ou bien qu'elle n'admet absolument ni l'un ni l'autre.*

166. SECONDE PARTIE. Il peut se présenter dans les questions de maximum et de minimum qui se résolvent à l'aide des équations du 2ᵉ degré, des cas plus compliqués que les précédents. La marche suivie est la même, mais la discussion de la quantité écrite sous le radical est un peu plus difficile. C'est pourquoi nous allons encore traiter quelques-unes de ces questions plus difficiles.

167. 6ᵉ QUESTION. *De tous les triangles rectangles de même périmètre* 2p, *quel est le plus grand ?*

On se propose cette question : *Trouver les côtés d'un triangle rectangle ayant le périmètre donné* 2p *et une surface donnée* m².

L'énoncé donne immédiatement les équations :

$x + y + z = 2p$ (1); $xy = 2m^2$ (2); $x^2 + y^2 = z^2$ (3).

L'équation (1) donne $x + y = 2p - z$; puis, si l'on élève au carré, $x^2 + y^2 + 2xy = 4p^2 - 4pz + z^2$. Cette dernière équation, si l'on a égard aux équations (3) et (2), se change en celle-ci :

$$z^2 + 4m^2 = 4p^2 - 4pz + z^2, \quad \text{ou} \quad 4m^2 = 4p^2 - 4pz.$$

Celle-ci donne immédiatement $z = \dfrac{p^2 - m^2}{p}$; (4)

Si nous mettons cette valeur de z dans l'équation (1) ainsi écrite

$x+y=2p-z$, nous aurons pour trouver x et y, les deux équations

$$x+y = \frac{p^2+m^2}{p} \;;\; xy = 2m^2.$$

D'où il résulte, d'après le théorème énoncé (n° 154), que x et y sont des racines de l'équation du 2° degré :

$$X^2 - \frac{p^2+m^2}{p} X + 2m^2 = 0. \qquad (5)$$

Par conséquent, toutes réductions faites,

$$x = \frac{p^2+m^2 + \sqrt{p^4+m^4-6p^2m^2}}{2p} \qquad (6)$$

$$y = \frac{p^2+m^2 - \sqrt{p^4+m^4-6p^2m^2}}{2p}. \qquad (7)$$

Il nous faut maintenant discuter ces formules pour voir quelles sont les valeurs de la surface $2m^2$ pour lesquelles x, y, z ont des valeurs réelles et positives.

La valeur de z, donnée par l'équation (4), est toujours réelle quel que soit m^2 ; mais comme z, côté d'un triangle, doit être positif et ne peut être nul, il résulte de cette égalité (4) que l'on doit avoir

$$m^2 < p^2.$$

Considérons maintenant les valeurs de x et y, des formules (6) et (7). Quand ces valeurs de x et y seront réelles, elles seront nécessairement positives ; car dans l'équation (5) le terme tout connu est positif, et le coefficient de x est négatif. D'ailleurs ni x ni y ne sera nul quand m^2 ne le sera pas [équation (2)]. La condition essentielle que x et y aient des valeurs positives étant remplie quand les formules (6) et (7) donnent pour ces côtés des valeurs réelles, ne nous occupons que des valeurs que peut prendre m^2 pour que x et y aient des valeurs réelles, m^2 n'étant ni nul, ni égal à p^2, ni plus grand que p^2. Pour que les valeurs de x et de y soient réelles, il faut et il suffit que l'on ait $p^4+m^4-6p^2m^2 > 0$ ou égal à 0. On ne voit pas tout de suite quelles sont les limites à assigner à m^2. Pour plus de commodité, on agira comme précédemment, et on décomposera $p^4 + m^4 - 6p^2m^2$ en facteurs du 1er degré par rapport à m^2, par application du théorème du n° 145 ($p^4 + m^4 - 6p^2m^2$ étant considéré comme un trinome du 2e degré par rapport à m^2).

Posons donc l'équation

$$m^4 - 6p^2m^2 + p^4 = 0.$$

Elle donne $m^2 = 3p^2 \pm \sqrt{9p^4 - p^4} = 3p^2 \pm \sqrt{8p^4} = p^2(3 \pm \sqrt{8})$,

ou bien encore $\qquad m^2 = p^2(3 \pm 2\sqrt{2}).$

Ces deux valeurs de m^2 sont positives; désignons la plus petite par m'^2 et l'autre par m''^2. On sait que

$$m^4 - 6p^2m^2 + p^4 = (m^2 - m'^2)(m^2 - m''^2).$$

L'inégalité $p^4 - 6p^2m^2 + p^4 > 0$ peut donc se remplacer par celle-ci : $\qquad (m^2 - m'^2)(m^2 - m''^2) > 0.$

Pour que ce produit soit positif, il faut et il suffit que les deux facteurs $m^2 - m'^2$ et $m^2 - m''^2$ soient tous deux de même signe. On doit donc avoir

$$\begin{array}{ll} & m^2 - m'^2 > 0, \text{ c'est-à-dire } m^2 > m'^2, \\ \text{avec} & m^2 - m''^2 > 0, \text{ c'est-à-dire } m^2 > m''^2; \end{array} \quad (a)$$

$$\begin{array}{ll} \text{ou bien} & m^2 - m'^2 < 0, \text{ c'est-à-dire } m^2 < m'^2, \\ \text{avec} & m^2 - m''^2 < 0, \text{ c'est-à-dire } m^2 < m''^2. \end{array} \quad (b)$$

Pour que les conditions (a) soient remplies, il suffit que m^2 soit plus grand que m''^2; il sera *à fortiori* plus grand que m'^2.

Pour que les conditions (b) soient remplies, il suffit que l'on ait $m^2 < m'^2$; alors m^2 sera *à fortiori* plus petit que m''^2.

Mais $m^2 > m''^2$, c'est $m^2 > p^2(3 + 2\sqrt{2})$. Or nous avons établi précédemment, à propos de l'équation (4), cette condition nécessaire $m^2 < p^2$; on ne peut donc avoir $m^2 > m''^2$; par suite les conditions (a) ne sauraient être remplies.

Les conditions (b) se réduisent à celle-ci : $m^2 < m'^2$, ou $m^2 <$

QUESTIONS DE MAXIMUM ET DE MINIMUM.   183

$p^2(3-2\sqrt{2})$, ou, au plus, $m^2 = p^2(3-2\sqrt{2})$; car le radical des valeurs de x et de y peut être nul.

$p^2(3-2\sqrt{2})$ est moindre que p^2.

Si la condition $m^2 < p^2(3-2\sqrt{2})$ ou $m^2 = p^2(3-2\sqrt{2})$ est remplie, les valeurs de x, de y, et de z, sont réelles et positives. Donc la plus grande valeur possible, autrement dit le MAXIMUM *de la surface des triangles rectangles qui ont le même périmètre donné* $2p$ (*), est $p^2(3-2\sqrt{2})$. Le triangle est alors isocèle.

163. 8ᵉ QUESTION. *Trouver le maximum ou le minimum de l'expression algébrique* $\dfrac{5x^2 - 3x - 10}{3x + 1}$.

En raisonnant comme précédemment, 5ᵉ question, et opérant en conséquence, on trouve finalement que le radical de la valeur de x est $\sqrt{9m^2 + 38m + 209}$.

En résolvant l'équation $9m^2 + 38m + 209 = 0$, on trouve qu'elle a des racines imaginaires. Que faut-il conclure ?

Le trinome $9m^2 + 38m + 209$ ne peut pas dans ce cas être décomposé en facteurs réels du 1ᵉʳ degré en m; mais on peut le décomposer ainsi :

$$9m^2 + 38m + 209 = 9\left(m^2 + \frac{38}{9}m + \frac{209}{9}\right) =$$

$$9\left[\left(m + \frac{19}{9}\right)^2 + \frac{209}{9} - \frac{19^2}{9^2}\right].$$

Sous cette forme, sachant que $\dfrac{209}{9} - \dfrac{19^2}{9^2}$ est un nombre positif, on voit que, quel que soit m, positif ou négatif, si petit ou si grand qu'il soit, la valeur du trinome $9m^2 + 38m + 209$ sera constamment positive, et $\sqrt{9m^2 + 38m + 209}$ constamment réel. L'expression algébrique proposée peut donc prendre toutes les valeurs possibles depuis $-\infty$ jusqu'à 0, et de 0 à $+\infty$. Comme

---

(*) On désigne le périmètre par $2p$ pour éviter des dénominateurs qui se présenteraient dans les calculs : on a essayé le calcul en faisant $x+y+z=p$. Nous engageons les élèves à faire attention à ce moyen de simplification.

d'ailleurs elle varie d'une manière continue, *elle n'a ni maximum ni minimum*.

169. QUESTIONS A RÉSOUDRE. 1. *Trouver le maximum de la surface totale d'un cylindre inscrit dans une sphère donnée ?*

Rép. Si R désigne le rayon AO de la sphère, on trouve que le maximum est $\pi R^2 \left(1 + \sqrt{5}\right)$.

2. *Trouver le minimum des cônes circonscrits à une sphère donnée ?*

Rép. C'est le cône qui a pour hauteur 4 fois le rayon de la sphère.

APPENDICE

170. Voici des propositions très-utiles dans les applications, et qui se rattachent à la première question traitée n° 160, dont elles sont des conséquences.

THÉORÈME. *Pour partager un nombre donné a en n parties telles que leur produit soit le plus grand possible (n étant quelconque), il suffit de diviser ce nombre a en n parties égales.*

Supposons pour fixer les idées $n = 4$. Par exemple, on demande le maximum du produit $xyzt$, quand $x + y + z + t = a$.

D'abord un pareil produit doit avoir un maximum, car il ne peut pas évidemment surpasser $a \times a \times a \times a = a^4$. Nous allons prouver qu'on peut arriver à augmenter ce produit tant que ses quatre facteurs ne sont pas égaux entre eux. Soit $x' + y' + z' + t' = a$, et $x' > y'$; on peut trouver un produit plus grand que $x' y' z' t'$, remplissant la condition $x + y + z + t = a$; il suffit pour cela de remplacer x' et y' par $\frac{x' + y'}{2}$ et $\frac{x' + y'}{2}$.

D'abord le produit $\left(\frac{x' + y'}{2}\right) \left(\frac{x' + y'}{2}\right) z' t'$ remplit la condition proposée; car ses facteurs ont pour somme $x' + y' + z' + t' = a$. Maintenant $\left(\frac{x' + y'}{2}\right) \times \left(\frac{x' + y'}{2}\right)$ est plus grand que $x' y'$; car la somme des facteurs est la même de part et d'autre pour ces produits de deux facteurs, et les facteurs du premier produit sont égaux (problème du n° 160). De l'inégalité $\left(\frac{x' + y'}{2}\right) \left(\frac{x' + y'}{2}\right) > x' y'$, on déduit celle-ci : $\left(\frac{x' + y'}{2}\right) \left(\frac{x' + y'}{2}\right) z' t' > x' y' z' t'$. Le produit $xyzt$ devant cesser d'augmenter, et cela ne pouvant

QUESTIONS DE MAXIMUM ET DE MINIMUM. 185

avoir lieu, tant que les quatre facteurs ne sont pas égaux entre eux, ce produit atteint sa plus grande valeur quand $x=y=z=t$.

171. *Le produit* $x^m y^n$ *est maximum pour la condition* $x+y=a$, *quand on a* $x:y=m:n$ *c'est-à-dire quand on a partagé la somme*, a, *en deux parties proportionnelles aux exposants* m *et* n.

En effet, le maximum de $x^m y^n$, et celui du produit $\dfrac{x^m y^n}{m^m n^n}$, ont lieu pour les mêmes valeurs de x et de y. Or $\dfrac{x^m y^n}{m^m n^n} = \dfrac{x}{m} \times \dfrac{x}{m} \cdots \times \dfrac{y}{n} \times \dfrac{y}{n} \cdots$

Dans ce produit, il y a m facteurs du premier degré égaux à $\dfrac{x}{m}$, ayant pour somme m fois $\dfrac{x}{m} = x$, et n facteurs, $\dfrac{y}{n}$, ayant pour somme n fois $\dfrac{y}{n} = y$; de sorte que la somme des $m+n$ facteurs de ce produit égale $x+y=a$.

En vertu de la proposition précédente, ce produit est le plus grand possible quand tous ses facteurs sont égaux, c'est-à-dire quand on a $\dfrac{x}{m} = \dfrac{y}{n}$, ou $x:y = m:n$; ce qui démontre notre proposition. On trouve d'ailleurs facilement x et y; car l'égalité précédente conduit à celle-ci $x+y$ ou $a:x = m+n:n$.

172. APPLICATIONS. Trouver le maximum de $x\sqrt{x^2+y^2}$ quand $x^2 = 2ry-y^2$.

$x^2+y^2 = 2ry$. On cherche le maximum du carré $x^2(x^2+y^2) = (2ry-y^2)2ry = 2ry^2(2r-y)$. y et $(2r-y)$ ont pour somme $2r$; l'un a l'exposant 2, et l'autre l'exposant 1. D'après le principe précédent, le maximum a lieu quand $\dfrac{y}{2r-y} = \dfrac{2}{1}$; d'où $\dfrac{y}{2r} = \dfrac{2}{2+1} = \dfrac{2}{3}$, et $y = \dfrac{4r}{3}$. Par suite $x^2 = 2ry-y^2 = \dfrac{8}{9}r^2$.

1er PROBLÈME. *Trouver le maximum de la surface convexe du cône inscrit dans une sphère de rayon* r.

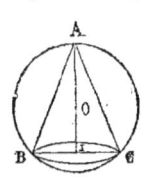

x étant le rayon de base, y la hauteur, la surface $= 2\pi x\sqrt{x^2+y^2}$, et d'après la figure $x^2 = (2r-y)y = 2ry-y^2$. C'est l'application précédente.

2e PROBLÈME. *Trouver le maximum du volume du même cône.*

Ce volume est $\dfrac{1}{3}\pi x^2 y \ldots$ Or $x^2 y = (2ry-y^2)y = y^2(2r-y)$.

C'est encore le cas précédent.

3e PROBLÈME. *Trouver le maximum du triangle isocèle inscrit dans un cercle donné* (même figure).

La surface ABC $= \dfrac{1}{2}xy$. On cherche le maximum de $x^2 y^2 = (2ry-y^2)y^2 = y^3(2r-y)$. Ici y et $2r-y$ ont pour somme $2r$ et les exposants sont 3 et 1. Le maximum a donc lieu quand $\dfrac{y}{2r-y} = \dfrac{3}{1}$ d'où $\dfrac{y}{2r} = \dfrac{3}{3+1} = \dfrac{3}{4}$; $y = \dfrac{6r}{4} = \dfrac{3r}{2}$.

Ayant y, on a x, puis xy.

172 bis. QUESTION GÉNÉRALE. *Trouver le maximum ou le minimum de* $x^m y^n$ *pour toutes les valeurs positives ou négatives des exposants* m *et* n *quand* x *et* y *sont tels que* $x + y = a$ *ou* $x - y = a$.

1°. $x^m y^n$. Cas traité précédemment pour $x + y = a$.

2°. $x^{-m} y^{-n} = \dfrac{1}{x^m y^n}$ pour $x + y = a$ a un minimum quand $x : y = m : n$.

3°. $x^m y^{-n} = x^m : y^n$ n'a ni maximum ni minimum quand $x + y = a$, x croissant d'une manière continue de 0 à a, y décroît de a à 0; $x^m : y^n$ varie de même de 0 à ∞.

4°. $x^m y^n$ quand $x - y = a$ ou $x = y + a$. Alors x augmente avec y; le produit $x^m y^n$ augmente de 0 à ∞. $x^{-m} y^{-n}$ diminue de ∞ à 0.

5°. $x^m y^{-n}$ quand $x = y - a$. Supposons $m < n$; $n = m + p$. Alors $\dfrac{x^m}{y^n} =$
$\dfrac{x^m}{y^m} \times \dfrac{1}{y^p} = \left(\dfrac{y-a}{y}\right)^m \dfrac{1}{y^p} = \left(1 - \dfrac{a}{y}\right)^m \dfrac{1}{y^p} = a^m \left(\dfrac{1}{a} - \dfrac{1}{y}\right)^m \dfrac{1}{y^p}.$

Le maximum a lieu quand on partage $\dfrac{1}{a}$ en parties proportionnelles à m et à p, en prenant la 2ᵉ partie pour $\dfrac{1}{y}$, d'où on déduit y, puis x.

6°. $x^m y^{-n}$ ou $x^m : y^n$ quand $y = x - a$ et $m > n$; on a $x^m : y^n = 1 : \dfrac{y^n}{x^m}$; d'après 5°, $\dfrac{y^n}{x^m}$ sera maximum, et par suite $x^m : y^n$ minimum, quand $\dfrac{1}{a}$ sera partagé en parties proportionnelles à n et à $m - n$, et $\dfrac{1}{x}$ égal à la 2ᵉ partie.

Dans les autres cas indiqués, il n'y a pas de valeur positive maximum ou minimum.

EXERCICES.

Faites les exercices 908 *à* 973 *inclus proposés à la fin du Cours.*

CHAPITRE IV.

PROGRESSIONS ET LOGARITHMES.

DES PROGRESSIONS ARITHMÉTIQUES, OU PAR DIFFÉRENCE.

173. On appelle PROGRESSION ARITHMÉTIQUE, OU PROGRESSION PAR DIFFÉRENCE, *une suite de nombres tels que chacun d'eux surpasse celui qui le précède immédiatement, ou en est surpassé, d'un nombre constant qu'on appelle* RAISON *de la progression.*

Une progression arithmétique s'écrit ainsi, 5.7.9.11.13.15, et se lit de cette manière : 5 est à 7, par différence, comme 7 est à 9, comme 9 est à 11, etc. ou par abréviation : 5 est à 7 par différence, est à 9, est à 11, etc.

Une progression arithmétique est *croissante* quand ses termes vont en croissant, *décroissante* dans le cas contraire. Une progression doit être constamment croissante, ou constamment décroissante.

La raison d'une progression arithmétique s'évalue en retranchant un terme quelconque du suivant, si la progression est croissante, et en retranchant un terme quelconque du précédent, si la progression est décroissante.

174. *Dans toute progression arithmétique* CROISSANTE *un terme de rang quelconque est égal au premier terme, plus autant de fois la raison qu'il y a de termes avant lui.*

Soit la progression : $a.b.c.d.e...l$, dont nous désignons la raison par r, l étant le $n^{ième}$ terme.

Par définition :

le 2ᵉ terme $b = a + r$
le 3ᵉ terme $c = b + r = a + r + r = a + 2r$
le 4ᵉ terme $d = c + r = a + 2r + r = a + 3r$
le 5ᵉ terme $e = d + r = a + 3r + r = a + 4r$
etc.

Chaque terme est égal au premier, plus autant de fois la raison qu'il y a de termes avant lui; c'est ce qu'il fallait prouver. Le terme l en a $n-1$ avant lui;

$$l = [a + (n-1)r]. \qquad (1)$$

On vérifie de même cette proposition :

Dans toute progression arithmétique DÉCROISSANTE, *un terme de rang quelconque*, l, *est égal au* 1ᵉʳ *terme diminué d'autant de fois la raison qu'il y a de termes avant lui* $[l = a - (n-1)r]$.

175. PROBLÈME. *Insérer* m *moyens arithmétiques entre deux nombres* a *et* l.

Cela veut dire : *former une progression arithmétique dont* a *et* l *soient les extrêmes, et telle qu'il y ait* m *termes entre ces deux-là.*

Si on connaissait la raison, il serait facile de former la progression demandée.

Supposons cette raison connue, et appelons-la r. La progression une fois formée aura $m + 2$ termes, et l en aura $m + 1$ avant lui; par conséquent $l = a + (m+1)r$; d'où $l - a = (m+1)r$, et $r = \dfrac{l-a}{m+1}$, (3). C'est-à-dire que la raison est égale à la différence des deux nombres donnés, divisée par le nombre des moyens à insérer augmenté de 1.

Ex. : Insérer 58 moyens arithmétiques entre 3 et 239. Nous aurons $239 = 3 + 59r$; d'où $59r = 239 - 3 = 236$; ou enfin $r = \dfrac{236}{59} = 4$.

Si l était moindre que a, on aurait $r = \dfrac{a-l}{m+1}$, et on retrancherait la raison de a, puis des termes successifs, jusqu'à l.

PROGRESSIONS PAR DIFFÉRENCE.

176. *Si entre tous les termes d'une progression arithmétique considérés deux à deux, on insère partout le même nombre de moyens, la suite ainsi obtenue est une nouvelle progression.*

Prenons par exemple la progression ÷ 3.7.11.15....., et supposons qu'on insère m moyens entre deux termes consécutifs quelconques. De 3 à 7 on formera une progression dont la raison $r = \dfrac{7-3}{m+1}$; de 7 à 11 la raison sera $\dfrac{11-7}{m+1}$, de 11 à 15 la raison sera $\dfrac{15-11}{m+1}$. Toutes ces raisons sont égales, puisque $7-3 = 11-7 = 15-11$, etc. En insérant les moyens, on aura donc une nouvelle progression.

$$3 . 3+r . 3+2r ..... 7 . 7+r . 7+2r ..... 11 . 11+r. \text{ etc.}$$

177. *Dans toute progression arithmétique, la somme de deux termes pris à égale distance des extrêmes est égale à la somme des extrêmes.*

Considérons dans une progression, dont le premier terme est a et le dernier l, un terme x qui en a n avant lui, et un autre y qui en a n après lui; je dis que $x+y = a+l$. En effet, d'après le premier théorème, $x = a+nr$. Si on considère ensuite la progression donnée, à partir de y seulement, on trouvera que $y+nr = l$; ajoutant cette égalité avec la précédente, on trouve

$$x+y+nr = a+nr+l, \text{ ou } x+y = a+l.$$

178. Problème. *Calculer la somme des termes d'une progression arithmétique.*

Soit la progression $a.b.c.d.e.f.g.h.i.k.l$.
Il nous faut calculer $S = a+b+c+d+e+f+g+h+i+k+l$. Nous ne changerons rien en écrivant, $S = l+k+i+h+g+f+e+d+c+b+a$.
En ajoutant ces deux égalités, membre à membre, on trouve :
$2S = (a+l)+(b+k)+(c+i)+..(i+c)+(k+b)+(l+a)$.
Chaque somme entre parenthèses étant la somme de deux termes situés à égales distances des extrêmes, est égale à la somme des extrêmes. Or il y a autant de ces sommes partielles qu'il

y a de termes dans la progression donnée. Si donc le nombre des termes est n, nous aurons $2S = (a+l)$ répétée n fois,

ou $\qquad 2S = (a+l)n; \qquad$ d'où $\qquad S = \dfrac{(a+l)n}{2}. \qquad$ (4)

Ex. : On demande la somme des 60 premiers termes de la progression 3.7.11.....

Il nous faut connaître le dernier terme l, qui a 59 termes avant lui. La raison étant 4, $l = 3 + 59 \times 4 = 239$. Par suite

$$S = \frac{(3+239) \times 60}{2} = 242 \times 30 = 7260.$$

Très-souvent on pose la question comme nous l'avons fait ; alors, pour se servir de la formule (4), il faut calculer le dernier terme l. Nous allons déduire de la formule (4) une autre formule qui donne immédiatement la somme des termes d'une progression, quand on connaît le premier terme, la raison, et le nombre des termes. Prenons la valeur $l = a + (n-1)r$, et mettons cette valeur pour l dans la formule (4); il vient :

$$S = \frac{[a+(a+(n-1)r)]n}{2} \text{ ou } S = \frac{[2a+(n-1)r]n}{2}. \qquad (5)$$

En appliquant cette formule à notre exemple, elle donne immédiatement $S = \dfrac{(6+59 \times 4)60}{2} = \dfrac{242 \times 60}{2} = 242 \times 30$.

APPLICATION. *On demande la somme des* n *premiers nombres entiers, à partir de* 1. Ces nombres forment la progression arithmétique $\div 1.2.3...n$. On aura $S = \dfrac{(1+n)n}{2}$, en se servant de la formule (4), parce qu'on connaît immédiatement le dernier terme.

On demande la somme des n *premiers nombres impairs, à partir de* 1. Ces nombres forment une progression arithmétique $\div 1.3.5.7...$ dont la raison est 2. Employons la formule (5); elle donne

$$S = \frac{(2+(n-1)2)n}{2} = \frac{(2+n \times 2 - 2)n}{2} = \frac{2n \times n}{2} = n^2.$$

De là un théorème remarquable. *La somme des* n *premiers nom-*

PROGRESSIONS PAR QUOTIENT.

bres impairs consécutifs à partir de 1, est égale au carré du nombre n de ces nombres impairs.

EXERCICES.

Faites les exercices 974 *à* 1043 *inclus.* (Voyez à la fin du Cours.)

PROGRESSIONS GÉOMÉTRIQUES OU PROGRESSIONS PAR QUOTIENT.

179. On appelle PROGRESSION GÉOMÉTRIQUE, ou PROGRESSION par QUOTIENT, *une suite de nombres tels que chacun est égal à celui qui le précède multiplié par un nombre constant.* Ce nombre constant s'appelle *raison* de la progression.

Une progression géométrique s'écrit ainsi : 3 : 6 : 12 : 24 : ... et s'énonce de cette manière : 3 est à 6 par quotient, est à 12, est à 24, etc.....

Une progression géométrique est *croissante* quand la raison est plus grande que 1 ; car les termes vont alors en augmentant. Elle est *décroissante* dans le cas contraire.

180. THÉORÈME. *Un terme quelconque d'une progression géométrique est égal au premier terme multiplié par la raison élevée à une puissance marquée par le nombre des termes qui précède celui que l'on considère.*

Soit la progresion $a : b : c : d : e \ldots l$, dont nous désignerons la raison par q ; nous supposerons que l soit le n^e terme.

D'après la définition :

Le 2e terme, $b = a \times q$
Le 3e terme, $c = b \times q = a \times q \times q = aq^2$
Le 4e terme, $d = c \times q = aq^2 \times q = aq^3$
Le 5e terme, $d = e \times q = aq^3 \times q = aq^4$.

L'exposant de q dans la valeur de chaque terme est évidemment égal au nombre des termes qui le précèdent. La proposition est donc démontrée ; cette proposition se formule ainsi :

$$l = aq^{n-1}. \qquad (1)$$

Ex. : On demande le 5ᵉ terme de la progression ÷ 3 : 6 : 12...; dans ce cas, $l = 3 \times 2^4 = 3 \times 16 = 48$.

181. Problème. *On demande d'insérer entre deux nombres* a *et* l, m *moyens géométriques ou proportionnels, c'est-à-dire de former une progression géométrique dont* a *et* l *soient les extrêmes, et dans laquelle il y ait* m *termes entre ceux-là.*

Il suffit de connaître la raison. Supposons-la connue, et désignons-la par q; d'après l'énoncé, la progression à former contiendra $m+2$ termes ; l en aura $m+1$ avant lui; et par conséquent

$$l = aq^{m+1}; \text{ d'où on déduit } q^{m+1} = \frac{l}{a}, \text{ puis } q = \sqrt[m+1]{\frac{l}{a}}. \quad (2)$$

C'est-à-dire que *la raison s'obtient en divisant le dernier nombre* l *par le premier* a*, et extrayant du produit une racine d'un degré marqué par le nombre de moyens à insérer plus un.*

Exemple : entre 3 et 48 on propose d'insérer trois moyens géométriques, on aura $q = \sqrt[4]{\frac{48}{3}} = \sqrt[4]{16} = 2$. On obtient ainsi la progression 3 : 6 : 12 : 24 : 48.

182. *Si entre tous les termes d'une progression géométrique* considérés deux a deux, *on insère partout le même nombre de moyens géométriques, la nouvelle suite ainsi obtenue est une nouvelle progression géométrique.*

Prenons pour exemple la progression ÷ 3 : 6 : 12 : 24 : 48..... Supposons qu'entre ces termes pris 2 à 2 on insère m moyens géométriques. De 3 à 6, on formera une progression dont la raison sera $q = \sqrt[m+1]{\frac{6}{3}}$; de 6 à 12, la raison sera $\sqrt[m+1]{\frac{12}{6}}$; de 12 à 24, ce sera $\sqrt[m+1]{\frac{24}{12}}$, etc.; toutes ces raisons sont égales à la première q.

En intercalant les termes intermédiaires de ces diverses progressions partielles entre les termes de la progression donnée, pris 2 à 2, on obtient

$$3 : 3q : 3q^2 \ldots 3q^m : 6 : 6q : 6q^2 \ldots 6q^m : 12 : 12q : 12q^2, \text{ etc.}$$

qui est évidemment une progression géométrique.

PROGRESSIONS PAR QUOTIENT.

185. PROBLÈME. *On propose de calculer la somme des termes d'une progression par quotient.*

Considérons la progression $a : b : c : d : e \ldots i : h : l$, dont la raison est q.

Il faut calculer la somme $s = a + b + c + \ldots i + h + l\ (m)$.

Multiplions la somme et toutes ses parties par le même nombre, q; nous aurons l'égalité : $sq = aq + bq + cq + dq \ldots + iq + hq + lq$. Mais dans cette somme : $aq = b$, $bq = c, \ldots hq = l$, nous pouvons écrire $sq = b + c + d + \ldots l + lq$. Si nous retranchons de cette égalité, l'égalité (m), nous aurons $sq - s = b + c + d \ldots + l + lq - a - b - c - d - \ldots - h - l$. En réduisant, on trouve $sq - s = lq - a$ (3), ou bien $(q-1)s = lq - a$; d'où l'on déduit :

$$s = \frac{lq - a}{q - 1}. \qquad (3)\ (^*)$$

Si la progression a n termes, $l = aq^{n-1}$. En remplaçant l par cette valeur dans la formule (4), $s = \dfrac{lq - a}{q - 1}$, on trouve :

$$s = \frac{aq^{n-1} \times q - a}{q - 1},$$

ou bien
$$s = \frac{aq^n - a}{q - 1}. \qquad (4)$$

Appliquons cette formule à la progression $1 : 2 : 4 : 8 : \ldots$ Cherchons la somme des vingt-quatre premiers termes. Dans cet exemple $a = 1$, $q = 2$, $n = 24$. $s = \dfrac{2^{24} - 1}{2 - 1} = 2^{24} - 1$. Or $2^3 = 8$,

---

(*) On peut arriver à l'égalité (3) d'une autre manière.

La progression géométrique équivaut à la suite de rapports égaux $a : b = b : c = c : d = d : e \ldots$ Dans cette suite de rapports, tous les termes de la progression sont numérateurs, excepté le dernier; tous sont dénominateurs, excepté le premier; donc la somme des numérateurs est égale à $s - l$, et la somme des numérateurs égale à $s - a$; alors, d'après un principe connu, $s - l : s - a = a : b$, ou bien $s - l : s - a = a : aq$, ou enfin $s - l : s - a = 1 : q$.

D'où on déduit : $(s - l) q = s - a$ ou $sq - lq = s - a$. Le reste s'achève comme ci-dessus.

ALGÈBRE N° 1

$2^6 = 64$, $2^{12} = 64^2 = 4096$; $2^{24} = 4096^2 = 16777216$. Par conséquent la somme demandée est 16777215.

Cette formule $s = \dfrac{aq^n - a}{q - 1}$ étant d'un usage très-fréquent, nous examinerons les différents cas qui peuvent se présenter dans son application. Mais auparavant il nous faut démontrer les deux lemmes suivants.

184. 1er LEMME. *Les puissances successives d'un nombre* A, *plus grand que* 1, *vont en augmentant avec l'exposant, et on peut toujours trouver une puissance de* A *plus grande qu'un nombre donné* H, *si grand que soit* H.

De $A > 1$, en multipliant par A, on déduit $A^2 > A$, puis $A^3 > A^2$, $A^4 > A^3$, etc. *Les puissances de* A *vont donc en augmentant.*

Posons maintenant $A - 1 = \alpha$. En multipliant le 1er membre seul par le nombre $A > 1$, on a successivement

$$A^2 - A > \alpha$$
$$A^3 - A^2 > \alpha$$
$$A^4 - A^3 > \alpha$$
$$\cdots\cdots$$
$$\cdots\cdots$$
$$A^m - A^{m-1} > \alpha.$$

En additionnant l'égalité, $A - 1 = \alpha$, et toutes ces inégalités, membres à membres, on trouve

$$A^m - 1 > m\alpha, \quad \text{ou} \quad A^m > 1 + m\alpha.$$

Si donc on veut avoir A^m ou $(1 + \alpha)^m > H$, il suffira de choisir m, tel que l'on ait :

$$1 + m\alpha > H, \quad \text{ou} \quad m\alpha > H - 1,$$

c'est-à-dire $m > \dfrac{H - 1}{\alpha}$; ce qui est toujours possible, puisqu'il y a des nombres entiers plus grands que tout nombre donné.

185. 2e LEMME. *Les puissances d'un nombre* a, *moindre que* 1, diminuent quand l'exposant augmente, et on peut toujours concevoir une puissance a^m de a, moindre qu'un nombre donné h, si petit que soit h.

Ce nombre h doit être moindre que 1; sans quoi on aurait immédiatement $a < h$. Considérons le nombre A tel que $a \times A = 1$; ce nombre A est plus grand que 1. De l'égalité $a \times A = 1$ résulte celle-ci :

$$a^m \times A^m = 1.$$

En vertu de notre première proposition, A^m croît avec m; donc alors a^m doit décroître. Nous voulons trouver une puissance a^m moindre que h; considérons un nombre H, tel que $h \times H = 1$; le nombre H est plus grand que 1. Nous avons simultanément $a^m = \frac{1}{A^m}$ et $h = \frac{1}{H}$; donc l'inégalité $a^m < h$, équivaut à celle-ci, $\frac{1}{A^m} < \frac{1}{H}$. On vérifiera cette inégalité en choisissant m, tel que l'on ait $A^m > H$; ce qui est toujours possible, en vertu de notre premier lemme, puisque A est un nombre plus grand que 1.

186. DISCUSSION DE LA FORMULE : $S = \dfrac{aq^n - a}{q - 1}$.

Nous distinguerons trois cas : 1° $q > 1$; 2° $q = 1$; 3° $q < 1$.

1° Si q est plus grand que 1, on voit que la somme S peut croître au delà de toute limite; car q^n croît au delà de toute limite;

2° Soit $q = 1$; $S = \dfrac{a - a}{1 - 1} = \dfrac{0}{0}$. Ce résultat ne nous apprend rien.

Il faut remonter à la progression géométrique elle-même $a : aq : aq^2 \ldots aq^n$. Faisons-y $q = 1$; elle devient $\div a : a : a : \ldots a$, et la somme des termes est évidemment na. $S = a \times n$;

3° Soit $q < 1$; $\quad S = \dfrac{aq^n - a}{q - 1} = \dfrac{a - aq^n}{1 - q} = \dfrac{a}{1 - q} - \dfrac{aq^n}{1 - q}.$

$\dfrac{a}{1 - q}$ est fixe; $\dfrac{aq^n}{1 - q}$ diminue quand n augmente, et peut devenir moindre que tout nombre donné. Ce quotient $\dfrac{aq^n}{1 - q}$ est l'excès de

$\frac{a}{1-q}$ sur la valeur de S; cet excès diminuant indéfiniment lorsque n croît, S s'approche indéfiniment de la valeur $\frac{a}{1-q}$, à laquelle cette somme est toujours inférieure; on peut prendre n suffisamment grand pour que $\frac{aq^n}{1-q}$ soit moindre qu'un nombre donné h, si petit qu'il soit. Il suffit pour cela de prendre n tel que q^n soit moindre que $\frac{h(1-q)}{a}$.

La somme S pouvant différer de $\frac{a}{1-q}$ d'un nombre moindre que toute quantité donnée, on dit que $\frac{a}{1-q}$ est la limite supérieure de S. En supposant la progression prolongée à l'infini, on a l'égalité:

$$S = \frac{a}{1-q}.$$

EXERCICES.

Faites ici les exercices 1014 à 1041 inclus proposés à la fin du Cours.

DES LOGARITHMES.

188. *Etant données deux progressions dont les termes se correspondent, chacun à chacun, l'une* PAR QUOTIENT, *commençant par 1, l'autre* PAR DIFFÉRENCE, *commençant par 0, chaque terme de la progression par différence est appelé le* LOGARITHME *du terme correspondant de la progression par quotient.*

L'ensemble des deux progressions est ce qu'on appelle *un système de logarithmes*. Ex. :

1 : 3 : 9 : 27 : 81 : 243 : 729 : 2187 : 6561 : 19683 : 59049.
0 . 2 . 4 . 6 . 8 . 10 . 12 . 14 . 16 . 18 . 20 .

Dans ce système, 6 est le logarithme de 27, 14 est le logarithme de 2187.

LOGARITHMES (DÉFINITIONS ET PRÉLIMINAIRES).

Nous nous servirons ordinairement de l'abréviation *log* pour *logarithme* ; ex. : log. 2187 pour logarithme de 2187.

189. Dans les applications, on n'assigne de logarithmes qu'aux nombres plus grands que 1. *Les nombres moindres que* 1 *sont considérés comme n'ayant pas de logarithmes.* Cela revient à supposer la raison de la progression par quotient toujours plus grande que 1 ; c'est ce que l'on fait.

En général, si l'on désigne par q la raison de la progression par quotient, et par d la raison de la progression par différence, les deux progressions d'un système quelconque de logarithmes sont ainsi composées :

$$1 : q : q^2 : q^3 : q^4 : q^5 \ldots q^n \ldots$$
$$0 \,.\, d \,.\, 2d \,.\, 3d \,.\, 4d \,.\, 5d \ldots nd \ldots$$

REMARQUE. On suppose généralement, comme nous venons de le dire, la raison de la progression géométrique plus grande que 1 ; c'est ce que nous ferons exclusivement. De cette manière, les termes de cette progression croissent indéfiniment, de même que les termes de la progression arithmétique.

190. THÉORÈME. *On peut concevoir que l'excès de la raison* q *sur l'unité, diminuant de plus en plus, devienne assez petit pour que les termes de la progression géométrique croissent par degrés aussi faibles que l'on veut.*

COROLLAIRE I. *Étant donné un nombre plus grand que* 1, *il existera toujours un terme de la progression géométrique, dont la différence avec ce nombre sera moindre que toute quantité donnée.*

COROLLAIRE II. Ainsi, dans les calculs effectués par logarithmes, on peut, sans erreur sensible, *considérer le nombre donné comme égal à un terme de la progression géométrique, et ayant pour logarithme le terme correspondant de la progression arithmétique.*

On fait ordinairement usage du système de logarithmes dont la base est 10, c'est-à-dire dans lequel le logarithme de 10 est 1. Pour obtenir dans ce système tous les logarithmes dont on peut avoir besoin, on part d'abord de ces deux progressions fondamentales :

$$1 : 10 : 100 : 1000 : 10000 : 100000 : \ldots \quad (1)$$
$$0 \,.\, 1 \,.\, 2 \,.\, 3 \,.\, 4 \,.\, 5 \quad \ldots \quad (2)$$

Entre les termes de la progression géométrique, considérés consécutivement 2 à 2, on insère un très-grand nombre de moyens géométriques. On insère le même nombre de moyens arithmétiques entre les termes de la seconde progression. On obtient ainsi deux nouvelles progressions associées :

$$1 : q : q^2 : q^3 : q^4 : \ldots q^n : q^{n+1} : q^{n+2} \ldots \quad (3)$$
$$0 \,.\, r \,.\, 2r \,.\, 3r \,.\, 4r \,.\, 5r \ldots nr \,.\, (n+1)r \,.\, (n+2)r \ldots \quad (4)$$

qui constituent le système de logarithmes en usage.

Prenant ce système pour exemple, nous allons démontrer que le nombre des moyens insérés entre les termes de la progression géométrique (1), peut être pris assez grand pour que l'excès de la raison q sur l'unité devienne aussi petit que l'on veut, et par suite, que la différence entre deux termes quelconques de la nouvelle progression géométrique (3), peut devenir moindre que toute quantité donnée.

Soit m le nombre des moyens insérés entre 1 et 10, ou entre 10 et 100, etc. D'après le n° 181, la raison de la nouvelle progression

$$q = \sqrt[m+1]{\frac{1}{1}} = \sqrt[m+1]{10}.$$

On peut choisir m assez grand pour que l'excès de q sur l'unité soit aussi petit que l'on voudra; on peut avoir par ex. :

$$q - 1 \quad \text{ou} \quad \sqrt[m+1]{10} - 1 < 0{,}000001. \quad (1)$$

En effet, cette inégalité revient à celle-ci :

$$\sqrt[m+1]{10} < 1{,}000001, \quad (2)$$

laquelle sera vérifiée si on a

$$10 < (1{,}000001)^{m+1},$$

LOGARITHMES (DÉFINITIONS ET PRÉLIMINAIRES).

ou bien $\qquad (1{,}000001)^{m+1} > 10.$

Or, si petit que soit 0,000001, on peut choisir m assez grand pour que la puissance $(m+1)^{\text{ième}}$ du nombre 1,000001, plus grand que 1, surpasse 10 (n° 184). L'inégalité (3) étant vérifiée, l'inégalité (2) le sera, et par suite l'inégalité (1). Pour la valeur donnée à m et pour toute valeur plus grande, la différence $q-1$ sera plus petite que 0,000001.

Cela posé, considérons deux termes consécutifs quelconques q^n et q^{n+1} de la progression géométrique (3); leur différence $q^{n+1}-q^n$ peut être rendue moindre qu'un nombre donné h si petit qu'il soit.

En effet, $\qquad q^{n+1}-q^n < h,$

revient à $\qquad q^n(q-1) < h. \qquad (4)$

Nous pouvons concevoir la progression géométrique limitée de telle sorte que son dernier terme ne surpasse pas un nombre donné A, qui peut d'ailleurs être aussi grand que l'on veut. (Les nombres que l'on considère dans les calculs, et auxquels on est susceptible d'appliquer les logarithmes, ont des grandeurs limitées, finies.) Cela posé, on a $q^n < A$. Par suite, pour que l'égalité (4) soit assurément vérifiée, il suffit qu'on ait

$$A(q-1) < h. \qquad (5)$$

Cette dernière inégalité équivaut à celle-ci :

$$q-1 < \frac{h}{A}; \qquad (6)$$

h et A sont des nombres donnés; or nous venons de prouver que $q-1$ pouvait être rendu moindre qu'une quantité donnée quelconque. L'inégalité (6) peut donc être vérifiée, et par suite l'inégalité (5), et, *à fortiori*, l'inégalité (4).

On peut donc avoir $q^{n+1}-q^n < h$, si petit que soit h, et quel que soit le rang du terme q^n dans la progression géométrique (3) du système de logarithmes en usage.

Cette proposition démontrée, considérons un nombre quelconque plus grand que 1, par ex. : 43. Il existera un terme de la progression géométrique (3) dont la différence avec 43 sera moindre qu'une quantité donnée quelconque h. En effet, si 43 n'est pas égal à un terme de cette progression, qui s'étend aussi loin que l'on veut, il est compris entre deux termes q^n et q^{n+1} de cette progression : on peut concevoir que la différence $q^{n+1} - q^n$ ait été rendue moindre que h; la différence entre 43 et l'un de ces termes est *à fortiori* moindre que h.

Le théorème énoncé et ses corollaires sont donc démontrés.

191. Corollaire II. Nous pouvons indiquer tout de suite quel parti on tire de cette proposition.

Les logarithmes jouissent de certaines propriétés qui les rendent très-utiles dans certains calculs, et que nous ferons connaître tout à l'heure. Supposons que l'on ait besoin d'employer dans un calcul le logarithme d'un certain nombre, de 43 par exemple. Si 43 fait partie de la progression géométrique du système de logarithmes en usage, il a pour logarithme le terme correspondant de la progression arithmétique. Si 43 ne fait pas partie de la progression géométrique, on pourra, en se fondant sur la proposition précédente, remplacer log. 43 par le logarithme d'un certain terme, $N = q^n$, de la progression géométrique dont la différence avec 43 sera aussi petite que l'on voudra. Substituer ainsi log. N à log. 43, ce n'est pas autre chose que remplacer 43 par N dans le calcul; on commet ainsi une certaine erreur. Nous venons de démontrer qu'on pouvait faire en sorte que cette erreur fût, en général, très-petite (*).

(*) Voici au reste comment on définit rigoureusement le logarithme d'un nombre qui ne fait pas partie de la progression géométrique. Supposons que le nombre donné soit 43; nous avons vu que, le nombre des termes de la progression géométrique augmentant indéfiniment, les derniers termes qui, dans cette progression, précèdent 43, et aussi les premiers termes qui le suivent, diffèrent de moins en moins de 43, et peuvent en différer d'aussi peu que l'on veut ; 43 est la limite supérieure des premiers et la limite inférieure des seconds. Tout se passe évidemment de même dans la progression arithmétique, relativement aux termes qui correspondent à ceux que nous considérons dans la progression géométrique. Ces considérations conduisent à la définition suivante : *On appelle* log. 43, *dans un système donné quelconque, la limite supérieure vers laquelle tendent les logarithmes des termes de la progression géométrique inférieure à* 43, *en même temps que ces termes eux-mêmes tendent vers leur limite* 43.

PROPRIÉTÉS DES LOGARITHMES.

Cette proposition établie, étudions les propriétés principales des ogarithmes.

PROPRIÉTÉS DES LOGARITHMES.

192. A l'inspection de deux progressions générales

$$1 : q : q^2 : q^3 : \ldots : q^n : \ldots$$
$$0 . \ d . \ 2d . \ 3d . \ 4d . \ \ldots nd \ \ldots$$

On peut immédiatement faire les remarques suivantes :
1° *La progression par quotient continuée indéfiniment se compose de la série complète des puissances de la raison.*
2° *La progression par différence, continuée indéfiniment, se compose de la série complète des multiples de la raison.*
3° *L'exposant de la raison* q, *dans un terme de la progression par quotient, augmenté de* 1, *indique le rang de ce terme dans la progression; le multiplicateur ou* COEFFICIENT *de la raison* d, *dans un terme de la progression par différence, augmenté de* 1, *indique le rang de ce terme dans la progression.*

Il résulte de là que, *si deux termes se correspondent dans les deux progressions, l'exposant de la raison dans le terme de la progression par quotient est précisément égal au multiplicateur ou coefficient de la raison dans le terme de la progression par différence.* La réciproque est vraie. *Si un exposant de* q *et un coefficient de* d *sont égaux, les termes considérés se correspondent.* Cela résulte de 3°.

C'est de cette composition des deux progressions que résultent les propriétés des logarithmes dont nous aurons à faire usage.

193. PROPRIÉTÉ FONDAMENTALE. *Le logarithme d'un produit est la somme des logarithmes de ses facteurs.*

C'est-à-dire que si on multiplie entre eux plusieurs termes de la progression par quotient d'une part, et si on additionne de l'autre les termes correspondants de la progression par différence, le produit et la somme sont des termes correspondants des deux progressions; autrement dit, *la somme est le logarithme du produit.*

Considérons, par exemple, les termes q^2, q^5, q^8 de la progression par quotient; leurs logarithmes, c'est-à-dire les termes correspondants de la progression par différence sont respectivement $2d$, $5d$, $8d$; le produit $q^2 \times q^5 \times q^8 = q^{2+5+8}$; ce produit fait partie de la progression par quotient (192, 1°); il y occupe le rang $(2+5+8)+1$, c'est-à-dire le 16° rang (n° 192, 3°). La somme des logarithmes est $2d + 5d + 8d = (2+5+8) \times d$; c'est un terme de la progression par différence (n° 192, 2°); elle y occupe le rang $(2+5+8)+1$, c'est-à-dire le 16° rang (n° 192, 3°). La somme et le produit sont donc deux termes correspondants des deux progressions; la somme est le logarithme du produit; ce qu'il fallait démontrer.

Remarque. Cette démonstration est générale. Puisqu'on ne prend que les termes correspondants dans les deux progressions, les exposants que l'on additionne pour former l'exposant de q au produit sont égaux, un à un, aux *coefficients* que l'on additionne pour former le coefficient de d dans la somme. L'exposant de q dans le produit et le coefficient de d dans la somme ne peuvent donc pas manquer d'être égaux; le produit et la somme sont nécessairement deux termes correspondants. Le produit a toujours pour logarithme la somme des logarithmes de ses facteurs.

194. 2° Propriété. *Le logarithme d'un quotient s'obtient en retranchant le logarithme du diviseur du logarithme du dividende.*

Soient deux nombres a et b dont le quotient est c. Suivant la définition d'un quotient, $a = b \times c$. D'après le théorème précédent, $\log a$ ou $\log (b \times c) = \log b + \log c$; on déduit de là, $\log c = \log a - \log b$. Ce qui démontre notre proposition.

195. 3° Propriété. *Le logarithme d'une puissance d'un nombre est égal au logarithme de ce nombre multiplié par l'exposant de la puissance.*

Par ex. : $\qquad \log a^5 = 5 \log a.$

En effet, $\qquad a^5 = a \times a \times a \times a \times a;$

$\log a^5 = \log a + \log a + \log a + \log a + \log a = 5 \log a.$

196. 4° Propriété. *Le logarithme d'une racine d'un nombre est*

PROPRIÉTÉS DES LOGARITHMES.

égal au *logarithme de ce nombre divisé par l'indice de la racine.*

Par ex. : $\log \sqrt[3]{a} = \dfrac{\log a}{3}$.

En effet, par définition $\left(\sqrt[3]{a}\right)^3 = a$; par suite $\log a = \log \left(\sqrt[3]{a}\right)^3$ $= 3 \log \sqrt[3]{a}$, d'après le théorème précédent. On déduit de là $\log \sqrt[3]{a} = \dfrac{\log a}{3}$.

Ce qu'il fallait démontrer.

197. *Ces diverses propriétés des logarithmes donnent le moyen de remplacer une* MULTIPLICATION *par une* ADDITION, *une* DIVISION *par une* SOUSTRACTION; *l'élévation à une* PUISSANCE *par une* MULTIPLICATION, *et une* EXTRACTION DE RACINE *quelconque par une simple* DIVISION.

Considérons, en effet, les deux progressions déjà prises pour exemple :

1 : 3 : 9 : 27 : 81 : 243 : 729 : 2187 : 6561 : 19683 : 59049
0 . 2 . 4 . 6 . 8 . 10 . 12 . 14 . 16 . 18 . 20

Proposons-nous de trouver le produit des nombres 3, 9, 81, compris dans la progression par quotient. Nous additionnerons $\log 3 = 2$, $\log 9 = 4$, $\log 81 = 8$; la somme 14 de ces logarithmes est le logarithme du produit (193). Or en cherchant 14 parmi les logarithmes, c'est-à-dire dans la progression par différence, on trouve qu'il correspond à 2187, de la progression par quotient. On en conclut que le produit demandé, $3 \times 9 \times 81 = 2187$.

Pour avoir le cube d'un nombre donné, de 27 par ex., nous prenons le log de 27, qui est 6, et nous le multiplions par l'exposant 3 de la puissance à former. Le produit de cette multiplication étant 18, nous cherchons 18 parmi les logarithmes, c'est-à-dire dans la progression par différence; nous voyons ainsi que 18 correspond au nombre 19683 de la progression par quotient; nous concluons de là que 19683 est le cube cherché de 27.

On applique de même les autres théorèmes.

198. DES TABLES DE LOGARITHMES. Pour tirer parti de ces propriétés des logarithmes, on a adopté un système particulier de logarithmes, et on a construit ce qu'on appelle des *Tables de logarithmes*.

Les *Tables de logarithmes* renferment la série des nombres entiers depuis 1 jusqu'à une limite déterminée. Les tables de Lalande contiennent les nombres entiers de 1 à 10000 ; celles de Callet de 1 à 108000. A côté de chaque nombre et sur la même ligne horizontale que lui, on trouve son logarithme évalué à moins d'une unité du 5° ou du 7° ordre décimal.

Nous allons faire connaître les principales propriétés du système de logarithmes que l'on a choisi, et apprendre à faire usage des tables de logarithmes. Nous ne nous occuperons pas de la construction des tables ; ce problème : *trouver, soit exactement, soit à moins d'une unité décimale donnée, le logarithme d'un nombre dans un système donné*, ne saurait être résolu d'une manière réellement pratique avec les seules notions d'algèbre et d'arithmétique du cours élémentaire ; cette question se traite dans le cours d'algèbre supérieure.

Le système des logarithmes vulgaires dits logarithmes de Briggs, est celui dans lequel 10, base de notre système de numération a pour logarithme 1. C'est pourquoi on appelle aussi 10 la *base* de ce système de logarithmes, le seul dont nous nous occuperons désormais. Tout ce qui suit se rapporte exclusivement à ce système déjà indiqué n° 190. (Voyez ce qui est dit à ce sujet au commencement de ce numéro jusqu'aux progressions (3) et (4) inclusivement.)

Propriétés des logarithmes vulgaires.

199. *Le logarithme d'une puissance quelconque de* 10 *est égal à l'exposant même de cette puissance, ou bien se compose d'autant d'unités qu'il y a de zéros après* 1 *dans cette puissance écrite en chiffres.*

Par exemple, $\log 10^4 = 4 \log 10 = 4 \times 1 = 4$.

Les nombres entiers consécutifs 1, 2, 3... sont donc les logarithmes des puissances successives de 10.

Tous les autres logarithmes, qui ne sont pas entiers, sont, ainsi que nous l'avons déjà dit, évalués en décimales, à moins d'une unité décimale du 5e ou du 7e ordre, par défaut ou par excès (*).

200. *La partie entière du logarithme d'un nombre s'appelle la* CARACTÉRISTIQUE *de ce logarithme.*

Ex. : log. 1395 = 3,1445742. La caractéristique de ce logarithme est 3.

THÉORÈME. *La* CARACTÉRISTIQUE *du logarithme d'un nombre quelconque se compose d'autant d'unités moins une qu'il y a de chiffres dans la partie entière de ce nombre.*

(La partie entière d'un nombre quelconque est le plus grand nombre entier qu'il contient.)

(*) Il est facile de prouver que dans le système de logarithmes dont la base est 10, les puissances de cette base sont les seuls nombres qui aient des logarithmes commensurables. Les logarithmes de tous les autres nombres, entiers ou fractionnaires, sont incommensurables, et ne peuvent être calculés que par approximation.

En effet, supposons qu'un nombre A ait, dans ce système, un logarithme commensurable, et soit log. $A = \frac{m}{n}$, m et n étant deux nombres entiers. De cette égalité on déduit

$$n . \log A = m,$$

mais $n . \log A = \log A^n$; $m = \log 10^m$; donc

$$\log A^n = \log 10^m; \quad \text{d'où} \quad A^n = 10^m.$$

1° A doit être entier, car une puissance d'un nombre fractionnaire serait un nombre fractionnaire, et non 10^m. Chaque facteur premier de A, existant dans $A^n = 10^m$, doit exister dans 10, et réciproquement; donc A doit se composer des facteurs 2 et 5, pas d'autres; $A = 2^p 5^q$. Alors $A^n = 2^{pn} 5^{qn}$; mais $A^n = 10^m = 2^m 5^m$; donc $2^{pn} 5^{qn} = 2^m 5^m$. Pour que cette égalité existe, il faut que l'on ait :

$$pn = m, \quad qn = m; \quad \text{d'où} \quad pn = qn, \quad \text{ou} \quad p = q$$

$A = 2^p 5^p = (2 \times 5)^p = 10^p$; A est une puissance de 10.

Les logarithmes des nombres inscrits dans les tables étant généralement incommensurables, on s'est borné à calculer ces logarithmes à moins d'une unité décimale du septième ou du cinquième ordre ; c'est avec cette approximation qu'on les trouve dans les tables de Callet et dans celles de Lalande.

En effet, supposons que la partie entière d'un nombre donné N aittrois chiffres, ex. : 537,842. Ce nombre N est compris entre 100 et 1000 ; son logarithme est compris entre log 100 et log 1000, c'est-à-dire entre 2 et 3 ; ce logarithme se compose de 2 et d'une partie décimale ; la caractéristique est 2.

La caractéristique du logarithme d'un nombre se connaît donc à la seule inspection de la partie entière de ce nombre ; aussi dans les tables de Callet, par exemple, on s'est dispensé, pour gagner de la place, d'écrire la caractéristique.

201. THÉORÈME. *Connaissant le logarithme d'un nombre dans le système vulgaire, on obtient le logarithme du produit ou du quotient de ce nombre par une puissance de* 10, *en augmentant ou en diminuant tout simplement la caractéristique du logarithme donné d'autant d'unités qu'il y a de zéros après* 1 *dans cette puissance de* 10, *écrite en chiffres.*

$$\log (A \times 10^n) = \log A + \log 10^n = \log A + n,$$
$$\log \left(\frac{A}{10^n}\right) = \log A - \log 10^n = \log A - n,$$

ou sur un ex. :

$$\text{Log. } (1395 \times 100) = \log 1395 + \log 100 = 3,14457 + 2 =$$
$$= 5,14457.$$

$$\text{Log. } (1395 : 100) = \log. 1395 - \log. 100 = 3,14457 - 2 =$$
$$= 1,14457.$$

L'exposant n de 10 étant un nombre entier, l'addition ou la soustraction ci-dessus ne porte que sur la caractéristique.

Le théorème précédent s'énonce assez souvent comme il suit, par abréviation :

On multiplie ou on divise un nombre quelconque par une puissance de 10, *en augmentant ou en diminuant la caractéristique de son logarithme de l'exposant de* 10, *ou bien d'autant d'unités qu'il y a de zéros après* 1 *dans cette puissance de* 10 *écrite en chiffres.*

Cet énoncé doit être regardé comme équivalent au précédent.

202. COROLLAIRE. *Le logarithme du nombre décimal que l'on ob-*

tient en séparant par une virgule un ou plusieurs chiffres sur la droite d'un nombre entier, a la même partie décimale que le logarithme de ce nombre entier.

Ex. : $\log 36748 = \log 367{,}48 + 2.$

Si deux nombres ne diffèrent que par la place de la virgule décimale, les logarithmes de ces nombres ne diffèrent que par la caractéristique.

$$\log 3674{,}8 = \log 36{,}748 + 2.$$

Nous allons maintenant expliquer l'usage des tables. Nous ferons ensuite quelques applications.

USAGE DES TABLES DE LALANDE (*à cinq décimales*).

203. Les tables de Lalande contiennent les logarithmes des nombres entiers depuis 1 jusqu'à 10000, calculés avec 5 décimales à moins d'une 1/2 unité du 5ᵉ ordre décimal. On y trouve aussi à partir de 990, dans une colonne intitulée D, les différences entre les logarithmes consécutifs; chaque différence, qui exprime des unités du 5ᵉ ordre décimal, est placée entre les deux logarithmes qu'elle concerne.

On peut trouver, avec ces tables, le logarithme d'un nombre donné quelconque, et inversement, trouver le nombre auquel appartient un logarithme donné. Nous allons nous occuper de ces deux questions.

204. Premier problème. *Trouver le logarithme d'un nombre entier ou d'un nombre décimal plus grand que 1.*

On considère deux cas principaux :

1ᵉʳ cas. *Le nombre donné, abstraction faite de la virgule s'il y en a une, ne surpasse pas la limite des tables.*

Ex. : Trouver le log. de 218,2.

On écrit d'abord : $\log 218{,}2 = 2{,}\ldots$

La partie décimale de log 218,2 étant la même que celle de log 2182 (du nombre sans virgule) (n° 202), on cherche 2182 dans la colonne des tables intitulée N ou *Nomb*. L'ayant trouvé, on voit à côté, immédiatement à droite, son logarithme, 3,33885. On écrit seulement la partie décimale de ce log. à la droite de la caractéristique déjà écrite; on a ainsi

$$\log 218,2 = 2,33885.$$

2ᵉ cas. *Le nombre donné, abstraction faite de la virgule s'il y en a une, surpasse la limite des tables.*

Ex. : Trouver le log. de 218,276.   Log. 218,276 = 2,..... Pour trouver la partie décimale, on met une virgule ou un point à la droite du 4ᵉ chiffre du nombre à partir de la gauche, et on cherche log 2182,76 (n° 202).

On cherche dans la table log 2182, comme il a été expliqué (1ᵉʳ cas). Log 2182 = 3,33885.

On prend ensuite à droite de ce log. dans la colonne intitulée D le nombre 20 qui exprime en cent-millièmes la différence entre log. 2182 et log. 2183, et on raisonne ainsi : Pour 1 de différence entre 2182 et 2183, il y a 20 cent-millièmes (20 c. mill.) de différence entre leur log. Pour 0,01 de différence entre les nombres, il y aurait proportionnellement (20 c. mill.)×0,01 de différence entre le log. Pour 0,76 de différence entre 2182 et 2182,76 il doit y avoir (20 c. mill.)×0,76 de différence entre les log. de ces deux nombres. On multiplie donc 20 par 0,76 et on trouve 15 c. mill. à 0,00001 près pour la différence entre log 2182 = 3,33885 et log de 2182,76 ;

```
  0,76
    20
  ────
  15,2

  3,33885
       15
  ────────
  3,33900
```

on ajoute donc 15 c. mill. à 2,33885, ce qui donne 3,33900. On a donc

$$\log 2182,76 = 3,33900,$$

d'où on conclut log 218,276 = 2,33900.

On suit toujours cette marche. Quel que soit le nombre donné dans le 2ᵉ cas, on place une virgule ou un point après le 4ᵉ chiffre du nombre à partir de la gauche, et on cherche le logarithme du nombre décimal ainsi obtenu, d'où on conclut aisément ensuite à l'inspection de la partie entière *exacte* le log. du nombre cherché.

USAGE DES TABLES DE LOGARITHMES A 5 DÉCIMALES.

Nous expliquons n° 205 pourquoi on prépare ainsi le nombre cherché.

2° EXEMPLE. *Trouver le log. de* 218276.

On cherche le log de 2182,76 comme il vient d'être expliqué. Log. 2182,76 = 3,33900. On en conclut, d'après le n° 201, log 218276 = 5,33900.

Avant d'aller plus loin, nous croyons utile d'indiquer le type du calcul d'un logarithme rendu le plus simple possible.

TYPE DU CALCUL *rendu le plus simple possible.*

EXEMPLE. Trouver log. 218,276.   (*)
              log 218,2.76 = 2,33900   885   0,76
                                                    20
                                          15,2

Tout le calcul est dans ce petit tableau qui se forme comme il suit :

On écrit d'abord un point après le 4° chiffre du nombre à partir de la gauche, et on écrit la caractéristique du log du nombre donné eu égard à la virgule décimale.

On a ainsi

$$\log 218,2.76 = 2,\ldots$$

On cherche ensuite la partie décimale du log. en regardant le point comme une virgule décimale, c'est-à-dire en agissant comme si le nombre donné était

---

(*) Avec les tables de LALANDE éditées par M. DUPUIS, ce dernier calcul n'est pas à faire ; ces derniers chiffres ne sont pas à mettre sur le tableau qui devient encore plus simple. Car les nombres proportionnels tels que 15,2 à ajouter au log. du nombre de 4 chiffres se trouvent dans ces tables sous la différence tabulaire correspondante au nombre considéré quand cette différence surpasse 10. Pour 10 et au-dessous, ces nombres ne sont plus indiqués ; mais ayant la partie décimale du nombre tel que 0,76 dans notre exemple, on la multiplie aisément de tête par la différence tabulaire d'un chiffre, en écrivant le produit sous les trois chiffres écartés à droite.

Les tables de M. Dupuis ne renferment pas non plus les caractéristiques qui sont complétement inutiles d'après notre méthode, et seraient embarrassantes comme pouvant induire les élèves en erreur.

Ces tables sont d'ailleurs disposées comme les tables de Callet, c'est-à-dire à double entrée ; elles occupent donc quatre fois moins de pages que les petites tables ordinaires de Lalande ; ce qui abrége les recherches.

A cause de ces avantages, eu égard au but qu'on se propose en employant les logarithmes qui est de simplifier les calculs le plus possible, nous croyons devoir recommander ces tables comme préférables aux autres.

2182,76; on cherche donc log 2182 dans les tables. L'ayant trouvé, on écrit les deux premiers chiffres décimaux à la droite de la caractéristique déjà écrite, et les trois autres un peu plus loin, de cette manière :

$$\log 218,2.76 = 2,33\ldots \qquad 885$$

Puis un peu plus loin encore à droite, la partie décimale 0,76 du nombre provisoire 2182,76, et au-dessous la différence tabulaire 20 (comme nous l'avons fait plus haut). On multiplie 0,76 par 20, d'abord mentalement jusqu'à ce qu'on arrive aux dixièmes du produit qu'on écrit sous 885 pour l'addition, puis tous les autres chiffres de droite à gauche. Enfin on additionne 885 et ce qui est au-dessous, en écrivant les chiffres de la partie entière de la somme à mesure qu'on les trouve, et de droite à gauche, à la place des trois points qui restaient encore (2,33...) dans le log. cherché. Ce logarithme est ainsi complet, et le calcul est terminé.

REMARQUE. Quand le nombre des dixièmes négligé dans la dernière addition indiquée est 5 ou plus grand que 5, on ajoute une unité de plus dans la colonne des unités simples.

AUTRE EXEMPLE. Trouver le log de 547376,2.

$$\log 5473.76,2 = 5,73828 \qquad 823 \qquad 0,762$$
$$7$$
$$5,3$$

Le lecteur appliquera la méthode abrégée à cet exemple.

205. REMARQUE. Quelque part qu'on mette la virgule dans le nombre proposé, on ne peut pas avoir un des nombres inscrits dans la table. Pour compléter la partie décimale du logarithme cherché, il faut de toutes manières s'appuyer sur ce principe : *Les différences entre des nombres considérés 2 à 2 sont proportionnelles aux différences entre leurs logarithmes.* Or ce principe n'est pas rigoureusement exact, et on commet en l'appliquant dans le cas actuel une certaine erreur. Cette erreur est d'autant plus petite que les nombres auxquels on applique le principe sont plus grands (*). C'est

---

(*) Considérons trois nombres consécutifs n, $n+1$, $n+2$.

$$\log(n+1) - \log n = \log\left(\frac{n+1}{n}\right) = \log\left(1 + \frac{1}{n}\right).$$

$$\log(n+2) - \log(n+1) = \log\left(\frac{n+2}{n+1}\right) = \log\left(1 + \frac{1}{n+1}\right).$$

Or $n+1-n = n+2-(n+1)$, tandis que $\log(n+1) - \log n$ n'est pas égal à

pourquoi, lorsqu'on doit se servir des tables et appliquer ce principe, on fait en sorte que le nombre entier à chercher dans les tables soit le plus grand possible, c'est-à-dire ait quatre chiffres (quand on emploie les petites tables).

206. Nombres fractionnaires. *On joint les entiers à la fraction, s'il y a des entiers distincts. On cherche le log. du numérateur, puis celui du dénominateur, et on retranche le second logarithme du premier. Le reste est le log. cherché.*

Ex. : *Trouver le log. de* $101 + \dfrac{173}{2174}$.

$101 + \dfrac{173}{2174} = \dfrac{219747}{2174}$

$\log 219747 = 5,34192$

$\log\ \ 2174 = 3,33726$

$\log \dfrac{219747}{2174} = 2,00466.$

Calcul auxiliaire.

183   0,47
       20
9,4

207. Second problème. *Étant donné le logarithme d'un nombre, trouver ce nombre.*

Ex. : $\log x = 2,33900$; trouver x.

On cherche, parmi les parties décimales des log. des nombres de *quatre* chiffres, la partie décimale du log. donné, ou celle qui en approche le plus en *moins*. On trouve ainsi 33885 qui appartient à

$\log(n+2) - \log(n+1)$. Les accroissements des logarithmes ne sont donc pas proportionnels aux accroissements des nombres.

$$\operatorname{Log}\left(\dfrac{n+1}{n}\right) - \log\left(\dfrac{n+2}{n+1}\right) = \log\dfrac{(n+1)^2}{(n+2)n} = \log\dfrac{n^2+2n+1}{n^2+2n}$$
$$= \log\left(1 + \dfrac{1}{n^2+2n}\right).$$

Cette différence diminue et tend vers $\log 1 = 0$ à mesure que n augmente. Si cette différence était nulle, le principe serait vrai. L'erreur commise en supposant le principe exact est donc moindre quand les nombres considérés sont plus grands.

log 2182 ; on conclut de là que le nombre cherché commence par ces quatre chiffres. Eu égard à la caractéristique, $x = 218,2....$

Pour compléter, autant que possible, la valeur de x, on retranche le log. trouvé dans la table du log. donné (les parties décimales seules). Il reste 15 cent-millièmes (15 c. mill.). On prend la différence tabulaire qui se trouve à droite dans la colonne D ; c'est 20. Puis, appliquant le principe de la proportionnalité des accroissements des nombres et des logarithmes, on dit : Pour 20 cent-millièmes de différence entre log 2182 et log 2183, il y a 1 de différence entre ces nombres. Pour 1 cent-mill. de différence entre les log., la différence entre les nombres serait $\frac{1}{20}$. Pour 15 cent-mill. de différence entre 3,33885 et 3,33900, la différence entre les nombres correspondants doit être 15/20. On évalue 15/20 en décimales jusqu'aux dixièmes (n° 208) ; $15/20 = 0,7...$ Donc $3,33900 = \log 2182,7$ et $2,33900 = \log 218,27$; $x = 218,27$.

```
,33900
,33885
─────
  15
```

On suit toujours la même marche.

Remarque. Quand la partie décimale donnée se trouve exactement dans les tables, le nombre écrit à côté est le nombre cherché, ou n'en diffère que par la place de la virgule qui se trouve aisément d'après la caractéristique du log. donné.

Quand la partie décimale du logarithme donné ne se trouve pas dans la table, il faut, pour compléter le nombre approché trouvé dans celles-ci, appliquer le principe de la proportionnalité des accroissements. Pour les raisons indiquées n° 205, on cherche dans la table le plus grand nombre entier possible dont le log. a exactement ou à peu près la partie décimale donnée. C'est pourquoi on cherche cette partie décimale parmi les logarithmes des nombres de quatre chiffres (dans les petites tables).

Type du calcul *rendu le plus simple possible.*

Exemple : $\log x = 2,33900$; trouver x.

$$2,33900 = \log 218,275 \qquad \begin{array}{c|c} 150 & 20 \\ 10 & 0,7 \end{array}$$
$$885$$

Tout le calcul est dans ce petit tableau, qu'on compose comme il suit :

On pose la question en écrivant: 2,33900 = log.. Ayant trouvé, comme il a été dit, le log. inférieur 3,33885 et le nombre correspondant 2182, on écrit les décimales différentes 885 sous 900 comme nous l'avons fait, et à droite du mot *log.* le nombre 2182 modifié d'après la caractéristique 2; on a ainsi

$$2,33900 = \log 218,2.....$$
$$885$$

On soustrait 885 de 900, et on écrit le reste 15 à la droite du tableau comme nous l'avons fait. On divise ce reste par la différence tabulaire; on ne calcule qu'un chiffre du quotient qu'on écrit à la droite des chiffres déjà écrits du nombre cherché (218,2...). On obtient ainsi 218,27 pour la valeur du nombre cherché approché généralement à moins d'une unité de son 5e chiffre, à partir du 1er significatif à gauche.

208. REMARQUE. En cherchant avec les petites tables un nombre dont on donne le log., on ne peut compter en général que sur les cinq premiers chiffres du nombre trouvé à partir du 1er chiffre significatif à gauche. Comme on a déjà écrit 4 de ces chiffres avant de faire la division indiquée, il ne faut en général calculer dans cette division que le 1er chiffre du quotient (*). (V. *la note.*)

EXERCICES.

Faites ici les Exercices 1042 *à* 1070 *inclus.* (proposés à la fin du Cours.)

(*) Chaque log. de la table n'est pas le log. exact du nombre N qui est à sa gauche, mais son log. approché à moins d'un demi-cent-millième; le log. de la table est le log. exact d'un autre nombre N' qui est plus grand ou plus petit que N suivant que le log. est approché par excès ou par défaut. Or, D étant la différence tabulaire, nous pouvons dire: Pour D cent-millièmes de différence entre les log. de deux nombres consécutifs N et N + 1, il y a 1 de différence entre ces nombres; pour un demi-cent-millième de différence au plus entre log N et log N', il doit y avoir $\frac{1}{2D}$ au plus de différence entre N et N'. C'est-à-dire que le nombre de 4 chiffres qu'on prend dans la table à côté du log. trouvé n'est qu'approché à moins de $\frac{1}{2D}$. Mais si on parcourt la table depuis 1000 jusqu'à 10000, on voit que la différence tabulaire D varie entre 45 et 5. Donc $\frac{1}{2D}$ varie entre $\frac{1}{90}$ et $\frac{1}{10}$ de l'unité du 4e chiffre du nombre considéré, c'est-à-dire

CALCULS PAR LOGARITHMES.

209. Quand un nombre inconnu résulte de multiplications, de divisions, d'élévations à des puissances, ou d'extractions de racines à effectuer sur des nombres donnés, on trouve sa valeur en calculant d'abord son logarithme qui résulte d'opérations beaucoup plus simples (additions, soustractions, multiplications ou divisions) effectuées sur les logarithmes de ces nombres donnés. Le log. du nombre cherché étant connu, on obtient ce nombre lui-même, en cherchant par la méthode indiquée le nombre correspondant au log. trouvé.

Exemple :
$$A = 4800 \times (1,05)^{10}.$$
$$\log A = \log 4800 + 10 \log (1,05)$$
$$\log 4800 = 3,68124$$
$$10 \log 1,05 = 0,21190$$
$$\log A = 3,89314 = \log 7809,8$$
$$A = 7809,8$$

	60
50	0,8

Tous les calculs sont dans ce petit tableau que le lecteur peut comparer par la pensée au calcul qu'il faudrait faire pour trouver A sans employer les logarithmes.

210. D'après ce que nous avons vu jusqu'ici, quand on applique ainsi les logarithmes, il est nécessaire : 1° que les nombres dont on doit chercher les logarithmes soient plus grands que 1; 2° que le nombre cherché lui-même soit plus grand que 1.

211. La première condition est facile à remplir. En voici des exemples :

---

entre $\frac{1}{9}$ de l'unité et 1 unité du 5° chiffre. Il y a encore d'autres causes d'erreur. C'est donc avec raison que nous avons dit qu'il ne faut compter que sur le 4° chiffre au plus.

L'erreur *absolue* commise sur le nombre cherché est d'autant plus petite que ce 5° chiffre exprime des unités plus faibles. Mais l'erreur relative ne change pas avec l'ordre de ces unités.

1° $\quad N \times \dfrac{25}{43} = \dfrac{N \times 25}{43}.\quad$ 2° $\quad N : \dfrac{25}{43} = \dfrac{N \times 43}{25}.$

3° $\quad N \times 0{,}0379 = N \times \dfrac{379}{10000} = \dfrac{N \times 379}{10000}.$

4° $\quad N : 0{,}0379 = N : \dfrac{379}{10000} = \dfrac{N \times 10000}{379}.$

A des opérations à effectuer sur des fractions ordinaires ou décimales, on substitue, par l'application des règles concernant les fractions ordinaires, des opérations à effectuer sur des nombres entiers.

Pour remplir la seconde condition, on peut employer le moyen suivant :

212. Le nombre cherché paraissant plus petit que 1, on le multiplie par une puissance de 10, 10^n, assez élevée pour que le produit soit certainement plus grand que 1. On détermine ce produit à l'aide des logarithmes ; puis on le divise par la puissance de 10 employée ; ce qui donne le nombre cherché.

Ex. : $\sqrt[7]{\left(\dfrac{7}{11}\right)^2}$ est un nombre plus petit que 1. On le remplace par $\sqrt[7]{\left(\dfrac{7}{11}\right)^2} \times 10^n$, et on applique les logarithmes en choisissant convenablement n comme nous l'expliquerons tout à l'heure. Puis on divise le nombre finalement trouvé par 10^n.

AUTRE MÉTHODE. *Usage des logarithmes à caractéristiques négatives.* On peut opérer plus simplement, sans s'inquiéter si les nombres donnés ou le nombre cherché sont ou non plus grands que 1. Il suffit pour cela d'employer les logarithmes à caractéristiques seules négatives. Ici encore l'emploi des nombres négatifs généralise et simplifie en supprimant des conditions restrictives et en permettant d'appliquer immédiatement à des cas particuliers, exclus autrement, des règles ou des formules qui conviennent aux autres cas. Nous allons expliquer ces deux méthodes.

PREMIÈRE MÉTHODE.

213. 1ᵉʳ EXEMPLE. *Trouver par logarithmes* $(3{,}14193)^2 \times 0{,}9938.$

Soit $x = (3{,}14193)^2 \times 0{,}9938 = (3{,}14193)^2 \times \dfrac{9938}{10000}$.

En vertu des principes établis,

$$\log x = 2 \log 3{,}14193 + \log 9938 - 4.$$

Calcul de x. | *Calculs auxiliaires.*

$2 \log 3{,}14193 = 0{,}99440$
$\log 9938 = 3{,}99730$
$\overline{4{,}99170}$

$\log x = 0{,}99170$
$x = 9{,}8107.$

$\log 3{,}141.93 = 0{,}49720 \qquad 707 \qquad 0{,}93$
$ 3{,}7 \quad 14$
$ \overline{}$
$ 9\ 3$

$0{,}99170 = \log 9{,}8107 \qquad 30\ |\ 4$
$ 67 \qquad\qquad 4\ |\ \overline{0{,}7}$

Le calcul est en entier dans ce tableau. Ayant trouvé à part log 3,14193 (page 191), on le multiplie par 2 de droite à gauche, en écrivant le produit immédiatement à sa place pour l'addition qui doit avoir lieu.

Log 9938 s'obtenant immédiatement sans calcul auxiliaire, il suffit de l'écrire une seule fois tout de suite à sa place pour l'addition.

Il n'est pas nécessaire de poser la soustraction pour retrancher 4. En un mot, nous avons écrit ce qu'il fallait, ni plus ni moins; nous engageons le lecteur à faire généralement comme nous.

2° EXEMPLE. *Calculer par logarithmes* $x = \dfrac{0{,}9938}{13{,}7864}$.

$$x = \dfrac{9938}{10000} : \dfrac{137864}{10000} = \dfrac{9938}{137864}.$$

x est plus petit que 1. En jetant les yeux sur la fraction, on voit qu'il suffit d'ajouter deux zéros au numérateur pour le rendre plus grand que le dénominateur. On multiplie donc x par 100 pour obtenir un n plus grand que 1; on écrit $100\, x = \dfrac{993800}{137864}$;

puis $\qquad \log 100\, x = \log 993800 - \log 137864.$

Calculs auxiliaires.

$\log 993800 = 5{,}99730$
$\log 137864 = 5{,}13945$
$\log 100\,x = 0{,}85785$
$100\,x = 7{,}2085$
$x = 0{,}072085$

```
               925        0,64
               0,6         31
              19,2
     0,85785 = log 7,2085  40|7
               81          5|0,5.
```

Tout le calcul est là. Log 9938 se trouve dans la table, et pour avoir log 993800, il suffit d'ajouter 2 à la caractéristique; ce log peut donc s'écrire tout de suite à sa place.

Le calcul du log 137864 se commence à la place où doit se trouver ce log, et se complète à gauche aux calculs auxiliaires.

Enfin, on fait à droite le calcul pour trouver le nombre correspondant à log $100\,x = 0{,}85785$.

Voilà deux types complets de calculs par logarithmes. C'est ainsi que ces calculs doivent être examinés et disposés pour qu'ils puissent être au besoin, examinés ou vérifiés avec facilité. Les calculs suivants sont également *complets*.

3° Exemple. *Calculer par logarithmes* $x = \sqrt[7]{\left(\frac{7}{11}\right)^3}$.

x est évidemment plus petit que 1. On écrit

$$x \times 10^n = 10^n \times \sqrt[7]{\left(\frac{7}{11}\right)^3}$$

$$\log(10^n \times x) = n + \frac{3\log 7 - 3\log 11}{7} = \frac{7n + 3\log 7 - 3\log 11}{7}$$

$\log 7 = 0{,}84510; \quad \log 11 = 1{,}04139.$

$3\log 7 = 2{,}53530; \quad 3\log 11 = 3{,}12417.$

Il suffit de prendre $n = 1$, d'où $7n = 7$, pour que la soustraction indiquée puisse se faire.

COURS D'ALGÈBRE.

$$7 + 3\log 7 = 9,53530$$
$$3\log 11 = 3,12417 \quad \text{(on soustrait)}$$
$$\log 10x = \frac{6,41113}{7}$$
$$= 0,91587 = \log 8,239$$
$$10x = 8,239; \quad x = 0,8239.$$

0,91587 se trouve exactement dans les tables.

4° Exemple. *Calculer par logarithmes* $x = \sqrt[3]{\dfrac{43 \times 237}{879^4}}$.

x est évidemment plus petit que 1. On écrit

$$10^n \times x = 10^n \cdot \sqrt[3]{\frac{43 \times 237}{879^4}}$$

$$\log(10^n \cdot x) = n + \frac{\log 43 + \log 237 - 4 \log 879}{3}$$

$$= \frac{3n + \log 43 + \log 237 - 4 \log 879}{3}$$

$$\begin{array}{ll}\log\ 43 = 1,63347 & \log 879 = 2,94399 \\ \log 237 = 2,37475 & 4 \log 879 = 11,77596 \\ \hline 4,00822 & \text{On prend } n = 3\end{array}$$

$$\begin{array}{l} 3n + \log 43 + \log 237 = 13,00822 \\ 4 \log 879 = 11,77596 \\ \hline 1,23226 \\ \text{(on divise par 3)} \quad \log 10^3 \cdot x = 0,41075 \\ 10^3 \times x = 2,5748; \quad x = 0,0025748 \end{array}$$

$$1,41075 = \log. 2,5748$$
$$61$$
$$\overline{14} \qquad 140\,\Big|\dfrac{18}{0,8}$$

5° Exemple. *Convertir* $\dfrac{41}{145}$ *en décimales à l'aide des logarithmes.*

CALCULS PAR LOGARITHMES.

Il suffit de multiplier cette fraction par 10.

$$10x = \frac{410}{145}. \quad \text{Log } 10x = \log 410 - \log 145.$$

$$\begin{array}{l}\log 410 = 2,61278 \\ \log 145 = 2,16137 \\ \hline \log 10x = 0,45141 \\ 10x = 2,8275 \\ x = 0,28275\end{array} \quad \begin{array}{l} 0,45141 = \log 2,8275 \\ 133 \end{array} \quad \begin{array}{c|c} 80 & 16 \\ 0 & 0,5 \end{array}$$

6ᵉ Exemple. *Calculer* $x = \sqrt[3]{\dfrac{0,075 \times 0,487^2}{(3,4)^3 \times 0,00737}}$

$$0,075 \times 0,487^2 = \frac{75 \times 487^2}{1000 \times 1000000}$$

$$(3,4)^3 \times 0,00737 = \frac{34^3 \times 737}{1000 \times 100000}$$

$$x = \sqrt[3]{\frac{75 \times 487^2}{34^3 \times 737} \times \frac{100000000}{1000000000}} = \sqrt[3]{\frac{75 \times 487^2}{34^3 \times 737 \times 10}}$$

$$\log 10^n.x = \frac{3n + \log 75 + 2\log 487 - (3\log 34 + \log 737 + 1)}{3}$$

$$\begin{array}{ll}\log 75 = 1,87506 & 3.\log 34 = 4,59444 \\ 2\log 487 = 3,37506 & \log 737 = 2,86747 \\ \hline 7,25012 & 1 \\ 3n = 3 & \overline{8,46191} \\ \hline 10,25012 \\ 8,46191 \end{array}$$

Il suffit de prendre $n=1$

$3n = 3$

(on soustrait)

$1,78823$ (on divise par 3)

$\begin{array}{l}\log 10.x = 0,59607 \\ 10x = 3,9452 \\ x = 0,39452\end{array} \quad \begin{array}{l} 0,59607 = \log 3,9452 \\ 05\end{array} \quad 200 \Big| \begin{array}{l}110 \\ \overline{} \\ 0,2\end{array}$

Voilà assez d'exemples de la 1re méthode qui consiste à s'arranger toujours de manière à n'employer que des logarithmes positifs. Nous allons maintenant parler de l'emploi des logarithmes à caractéristiques seules négatives.

2° MÉTHODE. USAGE DES LOGARITHMES A CARACTÉRISTIQUES SEULES NÉGATIVES.

214. L'usage des logarithmes a pour objet de simplifier les calculs numériques; il faut donc tendre quand on les emploie à simplifier le plus possible. En examinant les calculs précédents avec ce désir de simplification, on a été conduit à la convention suivante qui permet d'étendre et d'appliquer immédiatement aux nombres plus petits que 1, les principes et les règles du calcul par logarithmes trouvés pour les nombres plus grands que 1.

215. CONVENTION. *On est convenu d'appeler logarithme d'une fraction décimale moindre que* 1, *un nombre ayant la même partie décimale positive que le log. du nombre proposé écrit sans virgule, et une caractéristique négative composée en valeur absolue d'un nombre d'unités égal au rang occupé après la virgule par le* 1er *chiffre significatif à gauche de la fraction décimale proposée.*

Tout nombre plus petit que 1 peut être remplacé exactement ou d'une manière aussi approchée que l'on veut par une fraction décimale ordinaire.

On convient d'appeler *log. d'un nombre quelconque moindre que* 1, *le log. de la fraction décimale qui le représente exactement ou d'une manière suffisamment approchée* (*). (Voyez la note.)

(*) En convertissant en décimales un nombre quelconque moindre que 1, on trouve une fraction décimale terminée, ou une fraction décimale qui peut être continuée aussi loin que l'on veut. Or, quand on cherche le log. d'une fraction décimale approchée écrite sans virgule, jusqu'au 5° ou au 7° chiffre décimal du log., suivant les tables employées, on sait que les chiffres du nombre, au delà d'un certain rang, n'influent pas quels qu'ils soient sur les cinq ou sept chiffres du logarithme qui demeurent les mêmes. On conçoit donc que tous les nombres plus petits que 1 peuvent être sans inconvénient remplacés ou supposés remplacés par des fractions décimales terminées suffisamment approchées.

Voici comment on a été conduit à la convention précédente.

Exemple. *Soit à calculer par logarithmes* $P = 367 \times 0,02187$.

Afin de n'avoir à opérer que sur des nombres plus grands que 1, on peut écrire

$$P = \frac{367 \times 2,187}{100},$$

par suite $\quad \log P = \log 367 + \log 2,187 - 2.$

Cherchons $\log 2,187$; log. $2,187 = 0,33985$. On a donc

$$\log P = \log 367 + 0,33985 - 2.$$

On peut écrire en abrégé

$$\log P = \log 367 + \overline{2},33985 \qquad (1)$$

en concevant que $\overline{2},33985$ signifie $-2 + 0,33985$.

Or, en jetant les yeux sur l'égalité (1), on est tout de suite frappé de l'analogie qu'elle présente avec celle-ci :

$$\log P = \log 367 + \log 0,02187 \qquad (2)$$

qu'on obtient en appliquant au produit proposé le principe fondamental (n° 193) concernant le log. d'un produit, sans s'embarrasser de l'espèce des facteurs du produit.

Ces deux égalités (1) et (2) seront identiquement les mêmes quant à la forme et à la signification réelle et précise, si on convient d'appeler $\overline{2},33985$ le *logarithme* de $0,02187$ et de plus d'appliquer à cette expression $\overline{2},33985$ les règles générales du calcul algébrique comme on est déjà convenu de le faire pour les quantités négatives ordinaires.

216. La propriété fondamentale des logarithmes (n° 193) appartenant aux logarithmes négatifs définis et employés comme nous venons de l'expliquer, il est évident que les autres propriétés déduites des premières par application des quatre règles appartiennent également aux logarithmes négatifs traités comme les quantités négatives ordinaires. C'est d'ailleurs ce qu'on peut vérifier pour chaque principe.

Faisons-le pour le logarithme d'un quotient.
Soit par ex. : $q = 367 : 0{,}02187$.

$$q = 367 : \frac{2{,}187}{100} = \frac{367 \times 100}{2{,}187}$$

$\log q = \log 367 + 2 - \log 2{,}187 = \log 367 + 2 - 0{,}33985 =$
$\log 367 - (\overline{2}{,}33985)$.

C'est-à-dire $\log q = \log 367 - \log 0{,}02187$, si nous adoptons les conventions précédentes.

On vérifierait de même les autres propriétés.

217. Dès qu'on fait usage des logarithmes négatifs, il y a lieu de résoudre pour ces logarithmes les deux problèmes généraux des n⁰ˢ 204 et 206.

1° *Trouver le log. d'un nombre donné.*

Ex. : $\log 0{,}02187$. D'après la définition (n° 215) on cherche $\log 2187$, dont on ne prend que la partie décimale $0{,}33985$ devant laquelle on met la caractéristique $\overline{2}$, indiquée par cette définition. $\text{Log } 0{,}02187 = \overline{2}{,}33985$.

Nous n'avons rien à dire sur le calcul des expressions complexes, c'est-à-dire sur les nombres résultant d'opérations indiquées. L'avantage qui résulte de l'emploi des logarithmes négatifs, c'est précisément qu'on n'a pas à s'inquiéter à l'avance si une expression donnée a finalement une valeur plus grande ou plus petite que 1. On applique les principes et la convention; on combine les logarithmes en appliquant les règles des signes du calcul algébrique, et on trouve finalement le log. positif ou négatif de l'expression proposée. Voir les exemples suivants.

218. Il ne nous reste donc à résoudre que cette question.

Trouver le nombre correspondant à un log. à caractéristique négative.

Ex. : $\log x = \overline{2}{,}34193$; *trouver* x.

On peut écrire $\log x = 0{,}34193 - 2 = 0{,}34193 - \log 100$.

Soit N le nombre qui a pour log. : $0{,}34193$.

$$\log x = \log N - \log 100 = \log \frac{N}{100}, \quad \text{d'où} \quad x = \frac{N}{100},$$

puisque deux nombres différents ne sauraient avoir le même log.

Pour trouver x, on cherche donc N, c'est-à-dire le nombre qui a pour logarithme 0,34193; c'est 2,1975, qu'on divise par 100 en reculant la virgule de *deux* rangs vers la gauche. $x = 0{,}021975$.

De là cette règle pour trouver le nombre correspondant à un logarithme à caractéristique négative :

Règle. *On remplace la caractéristique négative par 0, et on cherche le nombre correspondant au log. positif ainsi obtenu. Puis on recule la virgule dans le nombre ainsi trouvé d'autant de rangs vers la gauche qu'il y a d'unités dans la valeur absolue de la caractéristique négative.*

Applications *des logarithmes à caractéristiques négatives.*

219. Nous allons employer ces logarithmes pour résoudre les cinq problèmes du n° 213. Le lecteur s'habituera ainsi à l'emploi de ces logarithmes et en même temps pourra comparer les deux méthodes.

2ᵉ Exemple. *Calculer par logarithmes* $x = \dfrac{0{,}9938}{13{,}7864}$.

Log $x = $ log 0,9938 $-$ log 13,7864.

Log $0{,}9938 = \overline{1}{,}99730$
log $13{,}7864 = 1{,}13945$

log $x = \overline{2}{,}85785$
$x = 0{,}072085$

$$\begin{array}{ll} 915 & 0{,}64 \\ 0{,}6 & 31 \\ 19\ 2 & \\ \overline{2}{,}85885 = \log 0{,}072085 & 40\ |\ 7 \\ 18 & 5\ |\ 0{,}5 \end{array}$$

Nous avons mis le calcul complet. Le seul avantage des log. négatifs est ici de dispenser du moyen indirect employé dans la première méthode. On trouve log x sans chercher log 100 x.

Quand on cherche le nombre correspondant à un log. négatif de la manière abrégée précédente, on tient compte du signe de la caractéristique, en mettant d'abord quand on écrit le nombre correspondant, log 0,0....., puis à la suite le nombre trouvé dans la table de manière que son premier chiffre significatif à gauche occupe après la virgule le rang indiqué dans la définition des logarithmes négatifs.

3° Exemple. *Calculer par logarithmes* $x = \sqrt[7]{\left(\frac{7}{11}\right)^3}$.

$$\text{Log } x = \frac{3\log(7/11)}{7} = \frac{3\log 7 - 3\log 11}{7}$$

$\log 7 = 0{,}84510;\qquad \log 11 = 1{,}04139$

$3\log 7 = 2{,}53530$

$3\log 11 = 3{,}12417$

on soustrait : $\overline{1}{,}41113$

$\log x = \overline{1}{,}91587$

$x = 0{,}8239$

La question se résout directement sans l'emploi de 10^n. (Comparez les deux calculs.)

Quand on soustrait, étant arrivé à la caractéristique on dit : $+2$ et -3, font -1, et on écrit $\overline{1}$.

Quand on prend le 7°, on remplace $\overline{1}$, par le multiple de 7 immédiatement supérieur affecté du signe —, c'est-à-dire par $\overline{7}$, et on dit le 7° de $\overline{7}$ est $\overline{1}$. Mais on a ainsi retranché 6 auxiliairement du log.; par compensation on ajoute 6 en disant par continuation, 6 qui valent 60 et 4, 64 ; le 7° de 64 est 9 pour 63 ; il reste 1 qui vaut 10 et 1, 11 ; le 7° de 11 est 1 ; il reste 4 qui valent 40, et 1, 41 ; le 7° de 41 est 5 pour 35 ; il reste 6. Etc.

4° Exemple. *Calculer par logarithmes* $x = \sqrt[3]{\frac{43 \times 237}{879^4}}$.

$$\text{Log } x = \frac{\log 43 + \log 237 - 4\log 879}{3}$$

$\log 43 = 1{,}63347$

$\log 237 = 2{,}37475$

on additionne : $4{,}00822$

$4\log 879 = 11{,}77596\qquad \log 879 = 2{,}94397$

on soustrait : $\overline{8}{,}23226\qquad \overline{3}{,}41075 = \log 0{,}0025748\quad 140\;|\;\underline{18}$

$\log x = \overline{3}{,}41075\qquad010{,}8$

$x = 0{,}0025748$

EMPLOI DES LOGARITHMES NÉGATIFS.

Étant arrivé dans la soustraction aux caractéristiques, on dit : 1 de retenue et 11, 12, 12 à retrancher, c'est — 12 ; + 4 et — 12 font $\bar{8}$.

Pour prendre le tiers (1/3) nous avons dit : le tiers de $\bar{9}$ est $\bar{3}$; on divise le *multiple de 3 immédiatement supérieur affecté du signe* —, c'est-à-dire $\bar{9}$; mais on a ainsi retranché 1 de la caractéristique : c'est pourquoi en continuant, *on ajoute 1*, en disant : 1 qui vaut 10, est 2, 12; le tiers de 12 est 4 ; etc.

Quand nous avons divisé 140 par 18 pour compléter le nombre cherché, nous avons mis 8 au quotient au lieu de 7 parce que 8 est évidemment plus approché que 7.

En employant les logarithmes négatifs, on procède sans embarras, sans hésitation. Comparez les deux tableaux. (4° exemple, page 218, et celui-ci).

5° Exemple. *Convertir* $\dfrac{41}{145}$ *en décimales à l'aide des logarithmes.*

On pose $x = \dfrac{14}{145}$ et on cherche x par logarithmes.

$$\log x = \log 41 - \log 145.$$

$\log\ 41 = 1,61278$
$\log 145 = 2,16137$

$\log x = \bar{1},45141$
$x = 0,28275$

$\bar{1},45141 = \log 0,28275$
$\quad\quad 33$

80	16
0	0,5

6° Exemple. *Calculer par logarithmes :* $x = \sqrt[3]{\dfrac{0,075 \times 0,487^2}{(3,4)^3 \times 0,00737}}.$

$$\text{Log } x = \dfrac{\log 0,075 + 2\log 0,487 - 3\log 3,4 - \log 0,00737}{3}$$

$\log 0,075 = \bar{2},87506$ $\quad\quad 3 \log.\ 3,4 = 1,59444$
$2 \log 0,487 = \bar{1},37506$ $\quad\ \log 0,00737 = \bar{3},86747$
$\quad\quad\quad\quad\ \bar{2},25012$ $\quad\quad\quad\quad\quad\quad\quad \bar{1},46191$

on soustrait : $\quad\dfrac{\bar{1},46191}{\bar{2},78821}$ $\quad\quad$ (on divise par 3)

$\log x = \bar{1},59607 = \log 0,39452$ $\quad\quad$
$\quad\quad\quad\quad 05$
$x = 0,39452\ (^*)$

20	12
	0,2

L'avantage des log. négatifs est très-marqué dans cet exemple. On est dispensé de la préparation un peu embarrassante qui a été faite en commençant, quand on a appliqué la 1re méthode.

On applique ici immédiatement sans embarras les principes aussi aisément que si tous les nombres donnés étaient plus grands que 1.

COMPLÉMENTS ARITHMÉTIQUES.

220. L'emploi des compléments arithmétiques simplifie encore le calcul par logarithmes.

On appelle *complément* à 1 d'une fraction décimale ce qui manque à cette fraction pour valoir 1 (1 — cette fraction).

Ex. : Le complément de $0{,}732568$ est $1 - 0{,}732568 = 0{,}267432$.

RÈGLE. *On trouve le complément à 1 d'une fraction décimale en retranchant le premier chiffre significatif à droite de 10 et tous les autres chiffres à gauche de 9.*

En effet, la soustraction peut être ainsi posée : $\quad 0{,}99999\ (10)$
On peut effectuer cette soustraction de gauche $\quad -0{,}73256\ \ 8$
à droite. $\quad\overline{\phantom{-0{,}73256\ \ 8}}$
$\qquad\qquad\qquad\qquad\qquad\qquad\qquad\qquad 0{,}26743\ 2$

221. *Moyen simple de remplacer la soustraction d'un logarithme par une addition.*

RÈGLE. *Pour soustraire un log. d'un nombre p, il suffit d'ajouter à p le complément à 1 de la partie décimale de ce log. précédée de la caractéristique qu'on change de signe après l'avoir préalablement augmentée de $+1$.*

1er Ex. : de $\overline{1}{,}99730$ *il faut retrancher* $1{,}13945$ (2e ex., précédent).

On écrit $\overline{1}{,}99730$, et au-dessous suivant la règle, $\overline{2}$ suivi du complément à 1 de $0{,}13945$.

$$\begin{array}{r}\overline{1}{,}99730\\ \overline{2}{,}86055\\ \hline \overline{2}{,}85785\end{array}$$

et on additionne :

ce qui est bien le reste obtenu page 205.

2e Ex. : reprenons le 6e exemple précédent pour y soustraire les log. à l'aide de leurs compléments.

USAGE DES TABLES DE CALLET.

Calculer $\quad x = \sqrt[3]{\dfrac{0,075 \times 0,487^2}{(3,4)^3 \times 0,00737}}.$

$\text{Log } x = \dfrac{\log 0,075 + 2\log 0,487 - 3\log 3,4 - \log 0,00737}{3}$

$\log 0,075 = \bar{2},87506$
$2\log 0,487 = \bar{1},37506$

$\qquad\qquad\qquad \bar{2},40556 \quad\Big|\quad 3\log 3,4 = 1,59444$
$\qquad\qquad\qquad \bar{2},13253 \quad\Big|\quad \log 0,00737 = \bar{3},86747.$

on additionne :

$\qquad\qquad\qquad \overline{\bar{2},78821}\quad$ (on divise par 3)

$\log x = \quad \bar{1},59607 = \log 0,39452$
$\qquad\qquad\qquad 05$
$\qquad\qquad\qquad\qquad\qquad\qquad\qquad\qquad 20\ \Big|\ \dfrac{11}{0,2}$
$\qquad x = 0,39452.$

Le calcul du complément à 1 d'un nombre est si simple qu'on ne le compte pas. En comparant ce dernier calcul à celui de la page 225, 6° exemple, on voit que deux additions et une soustraction sont ici remplacées par une seule addition.

DÉMONSTRATION *de la règle précédente.*

1ᵉʳ CAS. $\text{N} - 1,13945 = \text{N} - 1 - 0,13945 = \text{N} - 2 + (1-0,13945)$
$\qquad\qquad = \text{N} + \bar{2} + \text{comp}^t \text{ à 1 de } 0,13945.$

2° CAS. $\text{N} - \bar{3},54867 = \text{N} - (\bar{3}) - 0,54867 = \text{N} + 3 - 1 + 1$
$\quad - 0,54867 = \text{N} + (3-1) + \text{comp}^t \text{ à 1 de } 0,54867.$

On trouve dans les deux cas le résultat fourni par la règle.

Les praticiens remplacent ainsi les soustractions de logarithmes par des additions. Le lecteur connaît la marche à suivre et peut se rendre compte de la simplification.

Cette 3° manière de calculer par logarithmes est la plus simple et la plus élégante.

USAGE DES TABLES DE CALLET (*à sept décimales*).

222. Les tables de Callet ne contiennent pas de caractéristiques : ce qui est un avantage ; elles fournissent 5 chiffres du nombre correspondant à un log.

donné, immédiatement et sans aucun calcul, et un sixième exact par une simple addition de parties proportionnelles qui se trouvent dans la table et qu'on n'a pas besoin de calculer.

Les premières tables, contenant les nombres de 1 à 1200, sont disposées comme celles de Lalande, c'est-à-dire qu'à côté de chaque nombre se trouvent les 8 premières décimales de son log. Elles ne contiennent pas de parties proportionnelles, inutiles d'ailleurs parce qu'on ne se sert de ces tables que pour trouver les log. des nombres qui y sont inscrits. Il n'y a d'ailleurs qu'à voir ces tables pour savoir s'en servir.

Les tables qui suivent contiennent les nombres de 1020 à 108000; elles sont à double entrée. Nous en donnons un extrait qui fera mieux comprendre qu'une description leur disposition et la manière de s'en servir.

Nous allons résoudre les deux questions principales de l'usage des tables (*).

223. 1ᵉʳ PROBLÈME. *Trouver le logarithme d'un nombre donné.*

Nous considérerons des nombres entiers. Quand on donne un nombre décimal, ex. : 2712,46, on écrit d'abord log 2712,46 = 3,... et on cherche la partie décimale du log., sans s'occuper de la virgule, comme s'il s'agissait de 271246.

N. 270.   **L. 431.**

N	0	1	2	3	4	5	6	7	8	9	Différences.
2700	431.3638	3798	3959	4120	4281	4442	4603	4763	4924	5085	161
01	5246	5407	5567	5728	5889	6050	6210	6371	6532	6693	1 | 16
02	6853	7014	7175	7336	7496	7657	7818	7978	8139	8300	2 | 32
03	8460	8621	8782	8942	9103	9264	9424	9585	9746	9906	3 | 48
											4 | 64
04	432.0067	0227	0388	0549	0709	0870	1030	1191	1352	1512	5 | 81
2705	1673	1833	1994	2154	2315	2475	2636	2796	2957	3117	6 | 97
06	3278	3438	3599	3759	3920	4080	4241	4401	4562	4722	7 | 113
07	4883	5043	5203	5364	5524	5685	5845	6005	6166	6326	8 | 129
08	6487	6647	6807	6968	7128	7449	7449	7609	7769	7930	9 | 145
09	8090	8250	8411	8271	8731	9052	9052	9212	9372	9533	
2710	9693	9853									
	433.		0013	0174	0334	0494	0654	0815	0975	1135	
11	1295	1455	1616	1776	1936	2096	2256	2416	2577	2737	
12	2897	3057	3217	3377	3537	3697	3858	4018	4178	4338	
13	4498	4658	4818	4978	5138	5298	5458	5618	5778	5938	160
14	6098	6258	6418	6598	6738	6898	7058	7218	7378	7538	1 | 16
N	0	1	2	3	4	5	6	7	8	9	

(*) M. Dupuis, dont nous avons indiqué les tables de logarithmes à cinq décimales, a également publié de grandes tables de logarithmes à sept décimales tout à fait analogues et équivalentes à celles que nous décrivons. La

USAGE DES TABLES DE CALLET.

1° *Le nombre donné a 4 chiffres.* Ex. : 2712.

On écrit d'abord $\qquad \log 2712 = 3, \qquad$ ($\log 27,12 = 1,\ldots$)

On cherche les trois premiers chiffres à gauche 271 ou le nombre qui approche le plus en moins de 271 au haut des tables, au-dessus du cadre, à côté de la lettre N. Ayant trouvé ainsi N.270, on cherche dans la colonne N de cette page le nombre 2712 (*). L'ayant trouvé, on écrit à droite de la caractéristique le groupe de trois chiffres isolé dans la colonne intitulée 0 qui est à côté ou un peu au-dessus de 2712; ce qui donne $\log 2712 = 3,433\ldots$; puis on écrit à la suite les quatre chiffres qui se trouvent un peu plus loin dans la même colonne 0 à droite de 2712 sur la même ligne horizontale, c'est-à-dire 2897, de sorte que $\log 2712 = 3,4332897$.

On aurait $\qquad \log 27,12 = 1,4332897$.

2° *Le nombre donné a 5 chiffres.* Ex. : 27126.

On écrit d'abord $\qquad \log 27126 = 4,\ldots$

On cherche ensuite le nombre des 4 premiers chiffres, 2712, comme il vient d'être expliqué. L'ayant trouvé, on met à la droite de la caractéristique le groupe de trois chiffres isolé, 433, qui se trouve un peu au-dessus; ce qui donne $\log 27126 = 4,433\ldots$; puis on suit la colonne horizontale à droite de 2712 jusqu'à la colonne verticale qui contient en tête le 5° chiffre, 6, du nombre donné. On prend les 4 chiffres 3858, qui se trouvent à la rencontre des deux colonnes, et on les écrit à la suite du log. commencé.

On a ainsi $\qquad \log 27126 = 4,4333858$.
On aurait de même $\qquad \log 271,26 = 2,4333858$.

3° *Le nombre a 6 chiffres.* Ex. : 271264.

On cherche le log. du nombre des 5 premiers chiffres, 27126, comme il vient d'être expliqué, et on l'écrit en deux parties séparées comme il suit en mettant la caractéristique qui convient à 271264 :

$\qquad \log. 271264 = 5,433\ldots \qquad 3858.$

Puis on se sert du petit tableau voisin, de ce log. qui se trouve dans la colonne à droite intitulée *Diff*. On cherche le 6° chiffre 4 du nombre proposé dans la

---

disposition de ces tables, très-bien imprimées chez M. Hachette, est à peu près la même que celle qu'on voit dans notre texte, mais avec quelques perfectionnements qui les rendent plus régulières, plus uniformes et plus agréables à la vue. Les parties proportionnelles y sont calculées avec un chiffre de plus. Elles sont suivies des tables des logarithmes trigonométriques dont nous avons indiqué, dans nos *Éléments de trigonométrie*, l'avantage sur les anciennes tables de Callet.

(*) Les tables de M. Dupuis ne contiennent pas ces indications N.270, L.431. Il faut chercher directement le nombre de 4 chiffres dans la colonne N et le log. dans la colonne 0.

1'° colonne à gauche de ce tableau; et on écrit au-dessous de 3858 le nombre 64 qui se trouve à droite de 4. Enfin on additionne 3858 et 64, en écrivant à mesure les chiffres de la somme de droite à gauche à la place des 4 points qui suivent 433. On achève ainsi le tableau suivant :

$$\log 271264 = 5{,}4333922 \qquad 3858$$
$$64$$

On trouve de même :

$$\log 271{,}264 = 2{,}4333922 \qquad 3858$$
$$64$$

4° *Le nombre a 7 chiffres.* 2712645.

On considère d'abord les 6 premiers chiffres ; on opère comme s'il s'agissait de trouver log 271264 jusqu'à l'addition inclusivement. On obtient ainsi :

$$\log 2712645 = 5{,}433\ldots\ldots \qquad 3858$$
$$64.$$

On cherche le 7° chiffre 5 dans le petit tableau où on a cherché le 6° chiffre 4 ; on voit à côté 81. On écrit 81 sous 64, mais en avançant chaque chiffre d'un rang vers la droite, comme nous le faisons ci-après. On additionne sans s'occuper du dernier chiffre 1 à droite (1 de 81). On écrit à mesure les chiffres de la somme, de droite à gauche, à la place des 4 points qui se trouvent à droite de 433. On achève ainsi le tableau suivant :

$$\log. 2712{,}645 = 6{,}4333930 \qquad 3858$$
$$64$$
$$81$$

Quand le chiffre négligé à droite est 5 ou plus grand que 5, on ajoute 1 à la 1'° colonne additionnée.

On pourrait continuer de même quand le nombre a plus de 7 chiffres ; il faudrait reculer d'un rang vers la droite la différence proportionnelle écrite pour chaque nouveau chiffre. Or la différence ainsi écrite finit bientôt par ne plus influer sur le 7° chiffre décimal du log. Il n'y a donc pas lieu de tenir compte, si ce n'est à propos de la caractéristique, des chiffres qui suivent le 7° ou le 8°, à partir du 1er chiffre significatif à gauche.

Notre explication est donc terminée pour le premier problème.

REMARQUE. Le tableau des différences proportionnelles dispense du petit calcul complémentaire qu'on est obligé de faire quand on se sert de l'ancienne édition des Tables de Lalande. Quand on cherche log 271264, par ex., on agit comme si c'était 27126,4. Log 27126 = 4,4333858. Le tableau nous apprend que pour 0,4 en plus dans le nombre, le log. doit être augmenté de 64 dix-millionièmes ; on ajoute donc 64.

Quand il s'agit de log 2712645, on agit comme si c'était log 27126,45. On a d'abord log 27126 = 4,4333858. Pour 0,4 on ajoute 64. Pour le chiffre 5 on dit : si c'étaient 5 dixièmes en plus, il faudrait ajouter au log., d'après le ta-

USAGE DES TABLES DE CALLET.   231

bleau, 81 dix-millionièmes; pour un excès de 5 centièmes, on ajoutera seulement 81 cent-millionièmes; c'est pourquoi on recule 81 d'un rang vers la droite comme on l'a fait. Ainsi de suite, si le nombre avait plus de 7 chiffres.

REMARQUE. Quand le 3ᵉ chiffre décimal du log. change dans les tables, la ligne horizontale brisée est divisée en deux parties. Chaque groupe de 4 chiffres de la partie supérieure à gauche doit être précédé des 3 chiffres isolés qui précèdent à gauche et *au-dessus*. Chaque groupe de la 2ᵉ partie inférieure doit être précédé des trois chiffres isolés écrits sur la même ligne à gauche (*).

224. 2ᵉ PROBLÈME. *Trouver un nombre dont on connaît le logarithme.*

Ex. : $\log x = 2,4333922$; trouver x.

On ne s'occupe de la caractéristique que pour placer la virgule dans le nombre trouvé. On cherche d'abord les trois premiers chiffres, 433, ou le nombre qui approche le plus en moins de 433, au haut des tables, au-dessus du cadre, à côté de la lettre L. Étant arrivé ainsi à L. 431, on cherche dans la page (colonne 0), 433 parmi les groupes isolés de 3 chiffres. L'ayant trouvé, on cherche, dans la même colonne, 3922 ou le nombre qui en approche le plus en moins parmi les groupes de 4 chiffres de droite, à côté ou au-dessous de 433 ; on trouve ainsi 2897. On suit la colonne horizontale à droite de 2897 jusqu'à ce qu'on trouve 3922 ou le nombre qui en approche le plus en moins; c'est 3858. Alors on prend la plume, et on écrit en ayant égard à la caractéristique :

$$2,4333922 = \log 271,26$$

en prenant le nombre de la colonne N qui se trouve dans la colonne horizontale que l'on vient de parcourir, c'est-à-dire 2712, puis le chiffre 6 qui est au haut ou au bas de la colonne verticale dans laquelle se trouve 3858. En même temps, on écrit 858 (les chiffres de 3858 différents) sous 3922 pour la soustraction, et on soustrait :

$$2,4333922 = \log 271,26\overline{4}$$
$$\underline{858}$$
$$64$$

On cherche le reste 64 parmi les nombres *de droite* du petit tableau voisin qui se trouve dans la colonne intitulée *Diff.*; on l'y trouve exactement. On prend le chiffre 4 qui est à gauche de 64 et on l'écrit à la suite du nombre trouvé ; ce qui donne enfin : $2,4333922 = \log 271,264$.

REMARQUE. On démontre, comme dans la note de la page 213, qu'avec les Tables de Callet, on ne peut compter que sur les six premiers chiffres du nombre cherché à partir du 1ᵉʳ significatif à gauche. Si donc le reste de la soustraction précédente ne se trouve pas exactement dans la colonne de droite du petit tableau, on cherche toujours à droite le nombre qui en approche le

---

(*) Dans les Tables de M. Dupuis, la ligne horizontale n'est pas brisée. Elle se continue. Mais ceux des groupes de 4 chiffres de cette ligne qui doivent être précédés du groupe des 3 chiffres isolés *suivants* (non précédents) sont marqués en avant d'une astérisque.

plus, et on prend le chiffre isolé à gauche pour compléter le log.; c'est le plus sûr. Néanmoins, on cherche quelquefois un 7ᵉ chiffre, comme nous le montrons dans l'exemple suivant.

2ᵉ Cas. Log. $x = 3,4333934$.

On opère d'abord exactement comme dans le cas précédent, et on écrit :

$$3,4333934 = \log 2712,6$$
$$\underline{858}$$
$$76$$

On cherche 76 ou le nombre qui en approche le plus en moins dans la colonne de droite du petit tableau de la colonne *Diff.*; c'est 64 à gauche duquel il y a 4. On écrit 4 à la droite de 2712,6 ce qui donne 2712,64. Puis on dit : 76 — 64 = 12 ; il reste 12 dix-millionièmes qui valent 120 cent-millionièmes. Je cherche 120 dans la 2ᵉ colonne du petit tableau où le n. qui approche le plus en moins; c'est 112 à côté duquel il y a 7 ; j'écris 7 à droite du n. trouvé, et j'ai 2712,647 (*). On ne continue pas. Mais nous le répétons, *le plus sûr*, d'après *la remarque précédente, est de s'arrêter au 6ᵉ chiffre*.

Pour terminer, nous allons placer ici comme type complet le 6ᵉ exemple précédent, traité par les log. négatifs, les compléments, et avec les tables à sept décimales.

Calculer $x = \sqrt[3]{\dfrac{0,075 \times 0,487^2}{(3,4^3) \times 0,00737}}$.

$$\text{Log } x = \dfrac{\log 0,075 + 2\log 0,487 - 3\log 3,4 - \log 0,00737}{3}$$

$\log 0,075 = \bar{2},8750613$
$2 \log 0,487 = \bar{1},3750579$

$\bar{2},4055632$ $\quad 3 \log 3,4 = 1,5944368$
$\bar{2},1325325$ $\quad \log 0,00737 = \bar{3},8674675$

$\bar{2},7882149$

(on divise par 3.)

$\log x = \bar{1},5960716 = \log 0,394522$
$\phantom{\log x = \bar{1},59}690$
$\phantom{\log x = \bar{1},596071}26$

Ce calcul est fait avec toute la simplicité possible.

EXERCICES.

Faites ici les Exercices 1042 à 1070 inclus proposés à la fin du Cours.

(*) Si la différence des log. était 112 dix-millionièmes, le n. devrait être augmenté proportionnellement de 7 dixièmes ; la différence étant 112 cent-millionièmes, on ajoute seulement 7 centièmes.

INTÉRÊTS COMPOSÉS.

225. *Les intérêts sont composés quand, après une période de temps convenue, on joint les intérêts au capital pour former un nouveau capital qui produit intérêt à son tour dans la période suivante :*

Les intérêts se capitalisent ordinairement d'année en année ; il en est ainsi quand on ne désigne pas la période.

Les intérêts composés ne sont exigibles que lorsqu'ils ont été stipulés dans le contrat de prêt.

226. 1er Problème. *Que devient au bout de 4 ans un capital de 12000 fr., placé à intérêts composés à 5 p. 0/0 par an?*

Un franc placé au commencement d'une année vaut à la fin de cette année $1^f,05$. Par suite, a^f, placés de même, valent à la fin de l'année $1^f,05 \times a$ ou $a^f \times (1,05)$, c'est-à-dire le capital placé $\times (1,05)$. Appliquons cette formule :

1re année. Les 12000^f placés, valent à la fin : $12000^f (1,05)$.
2e — Ces $12000^f (1,05)$ — $12000 (1,05)^2$.
3e — Ces $12000^f (1,05)^2$ — $12000 (1,05)^3$.
4e — Ces $12000^f (1,05)^3$ — $12000 (1,05)^4$.

Appelons A_4 la valeur cherchée : $A_4 = 12000 (1,05)^4$.

Notre raisonnement est général et peut se faire sur des nombres quelconques ; nous pouvons donc remplacer les nombres donnés par les lettres pour avoir une formule applicable à toutes les questions semblables.

On appelle a le capital placé, n le nombre des années ou autres périodes de temps convenues, r l'intérêt de 1^f pour un an ou pour une période, et A_n la valeur finale acquise de a. En remplaçant les nombres donnés de la question précédente par ces lettres, on obtient la formule générale des intérêts composés.

Formule $\qquad A_n = a(1+r)^n.$ \hfill (1)

On lui applique ordinairement les logarithmes.

$$\log A_n = \log a + n \log (1 + r).$$

Dans notre exemple, $\log A_4 = \log 12000 + 4 \log (1,05)$.

227. Remarque. Quand le temps du placement n'est pas un nombre entier d'années ou de périodes, on calcule par la formule (1) la valeur acquise au bout du nombre entier d'années, puis l'intérêt simple de cette valeur acquise pour la fraction d'année complémentaire, et on additionne cette valeur et cet intérêt.

2° Problème. Ex. : *Trouver la valeur finale de* 12000^f *placés à intérêts composés et à 5 p. 0/0 pendant 5 ans 9 mois.*

$5^{ans}\ 9^{mois} = 5^{ans}\ ^3/_4$. Au bout de 5 ans, les 12000^f valent $12000^f (1,05)^5 = 15315^f,38$. L'intérêt annuel de 1^f étant de $0^f,05$, son intérêt pour $^3/_4$ d'année est $0^f,05 \times ^3/_4$. 1^f vaut au bout de 9 mois, $1^f + 0^f,05 \times ^3/_4$. Par suite, $15315^f,38$ valent de même $15315^f,38 \times (1 + 0,05 \times ^3/_4) = 15315^f,38 \times 1,0375$.

Si on appelle f la fraction d'année complémentaire, on a en général :

$$A_{n+f} = a (1 + r)^n (1 + fr) \qquad (1\ bis).$$

228. La formule (1) contenant quatre nombres a, r, n et A_n, sert à trouver l'un quelconque de ces 4 nombres, les trois autres étant donnés (*).

3° Problème. *Combien faut-il placer à intérêts composés à 4 p. 0/0 pour retirer* 15000^f *au bout de 8 ans ?*

On donne $r = 0,04$, d'où $1 + r = 1,04$; $A_n = 15000$, et $n = 8$; il faut trouver a.

En appliquant la formule (1), on trouve

$15000 = a (1,04)^8$; puis $\log 15000 = \log a + 8 \log (1,04)$.

D'où $\log a = \log 15000 - 8 \log (1,04)$. (*Achevez.*)

(*) Nous pourrions écrire trois autres formules déduites de (1) pour les trois autres séries de questions usuelles d'intérêts composés ; mais il vaut mieux n'avoir qu'une formule à retenir et s'en servir comme nous le faisons.

229. 4° Problème. *A quel taux faut-il placer à intérêts composés un capital de 20000^f pour retirer 30000^f au bout de 9 ans?*

$a = 20000$; $A_n = 30000$; $n = 9$, il faut trouver r ou $1 + r$.

La formule (1) donne $30000 = 20000 \times (1 + r)^9$;
Puis $\log 30000 = \log 20000 + 9 \log(1 + r)$; d'où

$$\log(1 + r) = \frac{\log 30000 - \log 20000}{9} \quad (\textit{Achevez}).$$

230. 5° Problème. *Au bout de combien de temps un capital placé à intérêts composés à 5 p. 0/0 se trouve-t-il doublé?*

$r = 0{,}05$; a devant doubler, $A_n = 2a$, il faut trouver n.
La formule (1) donne $2a = a(1{,}05)^n$, et en simplifiant :

$2 = (1{,}05)^n$, d'où $\log 2 = n \log(1{,}05)$, puis $n = \dfrac{\log 2}{\log(1{,}05)}$.

J'applique les log., et je trouve que n est compris entre 14 et 15. Il faut plus de 14 ans et moins de 15 ans pour doubler un capital placé à intérêts composés et à 5 p. 0/0.

La formule (1) n'étant pas tout à fait exacte quand n n'est pas un nombre entier, la valeur qu'elle fournit pour n évalué en décimales n'est pas exacte; il faut, pour trouver la fraction, avoir recours à la formule (1) *bis* dans laquelle on fait $A = 2a$, et $n = 14$. On trouve ainsi l'équation simplifiée :

$$2 = (1{,}05)^{14} \times (1 + 0{,}05 \times f)$$

qui sert à calculer f avec l'approximation voulue.

On trouve de même le temps au bout duquel un capital placé à un taux *donné* est triplé, quadruplé, quintuplé......, acquiert une valeur donnée quelconque.

TABLE POUR RÉSOUDRE LES QUESTIONS D'INTÉRÊTS COMPOSÉS.

231. Ces questions étant éminemment usuelles, on a construit à l'aide des logarithmes, pour en abréger encore plus la résolu-

TABLE I
Indiquant les valeurs de 1ᶠ à intérêts composés.

ANNÉES.	3 p. %.	3 1/2 p. %.	4 p. %.	4 1/2 p. %.	5 p. %.	6 p. %.
1	1,030000	1,035000	1,040000	1,045000	1,050000	1,060000
2	1,060900	1,071225	1,081600	1,092025	1,102500	1,123600
3	1,092727	1,108718	1,124864	1,141166	1,157625	1,191016
4	1,125509	1,147523	1,169859	1,192519	1,215506	1,262477
5	1,159274	1,187686	1,216653	1,246182	1,276282	1,338226
6	1,194052	1,229255	1,265319	1,302260	1,340096	1,418519
7	1,229874	1,272279	1,315932	1,360862	1,407100	1,503630
8	1,266770	1,316809	1,368569	1,422101	1,477455	1,593848
9	1,304773	1,362897	1,423312	1,486095	1,551328	1,689479
10	1,343916	1,410599	1,480244	1,552969	1,628895	1,790848
11	1,384234	1,459970	1,539454	1,622853	1,710339	1,898299
12	1,425761	1,511069	1,601032	1,695881	1,795856	2,012196
13	1,468534	1,563956	1,665074	1,772196	1,885649	2,132928
14	1,512590	1,618695	1,731676	1,851945	1,979932	2,260904
15	1,557967	1,675349	1,800944	1,935282	2,078928	2,396558
16	1,604706	1,733986	1,872981	2,022370	2,182875	2,540352
17	1,652848	1,794676	1,947900	2,113377	2,292018	2,692773
18	1,702433	1,857489	2,025417	2,208479	2,406619	2,854339
19	1,753506	1,922501	2,106849	2,307860	2,526950	3,025600
20	1,806111	1,989789	2,191123	2,411714	2,653298	3,207,35
21	1,860295	2,059431	2,278768	2,520241	2,785963	3,399564
22	1,916103	2,131512	2,369919	2,633652	2,925261	3,603537
23	1,973587	2,206114	2,464716	2,752166	3,071524	3,819750
24	2,032594	2,283328	2,563304	2,876014	3,225100	4,048935
25	2,093778	2,363245	2,665836	3,005434	3,386355	4,291871
26	2,156591	2,445959	2,772470	3,140679	3,555673	4,549383
27	2,221289	2,531567	2,883369	3,282010	3,733456	4,822346
28	2,287928	2,620172	2,998703	3,429700	3,920129	5,111687
29	2,356566	2,711878	3,118651	3,584036	4,116136	5,418388
30	2,427262	2,806794	3,243398	3,745318	4,321942	5,743491
31	2,500080	2,905031	3,373133	3,913857	4,538039	6,088101
32	2,575083	3,006708	3,508059	4,089981	4,764941	6,453387
33	2,652331	3,111942	3,648381	4,274030	5,003189	6,810590
34	2,731905	3,220860	3,794316	4,466362	5,253348	7,251025
35	2,813863	3,335590	3,946089	4,667348	5,516015	7,686087
36	2,898278	3,450266	4,103933	4,877378	5,791816	8,147252
37	2,985227	3,571025	4,268090	5,096861	6,081407	8,636087
38	3,074184	3,696011	4,438814	5,326219	6,385477	9,154252
39	3,167027	3,825372	4,616366	5,565899	6,704755	9,703508
40	3,262038	3,959260	4,801021	5,816365	6,039899	10,285718
41	3,359899	4,097834	4,993062	6,078101	7,391988	10,902861
42	3,460696	4,241258	5,192784	6,351616	7,761588	11,557033
43	3,564517	4,389702	5,400495	6,637438	8,149667	12,250455
44	3,671452	4,543342	5,616515	6,936123	8,557150	12,985482
45	3,781596	4,702359	5,841176	7,248248	8,985008	13,764611
46	3,895044	4,866941	6,074823	7,574420	9,434258	14,590488
47	4,011895	5,037284	6,317816	7,915269	9,905971	15,465917
48	4,132252	5,213589	6,570528	8,271456	10,401270	16,393872
49	4,256219	5,396065	6,833349	8,643671	10,921333	17,377504
50	4,383906	5,584987	7,106683	9,032636	11,467400	18,420154

INTÉRÊTS COMPOSÉS.

tion, diverses tables qui dispensent naturellement du calcul des logarithmes qui ont servi à les composer. Nous donnons ci-contre une première table contenant les valeurs de $(1+r)^n$ pour les valeurs de n de 1 à 50 et pour les taux d'intérêts les plus usités : 3, 3 $1/2$, 4, 4 $1/2$, 5 et 6 p. 0/0.

Le terme $(1+r)^n$ se trouve dans toutes les formules d'annuités ou d'amortissement. Cette première table est donc la plus utile de toutes.

1er *Problème* précédent (page 233) *résolu avec la table* I. Il faut trouver $(1,05)^4$. On descend la colonne verticale intitulée 5 p. 0/0 jusqu'au 4e nombre 1,215506 qui est la valeur de $(1,05)^4$. On multiplie ce nombre par 12000; ce qui donne $A_4 = 14586^f,07$.

Résolution du 5e *problème* (page 7) *au moyen de la table* I. On descend la colonne intitulée 5 p. 0/0 jusqu'au premier nombre dont la partie entière est 2. Ce nombre correspond à 15 ans ; un capital de 1 fr. et par suite un capital quelconque placé à 5 p. 0/0, à intérêts composés, est doublé après un temps compris entre 14 et 15 ans. (Entre 15 ans et le n. d'unités inférieur.)

En descendant jusqu'au premier nombre qui dépasse 3, on verra que le même capital est doublé après un temps compris entre 22 et 23 ans, à peu près 22 ans 1/2. De même pour les autres taux de la table, et les autres multiples du capital.

252. 6e PROBLÈME. *Au bout de combien d'années un capital de* 15 000 *fr. placé à intérêts composés à* 4 $1/2$ *p.* 0/0 *s'élève-t-il à* 24 000 *fr.?*

La formule (1) donne $24\,000 = 15\,000 (1,05)^n$, et

$$n = \frac{\log 24\,000 - \log 15\,000}{\log 1,05}$$

On calcule n comme au 5e problème.

Résolution au moyen de la table I. (On divise 24 000 par 15 000 ; le quotient est 1,6. (On évalue généralement ce quotient avec 5 ou 6 décimales.) On cherche dans la colonne intitulée 5 p. 0/0 le premier nombre qui surpasse 1,6 ; c'est le onzième. On en conclut que le temps cherché est compris entre 10 et 11 ans. On trouve la fraction d'année au moyen de la formule (1 *bis*).

233. *Capitalisation par semestre (période assez usitée).*

Problème. *On demande ce que deviennent 12000^f placés à intérêts à 5 p. 0/0 par an pendant 18 ans $1/2$ quand les intérêts se capitalisent tous les 6 mois.*

$18^{\text{ans}} 1/2 = 37$ semestres; l'intérêt de 1^f pour 6 mois est $0^f,05:2 = 0^f,025$. On connaît donc $n=37$, $r=0^f,025$, et $a=12000$. La formule (1) donne $A_{37} = 12000 (1,025)^{37}$.

Problème. *Trouver la valeur que prend au bout de 5 ans 8 mois 20 jours un capital de 6400^f placé à 4 p. 0/0 par an, à intérêts capitalisés de semestre en semestre.*

$a = 6400$; $r = 2:100 = 0,02$; $5^{\text{ans}}\ 8^{\text{mois}}\ 20^{\text{jours}} = 11$ semestres $+\ 2^{\text{mois}}\ 20^{\text{jours}} = 11$ semestres $+\ 80^{\text{jours}} = 11^{\text{sem.}}\ {}^{80}/_{180}$. Le nombre de semestres n'étant pas entier, il faut appliquer la formule 1 (bis); $n = 11$; $f = {}^{80}/_{180} = {}^{4}/_{9}$.

$$A_{n+f} = 6400\ (1,04)^{11} \times (1 \times 0,02 \times {}^{4}/_{9}).$$

EXERCICES.

Faites ici les exercices proposés à la fin du Cours n°s 1071 et suivants.

PROBLÈMES SUR LA VARIATION PROGRESSIVE D'UNE POPULATION.

234. Ces problèmes se résolvent comme les questions d'intérêts composés.

La formule est $\quad P = p(1 \pm r)^n \quad (2)$,

p étant la population primitive, r le rapport de p et de son accroissement ou de sa diminution pendant une certaine période de temps, n le nombre des périodes, et P la population, au bout de n périodes.

Problème. *La population d'une ville, qui est de 52000 âmes, s'accroît chaque année des ${}^{2}/_{65}$ de sa valeur au commencement de cette année. Trouver ce qu'elle sera devenue au bout de quatre ans.*

Appelons p sa valeur au commencement d'une année. Comme elle s'accroît durant l'année de ${}^{2}/_{65}\, p$, elle sera à la fin $p + {}^{2}/_{65}\, p = p(1 + {}^{2}/_{65})$. De là une règle facile à énoncer et à suivre d'année en année.

VARIATION PROGRESSIVE D'UNE POPULATION.   239

1ʳᵉ ANNÉE. La population de 52000 âmes devient à la fin $52000\,(1+{}^2\!/_{65})$
2ᵉ   de $52000\,(1+{}^2\!/_{65})$ $52000\,(1+{}^2\!/_{65})^2$.
3ᵉ   de $52000\,(1+{}^2\!/_{65})^2$ $52000\,(1+{}^2\!/_{65})^3$.
4ᵉ   de $52000\,(1+{}^2\!/_{65})^3$ $52000\,(1+{}^2\!/_{65})^4$.
        Finalement : $P_4 = 52000\,(1+{}^2\!/_{65})^4$.

Si la population, au lieu de s'accroître, diminuait dans la même proportion, elle deviendrait au bout de quatre ans, $52000\,(1-{}^2\!/_{65})^4$. Ce raisonnement est général et démontre la formule (2) ci-dessus.

Cette formule contient quatre nombres P, p, r et n; elle sert à trouver l'un de ces quatre nombres demandés, les trois autres étant donnés.

On lui applique ordinairement les logarithmes.

PROBLÈME. *La population de la Seine-Inférieure, qui était de 769450 âmes en 1856, s'élevait en 1861 à 789988 âmes. En supposant qu'elle s'accroisse dans la même proportion dans chaque période quinquennale suivante, que sera-elle en 1886?*

De 1856 à 1886 il y a trente ans ou six périodes. Le premier accroissement est $789988 - 769450 = 20538$. Le rapport $r = 20538/769450$. Si on applique la formule (2), on trouve :

$$P_6 = 769450\left(1+\frac{20538}{769450}\right)^6 = 769450 \times \left(\frac{789988}{769450}\right)^6$$

On applique les logarithmes.

PROBLÈME. *Au bout de combien de temps la population de ce département serait-elle doublée si cet accroissement continuait?*

L'inconnue est n; $P = 2p$. On a :

$$2p = p\left(\frac{789988}{769450}\right)^n;\ \text{d'où}\ \log n = \frac{\log 789988 - \log 769450}{\log 2}.$$

PROBLÈME. *Dans une année le rapport des naissances à la population d'une ville a été de ${}^4\!/_{89}$; celui des décès à la population ${}^3\!/_{80}$. Quel est finalement l'accroissement annuel de cette population?*

Elle a gagné par les naissances ${}^4\!/_{89}$ de sa valeur; elle a perdu par les *décès* $^2/_{80}$; elle s'est donc accrue de $^4/_{89} - ^2/_{80} = \dfrac{320 - 267}{7120}$

$= \dfrac{53}{7120}$ de sa valeur.

La loi de l'accroissement ou de la diminution régulière d'une population se déduit donc aisément des deux rapports que nous venons d'indiquer.

EXERCICES. *Faites les exercices proposés à la fin du Cours, n° 1071 et suivants.* On emploiera pour résoudre ces questions les formules (1), (1 bis), etc., puis la table I. On aura ainsi des vérifications en même temps qu'on s'exercera aux deux méthodes.

CAISSE D'ÉPARGNE (*).

235. EXTRAIT DES STATUTS. La caisse d'épargne a pour objet principal de recevoir et de faire fructifier les économies qui lui sont confiées.

236. Aucun versement ne peut être moindre qu'un franc, ni dépasser 300 fr., ni comprendre de fraction de franc. — On ne peut pas faire plus d'un versement par semaine. On ne reçoit plus de versements d'un individu dont le compte s'élève à 1000 fr.

237. La caisse alloue aux déposants un intérêt qui est ordinairement de $3\ ^1/_2$ ou de $3\ ^3/_4$ pour 0/0. Elle tient compte de l'intérêt à partir du dimanche qui suit le versement jusqu'au dimanche qui précède le jour désigné pour le remboursement. — Toute somme de 1 fr. et au-dessus produit intérêt; les fractions de franc n'en produisent pas. — Les intérêts sont réglés à la fin de décembre; on les ajoute au capital pour produire de nouveaux intérêts.

238. Un déposant dont l'avoir à la caisse est suffisant pour acheter 10 fr. de rente au moins peut obtenir, sur sa demande et

---

(*) Nous avons mis dans notre arithmétique ce chapitre des caisses d'épargne, parce que les calculs qu'on y fait sont en réalité des calculs d'intérêt simple. Nous le reproduisons néanmoins ici parce que cette question est proposée dans le programme d'algèbre pour *l'enseignement spécial*.

CAISSE D'ÉPARGNE.

sans frais, une inscription de rente de 10 fr. sur le grand-livre de la dette publique.

239. Tout déposant peut demander quand il veut le remboursement d'une partie ou de la totalité de son avoir à la caisse. Cette demande se fait le dimanche. Le remboursement est ordinairement fait dans la semaine, et au plus tard 15 jours après la demande.

240. Ces renseignements font connaître l'objet principal des caisses d'épargne. Le travailleur y peut déposer ses économies par petites sommes, à mesure qu'il les fait, afin de se créer une réserve pour les cas de maladie, de chômage, de besoins imprévus, ou afin d'en faire un emploi avantageux quand la somme sera assez forte et l'occasion propice. Pendant ce temps, la caisse lui conserve plus sûrement son avoir et le fait fructifier.

241. Calcul des intérêts. Comptabilité des caisses d'épargne. Les calculs d'intérêts à la fin de chaque année ou à la liquidation du compte d'un déposant seraient assez longs, si on ne s'étudiait pas à les simplifier, à cause de la multiplicité et de la variété des versements, des remboursements, et des nombres de semaines à considérer. Voici comment on s'y prend dans la comptabilité des caisses d'épargne pour les simplifier.

Les intérêts se comptant d'un dimanche à un autre dimanche, l'unité de temps naturelle est la semaine. On considère l'année comme composée de 52 semaines exactement.

L'intérêt le plus ordinairement accordé est 3 $^1/_2$ p. 0/0 par an. *On supposera le taux égal à 3 $^1/_2$ p. 0/0 dans tous les calculs suivants faits ou proposés.* A ce taux, l'intérêt de 1 fr. pour une semaine $= 0,035 : 52 = 0,0006730$ à $0,0000001$ près. On simplifie donc *sans erreur* sensible, en adoptant ce multiplicateur fixe dans tous les calculs d'intérêts en question (*).

(*) Le maximum de l'avoir total d'un déposant ou du total de ses versements étant 1000 fr., et le plus grand nombre de semaines pour chaque article étant 52, *la plus grande erreur possible* sur l'avoir total d'un déposant à la fin d'une année, calculé simplement à l'aide du multiplicateur fixe 0,0006730, est évidemment $0^f,000001 \times 52000 = 0^f,0052$, à peu près 1/2 centime. Nous recommandons instamment l'emploi de ce multiplicateur plus simple que la multiplication par $0^f,035$ suivie de la division par 52.

Intérêts anticipés. Au moment même où l'on inscrit un versement à la caisse, on en calcule l'intérêt depuis le dimanche qui suit le jour où il a été fait jusqu'au dernier dimanche de l'année courante, et on inscrit aussitôt cet intérêt à côté du versement, sous le nom d'*intérêts anticipés*.

Intérêts rétrogrades. Quand un remboursement a lieu, l'intérêt de la somme retirée cesse de courir, à partir du dimanche même où a été faite la demande de remboursement. Cette somme retirée aurait produit un certain intérêt depuis ce dimanche jusqu'au dernier dimanche de l'année. On calcule cet intérêt, et on l'inscrit aussitôt à côté du remboursement sous le nom d'*intérêt rétrograde*. D'après ces écritures, le compte de chaque déposant se fait très-simplement, comme il suit, à la fin de chaque année :

On additionne : 1° *tous les versements ;* 2° *les remboursements ;* 3° *les intérêts anticipés ;* 4° *les intérêts rétrogrades. On additionne ensuite les sommes* 1° *et* 3° *d'une part, et les sommes* 2° *et* 4° *de l'autre. Enfin on retranche la dernière somme de la précédente.*

Pour continuer le compte, on inscrit l'avoir total trouvé au compte de l'année suivante comme un 1ᵉʳ versement à côté duquel on inscrit son intérêt anticipé pour la nouvelle année entière.

On inscrit ainsi l'avoir total au commencement de chaque année quand les versements et les remboursements continuent. Dans le cas contraire (voyez les exercices), on applique naturellement, pour calculer l'avoir après plusieurs années de dépôt, la formule ou la table I des intérêts composés.

EXERCICES.

1. *Compte d'un déposant à la fin d'une année* ($3\frac{1}{2}$ p. %).

Versements.	Nombre de semaines à compter.	Intérêts anticipés.	Remboursements.	N. de semaines à déduire.	Intérêts rétrogrades.
140ᶠ	42		40ᶠ	28	
84	39		150	18	
175	32		65	15	
140	27		120	12	
185	24				
75	18				

CAISSE D'ÉPARGNE. 243

Achevez ce compte.

2. Qu'arriverait-il si les mêmes versements et remboursements (Exerc. 1) avaient lieu aux mêmes époques pendant 5 ans? On supposera qu'on achète du 3 p. % au cours moyen de 69^f,30 chaque fois que l'avoir atteint 1000^r.

1587. Un journalier a 525^f cachés depuis 8 ans pour acheter un coin de terre. S'il avait placé cet argent à la caisse d'épargne, où il aurait été autant en sûreté, qu'aurait-il maintenant? (R.)

1588. Un ouvrier gagnant 90^r par mois a la bonne habitude de porter 15^f à la caisse d'épargne en touchant sa paye. Voulant s'établir, il retire son argent au bout de 5 ans. Que reçoit-il? (R.)

1589. Un ouvrier fait le lundi et perd ainsi 2^f,50 pour sa journée et 3^f en dépenses inutiles; qu'aurait-il au bout d'une année s'il se conduisait bien et portait chaque semaine à la caisse d'épargne ce qu'il perdait auparavant? (R.)

3. Qu'aurait l'ouvrier précédent en continuant les mêmes placements pendant 2 ans, — pendant 8 ans; pendant 15 ans? On supposera qu'on lui achète du 4 $\frac{1}{2}$ p. % au cours moyen de 98^f,50, quand son avoir déposé atteint le maximum?

4. Au bout de combien de temps l'ouvrier précédent aura-t-il de quoi acheter 45^f de rente 4 $\frac{1}{2}$ au cours de 98^f,50?

5. DÉCOMPTE D'UN DÉPOSANT. On lit sur son livret:

Avoir, au 1er janvier 1862.................................. 374 fr.
Versé le 26 janvier 25 fr., — le 16 février 18 fr., — le 27 avril 42 fr. — Remboursé le 9 mai (vendredi) 35 fr. — Versé le 13 juillet 36 fr., — le 17 août 20 fr., — le 31 août 15 fr. — Remboursé le 19 septembre (vendredi) 30 fr., — le 3 octobre (vendredi) 10 fr. — Versé le 26 octobre 25 fr., — le 16 novembre 28 fr., — le 14 décembre 20 fr. (Tous les jours de versements indiqués sont des dimanches.) On demande de calculer l'avoir au 1er janvier 1863, en établissant le compte par semaines et en tableau comme celui du 1er exercice (Ar. n° 2).

6. De deux ouvriers qui gagnent chacun 4^{fr},50 par jour, l'un fait le lundi, tandis que l'autre travaille ce jour-là; ce qui lui permet de porter à la caisse d'épargne 18 fr. le premier dimanche de chaque mois, à partir du 5 janvier 1862. Quel sera son avoir à la caisse le 1er janvier 1864.

7. De deux ouvriers qui travaillent 25 jours par mois, et gagnent 40 c. par heure, l'un se met à l'ouvrage à 5 h. 1/2 du matin et l'autre à 8 h. 1/2 seulement. Le second dépense tout ce qu'il gagne, et le premier porte le premier dimanche de chaque mois à la caisse d'épargne ce qu'il gagne de plus que l'autre. Il commence ses versements le 2 février 1862 (dimanche). A quelle époque son avoir atteindra-t-il le maximum de 1000 fr.?

8. Un employé place à la caisse d'épargne à partir du dimanche, 9 mai 1869, 9 fr. une semaine et 4 fr. 50 la semaine suivante (alternativement). A quelle époque son avoir s'élèvera-t-il à 1000 fr.? Si on lui achète alors du 3 p. % au cours de 72 fr. et qu'il continue ses versements hebdomadaires de 9 fr. et de 4 fr. 50, en versant aussi chaque trimestre la rente de son 3 p. %, à quelle époque aura-t-il acquis un 2e capital de 1000 fr.?

ANNUITÉS. (Placements et remboursements par annuités.)

242. Placements par annuités.

On fait des placements par annuités quand on place la même somme à intérêts composés *au commencement* de chaque année pendant un certain nombre d'années.

Supposons le placement annuel de 1^f, *le taux de l'intérêt de* r^c *pour* 1^f *par an, et le nombre d'années* 25, *et cherchons la somme totale produite par les* 25 *placements successifs.*

Le 1er franc reste placé pendant 25 ans; le 2e pendant 24 ans; le 3e pendant 23 ans, etc...., le 23e pendant 3 ans; le 24e pendant 2 ans, et enfin le 25e pendant 1 an. D'après la formule (1) du n° 226, les diverses sommes produites par ces placements sont $(1+r)^{25}$, $(1+r)^{24}$, $(1+r)^{23}$...., $(1+r)^3$, $(1+r)^2$, $(1+r)$. Toutes ces sommes considérées de droite à gauche forment une progression géométrique de 25 termes, dont le 1er terme est $1+r$ et la raison $(1+r)$. Nous obtiendrons le total général qui est la somme totale produite au bout de 25 ans, A_{25}, en appliquant la formule $s = \dfrac{a(q^n - 1)}{q - 1}$ dans laquelle nous ferons $a = 1+r$; $q = 1+r$, et $n = 25$; on trouve ainsi :

$$A_{25} = \frac{(1+r)[(1+r)^{25} - 1]}{(1+r) - 1} = \frac{(1+r)[(1+r)^{25} - 1]}{r}$$

Si le placement au lieu de 1^f est a^f (a fois 1^f), et le nombre d'années n, la somme totale produite

$$A_n = \frac{a(1+r)[(1+r)^n - 1]}{r} \qquad (3)$$

Telle est la formule générale des placements par annuités.

On peut la trouver en raisonnant sur a^f et n années comme nous l'avons fait sur 1^f et 25 ans, le taux annuel étant de r^c pour 1^f par an.

Cette formule contenant quatre quantités A, a, r et n peut servir à trouver l'une quelconque de ces quantités, connaissant les trois autres. Néanmoins, quand le r taux est inconnu, on ne peut pas généralement le calculer à l'aide de cette formule par les méthodes expliquées jusqu'ici.

ANNUITÉS. 245

APPLICATION. 1ᵉʳ PROBLÈME. *Un père voulant former une dot pour sa fille, actuellement âgée de six ans, commence aujourd'hui un placement par annuités de 3600ᶠ à 4 1/2 pour 0/0. Quelle dot aura sa fille à l'âge de 20 ans.*

$20 - 6 = 14$. Le nombre d'années $n = 14$. L'annuité $a = 3600$, et $r = 4,5 : 100 = 0,045$. Appliquons la formule.

La dot cherchée $$A_{14} = \frac{3600\,(1,045)\,[(1,045)^{14} - 1]}{0,045}.$$

On cherche $(1,045)^{14}$ dans la table I, page 236. On met le nombre trouvé 1,851945 diminué de 1 ou 0,851945 dans la valeur A_{14}, et on achève le calcul indiqué.

2ᵉ PROBLÈME. *On veut faire un placement par annuités à 5 p. 0/0 qui produise 100000ᶠ au bout de 15 ans. Quelle doit être l'annuité ?*

On donne ici A_n ou $A_{15} = 100000$; $n = 15$ et $r = 0,05$: il faut trouver a. La formule (3) donne

$$100000 = \frac{a\,(1,05)\,[(1,05)^{15} - 1]}{0,05}; \text{ d'où } a = \frac{100000 \times 0,05}{(1,05)\,[(1,05)^{15} - 1]}.$$

On prend $(1,05)^{15}$ dans la table I, on met le nombre trouvé dans la valeur de a, puis on achève le calcul indiqué.

3ᵉ PROBLÈME. *Combien faut-il d'années au moins pour qu'un placement par annuités de 8000ᶠ à 5 p. 0/0 produise 20000ᶠ ?*

On donne $A_n = 200000$, $a = 8000$; $r = 0,05$; il faut trouver n. La formule (3) donne

$$200000 = \frac{8000\,(1,05)\,[(1,05)^n - 1]}{0,05}.$$

On en déduit $(1,05)^n - 1 = 200000 \times 0,05 : 8000 \times (1,05) = 1,25 : 1,05 = \dfrac{125}{105}$; d'où $(1,05)^n = 1 + \dfrac{125}{105} = \dfrac{230}{105}$.

On déduit de là $n = \dfrac{\log 230 - \log 105}{\log 1,05}$

La partie entière de $n + 1$ est le nombre d'années demandé.

TABLE II.

Valeur acquise à la fin d'un n. d'années par un placement annuel de 1ᶠ.

ANNÉES.	3 p. %	3 1/2 p. %	4 p. %	4 1/2 p. %	5 p. %	6 p. %
1	1,030000	1,035000	1,040000	1,045000	1,050000	1,060000
2	2,090900	2,106325	2,121600	2,137025	2,152500	2,183600
3	3,183627	3,214943	3,246464	3,278191	3,310125	3,374616
4	4,309136	4,362466	4,416323	4,470710	4,525631	4,737093
5	5,468410	5,550152	5,632975	5,716892	5,801913	5,975319
6	6,662462	6,779408	6,898294	7,019152	7,142008	7,393838
7	7,892336	8,051687	8,214226	8,380014	8,549109	8,897468
8	9,159106	9,368496	9,582795	9,802114	10,026564	10,491316
9	10,463879	10,731393	11,006107	11,288209	11,577893	12,180795
10	11,807796	12,141992	12,486351	12,841179	13,206787	13,971643
11	13,192030	13,601962	14,025805	14,464032	14,917127	15,869941
12	14,617790	15,113030	15,626838	16,159913	16,712983	17,882138
13	16,086324	16,676986	17,291911	17,932109	18,598632	20,015066
14	17,598914	18,295681	19,023588	19,784054	20,578564	22,275970
15	19,156881	19,971030	20,824531	21,719337	22,657492	24,672528
16	20,761588	21,705016	22,697512	23,741707	24,840366	27,212880
17	22,414435	23,499691	24,645443	25,855084	27,132385	29,905653
18	24,116868	25,357181	26,671229	28,063562	29,539004	32,759992
19	25,870374	27,279682	28,778079	30,371423	32,065954	35,785591
20	27,676486	29,269471	30,969202	32,783137	34,719252	38,992727
21	29,536780	31,328902	33,247970	35,303378	37,505214	42,392290
22	31,452884	33,460414	35,617889	37,937030	40,430475	45,995828
23	33,426470	35,666528	38,082604	40,689196	43,501999	49,815577
24	35,459264	37,949857	40,645908	43,565210	46,727099	53,864512
25	37,553042	40,313102	43,311745	46,570645	50,113454	58,156383
26	39,709634	42,759060	46,084214	49,711324	53,669126	62,705766
27	41,930923	45,290627	48,967583	52,993333	57,402583	67,528112
28	44,218850	47,910799	51,966286	56,423033	61,322712	72,639798
29	46,575416	50,622677	55,084938	60,007070	65,438848	78,058186
30	49,002678	53,429471	58,328335	63,752388	69,760790	83,801677
31	51,502759	56,334502	61,701469	67,666245	74,298829	89,889778
32	54,077841	59,341210	65,209527	71,756226	79,063171	96,343165
33	56,730177	62,453152	68,857909	76,030256	84,066959	103,183755
34	59,462082	65,674013	72,652225	80,496618	89,320307	110,434780
35	62,275944	69,007603	76,598314	85,163964	94,836323	118,120867
36	65,174223	72,457869	80,702246	90,041344	100,268139	126,268119
37	68,159449	76,028895	84,970336	95,138205	106,709546	134,904206
38	71,234253	79,724906	89,409150	100,464424	113,095023	144,058458
39	74,404260	83,950278	94,025516	106,030323	119,799774	153,761966
40	77,663298	87,309557	98,826536	111,846688	126,839763	164,047684
41	81,023196	91,607871	103,819598	117,924789	134,231751	174,950545
42	84,483892	95,848629	109,012382	124,276404	141,999339	186,507577
43	88,048409	100,238331	114,412877	130,913842	150,143006	198,758032
44	91,719861	104,781673	120,029392	137,849965	158,700156	211,743514
45	95,501457	109,484031	125,870568	145,098214	167,685164	225,508125
46	99,396501	114,350973	131,945790	152,672638	177,119423	243,098612
47	103,408396	119,388257	138,263206	160,587902	187,025393	255,564529
48	107,540648	124,601846	144,833734	168,859357	197,426663	271,958401
49	111,796867	129,997910	151,367084	177,503028	208,347996	289,335905
50	116,180773	137,582837	158,773767	186,535665	219,815395	307,756059

AMORTISSEMENT 247

243. TABLE DES PLACEMENTS PAR ANNUITÉS.

On a formé une table des valeurs de $\dfrac{(1+r)[(1+r)^n-1]}{r}$ pour les valeurs de n de 1 à 50, qui sert à résoudre les questions de placements par annuités analogues aux précédentes (c'est la table II ci-contre).

EMPLOI DE LA TABLE II.

1ᵉʳ PROBLÈME *précédent.* On cherche le nombre qui correspond à $n=14$ dans la colonne intitulée 4 1/2 p. 0/0 ; c'est 19,784054 et on multiplie ce nombre par 3600.

2ᵉ PROBLÈME *précédent.* On cherche le nombre qui correspond à $n=15$ dans la colonne intitulée 5 p. 0/0 ; c'est 22,657492, et on divise 100000 par ce nombre.

3ᵉ PROBLÈME *précédent.* On divise 200000 par 8000 ce qui donne 25. On cherche dans la table, dans la colonne intitulée 5 p. 0/0, le plus petit nombre dont la partie entière est au moins 25 ; c'est 27,132385. Le nombre d'années à gauche, 16, est celui que l'on demande.

EXERCICES. *A la fin du Cours nᵒˢ 1071 à 1111.*

5. Quelle somme annuelle faut-il placer à intérêts composés à 4 1/2 pour 0/0 à partir de la naissance d'une fille pour avoir de quoi lui donner à l'âge de 19 ans une dot de 4500ᶠ de rente 4 1/2 pour 0/0 achetés au cours de 102fr.?
6. Au bout de combien d'années aura-t-on de quoi acheter 900ᶠ de rente 3 p. 0/0 au cours de 70ᶠ en plaçant 1250ᶠ au commencement de chaque année?
7. A quel taux faut-il placer 3150ᶠ à la fin de chaque année pendant 12 ans pour avoir 50138ᶠ,92 au moment du dernier placement?

On emploiera encore successivement pour tous ces exercices les deux méthodes, c'est-à-dire l'application des formules spéciales et celle des tables I et II.

AMORTISSEMENT. (*Remboursements par annuités*).

244. *Amortir* une dette, c'est l'éteindre par des remboursements partiels successifs.

On appelle alors *annuités*, des payements ou des remboursements égaux, effectués à des intervalles de temps égaux, ordinairement d'année en année.

La valeur d'une annuité payée pour amortir une dette, en capital et en intérêts, dépend de la quotité de la dette, du taux de l'intérêt, et de la durée de l'amortissement.

Dans les calculs relatifs aux intérêts composés et à l'amortissement, le taux d'intérêt le plus commode à considérer est l'intérêt de 1 fr. pour l'unité du temps. C'est même le plus commode pour toutes les questions d'intérêts.

245. PROBLÈME. *Un particulier emprunte à intérêts composés au taux de* r *fr. pour* 1 *fr. par an, une somme de* A *fr. qu'il doit rembourser en* n *payements égaux effectués d'année en année. On demande la valeur de l'annuité.*

Soit a l'annuité cherchée. En donnant a fr. à la fin de chaque année le débiteur paye l'intérêt dû pour cette année et rembourse une certaine partie de la somme prêtée. A la fin de la 1re année, par exemple, le débiteur paye l'intérêt de A qui est A, r, et rembourse une 1re partie a_1 de la dette. Il donne pour cela a fr.; donc

$$a = Ar + a_1 \qquad (k)$$

Soient $a_1, a_2, a_3, a_4, \ldots, a_n$ les parties de la dette successivement remboursées de cette manière ;

$$a_1 + a_2 + a_3 + a_4 + \ldots a_n = A.$$

Chacun de ces remboursements $a_1, a_2, a_3, \ldots, a_n$ *est égal à celui qui le précède immédiatement multiplié par* 1 + r. En effet soient a_m et a_{m+1} deux remboursements consécutifs quelconques. Le débiteur qui a remboursé a_m fr. à la fin d'une année ne doit plus l'intérêt de ces a_m fr., qui est $a_m.r$; il peut donc consacrer l'année suivante à l'amortissement une somme égale à $a_m + a_m r = a_m(1 + r)$; donc $a_{m+1} = a_m(1 + r)$.

A est donc la somme de n termes d'une progression géométrique dont le premier terme est a_1 et la raison $1 + r$;

$$A = \frac{a_1(1+r)^n - a_1}{(1+r) - 1} = \frac{a_1[(1+r)^n - 1]}{r}; \text{ d'où } a_1 = \frac{Ar}{(1+r)^n - 1} \quad (h).$$

AMORTISSEMENT.

Substituons cette valeur de a_1 dans l'égalité (k); il vient

$$a = \text{A}.\,r + \frac{\text{A}r}{(1+r)^n - 1} = \frac{\text{A}r(1+r)^n}{(1+r)^n - 1}.$$

FORMULE. La formule générale de l'amortissement est donc :

$$a = \frac{\text{A}.\,r.\,(1+r)^n}{(1+r)^n - 1}. \qquad (4)$$

Cette formule renferme quatre quantités a, A, n, et r; on peut s'en servir pour trouver une quelconque de ces quantités, connaissant les trois autres, r excepté comme il est dit n° 247.

AUTRE SOLUTION. Soit a l'annuité cherchée. Si on reporte tous les payements à la fin des n années, on trouve que le particulier doit au bout de ce temps, $\text{A}(1+r)^n$. Mais, en payant a' à la fin de chaque année, il dépose successivement, à vrai dire, dans la caisse de son créancier n annuités de a' que celui-ci peut faire valoir et qui produisent ensemble, après n années, $a(1+r)^{n-1} + a(1+r)^{n-2} + a(1+r)^2 + a(1+r) + a = \frac{a[(1+r)^n - 1]}{r}$. Cette valeur acquise doit payer la dette finale. On doit donc avoir $\text{A}(1+r)^n = \frac{a[(1+r)^n - 1]}{r}$; d'où on déduit $a = \frac{\text{A}r(1+r)^n}{(1+r)^n - 1}$.

Cette démonstration de la formule générale de l'amortissement est simple; mais elle n'est pas logique et naturelle, comme celle du texte qui est fondée sur la division naturelle et pratique de chaque annuité en deux parties dont chacune a sa destination spéciale. Dans l'amortissement des emprunts d'États, des villes, des compagnies, etc., contractés en rentes ou obligations, il y a lieu de calculer les sommes a_1, a_2, a_3,..... a_n consacrées successivement à l'amortissement de ces rentes ou obligations, et il est *souvent* utile de savoir que ces sommes forment une progression arithmétique dont la raison est $1+r$. C'est pourquoi nous croyons *notre première démonstration préférable.*

APPLICATION. *Une dette de* 40000 *fr. contractée à intérêts composés à* 4 *p. 0/0 doit être acquittée en quinze payements égaux effectués à la fin de chaque année. Trouver l'annuité.*

$$\text{A} = 40000;\quad r = 0,04;\quad n = 15;\quad a = \frac{40000\,(1,04)^{15}}{(1,04)^{15} - 1}.$$

On cherche dans la table ou par log. la valeur de $(1,04)^{15}$; on la met dans cette égalité, puis on fait les calculs.

245. Problème. *Une dette contractée à intérêts composés à 6 p. 0/0 par an doit être remboursée en 12 payements égaux de 1500 chacun, effectués d'année en année. Quelle est cette dette ?*

L'inconnue est A. On déduit de la formule (4),

$$A = \frac{a[(1+r)^n - 1]}{r(1+r)^n}.$$

$a = 1500$; $r = 0,06$; $n = 12$; donc :

$$A = \frac{1500[(1,06)^{12} - 1]}{(1,06)^{12} \times 0,06}.$$

246. Problème. *Un particulier qui a emprunté 12000^f à intérêts composés et à 5 p. 0/0 par an, paye à la fin de chacune des années suivantes la somme de 1200^f. Au bout de combien de temps sera-t-il libéré ?*

Je suppose que le temps demandé soit un nombre entier d'années n. Alors la formule (4) s'applique, et donne :

$$1200 = \frac{12000\,(1,05)^n \times 0,05}{(1,05)^n - 1};$$

d'où on déduit : $(1,05)^n - 1 = 10\,(1,05)^n \times 0,05 = (1,05)^n \times 0,5$; puis $(1,05)^n \times 0,5 = 1$, et enfin $(1,05)^n = 1 : 0,5 = 2$.

En appliquant les logarithmes, on trouve que n est compris entre 14 et 15. On en conclut que la dette sera amortie par 14 annuités de 1200^f, et par un 15e payement moindre que 1200^f.

Pour trouver ce dernier payement, on cherche quelle est la dette A qui, à 5 p. 0/0, serait amortie par 14 annuités de 1200 fr. (probl. précéd.). On retranche A de 12000 fr.; soit a' le reste. $12000^f = (A + a')$. Au bout de 14 ans, on a remboursé A en capital et en intérêts. Il reste à rembourser a' et ses intérêts composés pour 14 ans ou pour 15 ans, suivant que l'on rembourse cette somme tout de suite ou à la fin de la 15e année; or on connaît a'.

247. Quand r est inconnu, le problème ne peut être résolu d'une

AMORTISSEMENT.

manière générale et précise que si n est un nombre entier inférieur à 3; car l'équation qui donne r est dans les autres cas d'un degré supérieur à 2. Cependant il ne manque pas de questions usuelles très-intéressantes qui conduisent à l'équation (4), dans lesquelles r est la seule inconnue et n un nombre entier assez grand. Nous indiquerons à la fin de ce supplément la marche à suivre pour trouver alors r approximativement. (*Voy.* les OBLIGATIONS *avec primes.*)

EXERCICES.
(*Voyez les exercices proposés à la fin du Cours* n° 1008 *au* n° 1104).

8. Une somme A empruntée à intérêts composés, et à r^f pour 1^f par an, doit être remboursée en n payements égaux effectués d'année en année. On demande ce qui restera dû à la fin de la $k^{ième}$ année.

248. REMBOURSEMENTS PAR ANTICIPATION.

VALEUR ACTUELLE, *ou* VALEUR EN ARGENT COMPTANT *d'une somme* S *payable dans* n *années, quand le taux de l'intérêt est* r^f *pour* 1^f *par an.* On appelle ainsi la somme s qui, augmentée de ses intérêts composés pour n années au taux fixé, devient égale à S.

$$s(1+r)^n = S; \quad \text{d'où} \quad s = \frac{S}{(1+r)^n}. \qquad (\text{II})$$

Un particulier qui doit une somme S payable dans n années s'acquitte, si le créancier y consent, en payant comptant la valeur actuelle de S, c'est-à-dire $\frac{S}{(1+r)^n}$. En effet, le créancier qui reçoit aujourd'hui $\frac{S}{(1+r)^n}$ peut placer cette somme à intérêts composés au taux r, pour n années. Au bout de ce temps, il touche $\frac{S}{(1+r)^n} \times (1+r)^n = S;$ c'est exactement ce qui lui est dû.

249. PROBLÈME. *Un particulier qui a emprunté au taux de* r^f *pour* 1 fr. *par an, veut se libérer, par un payement immédiat, de* n *annuités consécutives de* a^f *dont la* 1re *est payable dans un an. Combien payera-t-il en tout ?*

Soit A la somme cherchée. Il s'acquittera de la première an-

nuité de a^r, payable dans un an, en donnant comptant $\dfrac{a}{1+r}$ (n° 7);
de la deuxième annuité, en payant comptant $\dfrac{a}{(1+r)^2}$; ainsi de suite.

Il donnera donc en tout :

$$A = \frac{a}{1+r} = \frac{a}{(1+r)^2} + \frac{a}{(1+r)^3} + \cdots + \frac{a}{(1+r)^n}.$$

Réduisons au même dénominateur, et mettons a en facteur commun :

$$A = \frac{a[(1+r)^{n-1} + (1+r)^{n-2} + (1+r)^{n-3} + \cdots + 1]}{(1+r)^n} = \frac{a[(1+r)^n - 1]}{r(1+r)^n}.$$

Cette somme A est ce qu'on appelle la valeur actuelle, ou la valeur en argent comptant d'une obligation de payer a^r à la fin de chaque année, pendant n années :

EXERCICES PROPOSÉS.

Faites les exercices proposés à la fin du Cours n°s 1098 à 1104.

9. Trouver la somme à payer immédiatement pour rembourser n annuités de a payables la 1re dans k années seulement, et les suivantes de 3 ans en 3 ans.

250. Nous avons supposé dans ce qui précède les annuités payables *d'année en année;* l'intervalle des payements peut être six mois, trois mois, un temps quelconque. La formule (1) est toujours applicable, si on convient que r désigne l'intérêt de 1 fr. pour l'intervalle convenu, a la quotité d'un payement, et n le nombre des intervalles qui composent la durée de l'amortissement.

Les prêts hypothécaires faits par la Société du Crédit foncier de France se remboursent par des payements égaux faits de six mois en six mois. La ville de Paris consacre tous les six mois une somme fixe à l'amortissement de chacun de ses emprunts. Les Compagnies de chemins de fer amortissent par des remboursements annuels.

251. Crédit foncier de France. Les opérations principales de cette Compagnie sont des prêts hypothécaires à longs termes remboursables par annuités.

AMORTISSEMENT. — CRÉDIT FONCIER DE FRANCE.

La durée des prêts peut varier de dix à cinquante ans.

Ils sont faits, non en espèces, mais en obligations foncières que l'administration remet à l'emprunteur.

Ces obligations sont de deux natures : 1° obligations de 500 fr., rapportant 4 p. 0/0 d'intérêt par an et participant chaque année à quatre tirages de lots, qui se montent ensemble à 800000 fr. ; 2° obligations à 5 p. 0/0 d'intérêt sans lots.

L'emprunteur reçoit des obligations au pair, c'est-à-dire chacune pour une valeur de 500 fr. dont il se reconnaît débiteur envers la Compagnie. Il vend ensuite ces obligations pour en faire de l'argent, soit à la Bourse, soit par l'intermédiaire de la Compagnie. Les obligations 5 p. 0/0 sans lots ne se négocient pas à la Bourse. La Compagnie les reprend moyennant un escompte variable avec les circonstances financières.

Le remboursement des frais se fait par annuités payées tous les six mois. La valeur de chaque annuité dépend de la durée du prêt, de l'intérêt afférent aux obligations remises à l'emprunteur (eu égard aux lots ou primes), et comprend en outre une somme fixe pour frais d'administration (60 c. pour 100 fr. par an).

L'emprunteur peut se libérer à toute époque par anticipation, en obligations semblables à celles qui lui ont été remises, et que la Compagnie lui reprend au pair. En calculant la somme qu'il doit payer pour cela, il faut diminuer les annuités suivantes des frais d'administration, qui ne sont dus que pendant la durée du prêt.

Voici le tableau des annuités à payer d'après les conditions précédentes pour les durées les plus usitées :

OBLIGATIONS A 4 % Intérêt perçu 4,51 (eu égard aux lots).		OBLIGATIONS A 5 % Intérêt net 5 % (sans lots).	
DURÉE du prêt.	ANNUITÉS à payer pour 100 fr.	DURÉE du prêt.	ANNUITÉS à payer pour 100 fr.
années.		années.	
50	5f,65.0000	50	6f,06.0000
40	6,02.0488	40	6,40.5200
30	6,74.4240	30	7,07.0480
20	8,24.2040	20	8,56.7248
10	13,13.4384	10	13,42.9426

252. Application. *Un emprunteur reçoit 120 obligations 4 p. 0/0, remboursables en 30 ans. Quelle annuité payera-t-il ?*

120 obligations valent 60000 fr. ou 600 fois 100 fr. L'annuité à payer sera $6,71424 \times 600 = 4028^f,544$, soit $2014^f,272$ par semestre.

253. Remarque importante. Un emprunteur ne doit pas demander au Crédit foncier les obligations 4 p. % qui lui sont nécessaires pour réaliser la somme déterminée d'après la valeur nominale (500 fr.) d'une obligation, mais d'après le cours du jour de ces obligations à la Bourse de Paris. Il en calculera le nombre d'après cette règle :

Règle. *L'emprunteur du Crédit foncier doit diviser la somme qu'il veut réaliser par le cours du jour d'une obligation et ajouter une unité au quotient (si la division donne un reste). Le quotient ainsi obtenu est le nombre des obligations à demander.*

1ᵉʳ Exemple. Supposons qu'on veuille emprunter 60000 fr. quand le cours des obligations 4 p. % est $457^f,50$. A ce cours, 120 obligations ne produiraient que 54900 fr. (moins le courtage); il manquerait environ 5100 fr. Prévoyant cela d'après le cours, l'emprunteur doit demander 12 obligations de plus, c'est-à-dire en tout 132 obligations dont il retirera 60390 fr. (moins le courtage); il sera débiteur de 66000 fr. au Crédit foncier, auquel il payera une annuité de 660 fois $6^f,714240 = 4431^f,3984$, ou $2215^f,70$ par semestre.

Il résulte de là que l'annuité payée dans ce cas pour 100 fr. réalisés est un peu plus forte que le tableau ne l'indique. L'emprunteur se reconnaît débiteur de 500 fr. pour chaque obligation qui ne lui a produit net que $457^f,50$. Autrement dit, pour 100 fr. inscrits à son débit au crédit foncier, il ne reçoit que $91^f,50$. C'est donc en réalité pour $91^f,50$ réalisés qu'il paye une annuité de $6^f,714240$. Combien paye-t-il pour 100 fr. réalisés ?

Pour 1 fr. réalisé, il paye $\dfrac{6,71424}{91,5}$; pour 100 fr., $\dfrac{671,424}{91,5} = 7^f,338$.

2ᵉ Exemple. Quand les obligations sont cotées au-dessus du pair, par exemple à 507 fr., l'emprunteur n'a pas besoin de 120 obligations pour réaliser 60000 fr., et l'annuité qu'il paye est un peu moins forte que celle du tableau.

AMORTISSEMENT DES EMPRUNTS PUBLICS.

Exercices proposés.

10. Combien, faut-il demander d'obligations, dans le 2ᵉ exemple précédent, et quelle sera l'annuité réellement payée par l'emprunteur pour 100 fr. réalisés?

11. Un particulier, qui a besoin de 84000 fr., emprunte pour 40 ans au Crédit foncier des obligations 4 p. 0/0 dont le cours est 457^f,50. Combien doit-il demander d'obligations? Quelle annuité aura-t-il à payer? Quelle sera en réalité l'annuité payée pour 100 fr. réalisés?

12. Résoudre les mêmes questions pour le cas où l'emprunteur reçoit des obligations 5 p. 0/0 (l'escompte pour réaliser étant de 1 $^1/_2$ p. 0/0).

13. Vérifier les annuités inscrites dans la première colonne du tableau, eu égard à l'intérêt indiqué, sachant qu'elles ont été calculées payables par semestre, puis doublées, et ensuite augmentées de 60 c. par 100 fr. et par an pour les frais d'administration. (V. le n° 250.)

14. Vérifier de même les annuités inscrites dans la 2ᵉ colonne, eu égard à l'intérêt indiqué, sachant, etc. (comme dans l'exercice précédent).

15. Calculer l'annuité à payer pour 100^f *dus* au Crédit foncier, quand le prêt est fait pour chacune des durées suivantes : 45 ans, 35 ans, 25 ans, 15 ans.

16. Le débiteur de l'exercice 11 veut se libérer en un seul payement à la fin de la 24ᵉ année de son engagement. Combien aura-t-il à payer?

AMORTISSEMENT DES EMPRUNTS PUBLICS.

254. Quand le créancier est unique, le débiteur s'acquitte dans le temps fixé en payant régulièrement au créancier l'annuité convenue. Mais l'amortissement ne peut avoir lieu de la même manière, quand il s'agit d'un emprunt public émis sous forme d'obligations nombreuses ou de titres de rentes par des compagnies, des villes, des États.

Les obligations et les titres de rentes se trouvant répartis entre un très-grand nombre de personnes, inconnues en partie au moins, qui peuvent changer continuellement, il est très-difficile, presque impossible de répartir entre les ayants droit la somme destinée à l'amortissement; de plus, tous les créanciers ne tiennent pas également à être remboursés. L'amortissement doit donc s'effectuer par des moyens spéciaux; nous allons expliquer sur des exemples la marche ordinairement suivie.

OBLIGATIONS DE CHEMINS DE FER.

255. Exemple. *La Compagnie des chemins de l'Ouest a émis, en 1855, 600000 obligations au capital nominal de 500 fr., pro-*

duisant chacune 15 fr. de rente annuelle. *Ces obligations doivent être successivement remboursées en 94 ans*; *les remboursements, qui ont lieu chaque année le 1ᵉʳ juillet, ont commencé en 1858 et finiront en 1951. Les numéros des obligations à rembourser sont tirés au sort chaque année. On propose de former le tableau de l'amortissement progressif de ces emprunts.*

La Compagnie fait dresser un tableau général de l'amortissement progressif des obligations, qu'on imprime ordinairement au verso de chacun des titres délivrés aux prêteurs. Ce tableau doit contenir essentiellement les millésimes de toutes les années dans lesquelles on amortira, de 1858 à 1951 inclus par exemple, et à côté de chaque millésime le nombre des obligations qui devront être remboursées cette année-là. Pour le dresser, il suffit donc de déterminer les nombres des obligations :

$$O_1, O_2, O_3, O_4 \ldots\ldots O_{n-1}, O_n \qquad (1)$$

que la Compagnie remboursera successivement avec les sommes

$$a_1, a_2, a_3, a_4 \ldots\ldots a_{n-1}, a_n \qquad (2)$$

successivement employées à amortir le capital nominal de son emprunt.

La Compagnie emploie chaque année une somme fixe a à payer les intérêts échus aux détenteurs d'obligations, et à rembourser le plus grand nombre possible d'obligations. Elle amortit donc comme nous l'avons indiqué n° 2, *et la somme* a *se détermine par la formule* (1). Les sommes $a_1, a_2, a_3, \ldots, a_n$ forment une progression géométrique dont la raison $1+r=1,03$ dans le cas actuel (n° 20). Mais a_1 est le prix de O_1 obligations; $a_1 = 500^f \times O_1$; d'où $O_1 = a_1 : 500$; de même $O_2 = a_2 : 500$, etc. Donc $\dfrac{O_2}{O_1} = \dfrac{a_1}{a_2} = 1+r$;

$$O_2 = O_1 \times (1+r) = O_1 \times 1,03.$$

Les nombres $O_1, O_2, O_3 \ldots O_n$ forment donc eux-mêmes une progression géométrique dont le premier terme est O_1, la raison 1,03, et le nombre des termes $n=94$; leur somme est donc

AMORTISSEMENT DES OBLIGATIONS.

$\dfrac{O_1[(1,03)^{94}-1]}{0,03}$. Mais cette somme doit être égale à 600000 puisqu'il y a 600000 obligations à amortir. Nous avons donc :

$$\dfrac{O_1[(1,03)^{94}-1]}{0,03}=600000\,; \quad \text{d'où} \quad O_1=\dfrac{600000\times 0,03}{(1,03)^{94}-1}$$

A l'aide des logarithmes, on trouve $O_1 = 1192,43$.

Puisque $O_2 = O_1 \times 0,03$; $O_3 = O_2 \times 1,03$, etc., on peut calculer aisément les autres nombres d'obligations O_2, O_3, O_4, etc.

Mais tous ces nombres sont fractionnaires, et la Compagnie ne peut rembourser chaque année qu'un nombre entier d'obligations.

En 1858, elle remboursera seulement 1192 obligations, et conservera le prix des 0,43 d'obligation pour l'année suivante. On inscrira donc 1192 au tableau à côté de 1858.

Pour obtenir les nombres entiers d'obligations suivants, on opère avec simplicité comme nous allons le dire.

Supposons que la somme S_k disponible à la fin de la $k^{\text{ième}}$ année pour rembourser des obligations, équivaille à (O_k+f) obligations, O_k étant la partie entière (par ex. 1192), et f la fraction complémentaire (par ex. : 0,43). La Compagnie remboursera O_k obligations et réservera le prix de la fraction f.

L'année suivante elle aura pour rembourser : 1° $S_k = (O_k+f)$ obligations; 2° le prix de la fraction f d'obligation; 3° les intérêts des O_k obligations remboursées qui ne sont plus dus. Avec ces intérêts, égaux à $O_k \times 500 \times 0,03$, elle peut racheter $O_k \times 0,03$ obligations. En somme, elle a donc de quoi rembourser un nombre d'obligations égal à

$$(O_k+f)+f+O_k\times 0,03 \qquad (\text{III})$$

Ceci est une formule pratique qui sert à calculer très-simplement tous les nombres d'obligations du tableau quand on a trouvé le 1ᵉʳ nombre O_1, comme nous l'avons expliqué. Voici le calcul de ces nombres d'obligations pour 1859, 1860, 1861 :

	1859	1860	1861
$O_k + f$	1192,43	1228,62	1266,08
f	0,43	0,62	0,08
$O_k \times 0,03$	35,76	36.84	37,98
	1228,62	1266,08	1304,14

Pour ces années, on inscrira au tableau les nombres 1228, 1266, 1304. Ainsi de suite jusqu'en 1931.

Remarque. Pour obtenir le 3ᵉ nombre de chaque calcul, par ex. 35,76, nous multiplions la partie entière du 1ᵉʳ ($O_k = 1192$) par 0,03 ; ce qui revient à la multiplier par 3, et à écrire le premier chiffre du produit dans la colonne des centièmes.

256. Le tableau d'amortissement renferme quelquefois, à côté du nombre des obligations remboursables chaque année, 1° la somme consacrée à ce remboursement ; 2° la somme consacrée cette année-là au payement des intérêts. Ces deux sommes s'obtiennent aisément. La 1ʳᵉ pour la $k^{\text{ième}}$ année est $500^f \times O_k$; la 2ᵉ est $R_k \times 500 \times 0,03$, R_k indiquant le nombre des obligations non amorties dans les années précédentes qui s'obtient chaque année par une simple soustraction.

257. Emprunt de la ville de Paris.

Exemple. *La ville de Paris a émis, en 1855, 150000 obligations au capital nominal de 500 fr., rapportant chacune 15 fr. d'intérêt annuel. L'amortissement de cet emprunt s'effectue par des remboursements successifs d'obligations qui ont lieu chaque année le 1ᵉʳ mars et le 1ᵉʳ septembre. Les obligations à rembourser sont tirées au sort le 1ᵉʳ février et le 1ᵉʳ août. Dans chacun des quatre premiers semestres on n'a tiré au sort que 15 obligations, et l'amortissement régulier du capital nominal de l'emprunt réduit à* (150000 — 60) *obligations n'a commencé qu'en 1857, et doit être effectué en 40 ans, c'est-à-dire en 80 semestres. On propose de dresser le tableau de l'amortissement qui doit être imprimé au verso de chaque titre.*

On raisonne et on opère comme dans le cas précédent, en n'oubliant pas toutefois que les remboursements sont semestriels (n° 250). Le nombre des payements $n = 80$, le nombre des obligations à amortir est 149940 et l'intérêt semestriel d'un franc est 0,015; $1+r=1,015$.

On écrira 15 à côté de la date de chacun des quatre premiers semestres, puis les nombres entiers trouvés O_1, O_2, O_3, etc., à côté des dates suivantes.

258. Remarque. Nous n'avons pas mentionné dans ce problème les lots attribués aux 15 premières obligations sorties à chaque tirage de cet emprunt, et qui se montent ensemble à 150000 fr. C'est que ces lots se payent aux détenteurs de ces 15 obligations en sus de la valeur nominale de chacune et de la rente semestrielle. Ils se payent ainsi sans modification à chacun des 80 semestres. L'amortissement se fait donc tout à fait en dehors et indépendamment des lots; c'est pourquoi nous ne parlons pas de ceux-ci à propos du tableau général de l'amortissement. Nous parlerons plus tard de ces primes éventuelles (*).

Exercices proposés. *On cherchera dans chaque question l'annuité* a (n° 245). (Voy. l'Ex. 1106 de notre recueil.)

17. Faites le tableau complet de l'amortissement des 600000 obligations de la Compagnie de l'Ouest dont il est question dans le n° 255.

18. Faites le tableau complet de l'amortissement des 150000 obligations de la ville de Paris dont il est question dans le n° 257.

19. La Compagnie des chemins de fer de Lyon a émis 100000 obligations, au capital nominal de 500 fr., rapportant chacune 15 fr. d'intérêt annuel. Ces obligations doivent être remboursées en 99 ans, à partir de 1864. Faites le tableau d'amortissement.

20. La Compagnie des chemins de fer Lombards-Vénitiens a émis 400000 obligations, au capital nominal de 500 fr., rapportant chacune 15 fr. d'intérêt annuel. Ces obligations doivent être amorties en 90 ans à partir de 1865. Faites le tableau d'amortissement.

259. Emprunts d'États.

Un gouvernement qui emprunte n'émet pas en général des obligations successivement remboursables à des époques fixées, mais des titres de rente qu'il ne s'engage pas à rembourser; il

---

(*) Il est bien entendu que la ville doit tenir compte dans ses évaluations de ces 150000ᶠ qui s'ajoutent annuellement à la somme consacrée à l'amortissement des obligations et au payement des intérêts.

s'engage seulement à payer perpétuellement la rente au porteur de chaque titre. Il conserve néanmoins la faculté de racheter ces titres pour un prix déterminé, mais s'il le veut, et quand il le voudra (ex. : les titres de rente 3 p. 0/0 peuvent être rachetés par le gouvernement à raison de 100 pour 3 fr. de rente); mais ordinairement il n'use pas de cette faculté. Quand il veut amortir un emprunt particulier ou diminuer sa dette générale, il fait acheter des rentes à la Bourse au cours du jour comme un simple particulier et annule les titres achetés et vendus librement (*).

Supposons qu'un gouvernement veuille et puisse amortir un emprunt particulier d'une manière continue et régulière, il procédera à peu près comme il suit :

Ex. : *Un gouvernement veut amortir progressivement un emprunt de* 200 *millions de francs contracté en* 3 p. 0/0, *à raison de* 75 *fr. pour* 3 *fr. de rente.*

A raison de 3 fr. de rente pour 75 fr. versés, ce gouvernement s'est engagé à payer 8000000 de fr. de rente annuelle en échange des 200000000 de fr. empruntés.

Il attribue, dans son budget des dépenses, à l'amortissement de cet emprunt une somme fixe qui s'augmente chaque année de la rente inscrite sur les titres rachetés l'année précédente, jusqu'à ce que la totalité de la *rente* ainsi rachetée s'élève à 8000000 de fr. Alors l'emprunt est amorti; car le gouvernement est entièrement libéré de la charge qu'il s'était imposée en échange des 200000000 fr. versés dans sa caisse.

Supposons que la somme inscrite au budget pour l'amortissement en question soit 1 p. 0/0 de la somme empruntée, c'est-à-dire 2 millions de francs. Voici comment on procède dans ce cas :

A la fin de la 1re année ou dans le courant de la 2e, le gouvernement fait acheter à la Bourse et au cours du jour pour 2000000 de fr. de rente 3 p. 0/0.

(*) Le gouvernement français a usé en 1852 de la faculté de rachat direct au pair quand il a voulu changer l'ancien 5 p. 0/0 en 4 1/2 sans compensation. Il a dit aux porteurs de ces rentes : Je ne veux plus vous payer que 4 1/2 p. 0/0 au lieu de 5; si vous ne voulez pas, je suis prêt à vous racheter vos titres à raison de 100 fr. pour 5 fr. de rente.

A la fin de la 2ᵉ année (dans le courant de la 3ᵉ), il en fait acheter pour 2000000 de fr., augmentés de la rente inscrite sur les titres déjà rachetés.

A la fin de la 3ᵉ année (dans le courant de la 4ᵉ), il en fait acheter pour la somme de l'année précédente augmentée de la rente inscrite sur les derniers titres rachetés.

Ainsi de suite, d'année en année, jusqu'à ce que la *totalité* de la rente inscrite sur les titres rachetés s'élève, comme nous l'avons dit, à 8000000 de fr.

260. REMARQUE. Les divers rachats dont nous venons de parler se font à des cours variables, et le gouvernement choisit pour les faire les moments favorables. *L'amortissement cesse de fonctionner quand la rente est au-dessus du pair.* Par conséquent, on ne peut résoudre des questions précises au sujet d'un amortissement de ce genre que si on connaît un cours moyen auquel les rachats ont eu lieu ou sont présumés devoir se faire. Du cours moyen on déduit un intérêt moyen, et alors les questions à résoudre deviennent analogues à celles que nous avons déjà résolues à propos des obligations.

EXERCICES PROPOSÉS. (Voyez l'Ex. 1105 de notre Algèbre.)

21. On propose de faire le tableau de l'amortissement de l'emprunt précédent en supposant que les rachats doivent ou peuvent se faire au cours moyen de 72 fr. pour 3 fr. de rente.

22. Trouver la somme fixe qui devra être employée annuellement, en outre des quantités de rente successivement rachetées pour amortir en 50 ans un emprunt de 200000000 de fr. fait en 3 p. 0/0 en supposant que $72^f,50$ soit le cours moyen des rentes rachetées?

PROBABILITÉS MATHÉMATIQUES.

NOTIONS GÉNÉRALES.

261. On appelle *probabilité mathématique* d'un événement le rapport qui existe entre le nombre des chances favorables à un événement et le nombre total des chances tant favorables que défavorables.

Ex. *Un sac contient les 48 premiers nombres entiers écrits sur autant de jetons. Quelle est la probabilité, en tirant un jeton, d'amener un nombre d'un seul chiffre?*

Le nombre des chances favorables est 9; le nombre des chances tant favorables que défavorables est 48; la probabilité demandée est 9/48.

Quelle est la probabilité, en tirant un jeton, d'amener un multiple de 7?

Les multiples de 7 inférieurs à 48 (contenus dans le sac) sont au nombre de 6. La probabilité demandée est donc $6/48 = 1/8$.

La probabilité mathématique est par sa nature, une fraction plus petite que 1. C'est 1 quand toutes les chances sont favorables à l'événement; il y a alors *certitude*.

La résolution des questions de probabilités mathématiques donne lieu à ce qu'on appelle le *calcul* des probabilités. Ce calcul a sa théorie, ses méthodes, ses règles trouvées et démontrées par d'illustres mathématiciens, à commencer par Pascal et Fermat.

Il s'applique aux combinaisons résultant des jeux de hasard, à la statistique, par ex. aux mouvements de la population d'un État, déduits de la considération des naissances et des décès, à la vie humaine en général, etc.

262. 1ᵉʳ Principe. *Quand des événements, tous également possibles, sont classés par séries de* a, *de* b, *de* c *événements, la somme des probabilités respectives des événements de toutes ces séries est égale à* 1.

Ces probabilités sont $\dfrac{a}{a+b+c}$, $\dfrac{b}{a+b+c}$, $\dfrac{c}{a+b+c}$, dont la somme est bien 1. Cela doit être; car considérer toutes les probabilités à la fois, c'est comparer à lui-même l'ensemble de tous les événements possibles, et le rapport d'un nombre à lui-même est 1 (*).

(*) *Autrement dit*, considérer un pareil ensemble de probabilités, revient à considérer tous les événements possibles, groupés ou non groupés. Il est alors *certain* qu'un des événements considérés, ou un groupe de ces événements, arrivera le 1ᵉʳ, un autre le 2ᵉ, etc.

263. 2° Principe. *La probabilité d'un ensemble d'événements entièrement indépendants les uns des autres est égale au produit des probabilités respectives de ces événements considérés un à un.*

Cas de deux événements. Deux sacs contiennent, l'un les 48 premiers nombres entiers écrits sur des jetons *jaunes*, l'autre 84 premiers nombres entiers écrits sur des jetons *rouges*. On tire un jeton de chaque sac; quelle est la probabilité d'amener ainsi deux multiples de 5 ?

La probabilité de tirer un multiple *jaune* est 9/48 (2° exemple précédent); la probabilité d'en tirer un *rouge* est 16/84 (il y a 16 multiples de 5 dans les 84 n.). La probabilité de tirer à la fois des deux sacs des multiples de 5 est $9/48 \times 16/84$.

Démonstration. Le nombre 1 *jaune* peut se trouver associé à l'un quelconque des 84 nombres *rouges*; total, 84 assemblages de deux nombres différant entre eux par le nombre rouge, et dont chacun peut être amené par le double tirage. Le nombre 2 *jaune* peut se trouver associé à chacun des 84 nombres *rouges*; total 84 assemblages nouveaux de deux nombres différant entre eux par le nombre rouge, et des précédents par le nombre jaune. Ainsi de suite jusqu'au nombre jaune 48. Total général : 48 fois 84 ou 84×48 assemblages différents, seuls possibles et pouvant être amenés, de deux nombres *quelconques*, l'un jaune, l'autre rouge.

Le nombre des multiples *jaunes* de 5 est 9 (dans 48 nombres); le nombre des multiples *rouges* est 16 (dans 84 nombres). On prouverait de même que le *total* général des assemblages différents de ces multiples 2 à 2 (l'un jaune, l'autre rouge), possibles et pouvant être amenés, est 9×16. La probabilité de la sortie de l'un de ces derniers assemblages sur un total général de 48×84 assemblages quelconques est donc $\dfrac{9 \times 16}{48 \times 84}$; elle est bien égale à

$9/48 \times 16/84$.   C.Q.F.D.

Cas de trois événements indépendants. Supposons un 3° sac semblable de 95 jetons *verts*. Quelle est la probabilité d'amener en tirant un nombre dans chacun des 3 sacs, un multiple *jaune* de 5, un multiple *rouge* de 8, et un multiple *vert* de 7.

En raisonnant comme précédemment, on trouve pour les trois événements isolés les probabilités 9/48, 16/84, 13/95. La probabilité de leur ensemble est $9/48 \times 16/84 \times 13/95$.

En effet, le nombre *vert* 1 peut être associé et ne peut qu'être associé à l'un des 48×84 assemblages de deux nombres quelconques, l'un *jaune*, l'autre *rouge*; d'où 48×84 assemblages de trois nombres (jaune, rouge, vert) différant entre eux par l'assemblage jaune et rouge. Le nombre vert 2 peut être associé seulement à l'un des 48×84 assemblages quelconques jaune et rouge; d'où 48×84 nouveaux assemblages de trois nombres différant entre eux par l'assemblage jaune et rouge, et des premiers formés par le nombre *vert*. Ainsi de suite jusqu'au 95° nombre *vert*; total 95 fois 48×84 ou $48 \times 84 \times 95$ assemblages de 3 nombres (jaune, rouge, vert), dont l'un quelconque peut sortir le premier.

Les multiples verts de 7 sont au nombre de 13 (dans 95 nombres). On démontre, de même, que tous les assemblages possibles de 3 multiples, l'un jaune de 5, l'autre rouge de 8, le troisième vert de 7 sont au nombre de $9 \times 16 \times 13$. La probabilité que l'un de ces derniers assemblages sortira le premier est donc $\dfrac{9 \times 16 \times 13}{48 \times 84 \times 95}$ $= 9/48 \times 16/84 \times 13/95$.
C.Q.F.D.

Ce raisonnement tout à fait général, démontre la vérité du principe en question.

COROLLAIRE I. *Quand deux événements dépendent l'un de l'autre, la probabilité de l'événement composé est le produit de la probabilité du 1er événement par la probabilité que cet événement étant arrivé, l'autre arrivera.*

Ex. *Quelle est la probabilité d'amener deux nombres d'un seul chiffre en tirant successivement deux jetons dans un sac qui contient les 48 premiers nombres entiers écrits sur des jetons jaunes.*

La probabilité d'amener un 1er nombre d'un seul chiffre est évidemment $9/48$. Supposons que le nombre sorti soit 4; il ne reste plus dans le sac que 8 nombres d'un seul chiffre et 47 nombres en tout; la probabilité d'amener ensuite un 2e nombre d'un seul chiffre est donc *alors* $8/47$. La probabilité de l'ensemble des deux événements arrivant dans les deux premiers tirages est $9/48 \times 8/47$.

C'est évident; car le 2e événement ne dépend du 1er qu'en ceci: sa probabilité qui était d'abord $9/48$ a été modifiée par le 1er tirage et est devenue $8/47$. A cela près, les deux événements sont indépendants l'un de l'autre, et ont lieu comme si on tirait les 2 jetons dans deux sacs différents, l'un contenant les 48 premiers nombres entiers écrits sur 48 jetons jaunes, l'autre contenant les 48 premiers nombres, 4 excepté, écrits sur 47 jetons rouges.

PROBABILITÉS MATHÉMATIQUES.

Corollaire II. *Connaissant la probabilité d'un ensemble de deux événements qui dépendent l'un de l'autre, et la probabilité de l'un d'eux déjà arrivé, on obtient la probabilité du 2°, en divisant la 1ʳᵉ probabilité connue (celle de l'ensemble) par la seconde.*

264. 3ᵉ Principe. *Quand les cas dans lesquels un événement peut se produire ne sont pas tous également probables, la probabilité de cet événement est la somme des probabilités des cas favorables.*

Ex. Quelle est la probabilité d'amener dans deux coups de dé une fois au moins un nombre de points multiple de 3 ?

Les cas possibles sont ceux-ci : on peut 1° amener un multiple de 3 du 1ᵉʳ coup; ce qui dispense du second coup (cas favorable); 2° amener un multiple de 3 au 2ᵉ coup seulement (cas favorable); 3° n'amener aucun multiple de 3 (cas défavorable). La probabilité du 1ᵉʳ cas est $2/6$ (il y a deux multiples de 3 dans les 6 premiers nombres entiers). La probabilité d'amener un nombre non multiple de 3 est $4/6$; la probabilité de l'événement composé (2ᵉ cas) est donc $4/6 \times 2/6 = 8/36$. La probabilité demandée, somme des probabilités des deux cas favorables est $2/6 + 8/36 = 20/36$.

Tels sont les principes élémentaires de la théorie des probabilités. Nous nous sommes efforcé de les expliquer simplement, bien que le programme n'en exige pas la démonstration.

265. Loi des grands nombres. Il résulte d'observations, très-nombreuses et répétées, que le rapport des effets de la nature sont à peu près constants quand ces effets sont considérés en grand nombre. Ainsi le rapport des naissances annuelles à la population, comme celui des naissances aux mariages, n'éprouve que de très-petites variations. A Paris le 1ᵉʳ rapport est toujours à peu près le même; il a changé lentement depuis 60 ans par l'effet de circonstances majeures; il est maintenant à peu près stationnaire (*). C'est en se fondant sur ces observations qu'on fait usage des tables de mortalité pour résoudre un assez grand nombre de questions relatives à la vie humaine.

266. Tables de mortalité. Supposons qu'on considère 1286 individus, nés le même jour, et qu'on les suive dans leur existence de manière à pouvoir noter le nombre des survivants du groupe à chaque anniversaire de la naissance, et cela jusqu'au dernier décès.

(*) Ces observations viennent d'ailleurs à l'appui d'un principe démontré dans la théorie des probabilités, et qui est connu sous le nom de *loi des grands nombres*.

En écrivant en colonnes et par ordre 1286 et les nombres de survivants successifs, d'année en année, on construit ce qu'on appelle une table de mortalité.

Si les individus considérés ont été pris sans choix dans la population d'un pays, on a une table de mortalité *générale* pour ce pays. Si ces individus ont été choisis dans certaines conditions sociales, on a une table de mortalité *pour des têtes choisies*.

267. TABLE DE DEPARCIEUX POUR DES TÊTES CHOISIES.

Ages.	Vivants.	Ages.	Vivants.	Ages.	Vivants.	Ages.	Vivants.
0	1286	24	782	48	599	72	271
1	1071	25	774	49	590	73	251
2	1006	26	766	50	581	74	231
3	970	27	758	51	571	75	211
4	947	28	750	52	560	76	192
5	930	29	742	53	549	77	173
6	917	30	734	54	538	78	154
7	906	31	726	55	526	79	136
8	896	32	718	56	514	80	118
9	887	33	710	57	502	81	101
10	879	34	702	58	489	82	85
11	872	35	694	59	476	83	71
12	866	36	685	60	463	84	59
13	860	37	678	61	450	85	48
14	854	38	671	62	437	86	38
15	848	39	664	63	423	87	29
16	842	40	657	64	409	88	22
17	835	41	650	65	395	89	16
18	828	42	643	66	380	90	11
19	821	43	636	67	364	91	7
20	814	44	629	68	347	92	4
21	806	45	622	69	329	93	2
22	798	46	615	70	310	94	1
23	790	47	607	71	291	95	0

268. SIGNIFICATION D'UNE TABLE DE MORTALITÉ. La table de Deparcieux par ex., signifie ceci : sur 1286 individus nés le même jour et vivant dans les conditions pour lesquelles la table a été faite, 1071 seulement atteignent l'âge d'un an, 1006 l'âge de 2 ans, 970 l'âge de 3 ans; ainsi de suite jusqu'à la limite de la table. A partir d'un autre âge quelconque, de 34 ans par exemple, la table indique

que sur 702 personnes ayant aujourd'hui 34 ans, 694 seulement survivront dans un an, 686 dans 2 ans, 678 dans trois ans, etc.; ainsi de suite jusqu'à la limite de la table. Par suite, sur $702n$ personnes ayant le même jour 34 ans, $694n$ seulement survivent un an après, $686n$ deux ans après, etc...

APPLICATIONS DE LA TABLE DE MORTALITÉ DE DEPARCIEUX.

269. DURÉE DE LA VIE PROBABLE. La durée de la vie probable d'un individu est le nombre d'années qu'il peut espérer de vivre encore d'après les chances de mortalité indiquées par la table.

RÈGLE. Pour trouver la durée de la vie probable d'un individu, on cherche dans la table le nombre des vivants de son âge actuel; et on prend la moitié de ce nombre. Puis on cherche dans la même colonne cette moitié ou le nombre le plus rapproché en plus ou en moins; le nombre d'années correspondant à ce dernier nombre est l'âge probable que cet individu peut espérer d'atteindre. La durée probable de sa vie est l'excès de cet âge sur son âge actuel.

EXEMPLE : Un individu a 34 ans; le nombre des vivants de cet âge d'après la table est 702 dont la moitié est 356. Je cherche 356 dans la table; ce nombre est compris entre les nombres 364 et 347 des vivants de la table qui correspondent à 67 ans et à 68 ans. J'en conclus que l'individu de 34 ans peut espérer de vivre jusqu'à l'âge de 67 ou de 68 ans; la durée de sa vie probable est comprise entre 33 et 34 ans.

23. EXERCICE. *Trouver la durée de la vie probable à 20 ans, 25 ans, 28 ans, 36 ans, 40 ans, 50 ans, 60 ans.*

270. REMARQUE. On a trouvé que de 6 ans à 64 ans, la vie probable x d'un individu âgé de a années est exprimée approximativement par cette formule empirique : $x = 59 - \frac{3}{4} a.$

En appliquant cette formule à notre exemple, on trouve $x = 59 - 34 \times \frac{3}{4} = 59 - 25,5 = 33,5$ nombre compris entre 33 et 34.

24. EXERCICE. *Appliquez la formule précédente aux divers âges de l'exercice 23.*

CHANCE D'ATTEINDRE UN AGE DONNÉ. On appelle ainsi la probabilité que l'individu en question atteindra cet âge.

Ex. *Quelle chance a un individu de 34 ans de vivre jusqu'à 72 ans?*

Règle. On cherche 1° le nombre des vivants de l'âge actuel de l'individu en question (702); 2° le nombre des vivants de l'âge à atteindre (271). La chance ou probabilité demandée est le rapport du deuxième nombre de vivants au premier ($^{271}/_{702}$).

En effet sur 702 vivants à 34 ans, 271 atteignent l'âge de 72 ans; 431 autres ne l'atteignent pas (702 — 271 = 431). 271 cas sont favorables à l'individu, 431 défavorables ; total des 2 nombres 702; la probabilité est $\frac{271}{702}$.

271. Probabilité qu'ont deux personnes d'ages donnés de vivre toutes deux dans un certain nombre d'années.

Exemple: *Quelle est la probabilité qu'une femme de 25 ans et un homme de 34 ans vivront tous deux dans 30 ans?*

On ajoute à chaque âge actuel le nombre d'années à vivre (totaux : 55 et 64 ans). On calcule la chance qu'a chacun des deux individus d'atteindre son âge ainsi augmenté, et on multiplie ces deux probabilités entre elles ; le produit est la probabilité demandée. Pour la femme, la probabilité de vivre encore 30 ans est $\frac{526}{774}$; pour l'homme $\frac{409}{702}$. La probabilité demandée est $\frac{526}{774} \times \frac{409}{702}$.

En effet ces deux événements considérés étant indépendants l'un de l'autre, la probabilité de leur ensemble est égale au produit de leurs probabilités respectives.

Exercices:

25.

	Populations en 1861.	Naissances en 1861.	Décès en 1862.
Seine.	1953660	60023	48670
Nord.	1303380	41933	29633
Gironde. . . .	667193	14853	12936

Trouvez pour chaque département: 1° le nombre des naissances sur 100 habitants; 2° le nombre des décès (idem); 3° le nombre des décès pour 100 naissances; 4° l'accroissement relatif de chaque population. Au bout de combien de temps chaque population sera-t-elle augmentée d'un tiers?

26. Trouvez d'après la table de mortalité de Deparcieux, combien d'individus nés en 1861 dans chacun des trois départements ci-dessus (exercice 25) atteindront l'âge de 34 ans. Quel sera l'âge de ces individus survivant dans chaque département quand leur nombre sera réduit au tiers, au quart, à 8000?

27. Sur 24800 personnes de 32 ans, combien atteindront l'âge de 60 ans?

28. Quelle est la probabilité de tirer en deux coups de dé un nombre pair de points?

29. Quelle est la probabilité de tirer en deux coups un multiple de 5 d'un sac qui contient les 32 premiers nombres entiers?

30. Quelle est la probabilité de tirer en trois coups deux nombres d'un seul chiffre dans un sac qui contient les 120 premiers nombres écrits sur des jetons?

31. Quelle est la probabilité de tirer en quatre coups deux multiples de 8 dans un sac contenant les 150 premiers nombres entiers écrits sur des jetons?

32. Quelle est la probabilité d'amener en trois coups de dé deux nombres pairs de points.

33. Quelle est la probabilité d'amener deux multiples de 8 en tirant quatre jetons dans le sac de l'exercice 30.

34. A quel âge est-on arrivé à la moitié de la vie probable d'après la formule du n° 270.

35. A quel âge est-on parvenu aux 4/5 de la vie probable, aux 3/8 d'après la même formule du n° 270.

36. Quelle est la probabilité qu'une personne de 36 ans vivra encore 15 ans 20 ans, 28 ans?

37. Quelle est la probabilité qu'un mari et une femme de 20 ans et de 28 ans existeront encore tous les deux au bout de 25 ans, de 30 ans, de 40 ans?

38. Quelle est la probabilité que la femme sera veuve à l'âge de 50 ans; que le mari sera veuf à l'âge de 60 ans? Que les deux époux seront morts avant 30 ans écoulés depuis l'année où ils avaient 20 ans et 28 ans?

RENTES VIAGÈRES (*).

272. Une rente viagère est une rente qui se paye pendant la vie d'un individu à la fin d'une période de temps convenue, par exemple tous les ans, ou tous les six mois, ou tous les trois mois.

Nous supposerons qu'elle se paye tous les ans.

Une rente viagère est *immédiate* quand elle se paye immédiate-

---

(*) Pour plus de simplicité et de clarté nous nous renfermerons dans notre sujet; nous ne considérerons en fait d'assurances sur la vie humaine que les rentes viagères. Mais nous traiterons ce sujet de manière à donner au lecteur une première idée un peu nette de la manière dont doivent être traitées, suivant nous, les diverses questions d'assurances sur la vie.

ment, c'est-à-dire à la fin de l'année qui commence à la signature du contrat.

Une rente viagère *différée* est celle dont la 1ʳᵉ période de payement ne commence qu'après un certain nombre d'années convenu.

Une rente viagère est *temporaire* quand elle doit cesser d'être payée après un nombre fixé d'années quand même le titulaire vivrait encore après ce temps.

Le prix d'un contrat de rente viagère immédiate se paye ordinairement en entier au moment du contrat; c'est ce qu'on appelle une *prime unique*.

Pour une rente viagère différée on paye suivant les conventions une *prime unique*, c'est-à-dire une somme unique d'avance en recevant le contrat, ou bien on paye, sous le nom de *prime annuelle*, une somme fixe au commencement de chaque année de l'engagement, *et en cas de vie du titulaire seulement*, jusqu'au commencement de la 1ʳᵉ année de payement de la rente achetée.

Pour préciser le langage, nous supposerons les rentes viagères constituées et vendues par une compagnie d'assurances sur la vie; ce qui est le cas le plus ordinaire.

CALCUL DES PRIMES.

273. Le calcul des primes payées pour les rentes viagères, comme celui de toutes les primes d'assurance sur la vie, est fondé sur deux bases : 1° *un taux d'intérêt convenu*; 2° *les chances de mortalité particulières au cas proposé*.

274. 1ʳᵉ BASE. TAUX D'INTÉRÊT. La Compagnie doit payer les intérêts composés à un taux convenu des sommes versées entre ses mains par les contractants. Les Compagnies françaises ont généralement adopté aujourd'hui le taux de 4 p. $°/_0$; pour plus de clarté, nous emploierons ce taux dans nos explications (*).

(*) Une compagnie ne se réserve et ne doit se réserver régulièrement pour ses frais d'administration et ses bénéfices que l'excédant sur l'intérêt annuel accordé aux contractants de l'intérêt annuel moyen qu'elle compte retirer elle-même par une bonne gestion de l'argent versé par eux entre ses mains. On comprend d'après cela que le taux offert par elle au public doit être modéré et choisi avec une prudence extrême.

RENTES VIAGÈRES. 271

On réalise cette première condition, indépendamment des conditions de la mortalité, en appliquant la formule suivante :

FORMULE. *Pour assurer une somme de S_n fr. payable dans n années, la Compagnie fait payer comptant le jour de l'assurance, une prime*

$$p_n = \frac{S_n}{(1,04)^n} \qquad (1)$$

En agissant ainsi, la Compagnie remplit exactement la première condition indiquée. En effet, pour assurer par exemple 600 fr. payables dans trois ans, elle fait payer comptant, d'après cette formule, une prime $p_3 = \frac{600 \text{ fr.}}{(1,04)^3}$, puis le terme arrivé, elle paye au bénéficiaire de l'assurance : 600 fr. $= p_3 \times (1,04)^3$. Elle rembourse donc la somme p_3 qu'elle a reçue avec ses intérêts composés à 4 p. % par an pour tout le temps qu'elle est restée entre ses mains.

275. 2ᵉ BASE. CHANCES DE MORTALITÉ PARTICULIÈRES AU CAS PROPOSÉ. Ces chances sont indiquées dans la table de mortalité employée par la Compagnie pour le genre d'assurances considéré. Les Compagnies françaises emploient généralement pour les rentes viagères la table de mortalité de Deparcieux qui se trouve déjà dans ce livre, page 266. (Voyez les nᵒˢ 266, 267, 268.) Autrement dit, ces Compagnies admettent que les rentiers viagers se trouvent dans les mêmes conditions d'existence que les individus que Deparcieux a considérés pour construire sa table (*).

En conséquence, pour établir le prix d'une rente viagère assurée sur la tête d'un individu de 34 ans par ex., elles se fondent : 1° sur la 1ʳᵉ base précitée (taux d'intérêt) ; 2° sur les chances de mortalité particulières à cet âge ainsi indiqués dans la table : *Sur* 702 *rentiers*

(*) Plusieurs compagnies n'établissent les prix des rentes viagères d'après la table de Deparcieux que pour les âges inférieurs à 59 ans. Pour les âges de 59 ans, 60 ans, et au-dessus, elles ont établi d'après leurs propres observations, je crois, sur la mortalité des rentiers viagers de ces âges des prix plus élevés que ceux que l'on trouve en se fondant sur la table de Deparcieux.

Ces prix ont-ils été augmentés avec raison et dans des proportions convenables, c'est ce que ces compagnies devraient démontrer au public en expliquant comme elles ont procédé pour établir les nouveaux prix.

viagers, ayant tous 34 *ans un même jour donné,* 694 *seulement survivent un an après,* 686 *deux ans après,* 678 *après* 3 *ans, etc.*

Les bases du calcul des primes ainsi précisées, nous allons expliquer ce calcul lui-même.

276. QUESTION GÉNÉRALE. Rendons-nous bien compte d'abord du problème à résoudre : *Il s'agit, par exemple, d'établir le prix d'une rente viagère de* 1 *fr. assurée sur une tête de* 34 *ans.*

Ce prix doit être le même pour tous les individus de 34 ans qui peuvent se présenter pour l'assurance en question ; car tous ces individus ayant tous les mêmes chances de mortalité, la Compagnie ne peut pas faire autrement que de leur délivrer à tous au même prix des contrats identiques, différant seulement par les noms des titulaires. Ces contrats ont cependant des valeurs réelles généralement diverses, *eu égard à leurs conséquences futures.* Car si ces conséquences étaient connues, on distinguerait certainement : 1° la valeur du contrat délivré à un assuré qui mourra dans la 1ʳᵉ année de l'engagement ; 2° celle du contrat délivré à un assuré qui mourra dans la 2ᵉ année ; 3° idem à un assuré qui mourra dans la 3ᵉ année ; ainsi de suite. Ces valeurs diverses sont inconnues et ne peuvent être distinguées par la Compagnie ; c'est pourquoi elle vend tous les contrats le même prix. Mais quel doit être ce prix commun ? Évidemment *un prix moyen,* c'est-à-dire le prix total de tous les contrats en question divisé par leur nombre (*).

Nous allons expliquer comment on établit ce prix moyen pour chacune des trois espèces de rentes viagères définies n° 271.

Pour plus de simplicité, nous supposerons que le nombre d'individus de 34 ans par ex., assurés le même jour, est précisément le nombre 702 de la table de Deparcieux qui correspond à cet âge. On vérifie sans peine que le prix moyen ainsi obtenu est le prix moyen général (à inscrire au tarif), c'est-à-dire convient quel que soit le nombre des individus assurés un même jour quelconque.

(*) Le prix d'une assurance quelconque sur la vie est de même, *dans tous les cas possibles,* est un PRIX MOYEN, que l'on établit aussi aisément que le prix d'une rente viagère, en se fondant sur des considérations tout à fait analogues.

PRIMES UNIQUES.

RENTES VIAGÈRES IMMÉDIATES (*vie entière*) (*).

277. PROBLÈME. *Calculer le prix moyen* AU COMPTANT *d'une rente viagère immédiate de* 1 *fr.* (*vie entière*) *assurée sur une tête de* 34 *ans.* (Prime unique.)

Soit p le prix demandé. Je cherche dans la table de Deparcieux le nombre des vivants à l'âge proposé de 34 ans; ce nombre est 702. Supposons que 702 individus de 34 ans se présentent le même jour pour l'assurance en question. D'après la table, sur ces 702 individus, 694 seulement survivront un an après, 686 deux ans après, 678 trois ans après, (suivez la table),... 2 après 59 ans, 1 après 60 ans, 0 après 61 ans. Cela étant, la Compagnie aura certainement à payer à l'*ensemble* des rentiers survivants, 694^f un an après la délivrance des contrats, 686^f deux ans après, 687^f trois ans après, etc. (suivez la table),... 2^f après 59 ans, 1^f après 60 ans, puis rien, le groupe étant éteint (**). Elle doit donc, d'après la formule (1) (n° 274), demander *comptant* pour assurer le 1er payement *collectif*, $\frac{694^f}{1{,}04}$; pour le 2e, $\frac{686^f}{(1{,}04)^2}$, pour le 3e, $\frac{678^f}{(1{,}04)^3}$;

(*) Pour plus de simplicité et de netteté dans nos explications, nous supposerons chaque assuré âgé d'un nombre entier d'années et la rente payable par année, tandis que dans la pratique on compte l'âge de l'assuré par trimestres, et la rente payable par trimestre ou par semestre. Mais le raisonnement est toujours le même, et il n'y a qu'à avoir égard à la véritable unité de temps dans l'application des formules générales.

(**) Mais, dira-t-on, d'après la table, aucun individu du groupe n'atteint l'âge de 100 ans, par ex., et cependant un assuré peut vivre cent ans et plus. Nous répondrons que c'est là un fait exceptionnel, et qu'en fait de prévisions pour établir des tarifs, il faut généralement se baser sur ce qui arrive le plus généralement, *en moyenne*. Le zéro, qui se trouve dans la table de Deparcieux, à côté de 95 ans, ne signifie pas qu'aucun homme ne dépasse 94 ans; il signifie que, sur 1286 individus nés le même jour, ou sur 702 personnes ayant en même temps 34 ans, et même sur des nombres doubles, il n'y en a pas *un* en moyenne qui atteigne l'âge de 95 ans.

Si un rentier viager par exemple devient centenaire, c'est là une chance mau-

ainsi de suite jusqu'à la limite de la table. Additionnons : elle doit donc faire payer en tout au comptant pour les 702 assurances la prime collective

$$P = \frac{694}{1{,}04} + \frac{686}{(1{,}04)^2} + \frac{678}{(1{,}04)^3} + \cdots + \frac{2}{(1{,}04)^{59}} + \frac{1}{(1{,}04)^{60}}.$$

Tous les assurés devant payer le même prix moyen, chacun payera la 702ᵉ partie de la valeur précédente. Le prix moyen

$$p = \frac{1}{702}\left[\frac{694}{1{,}04} + \frac{686}{(1{,}04)^2} + \frac{678}{(1{,}04)^3} + \cdots + \frac{1}{(1{,}04)^{60}}\right].$$

278. En raisonnant sur les nombres des vivants de la table de mortalité à partir de l'âge proposé, nous avons trouvé le prix moyen général cherché, celui qui, inscrit au tarif, doit être demandé pour l'assurance en question quel que soit le nombre des individus de 34 ans assurés le même jour.

En effet, soit N le nombre de ces assurés un jour quelconque; posons N : 702 = r; d'où N = 702r. D'après la signification de la table de mortalité n° (268), les nombres des vivants

$$702r, \quad 694r, \quad 686r, \quad 678r, \ldots\ldots, r$$

remplaceraient ce jour-là, dans le raisonnement précédent et dans la 1ʳᵉ égalité qui en résulte, les nombres

$$702, \quad 694, \quad 686, \quad 678, \ldots\ldots, 1$$

En opérant ce remplacement, on trouve au lieu de P, une prime collective totale égale à $P \times r$. Mais le nombre des assurés étant 702r, le prix moyen est $\dfrac{Pr}{702r} = \dfrac{P}{702}$, c'est-à-dire n'est autre que le prix p trouvé en considérant simplement les nombres de la table.

---

vaise imprévue pour la Compagnie. Mais c'est un accident très-rare qui ne peut avoir sur ses affaires qu'une influence insignifiante; elle prend alors sur son bénéfice (page 270, note) de quoi payer les dernières rentes du vieil assuré.

Ce raisonnement complémentaire est général, et s'applique à toute espèce d'assurance; nous ne le répéterons pas pour les autres cas.

279. Formule générale. Le raisonnement que nous venons de faire est général; il peut se faire quels que soient l'âge de l'assuré et la table de mortalité employée. Nous pouvons donc déduire de notre résultat une formule générale devant servir à calculer le prix de la même assurance pour un âge quelconque. Nous établirons nos formules en nous servant des lettres ou notations suivantes.

Notations. Nous désignerons par A une tête assurée quelconque et par A_n la prime due par un assuré de n années; par V_n, V_{n+1}, V_{n+2},... V_{94} les nombres de survivants de la table de mortalité aux âges de $n, n+1, n+2,...$ 94 années.

Annuité et *rente* sont synonymes. Nous emploierons ces deux mots indifféremment, et nous désignerons constamment par (A) le prix moyen d'une annuité ou rente viagère de 1 fr. assurée sur une tête A.

Dans notre exemple n° 57, $V_n = 702$, $V_{n+1} = 694$, $V_{n+2} = 686$, $V_{n+3} = 678$,... $V_{93} = 1$, $V_{94} = 0$. Remplaçons les nombres par ces lettres. On trouve ainsi la formule suivante :

Rente viagère immédiate de 1 fr. (prime unique).

$$A_n = \frac{1}{V_n} \cdot \left[\frac{V_{n+1}}{1,04} + \frac{V_{n+2}}{(1,04)^2} + \frac{V_{n+3}}{(1,04)^3} + \cdots \frac{V_{94}}{(1,04)^{94-n}} \right] \quad (2)$$

On calcule ce prix moyen, terme à terme, à l'aide des logarithmes, ou plus simplement en se servant de la table I, p. 236 (*). *Voyez la note.*

(*) Le prix d'une assurance isolée serait long à calculer; mais on abrége considérablement quand il s'agit d'établir un tarif, c'est-à-dire de calculer les prix des assurances pour les âges consécutifs. On tire parti de la grande similitude des formules qui servent pour deux âges consécutifs.

Ainsi pour n et pour $n+1$ années la formule des rentes viagères est

280. Remarque. *Le prix d'une rente viagère de S fr. s'obtient en multipliant par S le prix d'une rente de 1 fr.*

En effet, supposons qu'on cherche directement, comme nous venons de le faire, le prix d'une rente de 10 fr. On sera conduit à dire : la Compagnie aura à payer dans 1 an, 694 fois 10 fr. ou 6940 fr. (au lieu de 694 fr.); dans 2 ans, 686 fois 10 fr. ou 6860 fr. (au lieu de 686 fr.); etc. Tous les termes du prix moyen p se trouveront finalement multipliés par 10 ; ce prix lui-même sera donc 10 fois plus grand que pour 1 fr. de rente.

Ceci est général et s'applique à toutes les rentes et aux capitaux assurés quels qu'ils soient. Nous continuerons donc pour plus de simplicité à chercher le prix de l'assurance de 1 fr. de rente et d'un capital de 1 fr.

EXERCICES A FAIRE. On supposera, sauf mention expresse, dans toutes les questions proposées sur les assurances le taux de l'intérêt égal à 4 p. 0/0 par an. On supposera aussi connue, d'après les tarifs, toute prime considérée ou à considérer dans la résolution de la question proposée. On indiquera, à défaut de tarif, la marche à suivre quand la prime est connue.

39. A quel âge doit-on acheter une rente viagère immédiate pour toucher au moins chaque année 10 p. 0/0 de la prime payée ?

$$A_n = \frac{1}{V_n}\left[\frac{V_{n+1}}{1,04} + \frac{V_{n+2}}{(1,04)^2} + \frac{V_{n+3}}{(1,04)^3} + \ldots \frac{V_{94}}{(1,04)^{94-n}}\right]$$

et $$A_{n+1} = \frac{1}{V_{n+1}}\left[\frac{V_{n+2}}{1,04} + \frac{V_{n+3}}{(1,04)^2} + \frac{V_{n+4}}{(1,04)^3} + \ldots + \frac{V_{94}}{(1,04)^{94-n-1}}\right]$$

J'appelle S_n et S_{n+1} les deux sommes entre parenthèses.

$$A_n = \frac{S_n}{V_n} \quad \text{et} \quad A_{n+1} = \frac{S_{n+1}}{V_{n+1}}.$$

Si on compare S_n et S_{n+1}, on voit tout de suite que

$$S_n = \frac{V_{n+1}}{1,04} + \frac{S_{n+1}}{1,04} \quad \text{ou} \quad S_n = \frac{V_{n+1} + S_{n+1}}{1,04}.$$

Pour $r = 0,04$ et $n = 93$, V_{n+1} ou $V_{94} = 1$, et $S_{n+1} = 0$; d'où $S_{93} = \dfrac{1}{1,04} = 0,9614$.

Connaissant S_{93} et V_{93}, on fait $n = 92$, et on calcule S_{92} d'après la formule. Ainsi de suite en rétrogradant. Connaissant les valeurs de S_n pour une série d'âges de 40 ans à 94 ans par exemple, on divise chaque valeur de S_n par V_n, et on obtient le prix A_n de la rente viagère pour le même âge de n années.

Il y a des simplifications aussi grandes pour toutes les assurances.

RENTES VIAGÈRES. — (PRIME UNIQUE.)

40. On demande quelles sont, dans chaque assurance individuelle d'une rente viagère immédiate, les chances respectives de la Compagnie et de l'assuré dépendant de la mortalité? Quelles doivent être les conditions de l'assurance pour que ces chances soient réellement égales des deux côtés?

41. Jusqu'à quel âge moyen doit vivre le rentier du problème précédent (n° 57) pour n'avoir ni perdu ni gagné par les chances de la mortalité?

42. Le rentier du 1er problème (n° 277) ayant vécu k années après l'assurance, on demande d'évaluer d'une manière précise le bénéfice ou la perte due aux chances de la mortalité?

43. Calculez, d'après la table de Deparcieux et d'après la note page 275, toutes les valeurs de S_n depuis $n=94$ jusqu'à $n=40$ pour $r=0,04$. Faites-en un tableau. Puis calculez les valeurs de $(S_n : V_n)$, c'est-à-dire les valeurs de A_n pour les mêmes valeurs de n ou les mêmes âges de 90 ans à 40 ans, faites aussi un tableau de ces valeurs de A_n.

44. Trouvez, à l'aide du 2e tableau de l'exercice 43, la rente viagère qu'obtiendrait, au taux de 4 p. 0/0, pour un capital de 25000 fr., une personne de 52 ans.

45. Trouvez, à l'aide du tableau de l'exercice 43, l'âge auquel un rentier qui a de l'argent placé à 5 p. 0/0 doublerait son revenu en plaçant cet argent en rente viagère dans une compagnie qui opère au taux de 4 p. 0/0 d'intérêt par an.

46. Une personne de 55 ans qui possède 3600 fr. de rente à 3 p. 0/0 en vend la moitié au cours de 70f, 25 et place la somme, retirée (frais déduits) en rente viagère dans une compagnie qui donne 4 p. 0/0 d'intérêt aux capitaux déposés, eu égard aux tables de mortalité. Quel est après cela son revenu annuel?

47. Combien le rentier de l'exercice précédent devrait-il vendre la moitié de sa rente 3 p. 0/0, pour acheter une rente viagère de 2800 fr. à la même compagnie?

RENTES VIAGÈRES DIFFÉRÉES SANS ARRÉRAGES AU DÉCÈS.

281. PROBLÈME. *Trouver le prix moyen au comptant d'une rente viagère différée de 15 ans, assurée sur une tête âgée de 34 ans* (prime unique).

Le rentier ne devient titulaire qu'à la fin de la 15e année de l'engagement, et touche la 1re rente à la fin de la 16e année. S'il meurt avant cette dernière époque, la prime est acquise à la Compagnie qui n'a rien à payer.

Soit p le prix demandé. Je cherche dans la table de Deparcieux le nombre des vivants à l'âge de 34 ans; ce nombre est 702. On suppose ces 702 personnes assurées le même jour par la Compagnie; le prix des 702 assurances est $702p$. La Compagnie ne devant payer pour la première fois qu'à la fin de la 16e année, on passe tout de suite dans la table à l'âge de $(34 + 16)$ ou 50 ans.

Le nombre des survivants à cet âge est 581; à 51 ans, 571; à 52 ans, 560, etc. La Compagnie *aura donc certainement à payer* à l'ensemble des rentiers survivants: 1° 581 fr. dans 16 ans, 2° 571 fr. dans 17 ans, 3° 560 fr. dans 18 ans; ainsi de suite d'après la table. Elle doit donc demander comptant, d'après la formule (1),

$$1° \ \frac{581^f}{(1,04)^{16}}, \ 2° \ \frac{571^f}{(1,04)^{17}}, \ 3° \ \frac{560^f}{(1,04)^{18}}, \dots, \ \frac{1^f}{(1,04)^{60}}$$

Le prix des 702 assurances

$$702p \text{ ou } P = \frac{581}{(1,04)^{16}} + \frac{571}{(1,04)^{17}} + \frac{560}{(1,04)^{18}} + \dots + \frac{1}{(1,04)^{60}}.$$

Le prix moyen

$$p = \frac{1}{702}\left[\frac{581}{(1,04)^{16}} + \frac{571}{(1,04)^{17}} + \dots \frac{2}{(1,04)^{59}} + \frac{1}{(1,04)^{60}}\right].$$

Nota. *Les prix des rentes viagères différées se déduisent simplement des prix des rentes viagères immédiates (vie entière) déjà calculées.*

Remarque. L'assurance d'une rente viagère différée se fait souvent moyennant une prime annuelle payable au commencement de chaque année jusques et compris l'année de l'entrée en jouissance. Nous apprendrons à déterminer cette prime annuelle (n° 286).

Exercices a faire.

48. Indiquer avec précision l'avantage qui résulte de ce qu'on a différé la jouissance. Résoudre à propos d'une rente viagère différée les questions proposées dans les Ex. 39 et 41.

49. Le titulaire d'une rente différée de m années ayant vécu $m+k$ années, on demande de déterminer le bénéfice ou la perte dépendant de la mortalité.

50. Quelle est, dans le cas d'une personne de 34 ans assurée pour une rente viagère différée de 15 ans, la part due aux chances de la mortalité dans la 4° rente touchée?

51. De combien d'années une personne qui s'assure à l'âge de 34 ans devra-t-elle différer la jouissance de sa rente viagère pour toucher chaque année 10 p. 0/0 au moins de la prime versée?

282. Rente viagère immédiate et temporaire.

Une rente peut être assurée payable en cas de vie de l'assuré pendant un certain nombre d'années fixé. Ce temps écoulé, l'en-

RENTES VIAGÈRES. — (PRIME UNIQUE.)

gagement est terminé et la Compagnie ne paye plus. C'est ce que nous appelons une rente viagère immédiate et temporaire.

Supposons la rente assurée pour 15 ans, et l'assuré âgé de 34 ans. On cherche dans la table de Deparcieux le nombre des vivants à l'âge de 34 ans; c'est 702, etc. On raisonne exactement comme au n° 277; la Compagnie fait les mêmes payements, mais s'arrête à la fin de la 15ᵉ année. On trouve donc

$$p = \frac{1}{702}\left[\frac{694}{(1,04)} + \frac{586}{(1,04)^2} + \frac{678}{(1,04)^3} + \ldots + \frac{590}{(1,04)^{15}}\right]$$

et en général

$$(A)_{t.p.k.} = \frac{1}{V_n}\left[\frac{V_{n+1}}{(1,04)} + \frac{V_{n+2}}{(1,04)^2} + \ldots + \frac{V_{n+k}}{(1,04)^k}\right]. \quad (3)$$

283. Le prix p précédent et le prix p du n° 281 additionnés donnent pour somme le prix (p) du n° 277,

$$(A)_{t.p.k.} + (A)_{d.d.k.} = (A). \quad (4)$$

N. B. (Lisez: *Annuité temporaire pendant k années*, et annuité différée de *k* années.)

Une rente viagère de 1 fr. temporaire pour 15 ans, et une rente viagère (vie entière) *différée de 15 ans, valent ensemble une rente viagère immédiate de 1 fr.* (vie entière).

En effet, le même assuré titulaire des deux premières rentes touchera d'abord 1 fr. de rente pendant 15 ans, puis continuera à toucher sans interruption et pendant toute sa vie en vertu du 2ᵉ contrat. Il aura joui d'une rente viagère immédiate de 1 fr. (vie entière).

COROLLAIRE. *Le prix d'une rente viagère temporaire se déduit donc des prix des deux autres rentes déjà calculés.*

ASSURANCE D'UN CAPITAL DIFFÉRÉ (*).

284. PROBLÈME. *Calculer le prix moyen au comptant d'un capital*

(*) Nous traitons ici ce cas de l'assurance en cas de vie parce qu'il est très-usuel, et que véritablement l'explication en sera très-aisément comprise de nos lecteurs après ce qui précède.

de 1 fr. différé de 17 ans assuré sur la tête d'un enfant de 4 ans (prime unique).

Si l'enfant atteint 21 ans (4 + 17), la Compagnie paye 1 fr.; s'il meurt avant cet âge, la prime est acquise à la Compagnie qui n'a rien à payer.

Soit p le prix demandé. Pour le trouver, je cherche dans la table de Deparcieux le nombre des vivants à l'âge proposé de 4 ans; ce nombre est 947. Je suppose que la Compagnie assure le même jour 947 enfants de 4 ans; le prix des 947 assurances sera 947 p. La Compagnie ne devant payer que dans 17 ans, je cherche tout de suite dans la table le nombre des vivants à l'âge de 21 ans (4 + 17); ce nombre est 806. Sur les 947 assurés, 806 arriveront à l'âge de 21 ans. La Compagnie aura donc à payer 806 fr. dans 17 ans; elle devra donc demander, d'après la formule (1), pour les 947 assurances,

$$947\, p = \frac{806}{(1{,}04)^{17}} \quad \text{d'où} \quad p = \frac{806}{947(1{,}04)^{17}}$$

FORMULE. $\qquad C^{\text{al d. de }k} = \dfrac{V_{n+k}}{V_n (1{,}04)^k}.$ $\qquad\qquad (5)$

L'assurance d'un capital différé, *en cas de vie*, se fait souvent moyennant une prime annuelle payable au commencement de chaque année, en cas de vie de l'assuré, jusqu'à la dernière année de l'engagement (n° 287).

EXERCICES A FAIRE.

52. Résoudre, à propos de l'assurance précédente, la question proposée dans l'Ex. 40.

53. Indiquer avec précision quelle est, dans la somme payée au bénéficiaire de l'assurance précédente, la part due aux chances de la mortalité.

54. Dire à une unité près le nombre d'années dont le capital à toucher éventuellement doit être différé dans l'assurance précédente (n° 284) pour que ce capital soit le triple de la prime payée. Comparer au cas d'un simple placement à intérêts composés.

55. On assure un enfant d'un an aux conditions suivantes : la Compagnie lui payera pendant 10 ans, à partir de sa 20ᵉ année révolue, s'il survit, une rente annuelle de 20000 fr., puis 1000000 de fr. à la fin de la 30ᵉ année. Établir la formule de la prime à payer pour cette assurance.

PRIMES ANNUELLES.

285. Au lieu de payer comptant une prime unique qu'il faut avoir toute prête, et qui est relativement forte, le contractant d'une assurance préfère généralement diviser le payement, et s'acquitter en payant une prime annuelle.

On appelle ainsi une somme fixe payée annuellement en cas de vie de l'assuré, et d'avance, c'est-à-dire au commencement de chaque année de l'engagement, soit pendant un certain nombre d'années fixé, soit pendant toute la durée de l'engagement. Nous allons expliquer comment on détermine la prime annuelle à payer dans chaque combinaison d'assurance.

La 1re prime, qui se paye comptant le jour de l'assurance, n'a rien d'éventuel; laissons-la de côté un instant.

Les autres ne se payent qu'en cas de vie de l'assuré. La 2e prime qui se paye au commencement de la 2e année de l'engagement, peut être considérée comme payée à *la fin de la 1re année*; c'est la même chose. La 3e prime peut être considérée comme payée à la fin de la 2e année. Ainsi de suite.

Supposons la prime annuelle de 1 franc.

Le contractant qui s'oblige à payer des primes annuelles de 1 fr., la 1re exceptée, s'engage à payer 1 fr. à la fin de chaque année, *en cas de vie de l'assuré*, pendant un certain nombre d'années ou pendant toute la vie de l'assuré. Il s'oblige donc exactement aux mêmes payements éventuels que la Compagnie assurant une rente viagère de 1 fr. sur la même tête et pour le même temps.

Soit A fr. le prix moyen au comptant de cette rente viagère. D'après nos explications, A fr. est la valeur moyenne en argent comptant le jour de l'assurance de tous les payements éventuels que doit faire la Compagnie en vertu du contrat; A fr. est donc aussi la valeur moyenne au comptant le jour de l'assurance de toutes les primes annuelles éventuelles à payer par le contractant, la 1re prime exceptée.

La 1re prime étant d'ailleurs de 1 fr. payé comptant, la valeur totale au comptant de toutes les primes annuelles sans exception est

$$1 + A.$$

Si la prime annuelle au lieu d'être 1 fr. est une somme quelconque p' fr., la valeur au comptant de toutes les primes le jour de l'assurance est

$$(1 + A) \times p'. \qquad (9)$$

Nous savons déjà trouver la valeur au comptant d'une annuité viagère ou temporaire de 1 fr. assurée sur une tête ; nous sommes donc à même de déterminer dès à présent la valeur au comptant des primes annuelles temporaires ou viagères à payer dans chacun des cas pratiques de l'assurance sur une tête.

Tout ce que nous venons de dire s'applique aux assurances sur deux têtes. Il n'y a qu'à dire *les assurés* au lieu de *l'assuré*.

ASSURANCE D'UNE RENTE VIAGÈRE DIFFÉRÉE A PRIME ANNUELLE.

286. Problème. *Trouver la prime annuelle à payer pour assurer une rente viagère de* 1 *fr. différée de* k *années sur une tête* A.

Soit p' la prime annuelle cherchée. Le rentier ne touchant la rente qu'à la fin de la $(k+1)^{\text{ième}}$ année, la prime se paye encore au commencement de cette $(k+1)^{\text{ième}}$ année, ou ce qui revient au même, à la fin de la $k^{\text{ième}}$ année. La 1re prime exceptée, le contractant doit donc payer toutes les autres en cas de vie de l'assuré à la fin des k premières années de l'engagement. La rente viagère A, équivalente à ces k primes, est donc une rente viagère temporaire payable pendant k années seulement (n° 282). Toutes les primes annuelles p' sans exception valent donc au comptant le jour de l'assurance

$$(1 + (A)_{t.\,p.\,k.}) \times p'.$$

Désignons par $A_{d.\text{ de }k}$ le prix *au comptant p* (n° 281) de la rente différée, qu'il s'agit d'assurer.

Ces deux valeurs doivent être égales puisque la première doit payer la seconde.

Donc $[1 + (A)_{t.\,p.\,k}] \times p' = (A)_{d.\,de\,k}$.

D'où
$$p' = \frac{(A)_{d.\,de\,k.}}{1 + (A)_{t.\,p.\,k}} \qquad (10)$$

ASSURANCE D'UN CAPITAL DIFFÉRÉ EN CAS DE VIE (*à prime annuelle*).

287. Problème. *Calculer la prime annuelle à payer pour assurer en cas de vie un capital de* 1 *fr. différé de* k *années sur une seule tête* A.

Soit p' la prime annuelle cherchée. La 1re prime à part, on ne paye les autres que pendant k — 1 années.

L'annuité viagère équivalente à ces $k-1$ dernières primes est une annuité viagère temporaire payable pendant $k-1$ années (n° 282). La valeur totale en argent comptant payé le jour de l'assurance des k primes annuelles payables d'avance est donc

$$[1 + (A)_{t.\,p^r(k-1)}] \times p'.$$

Le prix du contrat payable comptant le jour de l'assurance est, d'après la formule (5), $\dfrac{V_{n+k}}{V_n(1,04)^k}$.

Les deux valeurs précédentes doivent être égales puisque la première doit payer la seconde. Donc

$$[1 + (A)_{t.\,p^r(k-1)}] \times p' = \frac{V_{\ldots}}{a(1,04)^k};$$

d'où
$$p' = \frac{V_{n+k}}{V_n(1,04)^k} \times \frac{1}{[1 + (A)_{t.\,p.(k-1)}]}.$$

CAISSE DES RETRAITES POUR LA VIEILLESSE.

288. La caisse des retraites pour la vieillesse assure des rentes viagères différées avec abandon ou réserve du capital; elle paye les arrérages dus au décès du rentier; ses opérations rentrent donc dans le sujet que nous venons de traiter. Nous allons nous en occuper avec soin et détail, à cause de la destination toute spéciale de cette caisse, et de quelques différences entre sa manière d'opérer et celle des Compagnies que nous avons considérées jusqu'ici.

289. Les tarifs de la caisse des retraites sont établis d'après les principes que nous avons exposés; mais on y a mis pour chaque âge *la rente viagère à payer en échange de 1 fr. ou de 100 fr. versés comptant*, au lieu d'y mettre comme les Compagnies, la prime à payer pour assurer une rente viagère de 1 fr. ou de 100 fr. La caisse des retraites donne $4\,^1/_2$ pour 0/0 d'intérêt par an; mais elle n'assure pas au delà de 1500 fr. de rente sur une seule tête, et le rentier ne peut pas entrer en jouissance avant l'âge de 50 ans révolus.

290. Renseignements importants. La Caisse des retraites pour la vieillesse a pour objet de faire profiter les classes laborieuses des avantages qu'offrent les capitalisations successives d'intérêts combinées avec les lois de la mortalité. Constituant un service de l'État, elle offre à ses déposants les garanties les plus fortes, les combinaisons les plus avantageuses possibles.

On verse à cette caisse, à son profit ou au profit d'un tiers. L'argent versé ne peut plus être retiré; mais il donne droit à une rente viagère à partir d'un certain âge accompli indiqué par le déposant lui-même entre 50 et 65 ans.

Les versements sont facultatifs. Ils peuvent être interrompus ou continués au gré des parties versantes, *chaque versement donnant lieu à une liquidation distincte*. Ils peuvent être faits au profit de toute personne âgée de *trois ans* au moins, française ou *étrangère*.

Ils peuvent être effectués à la caisse des dépôts et consignations, ou chez ses préposés dans les départements, qui sont *les receveurs généraux et particuliers des finances*, soit par les intéressés eux-mêmes, soit à leur profit par des tiers, soit enfin par des caisses d'épargne, des sociétés de secours mutuels ou par d'autres intermédiaires choisis par les déposants (*).

(*) Un père prévoyant peut donc, pour une somme relativement faible, assurer la vieillesse de son fils contre le besoin; un maître, celle de ses serviteurs

Il n'y a pas d'obligation pour les déposants de faire tous leurs versements entre les mains du même préposé. Ainsi, les versements commencés dans un département peuvent être continués dans un autre.

Chaque versement individuel doit être de 5 fr. au moins sans fraction de franc.

La rente viagère inscrite sur une seule tête ne peut excéder 1500 fr. ni être inférieure à 5 fr.

Les versements inscrits au compte d'une même personne ne peuvent excéder 4000 fr. dans le cours d'une année.

Cette limite de 4000 fr. dans une année n'est pas applicable aux versements effectués de leurs deniers par les sociétés de *secours mutuels* au profit de leurs membres, par les sociétés *anonymes* au profit de leurs agents, par les *administrations publiques*, ou à la suite de décisions judiciaires.

Les versements peuvent être faits au choix du déposant, soit avec ABANDON, soit avec RÉSERVE du capital et à charge de remboursement aux ayants droit lors du décès du titulaire, que ce décès ait lieu avant ou après l'entrée en jouissance de la rente.

Dans le cas de versement opéré par un donateur, la réserve du capital peut être stipulée soit au profit du donateur, soit au profit des ayants droit du donataire.

Le déposant qui a réservé le capital peut à toute époque en faire l'abandon total ou partiel à l'effet d'obtenir une augmentation de rente sans qu'en aucun cas la rente puisse excéder 1000 fr., ni qu'il y ait lieu au remboursement anticipé d'une partie du capital déposé.

Au décès du titulaire de la rente avant ou après l'époque d'entrée en jouissance, le capital déposé est remboursé sans intérêt aux ayants droit si la réserve en avait été faite au moment du dépôt, et s'il n'a pas été fait plus tard usage de la faculté d'abandon.

L'entrée en jouissance de la rente ne peut avoir lieu généralement avant l'âge de 50 ans. Dans les cas cependant de blessures

---

ou de ses ouvriers. Une société, une administration peut, à l'aide de retenues faibles mais continues, de gratifications versées, constituer à ses employés ou à ses agents des retraites garanties et payées par l'État.

graves ou d'infirmités prématurées, régulièrement constatées, entraînant incapacité absolue de travail, la pension pourra être liquidée avant 50 ans, en proportion des versements faits avant la liquidation.

DES RENTES VIAGÈRES PAYÉES AUX DÉPOSANTS.

291. Les rentes viagères sont garanties et payées par l'État. Elles sont liquidées par la direction générale de la caisse des dépôts et consignations, à Paris.

Elles sont fixées conformément à des tarifs arrêtés par le Ministre de l'agriculture et du commerce, tenant compte pour chaque versement :

1° De l'intérêt composé du capital, à $2^f,25$ p. 0/0 par semestre ;

2° Des chances de mortalité, en raison de l'âge du titulaire au jour du versement et de l'âge auquel commence la jouissance de la rente, calculée d'après la table dite de Deparcieux.

3° Du remboursement au décès du capital versé, si la réserve en a été faite par le déposant.

Les tarifs sont établis sur l'unité de franc, et calculés par trimestre pour le versement et par années pour la jouissance.

L'intérêt des sommes déposées est compté à partir du jour du versement.

L'âge du titulaire de la rente est calculé comme s'il était né le premier jour du trimestre qui a suivi la date de sa naissance.

Les tarifs sont calculés jusqu'à l'âge de soixante-cinq ans.

Les arrérages de rentes viagères sont payés chaque trimestre par les agents du trésor public.

Le rentier commence à toucher trois mois juste après le jour où il a atteint *officiellement* l'âge fixé pour l'entrée en jouissance.

292. Nous terminons ici nos renseignements. Afin d'aider de notre mieux au but que se sont proposé les fondateurs de la caisse des retraites, nous avons fait connaître son objet, les avantages, les garanties et les commodités qu'elle offre aux déposants, les limites dans lesquelles elle opère et qui caractérisent sa destination. Il manque l'indication des formalités à remplir soit pour verser ou retirer des capitaux, soit pour toucher les rentes viagères. Tous ces renseignements sont clairement et minutieusement donnés dans un petit livre (*Guide du déposant*, etc.) qui se vend 50 centimes chez le concierge de la caisse des dépôts et consignations.

CAISSE DES RETRAITES POUR LA VIEILLESSE.

293. 1ᵉʳ Problème. Calcul *de la rente viagère payée par un versement d'un franc fait à l'âge de 122 trimestres par un déposant qui veut jouir de sa rente à partir de l'âge de 55 ans,* capital aliéné.

Raisonnement Je cherche dans la table de Deparcieux complétée, le nombre des vivants à l'âge de 122 trimestres, soit V_{122}. Supposons que V_{122} personnes fassent le même jour le même versement de un franc que notre déposant et aux mêmes conditions ($V_{122} = 730$))

L'État doit payer le 1ᵉʳ jour de chaque trimestre, à partir de l'âge de 55 ans accomplis, un quartier de rente à chaque survivant de ces V_{122} déposants, et un demi-quartier (*en moyenne*) aux héritiers de chaque déposant mort dans le trimestre précédent, jusqu'à l'extinction complète du groupe qui a lieu à l'âge de 95 ans d'après la table de Deparcieux.

95 ans = 380 trimestres; 55 ans = 220 trimestres; la différence est 160 trimestres. Depuis l'âge de 55 ans jusqu'à 95 ans, l'État aura donc à faire 160 payements composés chacun: 1° de la rente totale payée aux rentiers survivants; 2° de l'ensemble des demi-quartiers payés aux héritiers des morts du trimestre précédent.

Les V_{122} déposants versent en tout V_{122} fr. Cette somme est une prime totale composée de 160 primes partielles $p_1, p_2, p_3, p_4, \ldots p_{160}$ que l'État, d'après la convention fondamentale (n° 274), doit recevoir comptant en vue des 160 payements qu'il aura à faire.

On compte les intérêts composés par trimestre à raison de 2 fr. 25 c. p. 0/0 par semestre, de sorte que 1 fr. devient au bout d'un trimestre $\sqrt{1{,}0225}$, et au bout de n trimestres $\left(\sqrt{1{,}0225}\right)^n = z^n$; (nous désignons pour abréger $\sqrt{1{,}0225}$ par z).

Désignons par r le quartier de rente payé à chaque rentier. r est l'inconnue de notre problème.

Le premier payement a lieu lorsque les déposants survivants ont atteint l'âge de 55ᵃⁿˢ et 3ᵐᵒⁱˢ ou 221 trimestres, c'est-à-dire 99 trimestres après le versement effectué. A cet âge, il y a V_{221} survivants, et il est mort m_{221} des V_{122} déposants dans le trimestre précédent d'après la table de Deparcieux complétée en trimestres. Le gouvernement paye donc au bout de 99 trimestres:

$r \times V_{221}$ et $\frac{r}{2} \times m_{221}$. D'après la formule du n° 274, la première prime partielle à payer par les V_{122} déposants

$$p_1 = \frac{r \times V_{221}}{z^{99}} + \frac{r}{2} \times \frac{m_{221}}{z^{99}}.$$

La prime pour le 2ᵉ payement,

$$p_2 = \frac{r \times V_{222}}{z^{100}} + \frac{r}{2} \times \frac{m_{222}}{z^{100}}.$$

Pour le 3ᵉ payement,

$$p_3 = \frac{r \times V_{223}}{z^{101}} + \frac{r}{2} \times \frac{m_{223}}{z^{101}}.$$

et ainsi de suite jusqu'au 159ᵉ payement

$$p_{159} = \frac{r \times V_{379}}{z^{257}} + \frac{r}{2} \times \frac{m_{379}}{z^{257}}.$$

Et enfin pour le payement fait aux héritiers des derniers morts, la prime

$$p_{160} = \frac{r}{2} \times \frac{m_{380}}{z^{258}}.$$

Mais $\qquad p_1 + p_2 + p_3 + p_4 + \ldots p_{160} = V_{122}.$

On a donc $\qquad V_{122} = r \times S_1 + \frac{r}{2} \times S_2.\qquad(1)$

Si on pose $\qquad S_1 = \frac{V_{221}}{z^{99}} + \frac{V_{222}}{z^{100}} + \frac{V_{223}}{z^{101}} + \ldots + \frac{V_{379}}{z^{257}}$

et $\qquad S_2 = \frac{m_{221}}{z^{99}} + \frac{m_{222}}{z^{100}} + \frac{m_{223}}{z^{101}} + \ldots + \frac{m_{380}}{z^{258}}.$

on déduit de l'égalité (1) $\qquad r = \dfrac{V_{122}}{S_1 + \frac{1}{2} S_2}.$

r étant un quartier, la rente annuelle est

$$\frac{4 V_{122}}{S_1 + \frac{1}{2} S_2}.$$

Dans S_1 et dans S_2 tout est connu; car les nombres V_{122}, V_{221}, V_{222}, V_{223}, etc. se trouvent dans la table de Déparcieux (ce sont les nombres de survivants aux âges successifs de 122 trimestres, 221 id., 222 id., jusqu'à 379 trimestres; ex., pour 224 trimestres ou 56 ans, $V_{224} = 514$). m_{221}, m_{222}, m_{223}, etc. désignent les nombres de morts dans le 221ᵉ trimestre, le 222ᵉ id., etc. qui sont les différences des nombres V_{220}, V_{221}, etc. de cette table, et $z = \sqrt{1{,}0225}$. La valeur de r peut donc être calculée. Chaque terme de S_1 ou de S_2 se détermine à l'aide de logarithmes calculés à l'avance et inscrits dans des tables préparatoires.

293 bis. 2ᵉ PROBLÈME. *Calcul de la rente payée par un versement de un franc fait à l'âge de 122 trimestres pour entrer en jouissance à partir de 55 ans*, CAPITAL RÉSERVÉ.

On raisonne exactement comme dans le cas précédent. L'État fait les mêmes payements dont nous avons tenu compte et dont la somme est $r \times S_1 + \frac{r}{2} \times S_2$, et de plus le remboursement à chaque trimestre du capital déposé, *un franc*, aux héritiers ou ayants droit de chacun des V_{122} déposants décédés dans le trimestre précédent. Chacun de ces remboursements se fait *à partir du 1ᵉʳ trimes-*

tre qui suit le versement, jusqu'à l'extinction complète du groupe. De sorte que si on appelle m_{123}, m_{124}, m_{125}... les nombres des morts du 123ᵉ trimestre, du 124ᵉ trimestre, etc., jusqu'au 380ᵉ trimestre, on aura la somme des primes payées en vue de ces remboursements

$$S_3 = \frac{m_{123}}{z} + \frac{m_{124}}{z^2} + \frac{m_{125}}{z^3} + \ldots + \frac{m_{379}}{z^{257}} + \frac{m_{380}}{z^{258}}.$$

On doit donc avoir $\quad V_{122} = r \times S_1 + \frac{r}{2} \times S_2 + S_3;$

d'où $\quad r = \frac{(V_{122} - S_3)}{S_1 + \frac{1}{2} S_2} \quad$ et $\quad 4r = \frac{4(V_{122} - S_3)}{S_1 + \frac{1}{2} S_2}.$

Connaissant la rente annuelle $4r$ due pour un versement de 1 fr., on l'obtient dans chaque cas pour un versement de a' en multipliant $4r$ par a.

EXERCICES PROPOSÉS.

56. Complétez la table de Deparcieux et établissez la formule de la rente due à un assuré à l'âge de 42ᵃⁿˢ 3ᵗʳⁱᵐ· qui a versé 500 fr. et qui doit entrer en jouissance à l'âge de 60 ans avec abandon du capital.

57. Résoudre la même question avec *réserve* du capital.

58. L'assuré de l'exercice précédent déclare abandonner le capital à l'âge de 50ᵃ 3ᵐ. Formulez l'augmentation de la rente.

59. Un individu qui a 53ᵃ 6ᵐ veut déposer de quoi se faire 500 fr. de rente à 62 ans. Combien doit-il verser : 1° avec abandon, 2° avec réserve du capital ? (*Formule à établir*.)

QUESTIONS USUELLES RELATIVES AUX OBLIGATIONS REMBOURSABLES AVEC PRIMES A LA SUITE DE TIRAGES AU SORT PÉRIODIQUES.

294. Nous avons considéré ces obligations au point de vue de leur amortissement par les Compagnies ou par les villes qui les émettent ; nous allons maintenant nous occuper de leurs acheteurs ou possesseurs.

Sous ce dernier rapport, il y a une très-grande analogie entre ces obligations et les assurances sur la vie humaine.

Une obligation est un titre qui existe ou vit pendant un certain temps, puis meurt, est amorti au bout d'un certain nombre d'années ou de semestres indéterminé, mais qui ne dépasse pas un nombre fixé, 95 ans par exemple.

La Compagnie ou la Ville assure au possesseur une rente fixée payable à la fin de chaque année ou de chaque semestre de la vie de l'obligation, et un capital également fixé payable aussitôt après son décès.

Elle assure quelquefois sous le nom de lot ou prime un capital supplémentaire payable après le décès, mais seulement à l'obligation que le sort fait mourir à un rang déterminé dans chacun des tirages.

On ne sait pas quand un homme assuré mourra ; on ne sait pas non plus au juste quand une obligation sera amortie.

La table de mortalité des obligations créées ou nées en même temps est imprimée au dos de chaque titre. On connaît le nombre des obligations qui mourront chaque année, et la durée précise du groupe. Il y a ici plus d'exactitude et de précision que dans les tables de Deparcieux et de Duvillard.

Toutes les obligations rapportent la même rente fixée, et sont égales au moment de l'émission devant les chances du remboursement progressif; elles ont donc toutes la même valeur en argent comptant. C'est pourquoi la Compagnie les vend toutes au même prix.

Plus tard à une époque quelconque, que l'amortissement soit ou ne soit pas encore commencé, les obligations existantes ont toutes la même valeur en argent comptant.

Cette valeur commune en argent comptant (qui varie à mesure que le temps s'écoule) est tout à fait analogue à celle des contrats d'assurance sur la vie délivrés à des personnes assurées en même temps, au même âge, et pour le même objet.

Les questions pratiques relatives aux obligations des villes et des Compagnies sont donc tout à fait analogues aux questions usuelles concernant les assurances sur la vie humaine et doivent se résoudre par la même méthode (*).

295. Les questions principales relatives à ces obligations sont les deux suivantes :

1. *Combien vaut en argent comptant pour celui qui veut placer*

(*) Les questions concernant les obligations se résolvent par des formules beaucoup plus simples que les questions d'assurances sur la vie, parce que la Compagnie paye pour les obligations survivantes réunies la même somme tous les ans, de sorte que chaque série est une progression géométrique.

ses *capitaux à un taux fixé, une obligation connue d'un chemin de fer, ou de la ville de Paris, ou toute autre analogue?*

2. *A quel taux moyen place-t-on son argent en achetant pour un certain prix (à un certain cours), une pareille obligation?*

Chacune de ces questions paraît indéterminée et impossible à résoudre avec précision quand on ne considère qu'une obligation; elle devient précise et déterminée quand on considère auxiliairement le groupe des obligations nées ou créées en même temps, et *encore existantes*. Cette idée vient naturellement quand on a remarqué les analogies précédentes.

296. Notations. Nous désignerons par N le nombre des obligations créées pour le même emprunt *et encore existantes*, par n le nombre des années *que doit encore durer l'amortissement à partir du premier tirage à faire*, et par t l'intérêt payé chaque année par la Compagnie pour chaque franc de la valeur nominale d'une obligation. Nous désignerons de même par O_1, O_2, O_3,... O_n le nombre d'obligations qui seront amorties au premier tirage, au deuxième tirage,... au n^e tirage *à faire*.

Les nombres N, n, t, O_1, O_2, O_3,..., O_n sont immédiatement connus ou déterminés par les indications qui se trouvent au recto et au verso de chaque titre d'obligation. Si l'amortissement est commencé, N est le nombre total des obligations de l'emprunt considéré diminué du nombre des obligations déjà amorties. On peut, si on le trouve plus simple, calculer N à l'aide de la formule (1) ci-après.

Nous appellerons obligation *connue* une obligation dont on a le titre sous les yeux.

Les questions sur les obligations se résolvent de la même manière à toutes les époques de la durée de l'amortissement du groupe primitif dont elles font partie. On ne tient compte que de ce qui doit avoir lieu à partir de l'époque proposée.

Rappelons-nous (n° 256) que les nombres O_1, O_2, O_3, O_4,... O_n forment une progression arithmétique dont la raison est $1+t$, de sorte que

$$N = \frac{O_1[(1+t)^n - 1]}{t} \qquad (1).$$

Nous désignerons encore pour abréger par a l'annuité *fixe* que

ployée par la Compagnie à payer les intérêts échus et à amortir un certain nombre d'obligations.

On sait que 500 fr. étant le capital nominal de chaque obligation, d'après la formule (4), page 249,

$$a = \frac{(N.\,500)\,t.\,(1+t)^n}{(1+t)^n - 1} \qquad (2).$$

297. Valeur d'une obligation en argent comptant a une époque donnée quelconque.

1ᵉʳ Problème. *Trouver à une époque quelconque ce que vaut en argent comptant pour celui qui veut placer son argent au taux de* r *fr. pour* 1 *fr. par an, et eu égard à toutes les chances des remboursements, une obligation connue d'un chemin de fer, ou toute autre analogue.*

On cherche la valeur demandée *au moment qui précède le* 1ᵉʳ *des tirages auxquels peut encore participer l'obligation en question*; puis on ramène cette valeur à l'époque réellement proposée par un escompte en *dedans* ordinaire au taux r.

Désignons par x la valeur de l'obligation en question la veille du premier tirage à faire. Cette obligation fait partie d'un ensemble de N obligations *encore existantes* créées en même temps pour le même emprunt de la Compagnie. Ces N obligations, qui rapportent la même rente fixe et sont égales devant les chances des remboursements futurs, ont toutes la même valeur en argent comptant. Si x est la valeur de l'une d'elles, elles ont toutes ensemble la valeur Nx. Or il est facile de trouver la valeur en argent comptant, au taux r, de l'ensemble des N obligations.

Supposons, en effet, ces N obligations réunies entre les mains d'un détenteur unique. Ce détenteur unique, recevra seul à chaque tirage l'annuité totale de a fr. employée par la Compagnie à payer les intérêts et à rembourser les obligations de l'emprunt en question, et remettra les titres des obligations désignées par le sort. Cela se passera ainsi aux n tirages successifs; après quoi le détenteur n'aura plus de ces obligations et sera complétement désintéressé. L'*avoir* de ce détenteur représenté par ces N obligations, c'est-à-dire la valeur de ces N obligations est donc a fr. qui vont être payés après le 1ᵉʳ tirage, a fr. payables dans un an, a fr. payables dans 2 ans,..., a fr. payables dans $n-1$ années. Cet avoir, évalué en argent comptant au taux r, c'est-à-dire la valeur cherchée des N obligations,

$$Nx = a + \frac{a}{1+r} + \frac{a}{(1+r)^2} + \ldots + \frac{a}{(1+r)^{n-1}} = \frac{a[(1+r)^n - 1]}{r(1+r)^{n-1}}$$

Donc
$$x = \frac{a}{N} \cdot \frac{(1+r)^n - 1}{r(1+r)^{n-1}}. \qquad (3)$$

On sait que
$$\frac{a}{N} = \frac{500 \cdot t(1+t)^n}{(1+t)^n - 1}. \qquad (2)$$

On calcule d'abord log. $\frac{a}{N}$; puis on applique la formule (3).

Pour plus de simplicité, nous avons considéré un détenteur unique de toutes les obligations. Mais il est évident que tous les détenteurs réels, *considérés dans leur ensemble*, agissent comme ce détenteur unique et que leur avoir *collectif* est par suite le même que celui de ce détenteur unique; d'où résulte la valeur moyenne d'une obligation.

298. 1ʳᵉ Remarque importante. Nous avons supposé, comme dans l'amortissement ordinaire, que chaque payement d'intérêts coïncide avec un remboursement partiel; mais il n'en est pas toujours ainsi. Les obligations peuvent être rangées dans deux catégories principales : 1° celles dont la rente se paye seulement aux époques des tirages au sort, telles sont *les obligations de la ville de Paris*; 2° celles dont la rente R, due pour l'intervalle de deux tirages, se paye moitié au milieu de cet intervalle, moitié à la fin; telles sont *les obligations de chemin de fer en général*.

La formule (3) s'applique sans modification aux obligations de la 1ʳᵉ catégorie, pour lesquelles notre hypothèse est réalisée. Mais pour les obligations de la 2ᵉ catégorie, cette valeur (3), qui comprend une rente entière R considérée comme payée le jour du tirage, doit être diminuée de la demi-rente ($^1/_2$ R), payé alors en moins, parce qu'elle a été payée six mois auparavant.

On explique donc aux obligations de la 2ᵉ catégorie la formule (3) ainsi modifiée

$$x = \frac{a}{N} \cdot \frac{(1+r)^n - 1}{r(1+r)^{n-1}} - \frac{1}{2}R, \qquad (3\ bis)$$

la formule (2) ne change pas. (*Voyez la note*) (*).

299 Question générale. *La valeur d'une obligation est demandée à une époque quelconque antérieure au 1er tirage à faire.*

On calcule sa valeur au moment du tirage par l'une des formules (3) et (3 *bis*); puis on ramène la valeur trouvée par un escompte en dedans au taux r du jour du tirage à l'époque proposée.

S'il y a un payement de rente dans cet intervalle, on escompte cette demi-rente, et on l'ajoute à la valeur (3) ou (3 *bis*) escomptée.

2e Remarque. Nous ne tenons pas compte de l'avantage

(*) Une obligation est la reconnaissance d'une dette que la Compagnie doit amortir par un payement ou par des payements successifs. C'est une valeur qu'on a souvent besoin d'estimer en argent comptant, pour la vente, pour l'achat, pour la comparaison à d'autres valeurs, ou pour tout autre motif pressant d'estimation. Cette évaluation ne peut se faire que d'après un taux d'intérêt fixé; car l'argent donné pour le titre doit être remboursé avec ses intérêts composés par les payements futurs.

La valeur au comptant d'une obligation considérée isolément est indéterminée; une obligation peut avoir 90 valeurs si $n = 90$. La valeur d'estimation ne peut donc être qu'une valeur moyenne calculée eu égard à *toutes* les chances possibles des tirages au sort. On obtient cette valeur moyenne, comme celle d'une assurance sur la vie humaine, en considérant un groupe d'obligations qui, courant ensemble *toutes* ces chances, sont égales devant elles, et dont la valeur totale actuelle, à un taux fixé, est précise et déterminée. Cette valeur moyenne est donc elle-même précise et déterminée.

C'est d'après ces considérations, et celles que nous avons exposées au commencement de ce chapitre (n° 294), que nous avons posé et résolu les questions énoncées n° 297, ainsi que les suivantes.

Comment tient-on compte dans le calcul de x *des chances de mortalité de obligations ?*

On en tient compte en considérant la valeur Nx des N obligations comme amortie en capital et en intérêts composés, au taux de r^f pour 1^f par an, par n payements égaux de a^f chacun effectuée d'année en année. Car c'est en pratiquant cet amortissement que, les intérêts une fois payés, on rembourse O_1 obligations au 1er tirage, O_2 obligations au 2e tirage, etc.; ce qui est précisément la loi de mortalité des obligations.

En général, en substituant le groupe des N obligations *encore existantes* à l'obligation isolée, on tient compte d'une manière analogue de la loi de mortalité des obligations proposées dans la résolution de toutes les questions suivantes.

que fait la Compagnie au porteur d'une obligation en lui payant chaque année une demi-rente six mois d'avance, parce que cet avantage est plutôt considéré au point de vue de sa commodité que de sa valeur. Le lecteur peut évaluer comptant cet avantage s'il le juge à propos.

300. QUESTION A RÉSOUDRE. *Combien doit-on payer au plus une obligation* CONNUE *pour placer son argent au moins à* 5 p. 0/0 *par an?*

La formule (3) contient 4 nombres x, $\dfrac{a}{N}$, r et n. Elle peut donc servir à trouver un de ces nombres demandés, les trois autres étant donnés. Nous avons expliqué dans la brochure spéciale dont nous avons extrait ce qui précède, comment on peut à l'aide de la formule (3) résoudre, d'une manière pratique, cette question éminemment usuelle et importante: *A quel taux place-t-on son argent en achetant* pour 320^f par ex. *une obligation de chemin de fer* (3 %) *remboursable à* 500^f? (Dans ce cas on a $x = 320^f$.)

La même formule peut aussi servir à résoudre cette question : *A quel taux emprunte une compagnie qui émet à* 280^f *par exemple, des obligations de* 500^f *rapportant annuellement* 15^f, *et qui doivent être amorties dans* 90 *années?*

REMARQUE. Les questions précédentes se résolvent aussi aisément pour les obligations qui donnent droit éventuellement à des lots ou primes spéciales.

ESTIMATION DES BOIS.

301. La valeur du fond d'un bois non aménagé dépend de son rapport. Elle n'est autre que le capital qu'il faudrait placer pour avoir à l'exploitation du bois une somme d'intérêts composés égale au prix *net* de la coupe.

L'estimation des bois est un sujet très-important et très-usuel ; nous croyons utile de le traiter ici succinctement avec ordre et méthode, de manière à trouver et à démontrer les règles et les formules servant à cette estimation.

302. NOTATIONS. Pour établir les unes et les autres, nous appellerons S la valeur du sol du bois, C le prix *net* d'une coupe, c'est-à-dire le prix brut diminué des dépenses et de leurs intérêts, C' le prix *brut* (le prix touché en entier), d la dépense moyenne annuelle faite à l'occasion du bois pendant la croissance, D la somme des déboursés annuels et de leurs intérêts composés, n années l'âge de la coupe exploitable, n' années l'âge d'un taillis en croissance, i l'intérêt annuel donné ou convenu de 1^f par an.

303. Pour estimer le sol d'un bois comme celui d'un champ, d'après son produit, **on suppose** qu'il est à vendre, et on cherche combien l'acheteur doit le

payer pour en retirer d'après le produit ordinaire, connu ou donné, un intérêt fixé, 5 p. %, par ex., ou 4 p. %, etc. par an.

On distingue deux parties dans le prix total d'une coupe de bois. La 1re est l'intérêt de la valeur du sol; cet intérêt n'est pas *simple*, puisque le propriétaire ne touche pas de l'argent chaque année, mais seulement après un certain n d'années; donc l'argent qu'il ne touche pas chaque année doit lui produire intérêt jusqu'à ce qu'il le touche; cette 1re partie du prix *brut* de la coupe est donc une somme d'*intérêts composés*. La seconde partie est la somme des dépenses faites à l'occasion du bois pendant la croissance et qui doivent être remboursées par le produit de l'exploitation, non-seulement en capital, mais avec les intérêts composés calculés pour chaque dépense depuis le jour où elle a été faite jusqu'à l'époque de la coupe. Pour résoudre les questions dont nous nous occupons, on sépare les deux parties précitées du *prix* total de la coupe. Connaissant ce *prix* total, il suffit de trouver l'une de ses parties pour connaître l'autre partie. On calcule d'abord la dépense totale avec ses intérêts.

304. Dépenses annuelles capitalisées. On se rend compte de la dépense moyenne annuelle, d, et on se dit: Cette dépense est une annuité que le propriétaire place chaque année dans l'exploitation du bois comme il placerait une annuité chez un banquier, et qui doit se retrouver avec ses intérêts composés dans le produit de l'exploitation, c'est-à-dire dans le prix de la 1re coupe suivante. Nous savons qu'une somme de 1^f placée à i pour fr. par an vaut, avec ses intérêts composés, au bout de n années $(1+i)^n$. Une 1re dépense annuelle de 1^f porte intérêt pendant les n années de la croissance de la coupe et devient finalement $(1+i)^n$; la dépense annuelle de d^r devient $d^r \times (1+i)^n$. La 2e dépense annuelle porte intérêt pendant $n-1$ années seulement, et devient $d^r \times (1+i)^{n-1}$. Ainsi de suite. La somme des dépenses annuelles et de leurs intérêts est finalement $d(1+i)^n + d(1+i)^{n-1} + d(1+i)^{n-2} + \ldots + d(1+i)^2 +$

$$d(1+i) + d = d[(1+i)^n + \ldots + (1+i) + 1] = d\left[\frac{(1+i)^{n+1}-1}{i}\right]$$

$$D = d \times \left[\frac{(1+i)^{n+1}-1}{i}\right] \quad (1).$$

Connaissant d, n et i, on peut aisément calculer cette partie du prix de la coupe du bois. Supposons un déboursé annuel de 1^f; $d = 1^f$; le déboursé annuel avec ses intérêts capitalisés est alors $\left[\frac{(1+i)^{n+1}-1}{i}\right]$. Comme il est en général

$d \times \frac{(1+i)^{n+1}-1}{i}$, on conclut cette règle: La somme D des déboursés d, et de leurs intérêts capitalisés, s'obtient en multipliant par le chiffre d de la dépense annuelle la valeur d'un déboursé annuel de 1^f augmenté de ses intérêts composés pour l'âge de la coupe. On calcule les valeurs ainsi augmentées du déboursé annuel de 1^f pour différents âges de la coupe, pour 12 ans, pour 13 ans, etc., au taux ordinaire de 5 p. %, et on met ces valeurs dans une *table* ou *tableau* pour s'en servir dans les cas usuels.

305. Estimation de la valeur du sol. Connaissant la somme D des déboursés annuels faits à l'occasion du bois pendant la croissance et de leurs intérêts

composés pour n années, âge de la coupe, on le retranche du prix total C', prix *brut* de la coupe, et on a pour reste le prix *net* C qui est la somme des intérêts composés de la valeur du sol pendant ses n années. On sait que 1^f, au taux de i^f pour 1^f par an, vaut, avec ses intérêts composés, au bout de n années, $(1+i)^n$. Les intérêts composés *seuls* (le capital 1^f déduit) valent $(1+i)^n - 1$. Par suite les intérêts composés de S^f, valeur du sol, valent $S^f \times [(1+i)^n - 1]$. Mais ces intérêts composés valent d'ailleurs C^f; donc

$$S \times [(1+i)^n - 1] = C, \text{ et } S = C : [(1+i)^n \times 1]; \text{ d'où } S = C \times \frac{1}{(1+i)^n - 1}. \quad (2)$$

Pour employer cette formule, on calcule le *multiplicateur*, $1 : [(1+i)^n - 1]$, pour les valeurs usuelles de n années, savoir pour 12, 13, 14, 15..... 21 ans, et même jusqu'à 25 ans, et aussi pour les valeurs usuelles de i, $0^f,03$; $0^f,04$; $0^f,05$; correspondant aux taux de 3, 4 et 5 p. 0/0; puis on fait un tableau de ces valeurs calculées. (C'est la table III suivante).

306. TAILLIS EN CROISSANCE. La valeur nette d'un taillis en croissance comme celle d'une coupe exploitable est évidemment égale à la somme des intérêts composés de la valeur du sol pour le temps de la croissance du taillis, c'est-à-dire pour n' années, âge du taillis. Elle est égale à $S \times [(1+i)^{n'} - 1]$. Cette valeur du taillis que nous pouvons appeler t est plus petite que la valeur C de la coupe exploitable qui est plus âgée; $t = C \times$ une fraction f plus petite que 1. De $t = C \times f$, on déduit: $f = \frac{t}{C} = S \times [(1+i)^{n'} - 1] : S \times [(1+i)^n - 1]$; d'où $f = \frac{(1+i)^{n'} - 1}{(1+i)^n - 1}$. (3)

Pour utiliser cette formule: $t = C \times S$, on calcule les valeurs de f pour les âges ordinaires, 3 ans, 4 ans, 5 ans... 12 ans de taillis, et pour les âges usuels de la coupe, 12, 13, 14 ans... 21 ans et même jusqu'à 25 ans, et on en forme un *tableau* dont on se sert d'après la règle donnée ci-après. (C'est la table IV suivante.)

307. REVENU ANNUEL MOYEN D'UN BOIS. On peut très-bien, pour assimiler complétement la valeur du sol d'un bois à un capital ordinaire, pour la comparer à un capital ordinaire, considérer ce bois comme produisant un revenu moyen *annuel* calculé à un certain taux fixé, à 4 p. 0/0 par an, par ex. Le propriétaire ne touchant pas cet intérêt annuel, le laisse placé comme une annuité ordinaire dans l'exploitation du bois (avec la dépense accessoire annuelle). Chaque annuité, que nous appellerons a, reste placée jusqu'à la première coupe suivante. La 1re reste placée pendant $(n-1)$ années; la 2e pendant $(n-2)$ années; etc... La valeur de ces annuités est à la fin de l'exploitation, au moment de la coupe, $a \times [(1+i)^{n-1} + (1+i)^{n-2} + ... + (1+i)^2 + (1+i) + 1] = a \times \left[\frac{(1+i)^n - 1}{i}\right]$. Mais on sait que cette somme des intérêts composés de la valeur du sol est égale au prix net C de la coupe.

$$a \times \left[\frac{(1+i)^n - 1}{i}\right] = C; \text{ d'où } a = C : \left[\frac{(1+i)^n - 1}{i}\right] = C \times \frac{i}{(1+i)^n - 1}. \quad (4)$$

On calcule habituellement la valeur du multiplicateur de C, pour les valeur usuelles de n; 12 ans, 13 ans, etc., jusqu'à 24 et 25 ans, et pour la seule valeur convenable de i, $i = 0,04$ correspondant au taux de 4 p. % par an. (C'est le tableau V ci-après.)

308. Résumé. — *Multiplicateurs* des formules (1), (2), (3) et (4) servant à construire les tables ou tableaux suivants

$$\frac{(1+i)^{n+1}+1}{i} \ (1); \quad \frac{1}{(1+i)^n-1} \ (2); \quad \frac{(1+i)^{n\prime}-1}{(1+i)^n-1} \ (3); \quad \frac{i}{(1+i)^n-1} \ (4).$$

On prendra les valeurs de $(1+i)^n$ ou de $(1+i)^{n+1}$ dans la table I des intérêts composés, page 297. On abrégera ainsi considérablement.

309. Applications et tableaux.

On se sert de ces formules pour construire des tables ou tableaux analogues aux tables I et II, construites pour les intérêts composés et les annuités. Ces tables servent à résoudre très-simplement les questions relatives à l'estimation du sol, des bois et de leurs revenus.

Tableau III, pour l'estimation du sol d'un bois. (A faire.)

(*Application des formules* (1) *et* (2), n°s 304 *et* 305.)

Age de la coupe exploitée.	TAUX DES PLACEMENTS.			DÉBOURSÉ annuel de 1 fr. Capitalisé à 5 p. 0/0.
	3 p. 0/0.	4 p. 0/0.	5 p. 0/0.	
12 ans				
13 ans				

On remplira ce tableau pour les âges de 12 ans, 13, etc. jusqu'à 21 ans. On mettra dans la colonne horizontale qui commence à 12 ans, les valeurs du multiplicateur $\frac{1}{(1+i)^n-1}$ (2) du n° 305 pour $n=12$ et successivement pour $i=0,03$, $i=0,04$ et $i=0,05$, et dans la 5e colonne: *déboursé annuel* etc., la valeur du *multiplicateur* $\frac{(1+i)^{n+1}-1}{i}$ (1) du n° 304, pour $n=12$ et $i=0,05$. On calculera les valeurs du multiplicateur (2) pour $n=13$, $i=0,03$, $i=0,04$, $i=0,05$, et pour les déboursés celle du multiplicateur seulement, pour $n=13$ et $i=0,05$ seulement. Ainsi de suite en continuant de même pour $n=14$ $n=15$, etc., jusqu'à $n=2$.

Règle. *Pour trouver la valeur du sol d'un bois non aménagé, on évalue d'abord* (en capital et en intérêts composés) *les déboursés qu'occasionne le bois pendant sa croissance en multipliant la dépense annuelle moyenne par le nombre qui correspond à l'âge de la coupe dans la 5e colonne du tableau III* (déboursé annuel de 1^f capitalisé à 5 p. %).

ESTIMATION DES BOIS.

On retranche le nombre ainsi calculé du produit brut que donne ordinairement la coupe à l'exploitation, et on multiplie le reste par le nombre du même tableau correspondant à l'âge de la coupe exploitée et au taux auquel on veut placer son argent. Le produit est la valeur du sol du bois.

Cette règle résulte de nos explications n° 303.

Par exemple le sol d'un bois qui, à 14 ans, donne une coupe de 1130 fr. et occasionne 6 fr. de déboursés annuels, vaut $(1130^f - 21^f,58 \times 6) + 1,051 =$ 1952^f pour celui qui veut placer son argent à 3 p. %. Le nombre 21,58 est pris dans la 5° colonne du tableau vis-à-vis de 14 ans et 1,051 dans la 2° colonne, idem.

60. EXERCICES. Combien doit-on payer le sol d'un bois qui, à 18 ans, donne une coupe de 1210^f et occasionne chaque année 5^f de déboursés annuels, pour placer son argent à 3 p. %, à 4 p. %, à 5 p. %?

61. La coupe d'un taillis de 2^{Ha} 8^a, âgé de 20 ans a été vendue 1240^f. Les impôts et les autres frais sont de 10^f,50 par an. Que vaut le sol de ce bois pour celui qui veut placer son argent à 5 p. %, à 4 p. %?

62. La coupe d'un taillis de 19^{Ha} 56^a, âgé de 18 ans, a été vendue 7560^f. Les impôts et les autres frais sont de 78^f,50 par an, que vaut l'hectare du sol de ce bois pour celui qui veut placer son argent à 3 p. %?

310. TABLEAU IV. (Estimation d'un taillis en croissance (*à faire*). (V. n° 306).

(*Application de la formule (3) du n° 306.*)

AGE DE LA COUPE exploitée.	AGE DU TAILLIS EN CROISSANCE.								
	3^{ans}	4	5	6	7	8	9	10	11	12
12 ans										
13 ans										
14 ans										
15 ans										
16 ans										
17 ans										
18 ans										
19 ans										
20 ans										
21 ans										

Par application de la formule (3), on remplit ce tableau en calculant à 0,001 près les valeurs de $\dfrac{(1+i)^{n'}-1}{(1+i)^{n}-1}$ pour $i = 0,04$ seulement. On fait d'abord $n = 12$ et avec $n = 12$ successivement $n' = 3$, $n' = 4$, $n' = 5$… $n' = 21$: ce qui donne des nombres à inscrire dans la 1re colonne horizontale sous les nombres 3^{ans}; 4, 5,…12

Puis $n = 13$, et successivement $n' = 3$, $n' = 4$, $n' = 5$, etc., jusqu'à $n' = 12$; etc., qui donne des nombres à mettre dans la 2° colonne horizontale. On recommence pour $n=14$ afin de remplir la 3e colonne horizontale, et ainsi de suite jusqu'à la dernière colonne horizontale qui commence à 21 ans.

On prendra toutes ces valeurs de $(1,04)^n$ et de $(1,04)^{n'}$ dans la table I des intérêts composés page 236; on retranchera 1 de chacune et on n'aura que des divisions à faire.

RÈGLE: *Pour trouver la valeur d'un taillis en croissance, on multiplie la valeur de la coupe à maturité par le nombre correspondant à l'âge du taillis en croissance et à celui de la coupe exploitée pris dans le tableau IV qui précède* (n° 306).

EXERCICES.

63. Quelle serait à chacun des âges précédents la valeur d'un taillis qui vaudrait 657 fr. à 16 ans?

64. Un bois âgé de 8 ans, contenant $3^{Ha} 57^a$, a donné à 20 ans une coupe qui a été vendue 750 fr. l'hectare. Quelle est la valeur actuelle du taillis en croissance?

311. ESTIMATION D'UN BOIS ENTIER AMÉNAGÉ. Au moyen des deux tableaux précédents, et des règles qui suivent, il est facile de trouver la somme à payer actuellement pour un bois divisé en coupes irrégulières, quand on veut placer son argent à un taux quelconque, 4 p. % par exemple. Il suffit d'estimer la valeur du fonds, puis celle du taillis en croissance d'après les règles données (n°s 309 et 310), et d'additionner ces deux valeurs.

Faites l'estimation du bois suivant divisé en 4 coupes irrégulières exploitées toutes à 18 ans, les frais et déboursés annuels sont en moyenne de 5 fr. par hectare à 4 p. %.

AGE ACTUEL du taillis.	SURFACE des coupes.	VALEUR de l'Ha à maturité.	VALEUR du fond frais déduits.	VALEUR du taillis en croissance.	VALEUR totale de chaque partie
4	$2^{Ha},60$	700^f			
12	3 ,84	750			
7	7 ,10	850			
10	4 ,55	800			

312. ÉVALUATION DU REVENU ANNUEL D'UN BOIS. Les bois ne s'exploitant et ne donnant leurs produits qu'à des intervalles éloignés, il est utile de pouvoir évaluer leur revenu moyen annuel. Ce revenu est égal à la somme ou annuité à placer chaque année pour former, avec ses intérêts composés, le capital produit par la coupe à l'exploitation, (V. n° 308.)

DISCUSSION DE QUELQUES PROBLÈMES DU 2ᵉ DEGRÉ.

TABLEAU V (à faire). (V. n° 307.)

Évaluation du revenu annuel d'un bois (à 4 p. % par an)

AGE de la coupe.	Multiplicateurs.	AGE de la coupe.	Multiplicateurs.	AGE de la coupe.	Multiplicateurs.
12ans		17ans		22ans	
13		18		23	
14		19		24	
15		20		25	
16		21			

Par application de la formule (4), n° 306, on mettra dans ce tableau sous le titre *Multiplicateurs* les valeurs de $\dfrac{0,04}{(1,04)^n - }$, pour $n=12$, $n=13$, etc., jusqu'à $n=25$.

RÈGLE. *On trouve le revenu annuel d'un bois en multipliant la valeur de la coupe par le nombre placé dans le tableau* V *à droite de l'âge de la coupe* (n° 307).

65. APPLICATION. Quel revenu annuel donne une coupe de bois valant 1260 fr.?

APPENDICE AU CHAPITRE TROISIÈME.

DISCUSSION DE QUELQUES PROBLÈMES DU 2ᵉ DEGRÉ.

313. PROBLÈME. *Trouver deux nombres dont la somme soit* a, *et tels que le plus grand soit moyen proportionnel entre la somme* a *et le plus petit.*

DÉFINITION. On dit qu'une grandeur x est moyenne proportionnelle ou moyenne géométrique entre deux autres grandeurs a et b, quand on a l'égalité de rapports $\dfrac{a}{x} = \dfrac{x}{b}$. Soient x et $a-x$ les deux nombres cherchés; en traduisant l'énoncé, d'après la définition précédente, on a tout de suite:

$$\frac{a}{x} = \frac{x}{a-x}, \qquad (1)$$

Cette équation équivaut à celle-ci:

$$a(a-x) = x^2, \quad \text{ou} \quad x^2 = a^2 - ax,$$

ou bien encore à celle-ci :

$$x^2 + ax - a^2 = 0.$$

Cette dernière a pour racines :

$$x' = -\frac{a}{2} + \sqrt{\frac{a^2}{4} + a^2}\,; \quad x'' = -\frac{a}{2} - \sqrt{\frac{a^2}{4} + a^2}.$$

Le problème admet donc deux solutions ; car x' et x'' vérifient également l'équation (1). Le radical ayant une valeur plus grande que $\frac{1}{2}a$, la racine x' est positive ; l'autre x'' est négative et sa valeur absolue est plus grande que a.

x' étant considéré comme le premier nombre demandé, le second est

$$a - x' = 3\frac{a}{2} - \sqrt{\frac{a^2}{4} + a^2} = \frac{a}{2}(3 - \sqrt{5}).$$

D'ailleurs $$x' = \frac{a}{2}(\sqrt{5} - 1).$$

Quel que soit a, le rapport $x' : a - x'$ est donc constant.

APPLICATION DU PROBLÈME PRÉCÉDENT.

314. *Diviser une ligne donnée AB en moyenne et extrême raison, autrement dit, la diviser en deux parties telles que la plus grande soit moyenne géométrique entre la ligne entière et l'autre partie.* La ligne donnée étant désignée par a, la plus grande partie par x, on doit avoir $a : x = x : a - x$; c'est l'équation (1). Dans ce cas-ci, x doit être une partie de a et positif. Pour cette double raison x' convient seul ; on prendra $x = x' = \frac{a}{2}(\sqrt{5} - 1)$.

Sur une ligne indéfinie X'ABX, trouver un point C tel que sa distance au point connu A soit moyenne géométrique entre la ligne AB=a, et la distance de ce point C au point B.

On pose AC=x, d'où $a : x = x : a - x$ (1).

```
            C'
   ─────────────────────────────────────────
   X'          A       C       B      C''
```

Ici les deux solutions peuvent convenir ; car rien ne dit que le point C doive être plutôt à droite qu'à gauche du point A. Si donc on regarde x'' comme une ligne qui doit être portée à gauche de A, parce qu'elle a un signe contraire à x', on aura une deuxième solution de la question, un deuxième point, C'. En effet, pour vérifier l'équation (1) avec $-x''$, on écrit $a : -x'' = -x'' : a + x''$. Cette identité équivaut à celle-ci, $a : x'' = x'' : a + x''$ (2), qui est vérifiée par l

DISCUSSION DE QUELQUES PROBLÈMES DU 2ᵉ DEGRÉ.   303

valeur absolue de x''; or, en ne considérant que les valeurs absolues, $x''=AC'$, $a+x''=BC'$.

Donc $\qquad\qquad a : AC' = AC' : BC'.$

La condition géométrique absolue est donc vérifiée.

DISCUSSION. Pour mettre directement en équation ce dernier problème géométrique, on aurait dit : Supposons le problème résolu, et soit C le point cherché. Pour fixer les idées, on est alors obligé de donner au point C une position arbitraire qui est censée la position vraie, et on calcule en conséquence. En commençant ainsi, on peut mettre le point C à gauche de A, entre A et B, à droite de B; est-il indifférent de le placer dans l'une quelconque de ces trois positions provisoires, sans plus ample examen? Vérifions. En mettant C à gauche de A on trouve l'équation (2), dans laquelle x de l'équation (1) est changée en $-x$; en mettant C entre A et B, on trouve l'équation (1) elle-même. Les deux hypothèses nous conduisant au même résultat; les signes contraires des racines sont seulement changés de l'une à l'autre. Mais la troisième hypothèse qui conduit à poser $AC''=x$, $BC''=x-a$, donne les équations $a : x = x : a-a$, $x^2 = ax - a^2$, $x^2 + ax + a^2 = 0$.

Les racines sont $\qquad x = \dfrac{a}{2} \pm \sqrt{\dfrac{a^2}{4} - a^2}.$

Ces racines sont imaginaires.

Si, le problème étant supposé résolu, on avait donné tout d'abord cette position au point C, en arrivant à une équation qui n'a que des racines imaginaires, aurait-il fallu conclure que le problème proposé est impossible? Non assurément; nous qui avons fait autrement, nous savons d'avance que le problème est possible. A quoi tient-il que l'on ne puisse pas mettre le point C, à volonté, à droite du point B? En y regardant d'un peu plus près sur la figure, on voit que pour cette position du point C, les deux facteurs du premier membre de l'équation $x^2 = a(a-x)$, ou $x \times x = a \times (x-a)$, qui est la traduction algébrique de l'énoncé du problème, sont plus grands que les deux facteurs du second. L'égalité est impossible. On fait une hypothèse inconciliable avec l'énoncé du problème en supposant au point cherché C la position C''.

Nous avons cité cet exemple, pour faire voir que *l'équation, posée pour résoudre un problème, n'ayant que des racines imaginaires, il n'en faut pas toujours conclure que le problème n'admet pas de solution; il faut d'abord vérifier si le problème a été bien mis en équation.*

315. PROBLÈME. *Trouver sur la ligne qui joint deux lumières* A *et* B, *d'intensités inégales, le point où ces deux lumières éclairent également.* On admet ce principe de physique que *l'intensité d'une lumière varie en raison inverse du carré de la distance,* c'est-à-dire que l'intensité d'une même lumière à 2, 3, 4,...... unités de la distance est 4, 9, 16..... fois moindre qu'à l'unité de distance.

$\qquad$ X'$\qquad\qquad$ A$\qquad$ C$\qquad$ B$\qquad\qquad$ X

Désignons par d la distance connue des deux lumières, par a^2 l'intensité de la lumière A à l'unité de distance, par b^2 celle de B, et par x la distance qui sépare le point A du point cherché où les deux lumières éclairent également.

Supposons le problème résolu et soit C le point demandé. Nous avons désigné AC par x, alors $BC = d - x$; en désignant un instant par y^2 l'intensité commune de la lumière A et de la lumière B au point C, nous avons :

1° $\quad \dfrac{y^2}{a^2} = \dfrac{1}{\overline{CA}^2}$; ou $\dfrac{y^2}{a^2} = \dfrac{1}{x^2}$; d'où $y^2 = \dfrac{a^2}{x^2}$;

2° $\quad \dfrac{y^2}{b^2} = \dfrac{1}{\overline{BC}^2}$; ou $\dfrac{y^2}{b^2} = \dfrac{1}{(d-x)^2}$; d'où $y^2 = \dfrac{b^2}{(d-x)^2}$.

De ces deux égalités résulte immédiatement celle-ci : $\dfrac{a^2}{x^2} = \dfrac{b^2}{(d-x)^2}$, ou cette autre équivalente :

$$\dfrac{(d-x)^2}{x^2} = \dfrac{b^2}{a^2}, \text{ ou } \left(\dfrac{d-x}{x}\right)^2 = \dfrac{b^2}{a^2}. \qquad (1)$$

$\dfrac{d-x}{x}$ est égal à l'une ou à l'autre des quantités qui, élevées au carré, reproduisent $\dfrac{b^2}{a^2}$; $\dfrac{d-x}{x} = \pm \dfrac{b}{a} = \pm m$, si on pose $\dfrac{b}{a} = m$.

Ainsi l'équation (1) est équivalente au système de ces deux-ci :

$$\dfrac{d-x}{x} = \dfrac{b}{a} = m \;(2); \quad \dfrac{d-x}{x} = -\dfrac{b}{a} = -m \;(3).$$

En résolvant l'équation (2), nous avons $d - x = mx$; $d = x(1+m)$; d'où $x = \dfrac{d}{1+m}$; puis, en résolvant l'équation (3) : $d - x = -mx$; $d = x - mx = x(1-m)$; d'où $x = \dfrac{d}{1-m}$. Nous allons discuter ces résultats.

Discussion. Pour plus de commodité, nous distinguerons ainsi les racines des équations (2) et (3), qui sont les racines de l'équation (1) :

$$x' = \dfrac{d}{1+m}, \qquad x'' = \dfrac{d}{1-m}.$$

m étant une quantité essentiellement positive, 1° les deux racines x' et x'' seront toutes deux positives quand on aura $m < 1$;

2° x' sera positive, et x'' négative, quand on aura $m > 1$;

3° Enfin, x'' prendra la forme $\dfrac{d}{0}$ quand on aura $m = 1$.

1ᵉʳ Cas. m ou $\dfrac{b}{a} < 1$, c'est-à-dire $b < a$, ou $a > b$. Cela signifie qu'à l'unité de distance, et par suite à une même distance quelconque, la lumière A éclaire plus que la lumière B.

D'après cela, aucun point également éclairé ne peut être situé à gauche de A sur X'A; car ce point serait plus éloigné de B que de A, ce qui est contradictoire avec ce que nous venons de dire. Aussi trouvons-nous des racines x' et x'' positives; les distances comptées à partir de A sur X'X doivent donc être portées à droite, sur AX.

Maintenant de $m < 1$ résulte $1 + m < 2$; $\frac{d}{1+m} > \frac{d}{2}$; donc la racine x' fournit un point C situé entre A et B, plus loin de A que de B; ce résultat s'accorde avec ce que nous avons dit sur les intensités comparées.

De $m < 1$ résulte encore $1 - m$ positif et < 1; $\frac{d}{1-m} > d$. La racine x'' donne un second point répondant à la question, situé au delà de B, sur BX. On se rend compte de ce fait en observant que, à partir d'un point déterminé, d'une unité de distance, par exemple au delà de B, l'intensité de la lumière B, d'abord très-grande aux environs du point B, décroît beaucoup plus rapidement que l'intensité de la lumière A à partir du point en question.

2° Cas. m ou $\frac{b}{a} > 1$, c'est-à-dire $b > a$. Cela signifie qu'à l'unité de distance, et par suite à une même distance quelconque, l'intensité de la lumière B est plus grande que celle de la lumière A. C'est absolument le contraire de ce qui arrive dans le cas précédent.

Il en résulte immédiatement qu'il ne peut y avoir de point également éclairé à droite de B, et que s'il existe un point également éclairé entre A et B, il doit être plus loin de B que de A. Les résultats fournis par l'algèbre s'accordent avec ces conclusions : de $m > 1$, résulte $1 + m > 2$, $\frac{d}{1+m} < \frac{d}{2}$; la racine x', toujours positive, donne un point également éclairé situé entre A et B, plus près de A que de B.

De $m > 1$ résulte $1 - m$ négatif. La racine x'' négative fournit un point également éclairé situé à gauche de A sur AX'. On explique ce fait comme on a expliqué la deuxième solution du cas précédent, dans l'hypothèse contraire.

3° Cas. m ou $\frac{b}{a} = 1$, c'est-à-dire $a = b$. A l'unité de distance, et par suite, à une même distance quelconque les deux lumières éclairent également. Il résulte de là qu'il ne peut pas y avoir de point également éclairé inégalement distant des deux lumières; il n'y en aura pas à gauche de A, ni à droite de B; il y en a un entre A et B, qu'on aperçoit *à priori*, c'est le milieu de AB. Or, dans le cas actuel, $x' = \frac{d}{2}$, et $x'' = \frac{d}{0}$; c'est-à-dire que x' fait connaître la seule solution du problème, et x'' n'en donne aucune.

En ne faisant pas de suite $m = 1$, ou $b = a$, mais en donnant à b des valeurs tendant indéfiniment vers la valeur a, et considérant les cas particuliers correspondant à ces hypothèses, on trouve pour deuxième solution à droite de B, ou à gauche de A, un point qui s'éloigne indéfiniment, jusqu'à ce qu'il s'éloigne tant qu'on ne peut plus le marquer, qu'il n'existe plus. Voilà donc un nouvel exemple des ressources qu'offre l'algèbre pour traduire dans le calcul tous les faits relatifs aux grandeurs.

Remarque. L'équation (2) pouvant s'écrire ainsi : $d-x:x=b:a$, ou bien $BC:AC=b:a$, on voit qu'on trouverait la première solution en partageant la ligne A, en parties proportionnelles aux nombres donnés a et b. La seconde égalité (3) peut s'écrire $d-x:-x=b:a$, ou $x-d:x=b:a$, ou bien, en traduisant sur la figure, $BC':AC'=b:a$; de sorte que le problème proposé, considéré dans toute son étendue, peut se traduire ainsi géométriquement.

Trouver sur une ligne indéfinie X'ABX *un point tel, que ses distances respectives à deux points donnés* A *et* B *soient dans le même rapport que deux nombres donnés* a *et* b.

316. Remarque. En élevant les deux membres d'une équation au carré, on peut obtenir une équation qui ne soit pas exactement équivalente à la première. *On peut, en un mot, obtenir des solutions étrangères à la question proposée.* Voici un exemple :

317. Problème. *Calculer la profondeur d'un puits, sachant qu'il s'est écoulé un nombre* t *de secondes entre l'instant où l'on a laissé tomber une pierre, et celui où le bruit qu'elle a fait en touchant le fond a frappé l'oreille.*

Il faut avoir égard à ces deux principes de physique :

1° L'espace parcouru par un corps pesant varie comme le carré du temps écoulé depuis le commencement de la chute; il est représenté par la formule

$$e = \frac{gt^2}{2}.$$

2° Le son se meut d'un mouvement uniforme et parcourt 337 mètres par seconde. En général, si l'on représente sa vitesse par v, l'espace parcouru dans le temps t est vt.

Soit x la profondeur du puits évaluée en mètres, t_1, le nombre de secondes que la pierre met à descendre; on a :

$$x = \frac{gt_1^2}{2}, \quad \text{d'où} \quad t_1^2 = \frac{2x}{g}, \quad \text{puis} \quad t_1 = \sqrt{\frac{2x}{g}};$$

le radical ayant nécessairement le signe $+$.

Si t_2 désigne le temps que met le son à nous venir du fond du puits, on a :

$$x = vt_2; \quad \text{d'où} \quad t_2 = \frac{x}{v}.$$

Mais le nombre donné t secondes est précisément égal à $t_1 + t_2$; on a donc l'équation

$$t = \sqrt{\frac{2x}{g}} + \frac{x}{v}.$$

Pour résoudre cette équation, on isole le radical en écrivant

$$t - \frac{x}{v} = \sqrt{\frac{2x}{g}}; \qquad (1)$$

puis on se débarrasse de ce radical en élevant les deux membres de l'équation au carré; on trouve ainsi :

$$t^2 + \frac{x^2}{v^2} - \frac{2tx}{v} = \frac{2x}{g}.$$

Ordonnant les deux membres par rapport à x,

$$\frac{1}{v^2} x^2 - 2\left(\frac{t}{v} + \frac{1}{g}\right) x + t^2 = 0.$$

$$x = \frac{\frac{t}{v} + \frac{1}{g} \pm \sqrt{\left(\frac{t}{v} + \frac{1}{g}\right)^2 - \frac{t^2}{v^2}}}{\frac{1}{v^2}}.$$

Les deux racines sont réelles; car $\left(\frac{t}{v} + \frac{1}{g}\right)^2 > \frac{t^2}{v^2}$.

Elles sont positives; car leur produit $t^2 v^2$ est positif aussi bien que leur somme $2v^2 \left(\frac{t}{v} + \frac{1}{g}\right)$ (n° 151).

Le problème ne peut cependant avoir deux solutions; car le temps donné, t secondes, ne peut pas être le même pour deux puits de profondeurs différentes. Pour expliquer cette singularité, et connaître en même temps celle des valeurs de x qui convient à la question, nous observerons que l'équation réelle du problème est l'équation (1), laquelle n'admet évidemment qu'une solution.

A cause du radical, nous avons élevé au carré les deux membres de cette équation (1). Or, si on élève au carré les deux membres de cette autre équation $t - \frac{x}{v} = -\sqrt{\frac{2x}{g}}$ (2) on obtient exactement le même résultat; cependant les deux équations (1) et (2), qui équivalent à celles-ci :

$$\frac{x}{v} = t - \sqrt{\frac{2x}{g}}, \quad \frac{x}{v} = t + \sqrt{\frac{2x}{g}},$$

ne sont pas satisfaites par la même valeur de x; la valeur de x pour la première est moindre que vt, pour la seconde, plus grande que vt. Les deux racines de l'équation du 2° degré sont évidemment les valeurs de x satisfaisant à ces deux équations (1) et (2). La valeur de x de notre équation est la plus petite de ces deux racines; la profondeur cherchée est donc:

$$x = \frac{\frac{t}{v} + \frac{1}{g} - \sqrt{\left(\frac{t}{v} + \frac{1}{g}\right)^2 - \frac{t^2}{v^2}}}{\frac{1}{v^2}}.$$

ÉQUATIONS DU SECOND DEGRÉ A DEUX INCONNUES.

318. La forme générale d'une équation du second degré à deux inconnues, après toutes réductions de termes semblables, est évidemment celle-ci:

$$ay^2 + bxy + cx^2 + dy + ex + f = 0.$$

Une telle équation, considérée isolément, admet une infinité de solutions; pour que le problème soit déterminé, il faut deux équations. Soit proposé de résoudre le système

$$ay^2 + bxy + cx^2 + dy + ex + f = 0 \qquad (1)$$
$$a'y^2 + b'xy + c'x^2 + d'y + e'x + f' = 0. \qquad (2)$$

La première idée qui se présente est d'éliminer une des inconnues. Si l'une des inconnues, y par exemple, n'entrait qu'au premier degré dans l'une des équations, cela serait facile à faire par la méthode de substitution; regardant x comme connu, on tirerait la valeur de y de cette équation, et on la substituerait dans l'autre; ce qui donnerait une équation en x seul. Quand a ou a' sera nul, on suivra cette marche; quand c ou c' sera nul, de même. Dans tout autre cas, on opérera comme il suit: Pour éliminer y^2 entre (1) et (2), on multiplie la première par a' et la seconde par a, puis on retranche le produit (1) du produit (2); ont rouve ainsi:

$$(ab' - ba')xy + (ac' - ca')x^2 + (ad' - da')y$$
$$+ (ae' - ea')x + af' - fa' = 0, \qquad (3)$$

équation qui ne renferme y qu'au premier degré; on en déduit:

$$y = -\frac{(ac' - ca')x^2 + (ae' - ea')x + af' - fa'}{(ab' - ba')x + ad' - da'}. \qquad (4)$$

En substituant cette valeur dans l'équation (1), ou dans (2), on obtient une équation du quatrième degré en x de la forme

$$Ax^4 + Bx^3 + Cx^2 + Dx + E = 0, \qquad (5)$$

que nous ne savons pas résoudre en général. Si l'on connaissait les racines de l'équation (5), on remplacerait successivement x par chacune d'elles dans l'égalité (4), ce qui donnerait chaque fois une valeur correspondante pour y. On aurait ainsi toutes les solutions du système (1) et (2).

Nous savons résoudre l'équation (5) dans le cas où $B=0$ et $D=0$; elle est alors bicarrée.

Appendice aux équations du 2e degré et bicarrées.

319 *Transformation d'expressions telles que* $\sqrt{a+\sqrt{b}}$ *en expressions de la forme* $\sqrt{x}+\sqrt{y}$.

Les racines d'une équation bicarrée à coefficients rationnels se présentent sous la forme $\sqrt{a+\sqrt{b}}$. Quand $\sqrt{b}$ n'est pas un carré parfait, on préfère, pour l'évaluation des racines, les avoir, s'il est possible, exprimées par deux radicaux séparés, sous cette forme $\sqrt{x}+\sqrt{y}$, x et y étant des nombres commensurables. Nous allons voir dans quel cas cela est possible, et trouver le mode de transformation.

Posons
$$\sqrt{a+\sqrt{b}} = \sqrt{x}+\sqrt{y}. \qquad (1)$$

Élevons au carré; nous aurons $a+\sqrt{b}=x+y+2\sqrt{xy}$. (2)

Quels que soient x et y, on est sûr d'avance que $\sqrt{xy}$ n'est ni zéro ni un nombre commensurable; car, si l'un de ces deux cas arrivait, le deuxième membre de l'équation serait commensurable, tandis que le premier ne l'est pas.

De cette deuxième égalité on déduit $\sqrt{b}=(x+y-a)+2\sqrt{xy}$.

En élevant ceci au carré, nous trouvons:

$$b = (x+y-a)^2 + 4xy + 4(x+y-a)\sqrt{xy}. \qquad (3)$$

Le premier membre de cette égalité étant commensurable, le deuxième doit l'être; or il ne peut l'être que si l'on peut choisir x et y tels que l'on ait $x+y-a=0$, et par suite, pour que l'égalité (3) soit complétement vérifiée $b=4xy$. Nous pouvons ainsi écrire ces deux égalités:

$$x+y=a, \qquad xy=\frac{b}{4}.$$

Nous voyons ainsi que x et y sont les racines de l'équation du deuxième degré

$$X^2 - aX + \frac{b}{4} = 0.$$

Par suite, $\qquad x = \dfrac{a}{2} + \sqrt{\dfrac{a^2-b}{4}}, \qquad y = \dfrac{a}{2} - \sqrt{\dfrac{a^2-b}{4}}.$

Pour que x *et* y *soient commensurables, il faut et il suffit que* a^2-b *soit un carré parfait.* Supposons-le et posons $a^2-b=c^2$.

$$\sqrt{\frac{a^2-b}{4}} = \frac{c}{2}.$$

Par suite,
$$x = \frac{a+c}{2}, \quad y = \frac{a-c}{2},$$

et
$$\sqrt{a+\sqrt{b}} = \sqrt{\frac{a+c}{2}} + \sqrt{\frac{a-c}{2}}.$$

Ex.: Transformer $\sqrt{7+\sqrt{24}}$ en deux radicaux séparés comme il a été dit. Dans cet exemple, $a = 7$, $b = 24$, $a^2 - b = 49 - 24 = 25 = c^2$; donc $c = 5$.

$$\sqrt{7+\sqrt{24}} = \sqrt{\frac{7+5}{2}} + \sqrt{\frac{7-5}{2}} = \sqrt{6} + \sqrt{1} = 1 + \sqrt{6}.$$

220. Reprenons la formule générale des racines de l'équation bicarrée

$$x = \pm \sqrt{-\frac{p}{2} \pm \sqrt{\frac{p^2}{4} - q}}.$$

Nous avons ici $a = -\frac{p}{2}$, $b = \frac{p^2}{4} - q$; par suite, $a^2 - b = \frac{p^2}{4} - \frac{p^2}{4} + q = q$; p et q étant rationnels, il suffit donc que q soit un carré parfait pour que chaque racine de l'équation bicarrée soit susceptible d'être exprimée par deux radicaux séparés, tels que $\sqrt{x}$, $\sqrt{y}$, indiqués plus haut.

Mais si l'on fait le raisonnement et le calcul ci-dessus pour chacune des quatre racines, on arrive pour toutes les quatre à la même conclusion; cela tient aux deux élévations au carré qui ont eu lieu successivement; c'est ce qu'on vérifie en opérant sur $\sqrt{a-\sqrt{b}}$, $-\sqrt{a+\sqrt{b}}$, $-\sqrt{a-\sqrt{b}}$, comme on fait plus haut sur $\sqrt{a+\sqrt{b}}$. Il est facile de voir que les résultats de ces transformations doivent se distinguer par les signes de $\sqrt{x}$ et de $\sqrt{y}$, autrement de

$$\sqrt{\frac{a+c}{2}} \quad \text{et} \quad \sqrt{\frac{a-c}{2}}.$$

En effet, le calcul étant terminé, si l'on remonte à l'égalité (2), on remarque que $x+y$ étant égal à a, on a $\sqrt{b}$ identiquement égal à $2\sqrt{xy}$. Le signe de $2\sqrt{xy}$ doit donc être celui de $\sqrt{b}$; mais $2\sqrt{xy}$ est le double produit de $\sqrt{x}$ par $\sqrt{y}$ de l'égalité (1). Si $\sqrt{b}$ ou $2\sqrt{xy}$ est positif, $\sqrt{x}$ et $\sqrt{y}$ doivent être de même signe si $\sqrt{b}$ est négatif, et par suite $2\sqrt{xy}$, $\sqrt{x}$ et $\sqrt{y}$ doivent être de signes contraires.

De plus, d'après l'égalité $\sqrt{a+\sqrt{b}} = \sqrt{x} + \sqrt{y}$, $\sqrt{a+\sqrt{b}}$ est une somme algébrique de deux termes, $\sqrt{x}$ et $\sqrt{y}$; si cette somme $\sqrt{a \pm \sqrt{b}}$ est précédée du signe $+$, ces deux termes, ou au moins un d'eux, le plus grand, doivent être précédés de ce signe. Si $\sqrt{a \pm \sqrt{b}}$ est une quantité négative, les radicaux $\sqrt{x}$ et $\sqrt{y}$ doivent être tous deux négatifs, ou bien l'un d'eux au moins, le plus grand.

321. Applications :

$$x^4 - 13x^2 - 16 = 0; \quad x = \pm \sqrt{\frac{13}{2} \pm \sqrt{\frac{169}{4} - 16}};$$

$$a = \frac{13}{2}; \quad b = \frac{169}{4} - 16; \; a^2 - b = 16; \quad c = 4.$$

Les quatre racines sont :

$$x' = \sqrt{\frac{13+8}{4}} + \sqrt{\frac{13-8}{4}}, \; x'_1 = -\sqrt{\frac{13+8}{4}} - \sqrt{\frac{13-8}{4}},$$

$$x'' = +\sqrt{\frac{13+8}{4}} - \sqrt{\frac{13-8}{4}}, \; x''_1 = -\sqrt{\frac{13+8}{4}} + \sqrt{\frac{13-8}{4}}.$$

Remarquons, en terminant, qu'en vertu des égalités $x + y = a$, $4xy = b$, les valeurs trouvées de x et de y vérifient identiquement l'équation (2), et par suite l'équation (1); quel que soit $a^2 - b$, que $a^2 - b$ soit un nombre commensurable ou incommensurable, on n'en a pas moins :

$$\pm \sqrt{a \pm \sqrt{b}} = \pm \sqrt{\frac{a + \sqrt{a^2 - b}}{2}} \pm \sqrt{\frac{a - \sqrt{a^2 - b}}{2}}.$$

CALCUL DES RADICAUX DU DEUXIÈME DEGRÉ.

322. Nous avons dit précédemment que $+\sqrt{A}$ désignait la valeur positive de la racine carrée de A, $-\sqrt{A}$ la valeur négative; alors $\sqrt{A}$ désigne la valeur absolue de cette racine.

Deux radicaux sont *semblables* quand la quantité sous le signe $\sqrt{}$ est la même, les radicaux pouvant être multipliés par des quantités différentes situées en dehors du signe.

Ex. : $5ab\sqrt{ac}$, $-3ad\sqrt{ac}$, $7\sqrt{ac}$.

323. Addition. *Pour additionner ou soustraire des radicaux semblables, on fait la somme ou la différence des quantités qui multiplient le radical commun dans les divers termes donnés; puis on place à côté de cette somme ou de cette différence, comme multiplicateur, le radical commun.*

Ex. : $2ac\sqrt{a^2b}$, $-5ac\sqrt{a^2b}$ ont pour somme $-3ac\sqrt{a^2b}$; $3a\sqrt{ac}$, $-2b\sqrt{ac}$,

$5a\sqrt{ac}$, $-3b\sqrt{ac}$, ont pour somme $(8a-5b)\sqrt{ac}$. En soustrayant $-5a\sqrt{ab}$ de $3a\sqrt{ab}$, on a pour résultat $8a\sqrt{ab}$.

Si les radicaux sont dissemblables, on ne peut qu'indiquer l'opération par les signes + *et* —. Ainsi la somme de $5\sqrt{a}$ et $3b\sqrt{ab}$ s'indique ainsi $5\sqrt{a}+3b\sqrt{ab}$.

Pour multiplier ou pour diviser deux radicaux du second degré l'un par l'autre, il suffit de multiplier ou de diviser les quantités placées sous ces deux radicaux, et de mettre le produit ou le quotient sous le signe $\sqrt{}$

Ex.: $\sqrt{a}\times\sqrt{b}=\sqrt{ab}$; $\sqrt{a}:\sqrt{b}=\sqrt{\dfrac{a}{b}}$.

DÉMONSTRATION. $(\sqrt{a}\times\sqrt{b})^2=\sqrt{a}\times\sqrt{b}\times\sqrt{a}\times\sqrt{b}=$
$(\sqrt{a}\times\sqrt{a})(\sqrt{b}\times\sqrt{b})=(\sqrt{a})^2(\sqrt{b})^2=ab$.

$\sqrt{a}\times\sqrt{b}$ élevé au carré reproduisant ab, ce produit est bien égal à la racine carrée de ab, à $\sqrt{ab}$. Même démonstration pour la deuxième égalité. Nous ne considérons ici que les valeurs absolues; il est facile d'avoir égard aux signes quand il y a lieu.

Quand il y a un multiplicateur de l'un ou l'autre radical, c'est un facteur de plus à considérer.

Ex. $3a\sqrt{ab^3}\times 5c\sqrt{ab}=3a\times 5c.\sqrt{ab^3}\times\sqrt{ab}=15ac\sqrt{a^2b^4}$. De même, $\dfrac{3}{2}a\sqrt{ac}\times\dfrac{5}{3}ab\sqrt{a^3}=\dfrac{15}{6}a^2b\sqrt{a^4c}$. a^2b^4 étant un carré parfait, nous pouvons écrire $15ac\times ab^2$ ou $15a^2b^2c$ à la place de $15ac\sqrt{a^2b^4}$. On voit par là que le produit de deux quantités irrationnelles peut être une quantité rationnelle.

Ex. de division: $5a\sqrt{a^2b}:3c\sqrt{ab^2}=\dfrac{5a}{3c}\sqrt{\dfrac{a}{b}}$.

Puissances d'un radical. $(\sqrt{a})^2=a$; $(\sqrt{a})^3=(\sqrt{a})^2\sqrt{a}=a\sqrt{a}$. $(\sqrt{a})^4=(\sqrt{a})^2\times(\sqrt{a})^2=a^2$.

En général, $(\sqrt{a})^{2n}=(\sqrt{a}.\sqrt{a})(\sqrt{a}.\sqrt{a})\ldots(\sqrt{a}.\sqrt{a})=a\times a\ldots\times a$; il y a n de ces produits de deux facteurs mis entre parenthèses; donc $(\sqrt{a})^{2n}=a^n$.

On a de même $(\sqrt{a})^{2n+1}=(\sqrt{a})^{2n}\times\sqrt{a}=a^n\sqrt{a}$: de là un théorème facile à énoncer.

324. La règle précédente, relative à la multiplication, permet de faire sortir d'un radical certains facteurs, ou de faire entrer des facteurs sous le radical, suivant la convenance du calculateur.

Ex.: $\sqrt{a^4b}=\sqrt{a^4}\times\sqrt{b}=a^2\sqrt{b}$.

En général, $\sqrt{A^2B}=\sqrt{A^2}\sqrt{B}=A\sqrt{B}$.

325. De là une règle: *Quand une quantité sous un radical peut être décom-*

CALCUL DES RADICAUX DU 2e DEGRÉ.

posée en deux facteurs, l'un carré parfait, l'autre qui ne l'est pas, on peut, en laissant ce dernier seul sous le radical, multiplier ce radical par la racine de l'autre facteur; c'est ce qu'on appelle faire sortir des facteurs du radical.

Ex.: $5a\sqrt{a^5b^4c} = 5a\sqrt{a^4b^4 \times ac} = 5a \cdot a^2b^2 \sqrt{ac} = 5a^3b^2\sqrt{ac}$.

En retournant l'égalité ci-dessus, c'est-à-dire en écrivant $A\sqrt{B} = \sqrt{A^2B}$, on conclut cette règle: *On peut faire entrer sous un radical chacun des facteurs rationnels qui le multiplient au dehors; pour cela, il suffit, en supprimant ce facteur au dehors, de multiplier la quantité sous le radical par le carré de ce facteur.*

Ex.: $5ab^2\sqrt{ac} = \sqrt{25a^2b^4c}$.

La première règle étant appliquée à des radicaux donnés, il arrive que des radicaux, dissemblables en apparence, deviennent semblables, ce qui est fort utile pour l'addition et la soustraction.

Ex.: $5a\sqrt{a^3b}$ et $7b\sqrt{a^5b^3}$ qui deviennent $5a^2\sqrt{ab}$ et $7a^2b^2\sqrt{ab}$.

On doit toujours appliquer cette règle du n° 325, si on le peut, avant de procéder à une addition ou à une soustraction de radicaux.

Cette première règle peut être développée ainsi: *Pour réduire autant que possible la quantité écrite sous le signe $\sqrt{\ }$, on décompose le coefficient numérique en ses facteurs premiers; cela fait, on écrit à droite du signe $\sqrt{\ }$ tous les facteurs numériques ou littéraux qui ont sous le radical donné, des exposants supérieurs à 1, en les affectant d'un exposant égal au quotient entier de la division par 2 de ces exposants primitifs supérieurs à 1; puis on écrit sous le radical, à la première puissance, tous les facteurs qui avaient, sous le radical donné, des exposants impairs. S'il y a déjà une quantité hors du radical, elle multiplie celle qui s'y place d'après notre règle.* Voici l'exemple ci-dessus.

Ex.: $3a\sqrt{12a^7b^3c^2d} = 3a\sqrt{2^2 \times 3a^6 a \cdot b^2bc^2d} = 3a \times 2a^3bc\sqrt{3abd}$.

326. Les fractions dont le dénominateur renferme des radicaux peuvent être quelquefois remplacées par d'autres équivalentes dont le dénominateur est rationnel.

Ex.: $\dfrac{7}{\sqrt{11}} = \dfrac{7 \times \sqrt{11}}{\sqrt{11} \times \sqrt{11}} = \dfrac{7\sqrt{11}}{11}$; $\quad \dfrac{3}{4\sqrt{7}} = \dfrac{3\sqrt{7}}{4.7} = \dfrac{3\sqrt{7}}{28}$;

$$\dfrac{3}{5+\sqrt{7}} = \dfrac{3(5-\sqrt{7})}{(5+\sqrt{7})(5-\sqrt{7})} = \dfrac{3(5-\sqrt{7})}{25-7} = \dfrac{15-3\sqrt{7}}{18}.$$

En général, $\dfrac{a}{\sqrt{b}+\sqrt{c}} = \dfrac{a(\sqrt{b}-\sqrt{c})}{(\sqrt{b}+\sqrt{c})(\sqrt{b}-\sqrt{c})} = \dfrac{a(\sqrt{b}-\sqrt{c})}{b-c}$.

$$\dfrac{a}{\sqrt{b}-\sqrt{c}} = \dfrac{a(\sqrt{b}+\sqrt{c})}{(\sqrt{b}-\sqrt{c})(\sqrt{b}+\sqrt{c})} = \dfrac{a(\sqrt{b}+\sqrt{c})}{b-c}$$

$$\frac{a}{\sqrt{b}+\sqrt{c}-\sqrt{d}} = \frac{a(\sqrt{b}+\sqrt{c}+\sqrt{d})}{[(\sqrt{b}+\sqrt{c})-\sqrt{d}][(\sqrt{b}+\sqrt{c})+\sqrt{d}]} =$$

$$\frac{a(\sqrt{b}+\sqrt{c}+\sqrt{d})}{b+c+2\sqrt{bc}-d}.$$

En multipliant haut et bas par $(b+c-d) - 2\sqrt{bc}$, on arrivera au dénominateur rationnel $(b+c-d)^2 - 4bc$. On continuerait de même s'il y avait un plus grand nombre de radicaux au dénominateur.

QUESTIONS DE MAXIMUM ET DE MINIMUM (*appendice*).

327. Une expression algébrique dont les valeurs dépendent des valeurs attribuées à une variable x, ou à des variables x, y, z, est une fonction de x $f(x)$ lisez (*fonction de x*), ou une fonction de x, y, z, $f(x, y, z)$.

Supposons qu'on donne à x des valeurs *croissant* constamment d'une manière continue, c'est-à-dire de quantités h infiniment petites, et qu'on écrive à mesure les valeurs *correspondantes* d'une fonction de x. On appelle *maximum* de cette fonction toute valeur qui est à la fois plus grande que la valeur qui la suit et que celle qui la précède immédiatement.

Par ex., si on a à la fois $\quad f(x') > f(x'-h) \quad$ et $\quad f(x') > f(x'+h)$.

$f(x')$ est un maximum de la fonction $f(x)$.

On appelle *minimum* une valeur de la fonction à la fois plus petite que celle qui la suit et que celle qui la précède immédiatement.

Si $\quad f(x'') < f(x''-h), \quad$ et $\quad f(x'') < f(x''+h)$,

$f(x'')$ est un *minimum* de la fonction $f(x)$.

Le maximum tel que nous l'avons défini n° 160 est compris comme cas particulier dans le maximum tel que nous venons de le définir. En effet, supposons qu'une fonction de x exprime une grandeur géométrique, par exemple l'aire d'un rectangle inscrit dans un cercle, dont la plus grande valeur possible est 9^{mq}, correspondant à $x=2$. Cette fonction de x, $f(x)$, ne pouvant avoir aucune valeur supérieure à 9, il est clair que l'on aura $f(2-h)$ est $< f(2) = 9$ et $f(2+h) < 9$ ou $f(2)$. Donc $f(2)$ est un maximum de cette fonction de x dans le sens général que nous venons d'attribuer à ce mot.

Dans le Cours, nous avons considéré des fonctions exprimant des grandeurs concrètes dont il fallait trouver le maximum et le minimum absolu. On étudie souvent aussi les valeurs réelles successives que prend une fonction considérée en elle-même d'une manière abstraite, quand la variable x prend toutes les valeurs positives et toutes les valeurs négatives possibles, ou suivant les cas des valeurs positives seulement, ou des valeurs négatives seulement. Nous allons étudier les valeurs de quelques fonctions de cette manière.

QUESTIONS DE MAXIMUM ET DE MINIMUM (APPENDICE). 315

328. PROBLÈME. Trouver le maximum ou le minimum de $\frac{a}{x} + \frac{a}{a-x}$.

Je pose $\frac{a}{x} + \frac{a}{a-x} = m$ (1), d'où $mx^2 - amx + a^2 = 0$ (2). Je résous :

$x = \frac{a[m \pm \sqrt{m(m-4)}]}{2m}$ (3). Les équations (2) et (3), conséquences de l'équation (1), sont vérifiées avec celle-ci par les mêmes valeurs simultanées de x et de m. En donnant à x dans (1) toutes les valeurs positives ou négatives possibles, on obtient une série de valeurs réelles correspondantes de m. Si on met successivement ces valeurs de m dans l'une et l'autre des équations (3), on *reproduit* toutes les valeurs employées de x, c'est-à-dire toutes les valeurs réelles possibles. Les valeurs de m, c'est-à-dire toutes les valeurs que peut prendre la fonction $\frac{a}{x} + \frac{a}{a-x}$, ne sont donc autres que les nombres qui substitués à m dans les équations (3) donnent des valeurs réelles de x, c'est-à-dire les nombres qui rendent positive ou nulle la quantité sous le radical : $m(m-4)$. Ce sont ces nombres qu'il nous faut étudier.

On doit avoir en général $m(m-4) > 0$. Supposons m *positif*; alors on doit avoir $m - 4 > 0$, $m > 4$; le *minimum* est $m = 4$. Pour $m = 4$, le radical est nul, et $x = am : 2m = \frac{1}{2}a$. m prend toutes les valeurs positives de ∞ à 4 ou de 4 à ∞. Supposons m négatif et égal à $-m'$ (m' positif); $m(m-4) = -m'(-m'-4) = m'(m'+4) > 0$. m' peut prendre toutes les valeurs possibles de 0 à ∞; par suite m peut prendre toutes les valeurs négatives de 0 à $-\infty$, ou de $-\infty$ à 0.

x croissant de $-\infty$ à 0, de 0 à $\frac{1}{2}a$, de $\frac{1}{2}a$ à a, de a à ∞,
m décroît de 0 à $-\infty$, et de ∞ à 4, puis *croît* de 4 à $+\infty$, et de $-\infty$ à 0.
$m = 4$ est dans le sens le plus général un *minimum* de la fonction correspondant à $x = \frac{1}{2}a$.

REMARQUE. La question précédente est souvent proposée ainsi : *Partager un nombre a en deux parties* (a et $a-x$), *telles que la somme* $\frac{a}{x} + \frac{a}{a-x}$, *soit un minimum ou un maximum*. Alors il n'y a lieu de donner à x que les valeurs comprises entre 0 à a, et la fonction ne prend que des valeurs positives. On ne considère donc alors que les valeurs de x de 0 à $\frac{1}{2}a$, puis de $\frac{1}{2}a$ à a, et les valeurs correspondantes de m. Cette remarque s'applique aux quatre questions suivantes qui peuvent être proposées de même.

329. PROBLÈME. Trouver le maximum ou le minimum de $\frac{x}{a-x} + \frac{a-x}{x}$.

Je pose $\frac{x}{a-x} + \frac{a-x}{x} = m$ (1). D'où $2x^2 + a^2 - 2ax = amx - mx^2$; puis $(2+m)x^2 - (2a+am)x + a^2 = 0$ (2). Je résous : $x = \frac{a(2+m) \pm a\sqrt{m^2-4}}{2(2+m)}$ (3).

On doit avoir en général $m^2 - 4 > 0$, ou $m^2 > 4$. Le *minimum* est $m^2 = 4$; d'où $m = \pm 2$.

$m = 2$ correspond à $x = \frac{1}{2}a$.

Pour étudier la marche des valeurs de m quand x varie de $-\infty$ à ∞, il faut d'abord remarquer que les deux termes de m sont tous deux de mêmes signes quel que soit x. Quand x est négatif et égal à $-x'$, ces deux termes, qui deviennent : $\dfrac{-x'}{a+x'} + \dfrac{a+x'}{-x'}$, sont constamment négatifs, et par suite m idem; quand x est positif et plus petit que a, ces deux termes sont positifs; quand x est positif et $>a$, ces deux termes sont négatifs. Pour savoir ce que m devient quand $x = \pm\infty$, je divise les deux termes de chaque fraction par x, et j'écris $m = \dfrac{1}{\frac{a}{x}-1} + \dfrac{\frac{a}{x}-1}{1}$; on voit alors aisément que pour

$x = \pm\infty, m = -2$.

x croissant de $-\infty$ à 0, de 0 à $\frac{1}{2}a$, de $\frac{1}{2}a$ à a, de a à $+\infty$.
m décroît de -2 à $-\infty$, de ∞ à 2, puis croît de 2 à $+\infty$, de $-\infty$ à -2.

$m = 2$ est donc un *minimum* de l'expression proposée correspondant à $x = \frac{1}{2}a$.

Pour $m = -2$, l'équation (2) se réduit à son dernier terme : $+a^2$, les coefficients de m et de x deviennent nuls. On sait que ces coefficients tendant vers 0, les racines tendent toutes deux à devenir infiniment grandes; $m = -2$ quand $x = -\infty$ et quand $x = +\infty$.

Nous avons encore développé cet exercice à cause des cas particuliers qui s'y présentent. Nous engageons le lecteur désireux de bien comprendre la marche des expressions algébriques variables analogues à celles que nous considérons de discuter aussi complètement ces expressions et de les faire ainsi discuter aux élèves. Nous le laisserons à faire désormais.

330. Problème. Trouver le maximum ou le minimum de $\quad x^2 + (a-x)^2$.

Je pose $x^2 + (a-x)^2 = m^2$; $\quad 2x^2 - 2ax + a^2 - m^2 = 0$. Je résous $x = \frac{1}{2}\left[a \pm \sqrt{2m^2 - a^2}\right]$. On doit avoir en général $2m^2 - a^2 > 0$ ou $m^2 > \frac{1}{2}a^2$; le minimum est $m^2 = \frac{1}{2}a^2$; alors $x = \frac{1}{2}a$.

x croissant de $-\infty$ à $\frac{1}{2}a$, puis de $\frac{1}{2}a$ à $+\infty$,
m^2 décroît de $+\infty$ à $\frac{1}{2}a^2$, puis croît de $\frac{1}{2}a^2$ à $+\infty$,
$\frac{1}{2}a^2$ est un minimum de m correspondant à $x = \frac{1}{2}a$.

331. Problème. Trouver le maximum ou le minimum de $\quad \sqrt{x} + \sqrt{a-x}$.

Je pose $\sqrt{x} + \sqrt{a-x} = m$ (1); D'où $m^2 - a = 2\sqrt{ax - x^2}$ (1); puis $x^2 - ax + \frac{1}{4}(m^2-a)^2 = 0$ (3). Je résous : $x = \frac{1}{2}\left(a \pm \sqrt{m^2(2a-m^2)}\right)$ (4). On doit avoir en général : $2a - m^2 < 0$, ou $m^2 < 2a$; le *maximum* est $m^2 = 2a$, ou $m = \pm\sqrt{2a}$; alors $x = \frac{1}{2}a$.

Notre calcul s'applique aux 4 expressions : $\pm\sqrt{x} \pm \sqrt{a-x}$. En prenant pour équation (1) l'une des 4 suivantes : $\sqrt{x} + \sqrt{a-x} = m$; $\sqrt{x} - \sqrt{a-x} = m$; $-\sqrt{x} - \sqrt{(a-x)} = m$; $-\sqrt{x} + \sqrt{a-x} = m$; on arrive à la même équation (3) et finalement aux valeurs (4) de x. C'est-à-dire qu'on étudie à la fois, sans le vouloir, les valeurs que prennent les 4 expressions précitées. Comment distinguer les valeurs de chacune et savoir à laquelle appartient le maximum ou le minimum trouvés. On les distingue comme il suit. 1° L'expression $\sqrt{x}+\sqrt{a-x}$ ne prend que des valeurs positives; $-\sqrt{2a}$ n'est donc pas une valeur possible de cette expression (elle appartient à $-\sqrt{x}-\sqrt{a-x}$). 2° Il suffit d'étudier en général les expressions $\sqrt{x}+\sqrt{a-x}$ et $\sqrt{x}-\sqrt{a-x}$; car les 2 autres ont des valeurs correspondantes égales aux valeurs de celles-ci et de signes contraires. 3° Les valeurs de $\sqrt{x}-\sqrt{a-x}$ sont constamment plus petites que celles de $\sqrt{x}+\sqrt{a-x}$; le maximum ne peut donc appartenir qu'à $\sqrt{x}+\sqrt{a-x}$; en effet, pour $x=\tfrac{1}{2}a$, $\sqrt{x}+\sqrt{a-x}=2\sqrt{\tfrac{1}{2}a}=\tfrac{2}{2}\sqrt{2a}=\sqrt{2a}$, tandis que $\sqrt{x}-\sqrt{a-x}=0$. $-\sqrt{2a}$ indique que le maximum des valeurs absolues de $-\sqrt{x}-\sqrt{a-x}$ est $\sqrt{2a}$; comme cela doit être eu égard à celles de $\sqrt{x}+\sqrt{a-x}$. D'ailleurs, x ne peut pas être négatif ni plus grand que a (voyez les radicaux); il ne peut varier que de 0 à a.

x croissant de 0 à $\tfrac{1}{2}a$,   puis de $\tfrac{1}{2}a$ à a.

$\sqrt{x}+\sqrt{a-x}$ croit de $\sqrt{a}$ à $\sqrt{2a}$,   puis décroit de $\sqrt{2a}$ à $\sqrt{a}$.
$\sqrt{x}-\sqrt{a-x}$ croit de $-\sqrt{a}$ à 0 puis de 0 à $\sqrt{a}$.
$\sqrt{2a}$ est un maximum de $\sqrt{x}+\sqrt{a-x}$ correspondant a $x=\tfrac{1}{2}a$.

La différence $\sqrt{x}-\sqrt{a-x}$ n'a ni maximum ni minimum.

332. Problème. Trouver le maximum ou le minimum de $3x+4(a-x)^2$.

Je pose $3x+4(a-x)^2$ ou $4x^2-(8a-3)x+4a^2=m$. $x=\tfrac{1}{8}[8a-3)\pm\sqrt{9-48a+16m}]$. On doit avoir en général $16m-(48a-9)>0$; $16m>48a-9$. Le minimum est $m=3a-\tfrac{9}{16}$; alors $x=a-\tfrac{3}{8}$.

x croissant de $-\infty$ à $a-\tfrac{3}{8}$,   puis de $a-\tfrac{3}{8}$ à $+\infty$,
m décroit de $+\infty$ à $3a-\tfrac{9}{16}$,   puis croit de $3a-\tfrac{9}{16}$ à $+\infty$.
$3a-\tfrac{9}{16}$ est un minimum de m correspondant à $x=a-\tfrac{3}{8}$.

333. Problème. Trouver le maximum ou le minimum de $\sqrt{5-3x}+\sqrt{7x-8}$.

Je pose $\sqrt{5-3x}+\sqrt{7x-8}=m$. J'élève une première fois au carré: $-3+4x+2\sqrt{59x-21x^2-40}=m^2$. J'isole le radical et j'élève une 2ᵉ fois au carré; je trouve en réduisant et ordonnant: $100x^2-4(2m^2+65)x+m^4+6m^2+109=0$. Je résous, et je réduis sous le radical: $x=\dfrac{2(2m^2+65)\pm\sqrt{-84m^4+440m^2}}{100}$.

D'après le radical, on doit avoir en général $440 - 84m^2 > 0$, ou $m^2 > \dfrac{440}{84} = \dfrac{110}{21}$; le *maximum* $m^2 = \dfrac{110}{21}$. Alors $x = \dfrac{2(2m^2 + 65)}{100} = \dfrac{317}{210}$.

Ainsi que nous l'avons expliqué dans l'Ex. 331, le calcul précédent s'applique aux 4 expressions $\sqrt{5-3x} + \sqrt{7x-8}$; $\sqrt{5-3x} - \sqrt{7x-8}$; $-\sqrt{5-3x} - \sqrt{7x-8}$; $-\sqrt{5-3x} + \sqrt{7x-8}$, et il suffit d'étudier les valeurs des deux premières. Les valeurs de la somme $\sqrt{5-3x} + \sqrt{7x-8}$ sont toutes plus grandes que celles de $\sqrt{5-3x} - \sqrt{7x-8}$, et le maximum $m = \sqrt{110/21}$ concerne certainement la somme. En résumé, x ne peut pas prendre des valeurs plus grandes que $5/3$ ni des valeurs plus petites que $8/7$; il ne peut varier que de $8/7$ à $5/3$. De plus, x croissant depuis $8/7$, $\sqrt{5-3x}$ décroît, et $\sqrt{7x-8}$ croît continuellement; pour ces deux raisons la différence $\sqrt{5-3x} - \sqrt{7x-8}$ diminue constamment, et n'a ni maximum ni minimum. On voit aisément que

x croissant de $8/7$ à $317/210$, puis de $317/210$ à $5/3$,

$\sqrt{5-3x} + \sqrt{7x-8}$ croît de $\sqrt{11/7}$ à $\sqrt{110/21}$, puis décroît de $\sqrt{110/21}$ à $\sqrt{11/3}$.
$\sqrt{5-3x} - \sqrt{7x-8}$ décroît continuellement de $\sqrt{11/7}$ à $-\sqrt{11/3}$.

$\sqrt{110/21}$ est un maximum de $\sqrt{5-3x} + \sqrt{7x-8}$ correspondant à $x = 317/210$.

334. Trouver le maximum et le minimum de $\dfrac{2x^2 - 10x + 9}{12x - 14}$.

Je pose l'égalité $\dfrac{2x^2 - 10x + 9}{12x - 14} = m$. D'où $2x^2 - (10 + 12m)x + 9 + 14m = 0$,

Je résous : $x = \frac{1}{2}\left[5 + 6m \pm \sqrt{36m^2 + 32m + 7}\right]$ (1); les valeurs de m sont les nombres qui vérifient l'inégalité : $36m^2 + 32m + 7 > 0$ (2). Je résous l'équation : $36m^2 + 32m + 7 = 0$, et je trouve $m' = -1/2$, $m'' = -7/18$. L'inégalité (2) peut s'écrire ainsi : $36(m + 1/2)(m + 7/18) > 0$. D'après cette inégalité, m ou l'expression proposée peut prendre toutes les valeurs réelles de $-\infty$ à $-1/2$ d'une part, de $-7/21$ à $+\infty$ d'autre part; elle ne peut prendre aucune valeur comprise entre $-1/2$ et $-7/18$. $m = -1/2$ est donc un *maximum*, et $-7/18$ un *minimum* de l'expression proposée. Je substitue successivement $m = -1/2$, et $m = -7/18$ dans l'équation (1) et je trouve que $m = -1/2$ correspond à $x = 1$, et $m = -7/18$ à $x = 4/3$.

Pour établir la marche des valeurs croissantes ou décroissantes que prend une expression fractionnaire telle que la proposée, quand x varie de $-\infty$ à $+\infty$, on procède comme il suit : 1° On égale à 0 le numérateur et le dénominateur. Une racine commune aux deux équations posées indique un facteur commun qu'il faut supprimer tout de suite. Toute valeur de x qui annule le

QUESTIONS DE MAXIMUM ET DE MINIMUM (APPENDICE). 349

dénominateur seul donne $m = \pm \infty$. Pour connaître le signe de m un peu avant cette valeur de x et un peu après, on la substitue aussi dans le numérateur.
2° On cherche ce que devient l'expression proposée pour $x = \pm \infty$; voyez pour cela la règle suivante. 3° On cherche le maximum et le minimum de l'expression proposée comme nous l'avons fait.

J'applique cette méthode à l'expression proposée. 1° $2x^2 - 10x \pm 9 = 0$; $x = \frac{1}{2}(5 \pm \sqrt{7})$. $12x - 14 = 0$; $x = \frac{7}{6}$. Pour $x = \frac{7}{6}$, $2x^2 - 10x + 9 = \frac{1}{18}$. Pour $x = \frac{7}{6}$, l'expression proposée $= \pm \infty$. Elle était négative et très-grande un peu avant $x = \frac{7}{6}$; elle devient positive et très-grande un peu après. Remarquons que $\frac{7}{6}$ est compris entre 1 et $\frac{4}{3}$.

2° Cherchons maintenant les valeurs de notre expression par $x = \pm \infty$.

RÈGLE GÉNÉRALE. *Pour trouver la valeur d'une expression fractionnaire telle que* $\frac{ax^2 + bx + c}{a'x^2 + b'x + c'}$, *pour* $x = +\infty$ *et pour* $x = -\infty$, *on divise préalablement son numérateur et son dénominateur, terme à terme par la plus haute puissance de* x *qu'ils renferment, s'ils sont de même degré en* x, *ou dans le cas contraire par la puissance de* x *qui commence le terme de plus faible degré. Puis on fait* $x = -\infty$ *ou* $x = +\infty$ *dans l'expression ainsi préparée.*

Je divise donc par x les deux termes de l'expression précédente qui devient $\dfrac{x - 10 - \frac{9}{x}}{12 - \frac{14}{x}}$. Je fais $x = -\infty$, et je trouve $(-\infty - 10) : 12 = -\infty$. Je fais $x = +\infty$, et je trouve $(+\infty - 10) : 12 = +\infty$.

Un nombre ordinaire quelconque ajouté ou retranché qui multiplie ou qui divise, s'efface à côté de ∞; un nombre divisé par ∞ donne évidemment pour quotient 0. 3° Nous avons déjà trouvé le minimum et le maximum de m.

De tout cela, on conclut ce qui suit :

1° x croissant de $-\infty$ à 1, puis de 1 à $\frac{7}{6}$.

L'expression proposée croit de $-\infty$ à $-\frac{1}{2}$, puis décroit de $-\frac{1}{2}$ à $-\infty$.

2° x croissant de $\frac{7}{6}$ à $\frac{4}{3}$, puis de $\frac{4}{3}$ à $+\infty$.

L'expression proposée décroit de $+\infty$ à $-\frac{7}{18}$, puis croit de $-\frac{7}{18}$ à $+\infty$.
Donc 1° $-\frac{1}{2}$ est un maximum de m correspondant à $x = 1$.
2° $-\frac{7}{18}$ est un minimum de m correspondant à $x = \frac{7}{6}$.

335. PROBLÈME. Trouver le maximum et le minimum de $\dfrac{x^2 + 4x - 2}{x^2 - 4x + 4}$.

Je pose l'égalité $\dfrac{x^2 + 4x - 2}{x^2 - 4x + 4} = m$. D'où $(1 - m)x^2 + 4(1 + m)x - (2 + 4m) = 0$. Je résous : $x = \dfrac{-2(1 + m) \pm \sqrt{10m + 6}}{1 - m}$. D'après le radical, on doit avoir eu général, $10m + 6 > 0$ (1). Cette inégalité est vérifiée, si on donne à m toutes les valeurs positives de 0 à ∞ et des valeurs négatives de 0 à $-0{,}6$ seulement; car si on pose $m = -m'$, l'inégalité (1) devient $6 - 10m' > 0$. $m = -0{,}6$ est le minimum de l'expression proposée. Je substitue $m = -0{,}6$ dans la valeur de x, et je trouve $x = -\frac{1}{2}$.

J'égale le numér. et le dénominateur à 0. $x^2 + 4x - 2 = 0$; $x = -2 \pm \sqrt{6}$. $x^2 - 4x + 4 = 0$; $x = 2$ (racines égales); Je mets $x = 2$ dans le numérateur qui devient égal à 10. Je conclus de là que l'expression proposée $m = \infty$ pour $x = 2$ et qu'elle est positive un peu avant et un peu après $x = 2$.

J'applique la règle précédente (Ex. 334) pour la substitution de $x = \pm\infty$, et je trouve que l'expression proposée se réduit à 1 dans les deux cas.

De tout cela on conclut ce qui suit :

x croissant de $-\infty$ à $-\frac{1}{2}$, puis de $-\frac{1}{2}$ à 2, de 2 à $+\infty$
m décroît de 1 à $-0{,}6$, croît de $-0{,}6$ à $+\infty$, puis décroît de ∞ à 1.

605. Trouver le maximum et le minimum de $\dfrac{15x - 24}{9x^2 - 15x + 20}$.

$\dfrac{15x - 24}{9x^2 - 15x + 20} = m$. D'où $9mx^2 - (15m + 15)x + 20m + 24 = 0$.

Je résous $x = \dfrac{15m + 15 \pm \sqrt{-495m^2 - 414m + 225}}{18m}$. (k) On doit avoir en général $-595m^2 - 414m + 225 > 0$ (1). Je résous l'équation $495m^2 + 414m - 225 = 0$; $m = \frac{1}{495}(-207 \pm \sqrt{154224})$; appelons ces valeurs $-m'$ et m''.

L'inégalité (1) peut s'écrire ainsi : $495(m + m')(m'' - m) > 0$. Cette inégalité est vérifiée par toutes les valeurs de m comprises entre $-m'$ et $+m''$.

L'expression proposée $\dfrac{15x - 24}{9x^2 - 15x + 20}$ prend donc une série de valeurs qui commencent à $-m'$ et finissent à m''; elle a un *minimum*, $-m'$, et un *maximum*, $-m''$.

On calcule m' et m'' par approximation, puis les valeurs correspondantes de x; $x' = (-15m' + 15) : 18m'$, $x'' = \ldots$ On résout l'équation : $9x^2 - 15x + 20 = 0$; cette équation n'a pas de racines réelles. On cherche ensuite les valeurs de l'expression proposée pour $x = \infty$ et pour $x = -\infty$ (Règle de l'Ex. 334); on trouve 0 dans les deux cas. De tout cela, on conclut ce qui suit :

x croissant de $-\infty$ à x', de x' à x'', de x'' à ∞
m décroît de 0 à $-m'$, croît de $-m'$ à m'', puis décroît de m'' à 0.
$-m'$ est donc un *minimum*, et m'' un *maximum* de m.

EXERCICES

PROPOSÉS DANS LE COURS D'ALGÈBRE

PAR

A. GUILMIN.

PRÉLIMINAIRES.

BUT ET UTILITÉ DE L'ALGÈBRE. — EMPLOI DES FORMULES.

1. Partager 1200^f entre 3 personnes de manière que la seconde ait 150^f de plus que la première, et la 3e 60^f de moins que la seconde.
1° Développer la solution par l'arithmétique (sans lettres). 2° Résoudre en désignant une des parts par x. 3° Comparer les deux méthodes. 4° Généraliser, c'est-à-dire établir trois formules pour les partages tout à fait analogues.

2. Partager 1259^f entre 4 personnes de manière que la 2e ait les 2/5 de la 1re plus 120^f, la 3e les 3/4 de la 2e moins 50^f, et la 4e la moitié de la 3e plus 80^f :
1° Développer la solution par l'arithmétique (sans lettres). 2° Résoudre en désignant l'une des parts par x. 3° Comparer les deux solutions.

3. $(a+b)^3 = a^3 + 3a^2b + 3ab^2 + b^3$. Déduire de là une formule pour calculer la différence des cubes de deux nombres entiers consécutifs.
Appliquez cette formule pour trouver la valeur de $48^3 - 47^3$.

4. Connaissant la somme s, ou la différence d, ou le produit p, ou le rapport q, de deux nombres inconnus dont l'un est représenté par x, représenter l'autre simplement et immédiatement (1°, 2°, 3°, 4°) (*).

(*) Les formules de cet exercice et des suivants sont simples, mais très-importantes ; elles servent à diminuer immédiatement le n. des inconnues et le n.

5. Exprimez algébriquement que des nombres inconnus sont proportionnels à des nombres donnés a, b, c, d.

6. Exprimez algébriquement que les carrés ou les cubes de nombres inconnus sont proportionnels à des nombres donnés a, b, c, d (*deux questions*).

7. Exprimez par des formules des nombres dont la somme est s, et qui sont proportionnels à des nombres donnés a, b, c, d.

Traduisez ces formules en langage ordinaire (*Règles des partages proportionnels*).

8. *Applications.* Partagez 1200^f en quatre parties proportionnelles à 3, 4, 5 et 8.

Les trois angles d'un triangle sont proportionnels à 3, 5 et 7. Quels sont ces angles?

9. Exprimez par des formules des n. dont la somme est égale à s, et dont les carrés sont proportionnels à des n. donnés a, b, c, d.

10. *Application.* Partagez 100 en trois parties dont les carrés soient proportionnels à 5, 7 et 8 (à 0,001 près).

11. Exprimez par des formules deux n. dont on connaît le rapport r et la somme s, ou la différence d, ou le produit p, ou la somme des carrés s_2, ou la différence des carrés d_2 (1°, 2°, 3°, 4°, 5°). Appliquez ces formules aux cas où $r=3$ et 1° $s = 20$, ou 2° $d = 12$, ou 3° $p = 12$, ou 4° $s_2 = 40$, ou 5° $d_2 = 32$.

12. APPLICATION. Une maison et un jardin coûtent ensemble 23400^f; trois fois le prix de la maison valent 10 fois le prix du jardin. Quels sont les deux prix?

VALEURS NUMÉRIQUES. — APPLICATION DES FORMULES.

10 (N). Trouver la valeur numérique de $5a^3b^2 - 4a^2b$ pour $a = 2$; $b = 3$.

11 (N). Valeur numérique de $4a^2b^2 - 5a^2b + 3a$ pour $a = 0,1$; $b = 0,4$.

12 (N). Valeur numérique de $5a^3b^2c - 4ab + 8c$ pour $a = 1$; $b = 1/2$; $c = 0,1$.

13 (N). Valeur numérique de $8a^4b^3 - 5a^3b^2 - 4a^2b + 6a - 4$ pour $a = 0,01$ et $b = 0,2$.

13 bis (N). Valeur numérique de $\frac{3}{8}a^4b^3c^4 - \frac{5}{8}a^3b^2c - \frac{7}{6}a^2b + 12,5a$ pour $a = 0,01$; $b = 2$; $c = 0,2$.

---

des équations d'un problème. Nous les appliquerons constamment et nous supposerons que le lecteur s'en sert; nous pourrons ainsi classer parmi les problèmes à une inconnue bien des questions qui sans cela seraient proposées ailleurs.

PRÉLIMINAIRES. 323

13. $x = vt$; $e = 1/2gt^2$; $y = a + vt + 1/2gt^2$. Calculer x, e, y, pour $a = 15^m$; $v = 3^m$; $t = 6$; $g = 2^m,4$.

14. $l = l_0 \times (1 + Kt)$; $l' = l \times \dfrac{1 + Kt'}{1 + Kt}$; $l'_1 = l[1 + K(t' - t)]$. Calculer à 0,00001 près, l, l' et l'_1 pour $l_0 = 24^m$; $K = 0,0000123$; $t = 12°,5$; $t' = 31°$.

15. $V = 1/3 \pi h \times (R^2 + r^2 + R \times r) \times [1 + K(t' - t)]$. Calculer V pour $\pi = 3,1416$; $h = 12^m,96$; $R = 3^m,2$; $r = 1^m,5$; $K = 0,0000369$; $t' = 32°$; $t = 12°$.

16. Calculer, à 0,00001 près, $t = \pi \sqrt{\dfrac{l}{g}}$ pour $\pi = 3,1416$, $l = 0,99$, $g = 9,8088$.

17. Calculer, à 0,0001 près, $c' = \sqrt{R \times (2R - \sqrt{4R^2 - c^2})}$ pour $R = 2,5$; $c = \sqrt{12,5}$.

18. Calculer $P = 6x^5 + 5x^4 - 4x^3 + 8x^2 - 2$, 1° pour $x = 2$; 2° pour $x = 1/2$.
On peut calculer simplement la valeur numérique d'un semblable polynome sans calculer isolément les différents termes ni les puissances successives de x. Trouver et énoncer une règle générale à cet effet.

19. Calculer $P = 12x^6 + 5x^5 + 3x^4 + 4x^3 - 11x^2 - 6x + 3$; 1° pour $x = 3$; 2° pour $x = 1/3$.

20. Calculer $P = 5a^5b^4 - 12a^3b^2 + 5a^5b^2 + 12a^5b^4 + 3a^3b^2 - 2a^5b^4$ pour $a = 3$, $b = 1$.

21. Calculer $P = x^5 - 5ax^4 + 10a^2x^3 - 10a^3x^2 + 5a^4x - a^5$ pour $x = 4$ et $a = 2$.

22. Calculer $P = \dfrac{8}{12}a^4b^3 - \dfrac{5}{6}a^3b^2 + \dfrac{2}{3}a^2b - 1/2a^5b^2 + 3a^4b^3 - \dfrac{7}{9}a^2b$ pour $a = 1$, $b = 4$.

23. Un nombre s'écrit ainsi: 5630427, dans le système de numération dont la base est b. Exprimez algébriquement que ce n. est la somme des valeurs relatives de ses chiffres (*).

24. On suppose dans l'Ex. 23, $b = 8$. On propose d'écrire le même nombre dans le système décimal.

Énoncez d'après la marche suivie une règle simple pour passer d'un système de numération quelconque au système décimal.

(*) Quand on compte ou écrit dans le système de numération dont la base est b (système b); 1° on compte, à partir des unités simples, par unités de b en b fois plus grandes les unes que les autres; 2° le premier chiffre à droite d'un n. exprime des unités simples ou en tient la place, et chaque chiffre placé à la gauche d'un autre exprime des unités b fois plus grandes. Le chiffre 0 s'emploie dans tous les systèmes.

324 EXERCICES D'ALGÈBRE.

25. APPLICATION. Écrivez 530431 (système 7) dans le système décimal. (V. l'Ex. 24.)

26. $ab^5 + cb^4 + db^3 + eb^2 + fb + g = 53178$ (système décimal). Trouver pour le cas de $b = 8$ les valeurs entières plus petites que 8 des coefficients a, c, d, e, f, g qui vérifient cette égalité.

a, c, d, e, f, g sont dans le cas actuel les chiffres du n. 53178 écrit dans le système 8. Énoncez d'après la marche suivie une règle simple et générale pour passer du système décimal à un autre système de numération.

27. APPLICATION. Écrivez 41732 dans le système 6. (V. l'Ex. 26.)

14 (N). Réduire les termes semblables de $19a^3b^2c^4 - 24a^2b^3 + 18a^2 - 30a^2b^3 - 7a^2 - 8a^3b^2c^4 + 15a^2b^3 + 12a^3b^2c^4 - 8a^2 + 21a^2b^3$.

15 (N). Réduire de même $3/4 a^2b - 5/6 a^3b^2 + 1/2 a^3b - 2/3 a^2b^2 - 2/3 a^2b + 5/9 ab - 1/6 ab + 1/2 a^3b^2 - 2/3 a^3b^2$.

16 (N). Réduire $0,1 ab - 3,4 a^2b^3 + 5/2 ab - 3/5 a^2b^3 + 7/8 a^2b^3 - 9/8 ab$. (Convertissez en décimales.)

17 (N). Réduire $4 1/9 a^2b^2c^2 - (3 1/2) abc - 7/9 a^2b^2c^2 + 1/4 abc - a^2b^2c^2 + 2/3 a^3b - 5/6 ab^3 + 1/2 a^3b$.

18 (N). Réduire $5 8/9 a^3b^2c - 8 2/3 a^3b^2 - 7 1/2 a^3b^2c - 19 1/4 a^3b^2$.

ADDITIONS A EFFECTUER.

Additionner les polynômes suivants :

19 (N). $15,5 a^3b^2 - 17,82 a^4b^6 - 7,8 a^2b$; $12,84 a^2b + 5,2 a^2b + 14 a^3b^2$; $8,5 a^3b^2 - 3/2 a^4b^6 + 4/5 a^2b$; $0,1 a^4b^6 - 2/5 a^3b^2 + 3/4 a^2b$. (Convertissez en décimales.)

20 (N). $15a^3b^2c^2 - 17a^3b + 8a$; $27a^3b - 11a + 7a^3b^2c^2$; $14a - 7a^3b - 24a^3b^2c^2 + 12a$; $17a^3b^2c^2 - 11a + 24a^3b - 19$.

28. Additionner $5a^3b^4 - 7a^5b^3 + 8a^4b^2$, $12a^5b^3 - 8a^3b^4 - 5a^4b^2$, $12a^4b^2 - 15a^5b^3 - 8a + 6a^3b^4$.

29. Addit. $2/3 a^5 - 6a^4b + 3/8 a^3b^2$, $3/4 a^5 - (7 1/8) a^4b - 2/3 a^3b^2$, $\left(4\dfrac{3}{5}\right) a^4b - \dfrac{1}{2} a^5 + 3 a^3b^2$.

30. Addit. $19 a^4b^3c^2 + 4a^3 - 6a^3b^2c$, $24 a^2b - 7a^3b^2c + (8\frac{3}{4}) a^4b^3c^2$, $(12\frac{1}{2}) a^4b^3c^2 - 5a^3 - 15 a^2b$.

31. Calculer la valeur de chaque polynôme, puis celle de leur somme direc-

ADDITION, SOUSTRACTION, MULTIPLICATION.

tement pour $a=3$, $b=1$, $c=2$ dans chacun des trois exercices précédents. Vérification.

32. Addit. $7x^5 - 3/4\,x^4 - 2x^2 + 5/3\,x - 8$, $\ 7/8\,x^4 - 3/5\,x^3 + 2/3\,x^2 - (8\,5/6)$, $2x^5 - (3\,1/3)x^4 - 8/9\,x + (4\,3/9)$, $\ 7x^3 - 5/6\,x^2 - 2$.

33. Calculer la valeur de chaque polynôme de l'Ex. 32, et celle de la somme directement pour $x=4$. Vérification.

ADDITIONS ET SOUSTRACTIONS A EFFECTUER.

24 (N). Soustraire $19a^3b^2c - 2a^2b + 7ab^3 - 4a\ $ de $\ 8,5a^2b + 28a^3b^2c - 9\,^3/_4\,ab^3 - 5,8a$.

22 (N). Soust. $^2/_3\,a^2b - ^5/_6\,a^3b^2 + ^4/_9\,ab\ $ de $\ ^3/_4\,a^3b^2 + ^5/_8\,a^2b + 8^1/_2\,ab$.

34. Soust. $154x - 7x^3 + 3/8\,x^2 - 5x + 4\ $ de $\ 27x^4 - 12x^3 + 5/6\,x^3 - \left(7\,\dfrac{1}{3}\right)x$.

35. Soust. $7x^2y^5 - 3x^2y^3 + 8x^4y - 7/8\,x^5\ $ de $\ 15/12\,x^5 + 9x^4y - 4x^2y^3 - \left(5\,\dfrac{1}{2}\right)x^3y^2 + 8x^2y^5$.

36. Calculer la valeur de chaque polyn., puis celle du reste directement; 1° dans l'Ex. 34 ; 2° dans l'Ex. 35; pour $x=3$, $y=1$. Vérification.

37. Soustraire $19a^5b^4c^3 - 12a^4b^3c^2 + 7a^3b^2c - 8a^2b - 7bc^2\ $ de $\ 27a^5b^4c^3 - 12a^2b - 19 - (7\,^3/_8)\,a^4b^3c^2 - (4\,^3/_7)\,bc^2$.

38. Soust. $(a-b) - 2(c-d)\ $ de $\ 2(a-b) - 3(c-d)$, puis ôtez les parenthèses.

39. Soust. $(a-b+2c)x - (2a+b-c)y\ $ de $\ (2a-b+3c)x - (3a+2b-c)y$.

40. Écrivez sans parenthèses et réduisez à la plus simple expression:
$19a^4b^3c^2 - \tfrac{5}{8}\,a^3b^2c - \tfrac{1}{2}\,a^2b + \Big[\,(12\,a^4b^3c^2 - \tfrac{3}{4}\,a^2b) - \left(\tfrac{7}{8}\,a^4b^3c^2 - 7\,a^3b^2c\right)\Big]$
$- [(8\,a^2b - 7/8\,a^4b^3c^2) - (3/4\,a^4b^3c^2 - 4\,a^3b^2c + 8\,a^2b)] - [(3\,a^4b^3c^2 - 5/9\,a^3b^2c)$
$- (3\,a^3b^2c - 8/15\,a^2b)] + [(12\,a^2b - 5/8\,a^4b^3c^2) - (5/6\,a^5b^2c - 3/2\,a^4b^3c^2)]$.

41. Écrivez sans parenthèses, et réduisez à la plus simple expression
$8\,a^5b^3x - 16\,a^4b^2x^2 - 7/9\,a^3bx^3 - [a^4b^2x^2 - 5/6\,a^3bx^3 - 5\,a^5b^3x]$
$- [(8^1/_3)\,a^3bx^3 - (3\,a^4b^2x^2 + (7^1/_2)\,a^5b^3x - 13/9\,a^2b^2)]$
$+ [(4\,^2/_5\,a^4b^2x^2 - 5/8\,a^3bx^3) - (5/6\,a^2b^2 - (2\,^1/_7)\,a^5b^3x)]$
$- [4/9\,a^5b^3x + 8/15\,a^3bx^3 - (2\,^1/_5)\,a^4b^2x^2) - (3\,^1/_3)\,a^2b^2 - 15/8\,a^3bx^3)]$.

MULTIPLICATIONS A EFFECTUER.

(On vérifiera l'opération, là où nous assignons des valeurs aux lettres, en calculant successivement les valeurs numériques des deux facteurs et celle du produit comme conséquence, puis directement.)

22. (N). $^3/_4 a^5b^3c^2 \times {}^2/_8 a^3b^7c$; 4;$8a^5b^3ca^2 \times 2,5a^2bc^8$.

24. (N). $3^1/_4 a^3b^2c^4 \times 7^1/_2 a^2b^4d^2$; $78,4 a^5b \times 3^1/_2 a^8b^3$.

25. (N). $8a^2b^2c \times (4,5a^3b - 8a^2 + 7a^3)$; $14 ab^3 \times (15 a^3b^2 - 7 a^3b + 5 b^4)$.

26. (N). $({}^3/_8 a^3b^2 - {}^7/_4 a^6b^3 - {}^2/_3 a^2b) \times {}^{60}/_{45} a^3bc$.

27. (N). $[(23 a^2b^2 - 5ab + 8a)] \times 1,8a^2c$.

28. (N). $(3a^4b^3 - 5a^3b^2 + 8a^2 - 7a) \times (9a^2b - 5a^4b^3 + 4a - 12a^3b^2)$.

30. (N). $(0,4a^3b^2 - 1,4 a^2b + 3,5 a) \times (0,25 a^4b^3 - 0,2 a^3b^2 - {}^1/_3 a^2b + {}^3/_8 a)$.

42. $(a + 4b - c) \times (a - 4b + c)$ $[a = 2, b = 1, c = 3]$.

43. $(a^3 - 3ba^2 + 3ab^2 - b^3) \times (a^2 + 2ab + b^2)$ $[a = 6, b = 2]$.

44. $(x^2 + y^2 + xy) \times (x^2 - xy + y^2)$ $[x = 3, y = 1]$.

45. $(a^3 + 4a^2b + 2ab^2 - b^3) \times (2b^3 - 4ab^2 + 12a^2b - 3a^3)$ $[a = 9, b = 3]$.

46. $(x - 3)^3 \times (x^2 - 4x + 4) \times (x + 1)$ $[x = 4]$.

47. $(x^2 + 3x + 2) \times (x + 3)^3 \times (x - 1)$ $[x = 5]$.

48. $(x^2 + 2ax + a^2) \times (x - b) \times (x + b)$.

49. $(a^4 - 2a^3 + a^2 + 4a - 1) \times (a^2 - 2a + 3)$. $[a = 2]$.

50. Développez et réduisez $(x + y + z)^3 - 3(y + x)(y + z)(x + z)$.

51. Dév. et réduisez $(a + b + c)(a + b - c)(a + c - b)(b + c - a)$.

52. Dév. et réduisez $(a + b + c - d)(a + b + d - c)(a + c + d - b)(b + c + d - a)$.

53. Dév. et réduisez $(a + b)(a^2 + ab - b^2)(a^2 + ab + b^2)(a - b)$.

54. Dév. et réduisez $(a - b)^3 + 3(a - b)^2(a + b) + (a + b)^3 + 3(a - b)(a + b)^2$.

55. $(a^2 + b^2 + c^2)(p^2 + q^2 + r^2) = (ap + bq + cr)^2 + (aq - bp)^2 + (ar - cp)^2 + (br - cq)^2$. (Vérifiez.)

56. $(a^2 + b^2 + c^2 + d^2)(m^2 + n^2 + p^2 + q^2) = (am + bn + cp + dq)^2 + (an - bm + cq - dp)^2 + (ap - cm + dn - bq)^2 + (aq - dm + bp - cn)^2$ (Vérifiez.)

57. $[(a^2 + b^2 + ab)x^3 + (a^2 - ab + b^2)x^2 + (a^2 + 2ab + b^2)x - a^2 + b^2] \times [(a^2 - b^2)x^3 + (a + b)x + a - b]$. (Vérifiez pour $a = 1$ et $a = b = 2$).

58. $[(a + b)^3x^2 - (a - b)^2x + 3(a + b)^2] \times [(a - b)^3x^3 + 5(a - b)x^2 - 5x(a^2 - b^2)x]$. (Vérifiez pour $a = b = 1, x = 3$).

59. Exprimez par des formules deux n. dont on connaît la différence des carrés d et la somme s ou la différence d.

MULTIPLICATION.

Applications. 1° $d_2 = 24$ et $s = 12$; 2° $d_2 = 33$, $d = 3$.

60. $\sqrt{x} - \sqrt{y} = 1/4$; $x - y = 17/48$. Trouver x et y.

61. On connaît un côté de l'angle droit d'un triangle rectangle et la somme ou la différence des deux autres côtés; calculer ces deux autres côtés.

62. On connaît la surface, la hauteur et la différence des carrés des bases d'un trapèze isocèle; calculer les quatre côtés.

63. Un enfant essaye de ranger ses billes en carré. Une 1re fois le carré formé, il lui reste 10 billes. Alors il recommence en mettant une bille de plus par rangée; mais il ne peut pas achever son carré; il lui manque pour cela 7 billes. Combien a-t-il de billes?

64. Si un nombre est la somme de deux carrés, son carré est aussi la somme de deux carrés. Exemples 5, 10, 13, 17, 25, etc.

65. Décomposez $4x^2y^2 - (x^2 + y^2 - z^2)^2$ en 4 facteurs.

66. Décomposez $4(ad + bc)^2 - (a^2 - b^2 - c^2 + d^2)^2$ en 4 facteurs.

67. Décomposez $a^4 + b^4$ en deux facteurs entiers et rationnels par rapport à a et b. — Décomposez de même $a^8 + b^8$.

68. Décomposez $a^{32} - b^{32}$ en 9 facteurs entiers et rationnels par rapport à a à b. Quels sont les diviseurs exacts de $a^{32} - b^{32}$ qu'on peut former d'après cette décomposition.

68 bis. Décomposez en facteurs entiers et rationnels par rapport à a et à b: 1° $a^4 + b^4 + a^2b^2$ (en 2 facteurs); 2° $a^4 + b^4 - a^2b^2$ (*idem*); 3° $a^{16} + b^{16} + a^8b^8$ (en 8 facteurs).

69. Développez $(a + b)^2$, $(a + b + c)^2$, $(a + b + c + d)^2$, etc. Trouvez et démontrez la loi de formation du carré d'un polynôme de n termes.

70. APPLICATION. Développez $(5ax^3 + 3a^2x^2 + 4a^3x + 2a^4)^2$.

70 bis. THÉORÈME. Dans un système de numération dont la base est de la forme $4n + 2$, le carré d'un nombre terminé par $2n + 1$, ou par $2n + 2$ est terminé par le même chiffre $2n + 1$ ou $2n + 2$.

71. Développez $(a + b)^3$, $(a + b + c)^3$, $(a + b + c + d)^3$. Trouvez et démontrez la loi de formation du cube d'un polynôme de n termes.

72. Développez $(5x^3 - 3ax^2 + 2a^2x - a^3)^3$.

73. Développez et ordonnez les produits $(x + a)(x + b)$, $(x + a)(x + b)(x + c)$, $(x + a)(x + b)(x + c)(x + d)$. Trouvez et démontrez la loi de formation du produit de m binômes $x + a$, $x + b$, ... $x + k$, $x + l$.

74. Développez et ordonnez $(x + 3)(x + 4)(x + 2)(x - 1)(x - 2)(x - 3)$.

75. Remplacez x par $y - 2$ dans $x^4 + 4x^3 + 4x^2 + 2xy^2 - y^4 + 2y^3$; effectuez les opérations indiquées et simplifiez.

76. Remplacez x par $a + 2$ dans $x^4 - 2x^3 - 2ax^2 - 2a^2x - a^4 - 2a^3$; effectuez les opérations indiquées et simplifiez.

77. Remplacez x par $a+b$ dans $2x^3-2ax^2-2abx-2ab^2-2b^3$; effectuez les opérations indiquées et simplifiez.

78. $\frac{1}{6}(h+h')^3+\frac{1}{2}(h+h')r^2=\frac{1}{6}h^3+1/2h(r^2+r'^2)+\frac{1}{6}h'^3+\frac{1}{2}r'^2h'$ (*).

Démontrez que cette égalité est vraie si $r^2=2rh-h^2$ et $r'^2=2r'h'-h'^2$.

Divisions de monômes.

79. $18\,a^5b^4c^3-30\,a^4b^3c^5-12\,a^6b^5c^2+24\,a^6b^4c^4$. Trouvez le produit des facteurs monômes communs aux divers termes, et mettez ce produit en facteur commun.

80. $84x^5y^4-108x^4y^5+420x^6y^3-228x^7y^6$. Trouvez le produit des facteurs monômes communs aux divers termes, et mettez ce produit en facteur commun.

30 (N). $30a^5b^3c^2:6a^3b^2$; $\quad 175a^4b^5c^3:25a^3b^2c$.

31 (N). $1800a^7b^3c^2:4,5a^6b^3$; $\quad 19,2a^5b^3c^2d^3$; $\quad 0,32a^4b^2d^2$.

DIVISIONS à effectuer.

81. $(a^3+b^3):(a+b)$. $\qquad$ **81** *bis.* $(a^3-b^3):(a-b)$.

82. $(a^6-b^6):(a^2-ab+b^2)$.

82 *bis.* $2x^3-2ax^2-2abx-2ab^2-2b^3):(x-a-b)$.

83. $(125x^6-64y^3):(5x^2-4y)$.

83 *bis.* $x^4+4x^3+4x^2+2xy^2-y^4+2y^3:(x-y+2)$.

84. $(16a^4+8a^2b^2+9b^4):(4a^2-4ab+3b^2)$.

85. $(6a^5-7a^4b+3a^3b^2+11a^2b^3-9ab^4-4b^5):(3a+b)(a+b)(a-b)$.

86. $[(a^2-2ac)^3+c^6]:(a-c)^2$.

87. $(x^3+y^3+z^3-3xyz):(x+y+z)$.

88. $[(x+y+z)^3-(2x-y)^3]:[2y-x+z]$.

89. $(16a^5+44a^4b+86a^3b^2+76a^2b^3+48ab^4):(2a^3+3a^2b+4ab^2)$.

90. $(a^5-a^4b+a^3b^2-a^2b^3+ab^4-b^5):(a^2-ab+b^2)$.

(*) Cette égalité exprime que le segment de la sphère à une base dont la hauteur est $h+h'$ et le rayon de base r, est la somme des deux segments qui ont pour hauteur h et h', et pour rayons de base r et r'.

91. $(x^2 + x - 2) \times (x^2 - 2x + 1) \times (x^2 - x - 1) : (x-1)^3$.

92. $(b^2 + c^2 - a^2 + 2bc) \times (2bc + a^2 - b^2 - c^2) : (a^2 - b^2 + c^2 + 2ac)$.

93. $[a^2(b+c) - b^2(a+c) + c^2(a+b) + abc] : [a(b+c) + cb]$.

94. $[(b-c)a^3 - (a-c)b^3 + (a-b)c^3] : (a-c)(b-c)$.

95. $(a^8 - x^8) : (a^4 + a^3x\sqrt{2} - ax^3\sqrt{2} - x^4)$.

96. $[x^4 - (b+c)x^3 - (a^2-bc)x^2 + a^2(b+c)x - a^2bc] : [x^2 + (a-b)x - ab]$.

97. $[(y^3 - z^3)x^4 + (z^4 - y^4)x^3 + y^4z^3 - z^4y^3] : (x-y)(y-z)(x-z)$.

98. $[(a+b+c)^5 - a^5 - b^5 - c^5] : (a+b)(a+c)(b+c)$.

99. $(x^5 - 5x^4 + 8x^3 - 6x^2 + 4x - 12 : (x-3)$. Écrivez le quotient d'après la règle du n° 3 de l'Appendice.

99 bis. Démontrer qu'un polynôme $Ax^m + Bx^{m-1} + \ldots Px + Q$ divisible par $x-a$, $x-b$, $x-c$, est divisible par $(x-a)(x-b)(x-c)$.

100. Trouver la loi de formation du quotient et du reste de la division de $Ax^m + Bx^{m-1} + Cx^{m-2} + \ldots Kx + L$ etc. par $x + a$. Condition de divisibilité.

101. Condition de divisibilité de $x^m + a^m$ par $x + a$; forme du quotient.

102. Condition de divisibilité de $x^m - a^m$ par $x + a$; forme du quotient.

102 bis. APPLICATION. Dites et démontrez les principes de la divisibilité d'un nombre, 1° par $b-1$, 2° par $b+1$, dans le système b. Cas de $b = 10$.

103. Appliquez ce qui a été trouvé Ex. 100, à la division de $x^7 + a^7$, $x^7 - a^7$, $x^8 - a^8$ et $x^8 + a^8$, 1° par $x + a$, 2° par $x - a$. Écrivez les quotients et les restes.

104. Décomposez $a^6 - b^6$ en 4 facteurs. Combien d'après cette décomposition peut-on former de diviseurs exacts de $a^6 - b^6$. Formez ces diviseurs.

105. Décomposez $a^9 - b^9$ en facteurs.

105 bis. Prouver que $1 + 2x^4$ n'est jamais moindre que $x^2 + 2x^3$.

106. $(x^5 - 3bx^4 + 5b^2x^2 - 8b^3x^2 + 6b^4x - 4b^5) : (x - 2b)$.

107. Trouver le quotient et le reste de la division du polynôme précédent (Ex. 106) par $x - 2a$.

108. $(9x^5 + 6x^4 - 12x^3 + 12x^2 + 15x - 6) : 3x - 1$. Trouver le quotient d'après la règle du n° 3 de l'Appendice au chapitre 1er.

109. La différence entre les cubes de deux n. entiers consécutifs est 91. Trouver ces nombres. Généralisez la méthode.

109 bis. La différence des cubes de deux n. impairs consécutifs est 1946. Trouver ces nombres.

110. $x^4 - 17x^3 + 98x^2 - 232x + 192 = 0$. Cette égalité est vérifiée par quatre valeurs entières de x; trouver ces valeurs (*).

111. $(x + 1)^4 - x^4 = 65$, et x est n. entier. Trouver x.

112. $(x + 1)^3 + x^3 = 341$, et x est un entier. Trouver x (**).

113. Le produit de quatre nombres entiers consécutifs diminué de leur somme est égal à 818. Trouver ces nombres.

114. Le produit de trois nombres entiers consécutifs augmenté de la somme de leurs carrés est égal à 320. Trouver ces nombres.

115. Trouver d'après l'Ex. 73, trois n. a, b, c tels que $a + b + c = 15$; $abc = 105$; $ab + ac + bc = 71$.

116. La somme des quatrièmes puissances de deux nombres entiers consécutifs est 337. Trouver ces nombres.

PRINCIPES SUR LES FRACTIONS, LES RAPPORTS, ET LES PROPORTIONS.

117. Examiner ce que devient une fraction $\frac{a}{b}$ quand on augmente ou diminue ses deux termes du même nombre m.

118. De quels nombres peut-on augmenter ou diminuer les deux termes d'une fraction $\frac{a}{b}$ sans en changer la valeur?

119. Si les fractions $\frac{a}{b}, \frac{c}{d}, \frac{e}{f}, \frac{g}{h}$ sont inégales, $\frac{a+c+e+g}{b+d+f+h}$ est comprise entre la plus petite et la plus grande de ces fractions.

119 bis. Si $\frac{a}{b} = \frac{c}{d} = \frac{e}{f} = \frac{g}{h}, \frac{a+c+e+g}{b+d+f+h} = \frac{a}{b}$.

(*) On applique le principe énoncé n° 2 de l'Appendice, corollaire:
Un polynôme de la forme $x^m + Ax^{m-1} + Bx^{m-2} + \ldots + Kx + L$ est divisible par $x - a$, et par suite son dernier terme L est divisible par a, quand ce polynôme devient égal à 0 pour $x = a$. Les valeurs cherchées se trouvent donc parmi les diviseurs du dernier terme. Pour essayer un de ces diviseurs, 3 par exemple, on cherche la valeur numérique du polynôme proposé pour $x = 3$, par la méthode de l'Ex. 18.

(**) $x^3 - 13x^2 + 54x = 72$. Trouver les valeurs entières de x qui vérifient cette égalité. Une pareille valeur de x doit évidemment diviser 72; elle se trouve parmi les diviseurs de 72. Pour essayer un de ces diviseurs, 4 par ex., on cherche la valeur du polynôme proposé pour $x = 4$ par la méthode de l'Ex. 18, etc.

FRACTIONS.

120. Si $\dfrac{a}{b} = \dfrac{c}{d}$, $a \times d = c \times b$, $\dfrac{b}{a} = \dfrac{d}{c}$, $\dfrac{a \pm b}{b} = \dfrac{\pm d}{d}$; $= \dfrac{\pm d}{d}$, $\dfrac{a \pm b}{a} = \dfrac{c \pm d}{c}$,

$\dfrac{a + b}{a - b} = \dfrac{c + d}{c - d}$, $\dfrac{a + c}{b + d} = \dfrac{a - c}{b - d}$ (1°, 2°, 3°, 4°, 5°, 6°).

121. APPLICATION. Un triangle est isocèle ou rectangle quand les carrés de deux de ses côtés sont proportionnels aux projections de ces côtés sur le 3°.

FRACTIONS A SIMPLIFIER.

Toutes les simplifications proposées peuvent se faire d'après les principes indiqués et expliqués dans le Cours et dans l'Appendice au chapitre 1er, et aussi à l'aide de ce que le lecteur aura appris dans les exercices précédents. Il doit savoir trouver les diviseurs communs de la forme $x - a$ (a étant un nombre entier) du numérateur et du dénominateur. (V. le n° 2 de l'Appendice, coroll., et la note de l'Ex. 110.)

122. $\dfrac{532\ a^5 b^4 c^3}{644\ a^4 b^3 c^5 d^2}$.

32 (N). $\dfrac{120\ a^4 c^2}{280\ ab}$; $\dfrac{5320\ a^5 b^4 c^2 d}{6440\ a^3 b^2 c d^3}$; $\dfrac{19048\ a^{12} b^8 c^7 d^2}{14756\ a^5 b^3 c^3 d^3}$.

33 (N). $\dfrac{88208\ a^4 b^3 c^8 d^6}{126352 a^5 b^6 d^x}$; $\dfrac{2475\ a^5 b^4 c^2 d}{3645\ a^3 b^5 c^7 m}$.

34 (N). $\dfrac{1980(a^3 b^2 - a^2 b^3)}{2178\ a^2 b}$; $\dfrac{1764\ (a^5 b^3 + a^7 b^2 - a^3 b^5)}{2160\ a^3 b^2}$.

RÉDUCTION AU MÊME DÉNOMINATEUR.

35 (N). $\dfrac{2}{3} a^2 b + \dfrac{5}{8} a - \dfrac{1}{6} a^2 b - \dfrac{3}{4} a$. Réduire les termes semblables.

36 (N). $\dfrac{3}{5} a^4 b^3 - \dfrac{8}{3} a^3 b^2 - 0,7\ a^4 b^3 + 7 a b - \dfrac{2}{9} a^3 b^2 + 0,5 a^4 b^3$. Réduire les termes semblables.

37 (N). $\dfrac{2 a^3 b^2 c}{3 a^2 b^3}$; $\dfrac{8 a^3}{5 a^2 a}$; $\dfrac{12 a^5 b^3}{8 a^3 b^2 d}$. Réduire à la plus simple expression, puis au même dénominateur.

EXERCICES D'ALGÈBRE.

123. $\dfrac{1980\,(a^5b^3c^2 - 4a^3bc^4)}{2178\,(a^3b^2c + 2a^2bc^2)}$

124. $\dfrac{5474\,(a^5b^4c^3 - a^3b^2c^3d^2)}{7378\,(a^2b^2 - 2abcd + c^2d^2)}$

125. $\dfrac{2475\,(a^2b^4x^5 - b^6x^3)}{3645\,(a^4b^3x^2 - a^3b^4x)}$

126. $\dfrac{10353\,(4a^4b^3c^2 - 8a^3b^2c^3xy + 4a^2bc^4x^2y^2)}{6783\,(3a^5b^4x^3 - 3a^3b^2c^2x^5y^2}$

127. $\dfrac{15a^2x^3 - 45ax^2 + 30x}{6a^3x^3 - 12a^2x^2}$

128. $\dfrac{5ab + 10}{2a^2b - ab^2 + 4a - 2b}$

129. $\dfrac{28a^3 - 168a^2b + 336ab^2 - 224b^3}{21a^2 - 84ab + 84b^2}$

130. $\dfrac{x^2 + 2x + 1}{x^2 - x - 2}$

131. $\dfrac{2x^2 - 7x + 3}{2x^3 - 11x^2 + 17x - 6}$

132. $\dfrac{6x^3 - 18x^2y + 18xy^2 - 6y^3}{4x^2y - 8xy^2 + 4y^3}$

133. $\dfrac{a^3 - 4a^2 - a + 4}{a^3 - 7a^2 + 14a - 8}$

134. $\dfrac{a^3 - a(b^2 + c^2) + 2abc}{2a^2b^2 + 2b^2c^2 + 2a^2c^2 - a^4 - b^4 - c^4}$

135. $\dfrac{a^2 + b^2 - c^2 + 2ab}{a^2 + c^2 - b^2 + 2ac}$

136. $\dfrac{x^3 - 3x^2 - 4x + 12}{x^3 - 10x^2 + 31x - 30}$

137. $\dfrac{x^6 - y^6}{x^8 - y^8}$

138. $\dfrac{x^4 - x^3 - 32x^2 - 12x - 144}{x^3 - 7x + 6}$;

139. $\dfrac{x^4 + y^4 + x^2y^2}{x^6 - y^6}$

140. Simplifier $\quad \dfrac{a^2b^2 + b^2c^2 - a^2c^2 - b^4}{a^2b + a^3c - abc - ab^2} \quad \dfrac{a^{16} + b^{16} + a^8b^8}{a^{10} + a^6b^4 + a^2b^8}$

FRACTIONS.

141. Simplifier $\dfrac{x^2 - 3xy + 2y^2 + xz - 2yz}{x^2 + 2yz - y^2 - z^2}$

ADDITIONS ET SOUSTRACTIONS DE FRACTIONS.

(après le n° 12 de l'Appendice au chapitre 1er).

(Le résultat de chaque opération suivante, jusqu'au n° 178 inclus., devra être réduit à sa plus simple expression.)

38 (N). Additionnez $\dfrac{2}{3}a - \dfrac{5}{6}b$; $\dfrac{3}{4}a + \dfrac{7}{9}b$; $\dfrac{8}{9}a - {}^3/_2 b$; $4{,}5a - 3{,}2b$.

39. (N). $\dfrac{15a^3b^2c}{8a^2bd} + \dfrac{3a^2b}{5a} - \dfrac{8a\,b^2c}{4a^2d} + \dfrac{18a^3b^2c}{12a^2b}$. Simplifiez ; réduisez au même dénominateur et additionnez.

142. $\dfrac{3}{1-5x} - \dfrac{2}{1+5x} - \dfrac{20x}{1-25x^2}$. *Somme.* $\dfrac{1+5x}{1-25x^2} = \dfrac{1}{1-5x}$.

143. $\dfrac{3+4x}{3-x} - \dfrac{3x-2}{3+x} - \dfrac{10x^2-5x+15}{9-x^2}$. *Somme.* $\dfrac{9x-3x^2}{9-x^2} = \dfrac{3x}{3+x}$.

144. $\dfrac{5x}{12} - \dfrac{3y}{4} + \dfrac{5x-3y}{24}$. *Somme.* $\dfrac{5x-7y}{8}$.

145. $\dfrac{y}{y-x} - \dfrac{x}{x+y}$. *Reste.* $\dfrac{y^2+x^2}{y^2-x^2}$.

146. $\dfrac{a+b}{b-a} + \dfrac{a-b}{a+b} + \dfrac{4a^2}{a^2-b^2}$. *Somme.* $\dfrac{4ab-4a^2}{b^2-a^2} = \dfrac{4a}{a+b}$.

147. $\dfrac{a+b}{a-b} + \dfrac{a-b}{a+b} - \dfrac{a^2+b^2}{a^2+b^2}$. *Somme.* $\dfrac{a^2+b^2}{a^2-b^2}$.

148. $\dfrac{1}{x} - \dfrac{2}{x-1} + \dfrac{1}{x-2}$. *Somme.* $\dfrac{2}{x(x-1)(x-2)}$.

149. $\dfrac{x-2y}{y-x} + \dfrac{2y-x}{x+y} + \dfrac{2y^2}{y^2-x^2}$. *Somme.* $\dfrac{2(y-x)}{y+x}$.

150. $\dfrac{(a+3b+1)(2a-2)}{a^2-4} + \dfrac{3-2a}{a-2} + \dfrac{2-3b}{a+2}$. *Somme.* $\dfrac{3ab+a}{a^2-4}$.

151. $\dfrac{1}{x+y} + \dfrac{y}{x^2-y^2} - \dfrac{x}{x^2+y^2}$. *Somme.* $\dfrac{2xy^2}{x^4-y^4}$.

152. $\dfrac{1}{a^2-b^2} + \dfrac{1}{2(a+b)^2} + \dfrac{1}{2(a-b)^2}$. *Somme.* $\dfrac{2a^2}{(a^2-b^2)^2}$.

153. $\dfrac{(x-y)^2+(y-z)^2+(z-x)^2}{(x-y)(y-z)(z-x)} + \dfrac{2}{x-y} + \dfrac{2}{y-z} + \dfrac{2}{z-x}$.

154. $\dfrac{1}{a(a-b)(a-c)} - \dfrac{1}{b(a-b)(b-c)} + \dfrac{1}{c(a-c)(b-c)}.$

155. $\dfrac{a+b}{(b-c)(a-c)} + \dfrac{b+c}{(a-b)(a-c)} + \dfrac{a+c}{(a-b)(c-b)}.$

156. $\dfrac{bc}{(a-b)(a-c)} - \dfrac{ac}{(a-b)(b-c)} - \dfrac{ab}{(b-c)(c-a)}.$

MULTIPLICATIONS DE FRACTIONS (après le n° 10 de l'Appendice au chapitre 1er).

40 (N). $\dfrac{15a^3b^2c}{7a^2b^3} \times \dfrac{12a^2b}{5a^2b^3m}.$ Simplifiez.

41 (N). $\dfrac{3a^5b^3c^2}{4mn} \times \dfrac{19a^3b^4c^2}{7a^3b^2mp}; \quad \dfrac{4,5a^3b^2}{7,5a^2b} \times \dfrac{8ab}{5cd}.$ Simplifiez.

157. $\dfrac{a^2-b^2}{a^2-c^2} \times \dfrac{a^2+c^2-2ac}{a^2+2ab+b^2}.$

158. $\dfrac{1-x^2}{1+2y+y^2} \times \dfrac{1-y^2}{y^2-2xy+x^2} \times \left(\dfrac{x}{1-x} - \dfrac{y}{1-y}\right).$

159. $\left(\dfrac{a+b}{a-b} - \dfrac{a-b}{a+b} - \dfrac{4a^2}{b^2-a^2}\right) \times \dfrac{a^2+2ab+b^2}{4a}.$

160. $\dfrac{a^2-b^2}{a^2+b^2} \times \dfrac{a^4+b^4+2a^2b^2}{a^4+b^4-2a^2b^2}.$

161. $(x^2-1)\left(\dfrac{1}{x-1} - \dfrac{1}{x+1} + 1\right).$

162. $\dfrac{x^2-2x+1}{x^2+2x+1} \times \dfrac{x^2+3x+2}{x^2-3x+2} \times \dfrac{x^2-4}{x^2-1}.$

163. $\dfrac{a+b-c}{a+b+c} \times \dfrac{a^2-c^2-b^2-2bc}{a^2-c^2-b^2+2bc}.$

164. $\dfrac{a^2-6ac+9c^2}{a^2+4ac+4c^2} \times \dfrac{a^2-4c^2}{a^2-5ac+6c^2}.$

165. $\dfrac{x^3+y^3}{x^3-y^3} \times \dfrac{x-y}{x+y} \times \dfrac{(x+y)^3-x^3-y^3}{3x^2y+3xy^2}.$

DIVISIONS DE FRACTIONS (après le n° 11 de l'Appendice au chapitre 1er).

42 (N). $\dfrac{2400a^5b^4c^3}{1250a^2mn^3} : \dfrac{4200a^3bc^5}{10000b^2mn^4d^2}; \quad \dfrac{3,2a^3b^2c}{25,6\,ma} : \dfrac{5,4a}{1,08b}.$

43 (N). $\dfrac{19a^3b^4c^2}{20m^2np} : \dfrac{57a^2b^3c}{12m^3np^2}; \quad \dfrac{216a^5b^3c^2}{180\,m^3np^4} : \dfrac{150a^3b^2}{45m^2n^2p^3}.$

ÉQUATIONS DU 1er DEGRÉ.

166. $\dfrac{ab+b^2}{a^2-2ab+b^2} : \dfrac{b^2}{a^2-b^2}.$

167. $\left(a^2 - \dfrac{1}{a^4}\right) : \left(a^2 - \dfrac{1}{a^2}\right).$

168. $\dfrac{8a^3b^2c^2}{a^2bx-ab^2x} : \dfrac{12a^2b^3x^2}{a^2-b^2}.$

169. $\dfrac{x^3+3ax^2+3a^2x-a^3}{x^3+a^3} : \dfrac{x^3-a^2x+x^2-a^3}{x^2-ax+a^2}.$

170. $\left(a^2 + \dfrac{1}{a^2} - 2\right) : a - \dfrac{1}{a}.$

171. $\left(\dfrac{x^2}{y^2} + \dfrac{y}{x}\right) : \left(\dfrac{x}{y^2} - \dfrac{1}{y} + \dfrac{1}{x}\right).$

172. $\left(\dfrac{2a+b}{a+b} + \dfrac{2b-a}{a-b} - \dfrac{a^2}{a^2-b^2}\right) : \dfrac{(ab+b^2)^2}{a^3-b^3}.$

173. $\left(x^2 + 2x + 1 - \dfrac{1}{x^2}\right) : \left(x + \dfrac{1}{x} + 1\right).$

174. $\dfrac{\dfrac{x^2+y^2}{y} - x}{\dfrac{1}{y} - \dfrac{1}{x}} : \dfrac{x^3+y^3}{x^2-y^2}.$

Réduisez chaque expression suivante en fraction ordinaire simplifiée.

175. $a + \dfrac{1}{b - \dfrac{1}{a}}.$ **176.** $a + \dfrac{1}{b - \dfrac{1}{a - \dfrac{1}{b}}}.$ **177.** $\dfrac{\dfrac{a+b}{a-b} - \dfrac{a-b}{a+b}}{1 - \dfrac{a^2}{a+b}}.$

178. $\dfrac{\dfrac{1}{a} - \dfrac{1}{b+c}}{\dfrac{1}{a} + \dfrac{1}{b+c}} : \dfrac{\dfrac{1}{b} - \dfrac{1}{a+c}}{\dfrac{1}{b} + \dfrac{1}{a+c}} = \dfrac{2c}{a+c-b} - 1.$ (Vérifiez.)

RÉSOLUTIONS D'ÉQUATIONS DU PREMIER DEGRÉ.

ÉQUATIONS A UNE INCONNUE.

179. $\dfrac{x}{2} - \dfrac{x}{3} - \dfrac{x}{4} = 11 - x.$ **180.** $\dfrac{4x}{15} - \dfrac{5x}{6} + 6 = \dfrac{7x}{18} - \dfrac{5x}{12} + \dfrac{11}{18}.$

181. $\dfrac{7x-5}{2} - \dfrac{8x-6}{3} = \dfrac{3x+7}{4} - 2.$ **182.** $\dfrac{5x-3/2}{9x-5/4} = \dfrac{4}{13}.$

EXERCICES D'ALGÈBRE.

183. $\dfrac{5x}{2} - \dfrac{7x}{8} + \dfrac{4x-13}{5} = 14 + \dfrac{8x-5}{20} - \dfrac{11x-3}{15}$.

184. $\dfrac{7(7-x)}{6} - \dfrac{3(17-2x)}{9} = \dfrac{4x-9}{7} - \dfrac{13-x}{2} + 4$. **185.** $\dfrac{5/4x - 8/9}{7/8} = 2/3x$.

186. $\dfrac{8(5x-3)}{7(14-3x)} = \dfrac{19 + 3/7}{2}$. **187.** $\dfrac{5x+3}{14} - \dfrac{4x}{15} = \dfrac{49-3x}{10}$.

188. $\dfrac{\dfrac{1+x}{1-x} - \dfrac{1-x}{1+x}}{\dfrac{1+x}{1-x} - 1} = \dfrac{3}{14-x}$. **189.** $5 + \dfrac{2}{3 - \dfrac{1}{4-x}} = \dfrac{29}{5}$.

190. $\dfrac{1}{x + \dfrac{1}{1 + \dfrac{x+2}{2-x}}} = \dfrac{12}{7x+12}$. **191.** $\dfrac{\dfrac{x+b}{x-b}}{1 - \dfrac{x-2b}{x-b}} = \dfrac{3x - 5b - 8}{b}$.

192. $\dfrac{2+5x-b}{x+b} = 7 - 6b$. **193.** $\dfrac{x-a}{b} - \dfrac{x-b}{a} = \dfrac{b}{a}$.

194. $(m+x)(n+x) - m(n+p) = \dfrac{pm^2 + nx^2}{n}$.

195. $(1-x)(a-x) = (a-x)(1-b) - (x+1)(b-x)$.

196. $\dfrac{1}{2}\left(x - \dfrac{a}{2}\right) - \dfrac{1}{4}\left(x - \dfrac{a}{4}\right) - \dfrac{1}{8}\left(x - \dfrac{a}{5}\right) = \dfrac{1}{10}\left(x - \dfrac{a}{8}\right)$.

197. $\dfrac{x-a}{x-2a-b} = \dfrac{x+b}{x+2b+a}$.

198. $\dfrac{a+b}{x-c} = \dfrac{a}{x-a} + \dfrac{b}{x-b}$.

ÉQUATIONS A DEUX INCONNUES A RÉSOUDRE.

44 (N). $15x - 7y = 25$
$12x - 6y = 18$.

45 (N). $8x - {}^2/_3 y = 20$
$20x - {}^8/_9 y = 54{}^2/_3$.

46 (N). ${}^8/_3 x - {}^8/_9 y = 8$
${}^5/_6 y - {}^4/_9 x = 4{}^5/_6$.

47 (N). $3,5x - 4,8y = 1,31$
$0,8x + 0,7y = 0,22$.

199. $7x + 5y = 43$
$8x - 7y = 11$.

200. $8x - 5y = 20$
$12x - 11y = 16$.

201. $21x + 12y = 87$
$35x - 18y = 69$.

202. $1071x - 1421y + 224 = 0$
$819x - 1127y + 938 = 0$.

202 bis. $\sqrt{x} - \sqrt{y} = 1/4$
$x - y = 17/48$.

ÉQUATIONS DU 1er DEGRÉ.

203. $\dfrac{x}{3} + \dfrac{y}{4} = \dfrac{1}{4}$

$\dfrac{4x}{3} - \dfrac{2y}{5} = \dfrac{3x}{4} + \dfrac{19y}{40}.$

204. $\dfrac{3}{x} - \dfrac{2}{y} = \dfrac{9}{4}$

$\dfrac{12}{x} + \dfrac{8}{y} = 21.$

205. $\dfrac{a}{x} + \dfrac{b}{y} = c.$

$\dfrac{a'}{x} + \dfrac{b'}{y} = c'.$

206. $\dfrac{x+2y}{5} - \dfrac{4x-3y}{4} = \dfrac{11}{30}$

$\dfrac{5y-3x}{8} + \dfrac{7x-5y}{6} = \dfrac{37}{144}.$

207. $\dfrac{y-1}{2} + \dfrac{3-2y}{5} - \dfrac{x-8}{11} = 1{,}38.$

$\dfrac{5x-1}{6} + \dfrac{4y-5x}{10} - \dfrac{3y-8x}{4} = \dfrac{29}{300}.$

208. $\dfrac{5x-3y}{6} + \dfrac{7y-3x}{10} = 0{,}164$

$\dfrac{4 \cdot x - 0{,}6y}{3} = 0{,}06.$

208 bis. $5\sqrt{x} - 3\sqrt{y} = 3$

$25x - 9y = 81.$

209. $\dfrac{x}{a} - \dfrac{y}{b} = 2$; $\dfrac{x}{3a} - \dfrac{y}{6b} = \dfrac{4}{3}.$

210. $\dfrac{a}{bx} + \dfrac{b}{ay} = 1.$

$\dfrac{b}{ax} + \dfrac{a}{by} = 1.$

211. $\dfrac{2ax}{3} - \dfrac{5by}{6} = \dfrac{ab}{2}$; $\dfrac{4bx}{5} - 2ay = \dfrac{6(b^2 - a^2)}{5}.$

212. $\dfrac{x^2-1}{y^2-1} \times \dfrac{1+y}{x+x^2} \times \left(1 - \dfrac{1+x}{1-x}\right) = \dfrac{2}{3}$; $\dfrac{3-3x}{6-2y} \times \dfrac{9-y^2}{1-x^2} = \dfrac{3}{2}$

213. $\left(\dfrac{x+y}{x-y} - \dfrac{x-y}{x+y}\right) : \dfrac{5y}{x+y} = \dfrac{3}{5}$; $\dfrac{3x-4y}{2/3x - 3/2y} = \dfrac{5}{6}.$

214. $\dfrac{3/2 x + 4/9 y}{5/8 x - 3/5 y} = 5 - \dfrac{1}{33}$; $\dfrac{\dfrac{5}{4}x - \dfrac{4}{15}y}{\dfrac{13}{40}x - 0{,}3y} = 6\left(1 + \dfrac{1}{59}\right).$

ÉQUATIONS A PLUS DE DEUX INCONNUES.

215. $8x - 5y + 3z = 19$; $9x - 3y - 2z = 5$; $5y - 4x = 8.$

216. $8x - 5y + 3z = 17$; $6x + 4y - 9z = 17$; $15y - 12x + 6z = 0.$

217. $\dfrac{2}{3}x - \dfrac{5}{8}y + \dfrac{3}{4}z = 3$; $\dfrac{5x}{8} - \dfrac{7y}{12} - \dfrac{2z}{3} = \dfrac{1}{12}$; $\dfrac{7x}{15} - \dfrac{9y}{25} - \dfrac{9z}{50} = 1.$

218. $\dfrac{8x}{15} - \dfrac{7y}{6} + \dfrac{11z}{12} = \dfrac{7}{2}$; $\dfrac{8x}{9} - \dfrac{4y}{5} + \dfrac{3z}{4} = 5 + \dfrac{53}{60}$; $9x - \dfrac{3y}{4} - 42.$

219. $\dfrac{8x-2y}{6} - \dfrac{19-3x+4y}{4} = \dfrac{3x-2y+4z}{5} - \dfrac{5}{3}$

$$\frac{5x-8z}{4} - \frac{8y-3x}{2} - \frac{4z-3y-13}{5} = 1 - \frac{7}{20}$$

$$\frac{21x-5y}{15} - \frac{14-3z}{6} - \frac{7z-5x}{4} = 9 - \frac{17}{48}.$$

220. $x+y+z=12; \quad x+z+t=10; \quad y+z+t=9; \quad x+y+t=11.$

221. $3x-4y+5z=13; \quad 7y-8z+4u=21; \quad 19-3x+4u=10z;$
$9x-15-3z=6u.$

$9x-4y+3z-\dfrac{t}{3}=24; \quad 29-3x-\dfrac{7y}{2}=\dfrac{8t}{3}+\dfrac{4z}{5}-14.$

222.
$\dfrac{11t}{6} - \dfrac{7y}{8} = 3x - \dfrac{3}{2}; \quad 49 - \dfrac{13y}{12} - \dfrac{13z}{10} = 9x + \dfrac{19t}{6} - 8 + \dfrac{1}{6}.$

223. $x = \dfrac{a-y}{b} = \dfrac{c+y-z}{d} = \dfrac{e+z}{f}.$

224. $9x-4y+5z-8u=21; \quad 19-3x-5z+12t=8y-5u-26.$
$8x-5y+3z=9u-1; \quad 23-5y+8t=6x-3y+3.$
$5x-9y+3t=7z-15u+2.$

225. $\dfrac{5}{x} - \dfrac{7}{y} + \dfrac{3}{2z} = 0; \quad \dfrac{24}{x} - \dfrac{9}{y} - \dfrac{5}{z} = \dfrac{1}{20}; \quad \dfrac{19}{y} - \dfrac{13}{x} = 3 - \dfrac{17}{20}.$

226. $150yz - 210xz + 390xy = 13xyz; \quad 12xz - 10xy + 15yz = 9xyz;$
$210xy - 42xz - 30yz = 11xyz.$

227. $\left.\begin{array}{ll} ax-by+cz=3 & 5x-3y-12z=1 \\ cx-ay+bz=25 & 7x-6y+8z=42 \\ bx-ay-cz=39 & 3x+8y-15z=34 \end{array}\right\}$ déterminer a, b, c de manière que ces six équations soient vérifiées par les mêmes valeurs de x, y, z.

228. $\qquad x+y=a; \quad x+z=b; \quad y+z=c.$

229. $x+y+z=a; \quad x+y+t=b; \quad z+t+x=c; \quad y+z+t=d.$

230. $x+y+z=a+b+c; \quad bx+cy+az=cx+ay+bz=ab+ac+bc.$

231. $xyz=a(xy+xz+yz)=b(xz-zy+yz)=c(xy-xz+yz).$

232. $\qquad ax=by=cz; \quad \dfrac{1}{x}+\dfrac{1}{y}+\dfrac{1}{z}=\dfrac{1}{d}.$

233. $\qquad ax^2=by^2=cz^2; \quad \dfrac{1}{x}+\dfrac{1}{y}+\dfrac{1}{z}=\dfrac{1}{d}.$

234. $\qquad \dfrac{x}{m}+\dfrac{y}{n}=1; \quad \dfrac{y}{n}+\dfrac{z}{p}=1; \quad \dfrac{x}{m}+\dfrac{z}{p}=1.$

235. $\qquad ay+bz=c; \quad cx+az=b; \quad bx+cy=a.$

236. $ax+by+cz=d; \quad a^2x+b^2y+c^2z=d^2; \quad a^3x+b^3y+c^3z=d^3.$

PROBLÈMES DU 1ᵉʳ DEGRÉ A UNE INCONNUE.

237. $(b+c)x+(a+c)y+(a+b)z=0$; $x+y+z=0$; $bcx+acy+abz=1$.

238. $z+ay+a^2x+a^3=0$; $z+by+b^2x+b^3=0$; $z+cy+c^2x+c^3=0$.

239. $x+y+z=a+b+c$; $bx+cy+az=cx+ay+bz=a^2+b^2+c^2$.

240. $ax+by-cz=b^2$; $bx-cy+az=a^2$; $cx+ay-bx=c^2$.

241. $\quad xyz=a(x+y)=b(x+z)=c(y+z)$.

242. $\dfrac{1}{x}+\dfrac{1}{y}+\dfrac{1}{z}=a$; $\dfrac{1}{y}+\dfrac{1}{z}+\dfrac{1}{t}=b$; $\dfrac{1}{x}+\dfrac{1}{z}+\dfrac{1}{t}=c$;

$\dfrac{1}{x}+\dfrac{1}{y}+\dfrac{1}{z}=d$.

243. $xyzt=\dfrac{1}{a}(xyt+xzt+yzt)=\dfrac{1}{b}(xzt+xyt+xyz)=\dfrac{1}{c}(xyt+yzt+xyz)$

$=\dfrac{1}{d}(xzt+yzt+xyt)$.

244. $\quad\dfrac{xy}{ay+bx}=c$; $\dfrac{yz}{bz+ay}=a$; $\dfrac{xz}{az+cx}=b$.

245. $(x+y)z=c$; $y(x+z)=b$; $x(y+z)=a$.

PROBLÈMES DU 1ᵉʳ DEGRÉ A UNE INCONNUE.

N. B. *Les discussions indiquées ne devront se faire qu'après l'étude des quantités négatives, et des symboles* $\dfrac{m}{0}$ *et* $\dfrac{0}{0}$.

246. La somme de deux nombres est 520; leur différence est égale aux 3/5 du plus petit. Quels sont ces nombres? (Résoudre par l'arithm. et par l'alg.)

247. Partager 364ᶠ entre deux personnes de manière que l'une ait autant de pièces de 5ᶠ que l'autre de pièces de 2ᶠ. (Résoudre par l'arithm. et par l'alg.)

248. Les 3/5 d'un champ sont plantés en froment, le tiers en vignes et le reste en pommes de terre; la 2ᵉ partie surpasse la 3ᵉ de 8ᵃ,4. Quelle est l'étendue du champ (*)? (Résoudre par l'arithm. et par l'alg.)

249. J'ai dépensé les 3/5 de ce que j'avais moins 4ᶠ, puis le quart du reste plus 3ᶠ, puis les 2/5 du nouveau reste plus 1ᶠ,20; je rentre avec 24ᶠ. Avec quelle somme suis-je sorti? (Résoudre par l'arithm. et par l'alg.)

(*) Nous reproduisons à dessein des problèmes déjà proposés en arithmétique, afin qu'on puisse comparer les deux modes de résolution.

250. Trouver le prix d'une étoffe, sachant qu'il y a 17^f de différence entre les 5/7 et les 3/11 de ce prix. (Résoudre par l'arithm. et par l'alg.)

251. La somme de deux nombres est 14; si on les augmente tous deux de 7, leur rapport devient 5/9. Quels sont ces nombres?

252. Quel nombre faut-il ajouter aux deux termes d'une fraction $\frac{a}{b}$ pour qu'elle devienne égale à une fraction donnée $\frac{c}{d}$? (*Discuter.*)

253. Trois robinets versent de l'eau dans un bassin qui se vide par un 4e. Le 1er robinet coulant seul remplirait le bassin en 4^h, le 2e, en 2^h 1/2, le 3e, en 3^h 1/2, le 4e le viderait en totalité en 5^h. Le bassin étant vide, on ouvre les 4 robinets, en combien de temps le bassin sera-t-il rempli?

254. Généralisez le problème précédent (Ex. 253). Trouvez les formules.

255. Un bassin de la contenance de 815^{mc},43 est alimenté par trois fontaines. La 1re fontaine donne 12^{mc},8 en 3^h 12^m; la 2e 15^{mc},75 en 2^h 37^m 30^s; la 3e 15^{mc},075 en 2^h 47^m 30^s. Au bout de combien de temps le bassin sera-t-il rempli par les trois fontaines coulant ensemble?

256. Généralisez le problème précédent (formules).

257. Quatre ouvriers construisent un mur de 221^{mc}. Le 1er travaille de manière à construire 8^{mc},4 en 3^j 1/2; le 2e, 5^{mc},4 en 2^j 1/7; le 3e, 4^{mc},9 en 2^j 1/3, et le 4e, 3^{mc},18 par jour. Le m. c. se paye 1^f,50. On demande le temps employé pour faire le mur et le gain de chaque ouvrier.

258. Les contenances de deux fûts pleins de bière sont entre elles comme 10 à 7. Quand on a tiré 40 litres du 1er et 60 litres du 2e, il reste dans le 1er 6 fois plus de bière que dans le 2e. Trouver les contenances.

259. Pour un 1er achat j'ai dépensé 1/5 de ce que j'avais plus 6^f; pour un 2e les 4/15 du reste moins 4^f; pour un 3e les 3/7 du reste moins 5^f; pour un 4e les 4/9 du reste plus 10^f. Après cela, il me reste encore le 8e de ce que j'avais; combien avais-je?

260. Une paysanne a vendu le quart de ses œufs plus 5 œufs à raison de 70^c la douzaine; puis les 3/5 du reste plus 6 œufs à raison de 65^c la douzaine; et enfin son dernier reste à raison de 60^c la douzaine. La recette est de 5^f,45. Combien a-t-elle apporté d'œufs au marché?

261. On emploie 1839^f,60 à payer 14 journées à des ouvriers divisés en deux escouades dans le rapport de 3 à 4. Trouver le n. des ouvriers de chaque escouade, sachant que chaque ouvrier de la 1re a reçu 2^f,50, et chaque ouvrier de la 2e, 3^f,60.

PROBLÈMES DU 1.er DEGRÉ A UNE INCONNUE. 341

262. Les $\frac{7}{15}$ d'un certain n. 5 de personnes reçoivent chacune 6^f et les autres chacune 7^f,50 ; la somme distribuée est 408^f ; trouver le n. des personnes.

263. Trouver deux n. dont la somme, la différence et le produit soient proportionnels à 5, 3 et 8.

264. Trouver deux n. tels que la somme, la différence et le produit de leurs carrés soient proportionnels à 29, 21 et 1296.

265. Le chiffre des centaines d'un n. de 3 chiffres vaut les 3/5 du chiffre des unités, et le chiffre des dizaines est la moitié de la somme des deux autres. En ajoutant 198 au nombre en question, on obtient ce nombre renversé. Quel est ce nombre ?

266. Un n. est écrit dans le système dont la base est 7 au moyen de 3 chiffres. En considérant ces chiffres de *gauche à droite*, on trouve que le 1er vaut les 2/3 du second, et que le 3e est égal à la somme des 2 autres. Écrivez ce nombre dans le système décimal, sachant d'ailleurs qu'il est égal à 24 fois son plus grand chiffre plus 4.

267. Un nombre s'écrit de gauche à droite dans le système dont la base est 8 avec 4 chiffres proportionnels à 1, 2/3, 2 et 5/3. Écrivez ce n. dans le système décimal, sachant d'ailleurs que la somme de ces chiffres plus 2 est égale à 3 fois le plus grand chiffre.

268. Trouver trois nombres en progression géométrique qui surpassent également les n. donnés a, b, c. *Appliquez au cas de* $a=2, b=7, c=17$.

269. Trouver quatre nombres en proportion qui surpassent également 4 nombres donnés a, b, c, d. Appliquez au cas de $a=7, b=3, c=25, d=15$.

270. Un domestique gagne par an 300^f et sa livrée. Il quitte à la fin du 7e mois, reçoit 125^f, et garde sa livrée ; combien valait la livrée ?

271. En deux endroits A et B distants de 225 kilom., on vend la houille 3^f,85 et 4^f,75 les 100^{kg}. On demande le point de l'intervalle où le charbon pris en A ou pris en B reviendrait également cher, sachant que le transport sur le chemin qui joint les deux endroits coûte 80^c par 100^{kg} et 100^{km}.

272. Généralisez et discutez le problème précédent.

273. Un réservoir plein d'eau peut se vider au moyen de deux robinets de grandeurs inégales. On ouvre le premier et on laisse couler le quart de l'eau ; on ouvre ensuite le second et on les laisse couler tous deux ensemble ; le réservoir achève ainsi de se vider dans un temps qui surpasse de 5/4 d'heure celui qu'il a fallu au premier robinet seul pour vider le quart de l'eau. Si on eût ouvert les deux robinets ensemble depuis le commencement, le réservoir aurait été vide un quart d'heure plus tôt. Combien de temps faudrait-il, 1° au 1er robinet seul, 2° au 2° robinet seul, 3° aux deux robinets coulant ensemble, pour vider la totalité du bassin ?

274. Un lévrier poursuit un lièvre qui a 80 de ses sauts d'avance. Le lièvre fait trois sauts tandis que le lévrier n'en fait que 2 ; mais 2 sauts du lévrier valent 5 sauts du lièvre. Combien le lévrier fera-t-il de sauts pour attraper le lièvre ?

275. Un père partage son bien de la manière suivante : l'aîné de ses enfants aura une somme de 1000 fr., plus la 6° partie du reste ; le 2° aura 2000 fr., plus la 6° partie du reste ; le 3° 3000 fr., plus la 6° partie du reste. Ainsi de suite. Le partage ayant été fait dans ces conditions, l'héritage se trouve entièrement distribué, et toutes les parts sont égales. On demande la valeur de l'héritage et celle de chaque part, ainsi que le nombre des héritiers ?

276. Généralisez le problème précédent, en disant au lieu de 1000^f, 2000^f, 3000^f, ..., a, $2a$, $3a$, et la $n^{ième}$ partie au lieu de la 6° partie.

277. Un vase contient un mélange d'eau et de vin. On retire le quart du mélange qu'on remplace par de l'eau. On retire ensuite le quart du nouveau mélange qu'on remplace encore par de l'eau. On recommence la même opération sur le nouveau mélange ; après quoi le vase contient 3 fois plus d'eau que de vin. On demande dans quel rapport étaient l'eau et le vin dans les deux premiers mélanges ?

278. Un train t, dont la vitesse moyenne est de 800 mètres par minute, part de Paris pour Strasbourg 20 minutes après qu'un train t' qui parcourt en moyenne 500^m par minute a passé à Meaux. A quelle distance de Paris aura lieu la rencontre des deux trains ? Quand le train t arrivera à Strasbourg, à quelle distance en sera encore le train t' ? La distance de Paris à Meaux est de 45 kilomètres et celle de Paris à Strasbourg de 500 kilomètres.

279. Un ouvrier fait a mètres d'ouvrage par jour, un second fait b mètres. Le 1er ouvrier a une avance de m mètres. Après combien de temps les ouvriers auront-ils fait le même n. de mètres ? (*Discuter.*)

280. Un marchand de grains a acheté une certaine quantité de froment ; il en a revendu un quart à 5 p. 0/0 de bénéfice, un 2° quart à 15 p. 0/0 de bénéfice, puis le reste à 4 2/3 p. 0/0 de perte. Il a gagné finalement 500 fr. Combien lui avait coûté ce froment ?

281. Une personne a placé deux capitaux à intérêts simples, le 1er à 4 p. 0/0 et le 2° à 5 p. 0/0. Elle a retiré au bout de 7 ans 9 mois une somme de 23400 fr, pour les capitaux et les intérêts. Trouver ces capitaux, sachant d'ailleurs que le 1er est égal aux 5/6 du second.

282. En plaçant les 3/7 de son capital à 5 p. 0/0, les 2/5 à 6 p. 0/0 et le reste à 4 p. 0/0, un particulier se fait 10980^f de revenu. Trouver son capital ?

283. Un particulier place les 3/7 de son avoir en 3 p. 0/0 au cours de 69 fr., et le reste en 4 1/2 au cours de 94 fr 50. Le 2ᵉ placement lui rapporte 580ᶠ de plus que le 1ᵉʳ. Trouver son avoir et son revenu annuel.

284. Un particulier a placé 150255 fr.; partie en 3 p. 0/0 au cours de 66 fr.; partie en 4 1/2 au cours de 96 fr. 75; au bout d'un an il achète avec les rentes qu'il a touchées du 3 p. 0/0 au cours de 69 fr. 30; il s'est acquis ainsi un revenu total de 7230ᶠ. Trouver la quotité de chacun des 3 placements?

285. Un ouvrier place les 5/6 de son avoir en 3 p. 0/0 au cours de 69 fr., et le reste à la caisse d'épargne à 3 1/2 p. 0/0. A la fin de l'année il porte à la caisse d'épargne la rente touchée au trésor. La somme inscrite sur son livret à la fin de la 8ᵉ année, après le règlement des intérêts, est de 1091ᶠ,72; quel était son avoir primitif?

286. On reçoit 1822ᶠ,84 1/8 pour deux billets escomptés le 21 juin à deux taux différents l'un de 1200 fr. payable le 13 août, l'autre de 640 fr. payable le 7 septembre dernier. Trouver les deux taux qui sont entre eux comme 9 est à 14, et les deux escomptes.

287. On reçoit 1489ᶠ pour 3 billets de 500 fr. escomptés ensemble le 24 juin à 6 p. 0/0. En comptant les nombres de jours, on trouve qu'ils sont en progression arithmétique et que leur produit est 78848. Quelles sont les échéances?

288. On veut remplacer trois billets de a fr., de b fr. et de c fr. payables dans n jours, dans n' jours et dans n'' jours, par un seul billet de a fr. $+ b$ fr. $+ c$ fr. Quelle doit être l'échéance de ce billet unique? (Problème de l'échéance commune.)

289. Établir la formule de l'escompte *exact*, autrement dit escompté en dedans. (L'escompteur retient seulement l'intérêt de la somme qu'il donne au porteur du billet.) Le billet est de a fr. payable dans t années, le taux i p. 0/0 par an.

290. On a reçu le 19 mars 1600ᶠ pour un billet de 1612ᶠ, escompté en dedans à 6 p. 0/0. Quelle était l'échéance?

291. Exprimer la différence entre l'escompte commercial et l'escompte en dedans. Quelle relation y a-t-il entre eux?

292. Un particulier fait deux placements se montant ensemble à 50302ᶠ et produisant le même revenu; l'un en 3 p. 0/0 au cours de 66 fr. 40, l'autre en obligations d'un chemin de fer rapportant chacune 15 fr. de rente au cours de 296 fr. Trouver la quotité de chaque placement et le revenu annuel, en tenant compte du courtage de 1/8 p. 0/0 payé à l'agent de change, et du droit de mutation de 20 c. par 100ᶠ de capital perçu par l'État sur les obligations qui sont nominatives.

293. Résoudre la question précédente, en supposant le placement total égal à 61940ᶠ,35, et les obligations au porteur. Le revenu de ces obligations qui ne payent pas de droit de mutation est diminué du droit annuel de 12 c. par 100 fr. de capital perçu d'après le cours moyen de l'année précédente qui était 294 fr.

294. Un particulier divise son avoir en parties proportionnelles à 2492, 2670, 2910 et 2696,75. Avec la 1ʳᵉ partie, il achète du 3 p. 0/0 au cours de 67 fr, 20; avec la 2ᵉ du 4 1/2 p. 0/0 au cours de 96 fr., avec la 3ᵉ, des obligations du Crédit foncier qui au cours de 485ᶠ, rapportent 25ᶠ de rente; avec la 4ᵉ, des obligations d'un chemin de fer rapportant chacune 25 fr., au cours de 480 fr., soumises au droit de mutation de 20 c. pour 100 fr. de capital. Il paye de plus pour le 1ᵉʳ, le 2ᵉ et le 4ᵉ achat un courtage de 1/8 p. 0/0. Trouver la quotité de chaque placement, sachant d'ailleurs que son revenu total se monte à 1894ᶠ.

295. Combien faut-il mêler de vin, coûtant 70ᶜ le litre, à 72 litres de vin à 60ᶜ et à 112 litres à 84ᶜ, pour que le litre du mélange revienne à 74ᶜ?

296. On trouve dans une cachette des pièces de 30 sols (de Louis XV) au titre de 0,883. Combien faut-il ajouter d'argent pur à 100ᵍ de cet alliage pour le ramener au titre de 0,900.

297. Combien faut-il prendre d'argent au titre de 0,840 et au titre de 0,910 pour composer un lingot de $3^{Kg},500$ au titre de 0,885? (Résoudre par l'arithm. et par l'alg.)

298. Généralisez le problème précédent (formule).

299. Combien faut-il allier d'argent au titre de 7/9 et au titre 11/15 pour composer un lingot de $2^{Kg},4$ au titre de 3/4. (Résoudre par l'alg. et par l'arithm.)

300. On fait un alliage de 3Kg d'argent au titre de 0,860 et de x Kg d'argent au titre de 0,900. Le titre d'alliage est 0,884; trouver x. (Alg. et arithm.)

301. Un marchand de vin remplit une pièce de 228 litres avec trois sortes de vin qui lui coûtent 50ᶜ, 75ᶜ et 80ᶜ le litre, et une certaine quantité d'eau. Il vend ce vin 70 c. le litre, et gagne 10 c. par litre. Il a mis 5 fois moins de litres d'eau que de litres de vin, et 2 fois plus de vin à 50 c. que de vin à 80 c. On demande combien il a employé de litres d'eau et de litres de chaque espèce de vin.

302. On a un mélange de sulfate de soude et de sulfate de potasse dont le poids total est $1^{Kg},348$. Après avoir dissous ce mélange dans l'eau, on précipite l'acide sulfurique par le nitrate de baryte, et on obtient $2^{Kg},582$ de sulfate de baryte. Déduire de là la quantité totale d'acide sulfurique contenue dans les deux premiers sulfates, et par suite la proportion de chacun d'eux dans le mélange. On sait que le sulfate de potasse contient $\frac{45}{93}$ p. 0/0 d'acide sulfurique, le sulfate de soude $\frac{56}{18}$ p. 0/0 et le sulfate de baryte $\frac{24}{35}$ p. 0/0.

QUESTIONS DE GÉOMÉTRIE

(Les discussions indiquées ne doivent avoir lieu qu'après l'étude des quantités négatives et des symboles $\frac{m}{0}$ et $\frac{0}{0}$.)

303. Déterminer 1° sur une droite donnée; 2° sur son prolongement, un point C tel que l'on ait $\frac{AC}{BC} = \frac{m}{n}$. (Discuter.)

304. On prolonge les côtés d'un trapèze jusqu'à leur rencontre. Trouver la hauteur d'un des triangles ainsi obtenus. (Discuter.)

305. On connaît la hauteur du triangle de l'exerc. précédent, et les bases du trapèze. Calculer la surface du trapèze.

306. Mener parallèlement aux bases AB, DC d'un trapèze ABCD, une droite qui ait une longueur donnée, 1° entre les côtés AD, BC, 2° entre les deux diagonales. (Discuter.)

307. Trouver sur la base d'un triangle un point tel que la somme de ses distances aux deux autres côtés soit égale à une longueur donnée. (Discuter.) (Tracez sur la fig. la hauteur BD de B à AC et la hauteur O'H' de O' sur AC.)

308. Déterminer l'aire d'un trapèze considéré comme la différence de deux triangles. (Discuter.)

309. Déterminer le volume d'un tronc de pyramide considéré comme la différence de deux pyramides. (Discuter.)

310. Trouver un triangle rectangle dont les côtés soient 3 n. entiers consécutifs.

311. Inscrire dans un triangle donné un rectangle dont on connaît le périmètre, ou la différence des deux côtés adjacents, ou le rapport de ces côtés (3 problèmes). (Discuter.)

312. Inscrire un carré dans un triangle. Sur quel côté s'appuie le plus grand carré?

313. Inscrire dans un rectangle donné un rectangle semblable à un rectangle donné. (Discuter.)

314. Diviser un trapèze par une parallèle à ses bases, 1° en deux parties équivalentes; 2° en deux parties proportionnelles à m et à n; 3° en parties de grandeurs données (trois problèmes).

315. Diviser comme dans l'ex. précédent par un plan parallèle aux bases, 1° la surface convexe d'un tronc de pyramide; 2° son volume (6 problèmes).

316. Résoudre les questions de l'ex. précédent pour un tronc de cône.

317. Exprimer les hauteurs et la surface d'un triangle en fonction de ses trois côtés.

318. Appliquer la formule de l'Ex. précédent : 1° au triangle équilatéral ; 2° au triangle rectangle. Retrouver les formules spéciales.

319. Exprimer la surface d'un triangle en fonction de ses trois médianes. Cas du triangle équilatéral.

320. Exprimer la surface d'un triangle en fonction de ses trois hauteurs. Cas du triangle équilatéral.

321. Les trois côtés d'un triangle et sa surface sont exprimés par 4 nombres entiers consécutifs ; trouver ces nombres ?

322. Les trois médianes d'un triangle sont exprimées par trois nombres entiers consécutifs, et sa surface par un nombre qui est la somme du plus petit et du plus grand de ces trois nombres. Quels sont ces nombres ?

323. Exprimer la surface d'un trapèze en fonction de ses côtés ?

324. Décrire une circonférence tangente à une droite donnée en un point donné, et touchant aussi une circonférence donnée.

325. Trouver l'heure à laquelle l'aiguille des secondes d'une montre divise en deux parties égales l'angle des deux autres aiguilles. Dire le n. des degrés de cet angle.

326. Deux chevaux A et B courent dans le même sens autour d'un hippodrome circulaire de 120^m de rayon, le 1er avec une vitesse de $5^m,4$, le 2e de $6^m,3$ par seconde. Le 1er part d'un poteau P à $1^h 25^m 48^s$, le 2e à $1^h 26^m 54^s$. On demande 1° à quelle heure les deux chevaux ne seront plus séparés que par un arc de 54° ; 2° à quelle heure ils se rencontreront, à quelle distance PR du poteau P, et le nombre de degrés de l'arc PR ; 3° le n. de degrés, ′ et ″, et la longueur en mètres de l'arc qui les séparera à $1^h 1/2$. (On fera chaque réponse à $0'',01$ et à $0^m,01$ près) (*).

327. On suppose que les deux chevaux de l'ex. précédent courent en sens contraires. A quelles heures ont lieu les deux premières rencontres ? Évaluer en degrés, ′ et ″, et aussi en mètres la distance de chaque point de rencontre au poteau P (à $0'',01$ et à $0^m,01$ près). (V. la note.)

328. Trois chevaux A, B, C, courent dans le cirque précédent avec des vitesses de $5^m,4$, $6^m,3$ et 7^m par seconde. Ils partent ensemble du poteau P à

(*) On suppose, dans cet exercice et les suivants, que les chevaux parcourent la même circ. indiquée, en faisant abstraction de ce qui se passe nécessairement d'un peu contraire à cette hypothèse.

PROBLÈMES DU 1ᵉʳ DEGRÉ A PLUSIEURS INCONNUES.   347

2ʰ 15ᵐ. On demande : 1° l'heure de la 1ʳᵉ rencontre de A et de C ;   2° de B et de C ;   3° de A et de B ;   4° l'heure à laquelle le cheval C sera pour la 1ʳᵉ fois à égale distance de A et de B ;   5° l'heure à laquelle il divisera l'arc AB dans le rapport de 4 à 5 ;   6° le n. de degrés, ′ et ″, et le n. de mètres de chacun des arcs AB, AC et BC à chacune des heures trouvées (à 0″,01 et à 0ᵐ,01 près). (V. la note.)

(*Voir parmi les questions de physique les problèmes à une inconnue.*)

PROBLÈMES DU 1ᵉʳ DEGRÉ A PLUSIEURS INCONNUES.

329. Quelle est la fraction qui devient égale à 3/4 quand on augmente ses deux termes de 7, et à 1/2 quand on les augmente de 1 ?

330. Quelle est la fraction qui devient égale à 2/3 quand on augmente son numérateur seul de 4, et à 1/4 quand on diminue son dénominateur seul de 1 ?

331. Trouver deux nombres tels que leur différence soit le sixième de leur somme et la 105ᵢᵉᵐᵉ partie de leur produit.

332. Le diamètre d'une pièce d'argent de 2ᶠ est de 27ᵐᵐ, *id.* de 5ᶠ, 37ᵐᵐ. On forme la longueur du mètre avec 30 de ces pièces. Combien en emploie-t-on de chaque valeur ?

333. On partage également une somme d'argent entre un certain nombre de personnes. S'il y avait 3 personnes de plus, chacune aurait 1ᶠ de moins ; s'il y avait 2 personnes de moins, chacune aurait 1ᶠ de plus. Trouver le nombre des personnes et la somme distribuée.

334. Un nombre de deux chiffres est égal à trois fois la somme de ses chiffres, et le carré de cette somme est égal à 3 fois le nombre. Quel est ce nombre ?

335. J'ai deux fois l'âge que vous aviez quand j'avais l'âge que vous avez, et quand vous aurez l'âge que j'ai, nous aurons à nous deux 126 ans. Quel âge ai-je ?

336. A et B jouent à 45ᶠ la partie. Si A perd la 1ʳᵉ partie, il aura encore 2 fois autant d'argent que B moins 15ᶠ. Si c'est B qui perd, A aura 3 fois autant d'argent que B plus 120ᶠ. Combien A et B avaient-ils en se mettant au jeu ?

337. A et B font deux parties. A gagne dans la 1ʳᵉ autant d'argent qu'il en avait moins 8ᶠ ; il se trouve avoir alors 2 fois autant d'argent que B. Dans la 2ᵉ partie, B gagne autant d'argent qu'il lui en restait — 4ᶠ ; il se trouve alors avoir autant d'argent que A. Combien avaient-ils d'argent l'un et l'autre, 1° en se mettant au jeu, 2° en le quittant ?

338. Des amis font un pique-nique. S'ils avaient été 2 de plus, et qu'ils eussent payé 1ᶠ de plus chacun, la dépense aurait été augmentée de 12ᶠ. S'ils avaient été 3 de moins et avaient payé 0ᶠ,50 de moins chacun, la dépense eût été diminuée de 7ᶠ,50. Trouver le n. des amis et la dépense.

339. Un nombre N a pour facteurs premiers deux nombres entiers consécutifs. Si l'on augmente l'exposant du 1ᵉʳ facteur de 2 et celui du 2ᵉ de 4, le nouveau nombre N' aura 50 diviseurs de plus. Si on diminue le 1ᵉʳ exposant de 3 en augmentant le 2ᵉ de 5, le nouveau nombre N'' aura seulement 10 diviseurs de plus que N. Trouver N, N' et N''.

340. Quatre joueurs A, B, C, D conviennent qu'à chaque partie le perdant doublera l'argent de tous les autres. Ils gagnent chacun une partie dans l'ordre indiqué par leurs noms; après quoi ils ont chacun 32ᶠ. Combien chacun avait-il en se mettant au jeu?

341. Un bassin est alimenté par 3 fontaines. La 1ʳᵉ et la 2ᵉ coulant ensemble la rempliraient en 3ʰ 1/5, la 2ᵉ et la 3ᵉ en 4ʰ 1/2, la 1ʳᵉ et la 2ᵉ en 2ʰ 1/2. Combien faudrait-il de temps à chaque fontaine coulant seule pour remplir le bassin?

342. 8 Kg de thé et 15 Kg de sucre coûtent ensemble 144ᶠ. Le thé ayant diminué de 6 2/3 p. 0/0, et le sucre de 12,5 p. 0/0, on achète encore 5 Kg de thé et 14 Kg de sucre pour 89ᶠ,60. Combien a-t-on payé chaque fois le Kg de thé et le Kg de sucre?

343. 3 vares, 7 pieds, 5 palmes, 4 pouces de Portugal valent 6ᵉˡˢ,82 (mesure de Hollande); 5 vares, 8 pieds, 9 palmes, valent 10ᵉˡˢ,12; 5 pieds, 6 palmes, 9 pouces, valent 3ᵉˡˢ,2175. Enfin, 7 vares, 8 palmes, 10 pouces, valent 9ᵉˡˢ,73. On demande la valeur de la vare, de la palme, du pied et du pouce en *els*, puis en yards (mesure anglaise), sachant que 3 yards 3/4 valent 3ᵉˡˢ,429.

344. Sept tonneaux, 12 oxhofs, et 15 ancres (mesures russes de capacité) valent 541 védros. Trois tonneaux, 8 oxhofs, et 6 ancres valent 282 védros. Cinq tonneaux, 9 oxhofs et 18 ancres valent 416 védros. Le védro vaut 12ᵗˢ,3; on demande les valeurs en hectolitres des 3 autres mesures.

345. Trois chiffres inconnus juxtaposés expriment 1° dans le système 6, un nombre égal à 8 fois la somme des deux derniers (de gauche à droite); 2° dans le système 7 un n. égal à 9 fois leur propre somme, et enfin dans le système 8 un n. égal à 20 fois la somme des deux premiers. On demande de trouver le n. exprimé par ces chiffres dans le système décimal, et de traduire dans ce dernier système le nombre qu'ils expriment dans les systèmes désignés.

346. Une personne, qui avait placé son argent à un certain taux, le retire y ajoute 1000ᶠ, et le place à 1 p. 0/0 de plus; ce qui augmente son revenu de 80ᶠ. Un an après, elle le retire encore, y joint 500ᶠ, le replace à 1 p. 0/0 de plus et augmente ainsi son revenu de 70ᶠ. Trouver son avoir primitif et le 1ᵉʳ taux.

347. Un capitaliste a placé trois capitaux *a*, *b*, *c* en 3 p. 0/0 au cours de 69ᶠ, en 4 1/2 au cours de 94,50, et en obligations de chemins de fer rapportant chacune 15ᶠ de rente au cours de 285ᶠ; il s'est fait ainsi un revenu de 8425ᶠ. S'il avait placé ses capitaux dans cet ordre c, a, et b, en 3 p. 0/0, en 4 1/2 et en obligations, il aurait eu 8375 fr. de revenu. Enfin, s'il avait acheté avec le capital a des obligations 5 p. 0/0 du crédit foncier au pair, avec b des obligations de chemin de fer rapportant chacune 25ᶠ de rente au cours de 475ᶠ, et avec du 5 p. 0/0 italien au cours de 70ᶠ, il se fût fait un revenu de 10292ᶠ. Calculer a, b, c.

348. Un n. de 4 chiffres est égal à 96 fois la somme de ses chiffres. Les deux chiffres du milieu forment un n. égal à 4 fois la même somme des 4 chiffres. Les 3 premiers chiffres à gauche forment un n. égal à 9 fois cette somme + 10. Enfin, les mêmes chiffres employés dans le même ordre expriment dans le système 9 un nombre plus petit de 406 unités. Trouver ce nombre.

349. 3 hectolitres d'un certain vin et 5 hectol. d'un autre produisent un mélange dont le prix moyen est 19ᶠ,25 l'hectol. Sept hectol. du 1ᵉʳ et 3 hect. du 2ᵉ produisent un autre mélange du prix moyen de 18ᶠ,60 l'hectol. Combien coûte l'hectol. de chacun de ces deux vins?

350. En alliant 1ᴷᵍ,20 d'un lingot d'or et 2ᴷᵍ,5 d'un 2ᵉ, on obtient un alliage au titre de 0,880. En alliant 0ᴷᵍ,8 et 1ᴷᵍ,2 des mêmes lingots, on obtient un alliage au titre de 0,866. Trouver les titres des lingots employés.

351. Un orfèvre a trois lingots d'argent pesant ensemble 12ᴷᵍ aux titres de 820, 900 et 870 millièmes. En alliant les deux premiers, on obtiendrait de l'argent au titre de 0,860. En alliant les deux derniers, on en obtiendrait au titre de 0,888. Combien pèse chaque lingot?

352. Quatre lingots d'or pesant ensemble 10ᴷᵍ sont au titre de 910, 930, 870 et 885 millièmes. En alliant les 3 premiers on obtient de l'or au titre de 0,895. En alliant les trois derniers on en obtient au titre de 0,885. En alliant la moitié du 1ᵉʳ lingot, le quart du 2ᵉ et les 2/3 du 4ᵉ, on obtiendrait de l'or au titre de 0,900. Combien pèse chaque lingot?

353. On veut composer un lingot d'or, d'argent et de cuivre pesant 3ᴷᵍ, de manière que les quantités de ces 3 métaux y soient proportionnelles à 8, 10, et 15, en se servant de trois lingots qu'on possède déjà. Dans le 1ᵉʳ de ceux-ci les quantités d'or, d'argent et de cuivre sont proportionnelles à 7, 8 et 12, dans le 2ᵉ à 15, 18 et 21, dans le 3ᵉ à 9, 15 et 20. Combien prendra-t-on de chaque lingot?

353 bis. On possède trois lingots contenant : le 1ᵉʳ 27ᵍʳ d'or, 18ᵍʳ d'argent et 9ᵍʳ de cuivre, le 2ᵉ 54ᵍʳ d'or, 30ᵍʳ d'argent et 12ᵍʳ de cuivre; le 3ᵉ 15ᵍʳ d'or, d'argent et 6ᵍʳ de cuivre. Combien prendra-t-on de chacun de ces trois lingots pour en composer un 4ᵉ contenant 23ᵍʳ d'or, 14ᵍʳ d'argent et 7ᵍʳ de cuivre?

354. On possède trois lingots renfermant chacun du cuivre, de l'étain et du zinc. Le titre du 1ᵉʳ est 1/2 par rapport au cuivre et 2/9 par rapport à l'étain. Le titre du 2ᵉ est $\frac{2}{5}$ par rapport au cuivre et 1/3 par rapport à l'étain; le titre du 3ᵉ est $\frac{3}{8}$ par rapport au cuivre et 1/5 par rapport à l'étain. On demande combien on prendra de chacun de ces 3 lingots pour en composer un 4ᵉ pesant 1^{kg},40, dont le titre soit 3/7 par rapport au cuivre et 1/4 par rapport au zinc.

PROBLÈMES DE GÉOMÉTRIE A PLUSIEURS INCONNUES.

355. L'aire d'un rectangle ne change pas dans les deux cas suivants : 1° quand on augmente un de ses côtés de 5^m, en diminuant l'autre de 2 ; 2° quand on augmente le 1ᵉʳ côté de 9^m et qu'on diminue l'autre de 3^m. Trouver les côtés.

356. Quelles sont les dimensions d'un champ dont l'aire diminue de 1^a,6 quand on diminue sa longueur de 12^m en augmentant sa longueur de 3^m, et augmente de 4^a,65 quand on augmente sa largeur de 15^m en diminuant sa longueur de 7^m?

357. Décrire des sommets d'un triangle comme centres : 1° trois circonférences tangentes extérieurement ; 2° 3 cir. tangentes dont une enveloppe les deux autres.

358. Mener dans un triangle ABC une parallèle DE à BC telle que DE = DB = EC.

359. Mener une parallèle à la base d'un triangle de manière que le trapèze résultant ait un périmètre donné.

360. Exprimer les côtés d'un triangle en fonction des médianes.

361. Exprimer les bissectrices des angles d'un triangle en fonction de ses trois côtés. Cas du triangle isocèle. Cas du triangle équilatéral.

362. Démontrer que si deux bissectrices d'un triangle sont égales, le triangle est isocèle. (Ex. 361.)

363. Inscrire dans un rectangle donné un autre rectangle dont les côtés soient entre eux comme m est à 1. (Discuter.)

364. Connaissant les volumes engendrés par un triangle tournant successivement autour de ses trois côtés, calculer ces trois côtés.

365. Trouver un point sur la ligne des centres de deux circonférences d'où les tangentes menées à ces courbes soient égales. Lieu de ces points sur le plan.

QUESTIONS DE PHYSIQUE (*).

366. Dans une machine d'Atwood, chacun des poids constants est de 30ᵍʳ. Quel doit être le poids additionnel pour que la vitesse du système soit : 1° de 80ᶜᵐ par seconde; 2° le 8ᵉ de la vitesse g d'un corps tombant librement. $g = 9^m,8088$.

367. Un corps pèse p^{gr} dans l'eau et p'^{gr} dans un liquide dont la densité est d. Quelle est sa densité.

368. Trois lingots de même volume et de poids différents pèsent ensemble 1200ᵍʳ; on sait que 5^{dme},82 du 1ᵉʳ pèsent 67^{Kg},512, que 8^{cme},4 du 2ᵉ pèsent 80ᵍʳ,64, et enfin que 2me,84 du 3ᵉ pèsent 21300^{Kg}. On demande le volume et le poids de chaque lingot.

369. Un vase rempli successivement de deux liquides dont les densités sont d et d' pèse p et p', le poids du vase compris. Trouver le poids et la capacité du vase.

370. On fait un alliage de deux lingots dont les poids absolus sont P et P' et les poids spécifiques p et p'. Trouver le poids spécifique de l'alliage : 1° en supposant qu'il n'y a eu ni condensation ni dilatation; 2° et 3° en supppoant qu'il y a eu une condensation ou une dilatation dont le coefficient est k.

371. APPLICATION. On fait un alliage de deux lingots dont les poids absolus sont 60ᵍʳ et 84ᵍʳ, et les poids spécifiques 9,6 et 8,4. On demande le poids spécifique de l'alliage, en supposant qu'il y a eu une condensation de 0,002.

372. Le titre d'un alliage d'argent et de cuivre est 0,750 par rapport à l'argent. Le poids spécifique de l'argent est de 10,5. Trouver celui du cuivre, sachant que l'alliage qui s'est fait sans condensation ni dilatation a pour poids spécifique 10,016.

373. On allie 1^{Kg},20 d'argent au titre de 0,800, et 2^{Kg},4 au titre de 0,750. Le poids spécifique de l'argent est 10,47, celui du cuivre 8,79. Trouver le poids spécifique de l'alliage : 1° en supposant qu'il n'y ait eu ni condensation ni dilatation; 2° et 3° en supposant qu'il y ait eu une condensation ou une dilatation de 0,002.

374. Trouver le poids spécifique de chacun des lingots indiqués dans l'Ex. 297. Les poids spécifiques de l'argent et du cuivre sont 10,47 et 8,79.

375. On allie 1^{Kg},496 d'argent au titre de 0,750 avec une certaine quantité d'argent au titre de 0,800. L'alliage est au titre de 0,780 et son poids spécifi-

---

(*) Ces questions ne sont évidemment proposées qu'aux élèves qui étudient la physique, et en connaissent les principes et les formules.

que est $10 + \frac{10}{49}$. On demande son poids absolu, et s'il y a eu condensation ou dilatation, trouver le coefficient de l'une ou de l'autre. Le poids spécifique de l'argent est 10,4 et celui du cuivre 8,8.

376. QUESTION GÉNÉRALE. On allie deux substances dont les poids absolus sont P et P' et les poids spécifiques p et p'; il se trouve que le poids spécifique de l'alliage est p''. Comment reconnaît-on s'il y a eu condensation ou dilatation, et comment détermine-t-on, le cas échéant, le coefficient de l'une ou de l'autre?

377. Les poids spécifiques de deux substances sont p et p'. Dans quelle proportion doit-on les allier ou les mélanger pour que le poids spécifique de l'alliage soit p''. On suppose : 1° que l'alliage se fait sans dilatation ni condensation ; 2° et 3° qu'il y a une condensation ou une dilatation dont le coefficient donné est k.

378. APPLICATION. Le poids spécifique de l'argent est 10,47; celui du cuivre 8,79; celui de l'or 19,6. Dans quelle proportion doit-on allier de l'or et du cuivre pour que l'alliage ait le poids spécifique de l'argent? On suppose que l'alliage se fait sans dilatation ni condensation. Quel est son titre par rapport au cuivre?

379. Un alliage d'argent et de cuivre qui pèse 304^{gr},48 occupe un volume de 32^{cmc}; le poids spécifique de l'argent est 10,47, celui du cuivre 8,79. Trouver le titre de cet alliage.

380. Le poids spécifique du lingot formé dans l'ex. 300 est $10 + \frac{25210}{67419}$. Y a-t-il eu condensation ou dilatation? Trouver le coefficient. Le poids spécifique de l'argent employé est 10,5, et celui du cuivre, 8,8.

381. Une couronne d'or et d'argent pèse dans l'air 10^{Kg}, et dans l'eau 9^{Kg},375. Les poids spécifiques de l'or et de l'argent étant 19,6 et 10,5, trouver le titre de la couronne par rapport à l'or à 0,001 près, et le poids de l'argent.

382. Traiter la question précédente d'une manière générale.

383. 31^{Kg},36 d'un métal perdent dans l'eau 1^{Kg},6; 15^{Kg},4 d'un autre métal perdent dans l'eau 1^{Kg},75. Un alliage des deux métaux pèse dans l'air 54^{Kg} et dans l'eau 51^{Kg}. Quel est son titre par rapport à chaque métal? On suppose qu'il n'y a eu ni dilatation ni condensation.

384. Traiter la question précédente d'une manière générale.

385. Un aréomètre de Farenheit (à volume constant) doit être chargé de 20^{gr} pour affleurer dans l'eau à 4°, de 50^{gr} pour affleurer dans un liquide dont le poids spécifique est 1,53, et de 35^{gr} pour affleurer dans un 3° liquide dont on cherche le poids spécifique. Trouver ce poids spécifique et le poids absolu de l'instrument.

386. Un aréomètre de Beaumé à échelle descendante, s'enfonce jusqu'à 0

PROBLÈMES DU 1ᵉʳ DEGRÉ (PHYSIQUE). 353

dans l'eau pure, et jusqu'à 15 dans un liquide dont la densité est 1,1136. Jusqu'à quelle division s'enfoncera-t-il dans un liquide dont la densité est 1,25?

387. Un aréomètre de Beaumé à échelle descendante marque 0 dans l'eau pure, 15 dans un liquide dont la densité est 1,1136, et 54 dans un liquide dont on veut connaître la densité. Trouver cette densité et le rapport entre le volume de la partie de l'instrument immergée dans l'eau pure et celui d'une division.

388. L'aréomètre de Beaumé à échelle ascendante marque 10 dans l'eau pure, m dans un liquide dont le poids spécifique est p, et n dans un liquide dont on cherche le poids spécifique x. Trouver x.

389. On refoule de l'air dans un récipient à l'aide d'une pompe foulante dont le corps a une capacité libre égale aux 2/9 de celle du récipient. La pression atmosphérique est $0^m,747$ de mercure, et après 6 coups de piston la tension de l'air du récipient est $1^m,743$. Quelle était cette tension avant le 1ᵉʳ coup de piston?

390. Un tube exactement cylindrique plonge dans une cuve de mercure; une certaine quantité d'air sec occupe au haut de ce tube a divisions, et le mercure soulevé b divisions. On enfonce le tube dans le mercure jusqu'à ce que l'air n'occupe plus que a' divisions; le mercure soulevé occupe alors b' divisions. Trouver la pression atmosphérique au moment de l'expérience.

391. La longueur d'une barre métallique est l quand on la retire d'un bain dont la température est $t°$ et l' quand on la retire d'un autre bain dont la température est $t'°$. Trouver sa longueur à 0° et son coefficient de dilatation.
Appliquez au cas où $l=8,40215712$; $l'=8,403451392$; $t=15$; $t'=24$.

392. La longueur d'une barre métallique est l quand on la retire d'un bain dont la température est $t°$, et l' quand on la retire d'un 2ᵉ bain; le coefficient de dilatation du métal est k. On demande sa longueur à 0° et la température du 2ᵉ bain?

APPLICATION. $l=12^m$; $l'=12^m,001476$; $t=15$; $k=0,0000123$. Calculer l_0 et t'.

393. La densité d'un liquide est d à la température t, d' à la température t'. Quel est son coefficient de dilatation?

APPLICATION. $d=\dfrac{1}{1,26575}$; $d'=\dfrac{1}{1,27625}$; $t=12$; $t'=30$. Trouver k.

394. La densité d'un métal est d à la température de $t°$; son coefficient de dilatation est k. A quelle température faut-il élever ce métal pour que sa densité diminue de 0,02 de sa valeur?

395. A un cylindre de bois long de $1^m,20$, on fixe un cylindre de platine de même diamètre et d'une longueur telle que la base supérieure du cylindre de bois se trouve à 20^{cm} du niveau de l'eau. Trouver la longueur du cylindre de

ALGÈBRE Nº 1
23

platine sachant d'ailleurs que la densité du bois en question est 0,5 et celle du platine 21,5.

396. Un alliage d'argent et de platine se tient en équilibre dans le mercure. Trouver le titre de cet alliage par rapport à l'argent, sachant que les poids spécifiques de l'argent, du mercure et du platine sont 10,5; 13,6 et 21.

397. Un vase contient du mercure et de l'eau superposée. Un alliage homogène de fer et de platine mis dans ce vase se trouve partie dans le mercure, partie dans l'eau; la 1re partie est les 7/9 de la 2e. Trouver le titre de cet alliage par rapport au platine, sachant que les poids spécifiques du fer, du mercure et du platine sont 7,8; 13,6 et 21.

398. Deux cubes ayant pour côtés 3^{cm} et 5^{cm} pèsent respectivement dans l'air sec sous la pression de 0^m,76, 26^g,314 et 26^g,2597. On les pose sur les plateaux d'une balance sous le récipient d'une machine pneumatique, et on raréfie l'air jusqu'à ce que le fléau soit bien horizontal. Quelle pression indique alors l'éprouvette? Les deux pesées se font à la même température; on sait qu'un litre d'air sec à la pression de 0^m,76 pèse 1^{gr},293.

399. Dans un vase de laiton qui pèse 30^g à 10°, on met 400^g d'eau à 10° et 10^g de fer à 100°. La chaleur spécifique du laiton est 0,094; celle du fer 0,1137. Trouver la température finale commune au mélange et au vase.

400. 45^{Kg} d'eau à 28°,5 sont contenus dans un vase de cuivre pesant 2^{Kg},538. On y dissout 7^{Kg},250 de glace à 0°. Trouver la température finale du vase et du mélange, sachant que la chaleur spécifique du cuivre est 0,1, et que la chaleur latente de fusion de la glace est 80.

401. Une baignoire de cuivre pesant 12^{Kg},45 contient 150 Kg d'eau à 10°,5. On y condense 3^{Kg},6415 de vapeur d'eau sous la pression de 0,76. Trouver la température finale de l'eau et du vase, sachant que la chaleur spécifique du cuivre est 0,1 de celle de l'eau, et que la chaleur latente de vaporisation de l'eau est 540.

402. Le volume d'une masse métallique est 5^{dmc},752, sa densité 8,24, la température 10°,5, son coefficient de dilatation linéaire $\frac{1}{1800}$. On élève la température à x°, et il se trouve que le poids du volume qui excède alors le volume primitif est de 500^{gr}. Trouver x à 0,01 près.

403. Un vase cylindrique en fer contient du mercure jusqu'à une hauteur de 3^{dm},2, à la température de 0°. A quelle hauteur le mercure s'élèvera-t-il si on porte la température à 30°? Le coefficient de la dilatation absolue du mercure est $\frac{1}{5550}$, et le coefficient de la dilatation linéaire du fer est 0,0000123.

404. On fait passer 42^{Kg} de vapeur d'eau à 120° dans une masse d'eau pesant 2800^{Kg} dont la température est déjà 15°, ainsi que celle du vase de cuivre et la chaleur latente de vaporisation de l'eau étant 540, trouver la température finale du mélange.

405. On plonge deux morceaux d'un même métal pesant p et p' dans deux masses d'eau pesant P et P', et dont les températures sont $t°$ et $t'°$. Les deux mélanges s'élèvent alors aux températures $t_1°$ et $t'_1°$. On demande la température initiale et la chaleur spécifique de ce métal.

406. La densité de l'acide carbonique sec par rapport à l'air est 1,53; le poids d'un litre d'air à 0° et sous la pression de 0^m,76 de mercure est 1,3; le coefficient de dilatation du gaz est 0,00367. A quelle température $2°$ de cet acide occuperont-ils un volume de $1025^{cmc} \frac{635}{1989}$ sous la pression de 0^m,80?

407. Un ballon de verre est rempli à 0° par 3^{Kg} de mercure. On le chauffe à $x°$, et il en sort $13^{gr} + \frac{3263}{3999}$ de mercure. Le coefficient de dilatation cubique du verre est $\frac{1}{38700}$; celui du mercure $\frac{1}{5550}$; le poids spécifique du mercure à 0° est 13,6. Trouver x.

408. Le coefficient de dilatation cubique de l'air est 0,00367. On demande à quelle température il faut chauffer 1^l de ce gaz pris à 20° pour que son volume devienne 1^l,05, la pression restant la même pendant toute l'expérience.

409. Un récipient ayant une capacité de 10^l renferme de l'air à 3° sous la pression de 0,76 de mercure; le récipient est fermé par une soupape de 32^{cmq}, sur laquelle on met un poids de 25^{Kg}. On demande quel poids d'air il faudrait ajouter dans le récipient pour que la soupape se soulève. La densité de l'air est $\frac{1}{773}$; son coefficient de dilatation 0,00367, la densité du mercure 13,6; la pression atmosphérique s'exerce librement sur toutes les parties du récipient.

410. A quelle température faut-il élever de l'acide carbonique sous la pression de 0^m,74 pour qu'un litre de ce gaz pèse 1^{gr},80? On sait que la densité de l'acide carbonique par rapport à l'air est 1,53, que son coefficient de dilatation est 0,00731, et qu'un litre d'air pèse 1^{gr},293 à 0° et sous la pression de 0^m,76.

411. Deux barres métalliques, dont les longueurs à 15° sont 6^m et 10^m, se dilatent également; le coefficient de dilatation de la 1re est 0,00001720; quel est le coefficient de dilatation de l'autre?

412. Le poids d'un litre d'air à 0° et sous la pression de 0^m,76 de mercure est 1^{gr},293; la densité de la vapeur d'eau par rapport à l'air est 5/8. On demande sous quelle pression 17^l,8578 d'air à 30° pèseront-ils 20^{gr}; l'état hygrométrique de l'air étant 3/4. La tension maxima de la vapeur d'eau à 30° est 0,0315; le coefficient de dilatation du gaz est 0,00367.

REMARQUE. *Nous laissons ici un intervalle de 13 numéros d'ordre qui seront donnés aux problèmes déjà proposés dans le Cours après le n° 88.*

CAS D'IMPOSSIBILITÉ OU D'INDÉTERMINATION DES ÉQUATIONS DU 1ᵉʳ DEGRÉ
(après le n° 114 bis.)

On mettra en évidence l'indétermination ou l'impossibilité de chaque équation ou de chaque système d'équations. On dira si la valeur de x, *de* y *ou de* z, *etc., est fixe et déterminée, ou se présente sous la forme* $\frac{m}{0}$ *ou* $\frac{0}{0}$.

426. $\dfrac{13x-7}{5} - \dfrac{8x-9}{18} + \dfrac{59x+57}{180} = \dfrac{15x+7}{20}$.

427. $\dfrac{7x-6}{9} - \dfrac{3x-8}{6} - \dfrac{3-43x}{72} = \dfrac{7x+5}{8}$.

428. $\dfrac{3x}{4} - \dfrac{2x+3}{6} + \dfrac{5x}{24} = \dfrac{5x+2}{8}$.

429. $\dfrac{5x}{8} - \dfrac{7x-4}{9} - \dfrac{233x-27}{360} = \dfrac{7-4x}{5}$.

430. $\dfrac{3x-2}{4} - \dfrac{5-6y}{6} = 2$; $3x+4y=15$.

431. $\dfrac{3x-2}{6} - \dfrac{7-3y}{15} = 3-2y$; $5x+22y=33$.

432. $5x-3y+7z=2$; $15x+9y-14z=21$; $25x+3y=25$.

433. $8x-7y+4z=21$; $5x-9y+6z=1$; $29x-30y+18z=72$.

434. $8x-5y+3z-4t=1$; $10x+20y-12z+5t=6$;
$6x-15y+21z-7t=15$; $44x+55y-9z+10t=53$.

435. $5x-3y+4z-2t=5$; $7x+9y-8z-10t=2$;
$9x-6y+12z-14t=7$; $11x+6y-22t=6$.

436. $a^3x-a^4+6a^2=(3a-2)x+8a-3$;   valeur de x pour $a=1$.

437. $a^2x-a^2=(6-a)x+2-3a$;   valeur de x pour $a=2$.

438. $(4a^3-19a)x-3a+2=2a^2-(16a^2+5)x$; valeur de x pour $a=\dfrac{1}{2}$.

439. $(8a^3+10a^2)x-8a^3+5a=(11a-2)x+2a^2+1$.
Valeurs de x, 1° pour $a=\dfrac{1}{2}$, 2° pour $a=\dfrac{1}{4}$.

440. $(8a^3+13a)x-4a^3+13a^2=(22a^2+2)x+11a-2$.
Valeur de x, 1° pour $a=1/4$,   2° pour $a=2$.

EXTRACTION DE RACINES CARRÉES.

441. $(45a^4 + 65a^2x) + 223a^2 - 92a = (93a^3 + 19a - 2)x + 75a^4 + 110a^3 - 12$.
Valeurs de x, 1° pour $a + 2/5$, 2° pour $a = 1/3$.

442. $(2a^5 + 31a^3 - 36a)x + 21a^4 - 74a^3 - 32a = (15a^4 - 4a^2 + 16)x + 2a^5 - 96a^2$.
Valeurs de x, 1° pour $a = 2$; 2° pour $a = 4$; 3° pour $a = 1/2$.

EXTRACTION DES RACINES CARRÉES DE MONOMES ET DE POLYNOMES.

443. 1° $\sqrt{54756 a^{10} b^4 c^2 d^8}$; 2° $\sqrt{\left(42\frac{1}{4}\right) a^4 b^8 c^2 x^6}$; 3° $\sqrt{\left(419\frac{13}{289}\right) a^8 b^{10} c^4 d^2}$.

444. PRINCIPE. Un polynome P ordonné par rapport à une lettre x est le carré d'un autre polynome ordonné de même : $p = (a+b+c+d) + (m+n+\ldots)$; on a trouvé la 1$^\text{re}$ partie, $a+b+c+d$, de la racine p, et on a retranché de P le carré de cette partie. Démontrer que le 1$^\text{er}$ terme du reste est égal à $2a \times m$.

445. Trouver d'après le principe précédent et celui du n° 29 (Alg.), la règle pour extraire la racine carrée d'un polynome algébrique. Condition pour que la racine se compose exactement d'un nombre limité de termes ordonnés par rapport aux puissances positives ou négatives d'une même lettre x.

AVIS. On extraira la racine carrée de chacune des expressions suivantes.

446. $a^4 - 6a^3 + 13a^2 - 6a + 4$. **447.** $16x^6 - 40x^5 + x^4 + 78x^3 - 51x^2 - 36x + 36$.

448. $25a^8b^6 - 30a^7b^5 - 31a^6b^4 + 94a^5b^3 - 26a^4b^2 - 56a^3b + 49a^2$.

449. $b^6 - 6ab^5 + 15a^2b^4 - 20a^3b^3 + 15a^4b^2 - 6a^5b + a^6$.

450. $a^4 + b^4 + c^4 + d^4 - 2a^2(b^2 + d^2) + 2b^2(d^2 - c^2) - 2c^2(d^2 - a^2)$.

451. $x^4 - (4a+2)x^3 + (4a^2 + 10a - 3)x^2 - (12a^2 - 2a - 4)x + 9a^2 - 12a + 4$.

452.

$4b^2$	$a^4 + 8b^2$	$a^3 + 24b^2$	$a^2 + 20b^2$	$a + 25b^2$
$-4bc$	$-2c^2$	$-18bc$	$-2bc$	$-30c$
$+c^2$		$+13c^2$	$+bc^2$	$+9c^2$

453. $x^4 - (2a+2b)x^3 + (3a^2 - b^2 + 2ab)x^2 - (2a^3 + a^2b - ab^2 - b^3)x + a^4 + b^4 - 2a^2b^2$.

454. $x^2 + \frac{1}{x^2} - 2\left(x - \frac{1}{x}\right) - 1$. **455.** $x^4 + x^3 + \frac{x^2}{4} - 4x - 2 + \frac{4}{x^2}$.

456. $\frac{a^2}{x^2} + \frac{x^2}{a^2} - 2\left(\frac{a}{x} - \frac{x}{a}\right) - 1$.

CALCUL DES RADICAUX.

457. Avis. On appliquera les règles données dans le **complément du Cours**

d'algèbre, n°^{s} 322 et suivants, aux radicaux et aux expressions algébriques ci-après.

On effectuera autant que possible les opérations indiquées; chaque radical de la réponse devra être le plus simple possible. En général, l'expression finale devra toujours être réduite à sa plus simple expression; on aura donc soin d'appliquer à l'occasion la règle du n° 323, c'est-à-dire de faire l'addition algébrique des radicaux semblables donnés ou trouvés.

RADICAUX ET EXPRESSIONS ALGÉBRIQUES A SIMPLIFIER.

Exercices à faire après les n°^{s} 322, 323, etc. du Complément d'algèbre.

458. $\sqrt{2268a^5b^4c^3x^6}$; $\sqrt{576a^4b^5c^3d^6}$; $\sqrt{1728a^5b^4c^3x^5}$.

459. $\sqrt{\dfrac{432a^5b^4c^8}{845a^2bc}}$ **460.** $\sqrt{\dfrac{6300a^7b^6c^4d}{27216a^2b^3c^7d^3}}$ **461.** $\sqrt{\dfrac{25920a^5b^4c^3x^4}{11520a^3b^2x}}$.

462. $7a^2\sqrt{3b^2} - 3a\sqrt{12a^2b^2} + 17\sqrt{48} - 5\sqrt{75}$.

463. $13\sqrt{24} - 2\sqrt{216} - 2/3\sqrt{54} + \dfrac{3}{4}\sqrt{384}$.

464. $13\sqrt{8} - 7\sqrt{18} + 5\sqrt{288} - 7\sqrt{32}$.

465. $8\sqrt{27a^3b^4} - 5ab\sqrt{a^2b^2} + 8a^2b^2\sqrt{48a} - 2b^2\sqrt{98a^3}$.

466. $\sqrt{320x^7} - 3\sqrt{80x^5} - \sqrt{405x^3} + 17\sqrt{20x}$.

467. $12\sqrt{\dfrac{8}{9}} - \dfrac{3}{4}\sqrt{\dfrac{32}{81}} + \dfrac{5}{6}\sqrt{\dfrac{288}{625}}$.

468. $23\sqrt{108a^5b^7} - 7ab\sqrt{128a^3b^5} + 15a^2b^3\sqrt{338}$.

469. $\dfrac{\sqrt{8a^5b}}{\sqrt{2b^3c}} \cdot \dfrac{2a\sqrt{18a^3}}{b\sqrt{32c}} - \dfrac{7\sqrt{48a^3}}{3\sqrt{3b^2c^3}} - \dfrac{24a^2\sqrt{96ab^2}}{\sqrt{64b^3c}}$.

470. $\sqrt{20a^2c - 60abc + 45b^2c}$. **471.** $\sqrt{21a^4b^2c - 72a^3bc^3 + 48a^2c^5}$.

472. $\dfrac{\sqrt{a^4x - 2a^2x^3 + x^5}}{\sqrt{a^2b - 2abx + bx^2}}$. **473.** $\dfrac{\sqrt{a^4 - a^3x - a^2x^2 + ax^3}}{\sqrt{a^2 + 2ax + x^2}}$.

474. $\dfrac{(a-b)\sqrt{a^2-b^2}}{(a+b)\sqrt{a^3-3a^2b+3ab^2-b^3}}$. **475.** $\dfrac{(a^3-a)\sqrt{a^3-3a-2}}{(a+1)\sqrt{a^4-4a^2+5a-10}}$.

CALCUL DES RADICAUX. 359

476. $3\sqrt{-4}+5\sqrt{-25}-8\sqrt{-9}.$ **477.** $7\sqrt{-12}+3\sqrt{-27}-7\sqrt{-48}.$

478. $(3+\sqrt{45})(3-\sqrt{5}).$ **479.** $(4-\sqrt{12}+\sqrt{3})(5+\sqrt{3}-\sqrt{12}).$

480. $(4-\sqrt{3a^3b^5}+2\sqrt{3ab})(2+5\sqrt{3a^3b^5}-4\sqrt{3ab}).$

481. $(\sqrt{a}+\sqrt{b}+\sqrt{c})(\sqrt{a}-\sqrt{b}-\sqrt{c}).$ **482.** $(\sqrt{a}+\sqrt{b}\cdot\sqrt{c}-\sqrt{d})^2.$

483. $$\left(\sqrt{\frac{a}{b}}+\sqrt{\frac{c}{d}}\right)\times\left(\sqrt{\frac{b}{a}}-\sqrt{\frac{d}{c}}\right).$$

484. $$\left(\sqrt{a+\sqrt{b}}+\sqrt{a-\sqrt{b}}\right)^2.$$

485. $(a+b\sqrt{-1})(a-b\sqrt{-1}).$ **486.** $(x-a+b\sqrt{-1})(x-a-b\sqrt{-1}).$

487. $(5+\sqrt{-3}+\sqrt{-7})(3-\sqrt{-3}-\sqrt{-7}).$

488. $(\sqrt{-3}+\sqrt{-4})(\sqrt{-3}-\sqrt{-7}).$

489. $\dfrac{\sqrt{72}+\sqrt{128}-5\sqrt{2}}{\sqrt{8}}.$ **490.** $\dfrac{16\sqrt{27}-10\sqrt{45}+12\sqrt{3}}{\sqrt{12}}.$

MULTIPLIER CHACUNE DES EXPRESSIONS SUIVANTES PAR UN FACTEUR
TEL QUE LE PRODUIT SOIT RATIONNEL.

491. $a\pm\sqrt{b};$ $\sqrt{a}\pm\sqrt{b};$ $m\sqrt{a}\pm n\sqrt{b}.$

492. $a+\sqrt{b}+\sqrt{c};$ $\sqrt{a}+\sqrt{b}+\sqrt{c}$ (quels que soient les signes).

493. $a+\sqrt{b}+\sqrt{c}+\sqrt{d};$ $\sqrt{a}+\sqrt{b}+\sqrt{c}+\sqrt{d}$ (quels que soient les signes).

494. $\sqrt{a}+\sqrt[3]{b};$ $\sqrt{a}-\sqrt[3]{b}.$ (Généralisez.)

APPLICATIONS. *Transformer chacune des expressions suivantes (jusqu'à 511 inclus de manière que le dénominateur soit rationnel.*

495. $\dfrac{7}{\sqrt{3}};$ $\dfrac{3+\sqrt{2}}{3-\sqrt{2}}.$ **496.** $\dfrac{7+\sqrt{12}}{4-2\sqrt{3}};$ $\dfrac{9-\sqrt{48}}{7+\sqrt{12}}.$

497. $\dfrac{3+\sqrt{2}}{5-\sqrt{8}+\sqrt{18}}.$ **498.** $\dfrac{7\sqrt{2}-4\sqrt{3}}{\sqrt{3}+\sqrt{8}-\sqrt{2}}.$

499. $\dfrac{8\sqrt{12} - 7\sqrt{3}}{3\sqrt{2} - 5\sqrt{3} + \sqrt{12}}.$
500. $\dfrac{4}{\sqrt{3} + \sqrt{5} - \sqrt{2}}.$

501. $\dfrac{3 - \sqrt{2}}{\sqrt{20} - \sqrt{18} + \sqrt{27}}.$
502. $\dfrac{8 - \sqrt{10}}{5 + \sqrt{10} - \sqrt{32}}.$

503. $\dfrac{15}{\sqrt{5} + 3\sqrt{2} + 7\sqrt{3} - \sqrt{6}}.$
504. $\dfrac{\sqrt{a+x} + \sqrt{a-x}}{\sqrt{a+x} - \sqrt{a-x}}.$

505. $\sqrt{ab} + \dfrac{ab}{a - \sqrt{ab}}.$
506. $\sqrt{a-x} + \dfrac{x\sqrt{a}}{\sqrt{a^2 - ax}}.$

507. $\dfrac{\sqrt{1+x} + \dfrac{1}{\sqrt{1-x}}}{1 + \dfrac{1}{\sqrt{1-x^2}}}.$
508. $\dfrac{\sqrt{a+b} + \sqrt{a^2 - b^2}}{\sqrt{a+b} - \sqrt{a-b}}.$

509. $\dfrac{a^2 + b^2}{a \pm b\sqrt{-1}};$ $\dfrac{a + b\sqrt{-1}}{a - b\sqrt{-1}}.$

510. $\dfrac{x - a + b\sqrt{-1}}{x - a - b\sqrt{-1}}.$
511. $\dfrac{3 + \sqrt{-2}}{5 - \sqrt{-3}}.$

512. A et A′ désignant les aires de deux polygones réguliers de n et de $2n$ côtés inscrits dans un cercle, B et B′ les aires des polygones circonscrits semblables, on a vu en géométrie que $A' = \sqrt{A \cdot B}$ et $B' = \dfrac{2AB}{A + A'}$. Démontrer que le rapport $\dfrac{B' - A'}{B - A}$, toujours moindre que $\dfrac{1}{4}$, a pour limite $\dfrac{1}{4}$ quand $B' - A'$ et $B - A$ tendent vers 0.

513. p et p' d'une part, P et P′ de l'autre, désignant les périmètres des mêmes polygones inscrits et circonscrits de l'Ex. 512, on a vu en géométrie que

$$P' = \dfrac{2Pp}{P + p} \quad \text{et} \quad p' = \sqrt{pP'}.$$

Démontrer que $\dfrac{P' - p'}{P - p}$, est toujours moindre que $\dfrac{1}{4}$, et a pour limite 1/4 quand $P - p$ et $P' - p'$ tendent vers 0.

514. R et r étant le rayon et l'apothème d'un polygone régulier inscrit,

ÉQUATIONS DU 2ᵉ DEGRÉ.

R' et r' le rayon et l'apothème du polygone isopérimètre d'un nombre de côtés double, on a vu en géométrie que $r' = \dfrac{R+r}{2}$ et $R' = \sqrt{Rr'}$. Démontrer que le rapport $\dfrac{R'-r'}{R-r}$, toujours moindre que $\dfrac{1}{4}$, tend vers cette limite quand $R'-r'$ et $R-r$ tendent vers 0.

PRINCIPES A DÉMONTRER.

Avis. Dans les exercices suivants, de 515 à 519 inclus, a, b, c, d désignent des quantités rationnelles et $\sqrt{a}, \sqrt{b}, \sqrt{c}, \sqrt{d}$ des quantités irrationnelles.

515. On ne peut pas avoir $\sqrt{a} = b + \sqrt{c}$, ni $\sqrt{a} = \sqrt{b} + \sqrt{c}$. (Démontrez.)

516. Si $a + \sqrt{b} = c + \sqrt{d}$, $a = c$ et $\sqrt{b} = \sqrt{d}$. (Démontrez.)

517. Dans quel cas le produit $\sqrt{a} \times \sqrt{b}$ est-il rationnel ?

518. Si $\sqrt{a+\sqrt{b}} = \sqrt{c} + \sqrt{d}$, $\sqrt{a-\sqrt{b}} = \sqrt{c} - \sqrt{d}$. (Démontrez.)

519. Condition pour que $\sqrt{a \pm \sqrt{b}}$ puisse être remplacé par $\sqrt{x} + \sqrt{y}$, x et y étant des quantités rationnelles.

Applications. Transformez en deux radicaux séparés, de cette forme $\sqrt{x} + \sqrt{y}$, d'après l'Ex. 519, chacune des expressions suivantes (depuis l'Ex. 520 jusqu'à 523).

520. $\pm\sqrt{3 \pm \sqrt{5}}$. **521.** $\pm\sqrt{17 \pm 2\sqrt{30}}$.

522. $\pm\sqrt{19 \pm 8\sqrt{3}}$. **523.** $\pm\sqrt{\dfrac{p}{2} \pm \sqrt{\dfrac{p^2}{4}-q^2}}$

ÉQUATIONS DU 2ᵉ DEGRÉ A RÉSOUDRE APRÈS LE N° 141.

524. $x^2 - 12x + 35 = 0$. $x^2 - 2x - 63 = 0$. $12x^2 - 11x - 15 = 0$.

525. $80x^2 + 6x - 35 = 0$. $100x^2 - 85x + 10,5 = 0$. $7x^2 - 8x + 40 = 0$.

526. $\dfrac{5}{6}x^2 - \dfrac{3}{8}x + \dfrac{3}{4} = \dfrac{3}{5}x + 0{,}645$.

527. $\dfrac{3}{5}x^2 - \dfrac{7}{9}x + \dfrac{2}{3} = \dfrac{2}{3}x^2 - \dfrac{x}{6} + \dfrac{1}{9}$.

528. $\dfrac{5}{9}x^2 - \dfrac{3}{4}x + \dfrac{23}{25} = \dfrac{3}{5}x^2 - \dfrac{5}{6}x + 0{,}926.$

529. $3(x-5)(x-2) = 7(x-7)(x-6) + 40.$

530. $0{,}12x^2 - 0{,}3x + 1{,}25 = \dfrac{3}{4}x^2 - \dfrac{7}{25}x - \dfrac{219}{80}.$

531. $\dfrac{3}{5(x^2-1)} + \dfrac{1}{10(x+1)} = \dfrac{23}{238}.$

532. $\dfrac{x+5}{x-5} + \dfrac{x-5}{x+5} = \dfrac{40}{3}.$

533. $\dfrac{7}{x-2} + \dfrac{8}{x-5} = 3.$

534. $\dfrac{8}{x-2} + 8x - 7 = \dfrac{5x}{3} + 33.$

535. $\dfrac{7}{5(x-3)} - \dfrac{8}{3(x-15)} = \dfrac{11}{4x-25}.$

536. $\dfrac{8}{3x-5} + \dfrac{9}{5x-8} = \dfrac{20}{7x-25}.$

537. $(x-3)(x-4)(x+5) = 60.$

538. $3(x-5)(2x-7)(8x-23) = (4x-9)(3x-13)(4x-19).$

539. $\dfrac{x+5}{x+3} + \dfrac{x-5}{x-2} = \dfrac{2x-6}{x-2}.$

540. $\dfrac{49x^2-16}{35x-20} = 38x^2 - 8x + \dfrac{1466}{245}.$

541. $b^2 - 2bx + b^2 - a^2 = 0.$ **542.** $x^2 - 2ax + b^2 = 0.$

543. $abx^2 - (a^2 + b^2)x + 1 = 0.$ **544.** $abx^2 - a^2x + b^2 = b^2x^2 - ab.$

545. $a^2x^2 - (a+b)x - 1 = b^2x^2 + (a-b)x - 2.$

546. $(5a^2 + b^2)(3x^2 - 4x + 3) = (5b^2 + a^2)(3x^2 + 4x + 3).$

547. $25a^2x^2 - (7a - 2b)x - 4 = 9b^2x^2 + (3a + 2b)x - 5.$

548. $x^2 - 2a^2x + a^4 + b^4 = 2b^2(x - a^2).$

549. $(mx - n)(nx - m) = p^2.$

550. $\dfrac{1}{x-a} + \dfrac{1}{x-b} + \dfrac{1}{x-c} = 0.$

ÉQUATIONS DU 2ᵉ DEGRÉ.

551. $\dfrac{x+a}{x-a} + \dfrac{x+b}{x-b} + \dfrac{x+c}{x-c} = 3.$

552. $\dfrac{a}{x-a} + \dfrac{c}{x-c} = \dfrac{2b}{x-b}.$

553. $(x+a)(x-b)(2a-x) = (x-a)(x+b)(2b-x).$

ÉQUATIONS DANS LESQUELLES LE COEFFICIENT DE x^2 EST TRÈS-PETIT
(avant le n° 60).

553 bis. Résoudre l'équation $0{,}0002x^2 - 2x + 3 = 0.$

553 ter. Résoudre l'équation $0{,}00004x^2 - 8x + 7 = 0.$

ÉQUATIONS QUI PEUVENT ÊTRE RAMENÉES A DES ÉQUATIONS DU 2ᵉ DEGRÉ OU ÊTRE RÉSOLUES A L'AIDE D'ÉQUATIONS DU 2ᵉ DEGRÉ (à résoudre après le n° 152).

Avis important. Toutes les équations *suivantes* jusqu'à l'Ex. 608 inclus peuvent être résolues sans qu'on élève les deux membres au carré. On doit les résoudre ainsi pour plus de simplicité, et afin de ne pas introduire de racines étrangères.

554. $ax^{2n} + bx^n + c = 0$ (n étant connu); $ax^n + \dfrac{b}{x^n} + c = 0.$

555. $a\sqrt[n]{x} + \dfrac{b}{\sqrt[n]{x}} = c.$

556. $4x^4 - 9x^2 + 5 = 0.$ **557.** $4x^4 - 5x^2 + 1 = 0.$

558. $36x^4 - 13x^2 + 1 = 0.$ **559.** $50x^4 - 4{,}5x^2 + 0{,}1 = 0.$

560. $x^4 - 1 = 0.$ **560 bis.** $x^4 + 1 = 0.$

561. $7x^6 - 119x^3 = 1890.$

562. $3x + 5\sqrt{x} = 68.$

563. $5x\sqrt{x} - 3\sqrt[4]{x^3} = 296.$

564. $5\sqrt{x} - \dfrac{7}{\sqrt{x}} = 34.$

565. $13x + \dfrac{1107}{\sqrt{x}} = 2x^2\sqrt{x}.$

566. $\quad 4\sqrt[3]{x} - \dfrac{20}{\sqrt[3]{x}} = 11.$

567. $\quad 3\sqrt{x} - 5\sqrt[4]{x} = 12.$

568. $\quad \sqrt{3x - 4x + 99} = 0.$

569. $\quad 3x + \sqrt{6x + 10} = 35.$

570. $\quad x - \sqrt{5x - 15} = 3.$

571. $\quad 2x + \sqrt{5x - 4} = 12.$

572. $\quad x^2 + 7x + \sqrt{x^2 + 7x + 10} = 100.$

573. $\quad 2x^2 - 15 = 4\left(\sqrt{x^2 + 12x - 20} - 6x\right).$

574. $\quad 3x^2 - 307 = 4\left(\sqrt{x^2 - 4x + 4} + 3x\right).$

575. $\quad 6x^2 + 15x - 49 = \sqrt{2x^2 + 5x + 7}.$

576. $\quad x^2 - 24 = 3\sqrt{x^2 - 2x + 16} + 2x.$

577. $\quad x^2 - \sqrt{2x^2 - 8x + 12} = 4x + 6.$

578. $\quad (x + a)^3 - (x - a)^3 = 13a^2 x + 87a^3.$

579. $\quad (x + a)^5 - (x - a)^5 = 992a^5.$

580. $\quad \dfrac{x^3 - 4x}{x - 2} + x - 1 = 39.$

581. $\quad \left(\dfrac{x}{x-1}\right)^2 + \left(\dfrac{x}{x+1}\right)^2 = \dfrac{45}{16}.$

582. $\quad x^2 + \dfrac{1}{x^2} + 3\left(x + \dfrac{1}{x}\right) = 15,11.$

583. $\quad x^2 + \dfrac{1}{x^2} - 5\left(x - \dfrac{1}{x}\right) = 4,75.$

584. Expliquez en résolvant les deux équations suivantes la marche à suivre pour résoudre les équations de même forme :

$$Ax^4 + Bx^3 \pm Cx^2 + Bx + A = 0; \quad Ax^4 + Bx^3 \pm Cx^2 - Bx + A = 0.$$

585. $\quad 20x^4 + 16x^3 - 125x^2 + 16x + 20 = 0.$

586. $\quad 9x^4 + 6x^3 - 18x^2 - 6x + 9 = 0.$

587. $\quad 20x^4 + 16x^3 - 40x^2 - 16x + 20 = 0.$

588. $\quad 28x^4 + 12x^3 - 57x^2 - 12x + 28 = 0.$

589. $\quad x^3 + 1 = 0.$

590. $\quad x^3 + x + 2 = 0.$

591. $\quad x^3 + x + a^3 + a = 0.$

592. $\quad ax^3 + x + a + 1 = 0.$

593. Résoudre complétement $x^6 - 1 = 0.$

AVIS. Dans les quatre exercices suivants x est un nombre entier.

594. $\quad 2^{x+1} + 4^x = 80.$

595. $\quad 2^x + 4^x = 272.$

596. $\quad 2^{x+3} + 4^{x+1} = 320.$

597. $\quad 3^{x+2} + 9^{x+1} = 810.$

598. $x^3 - 2x + 1 = 0.$ Résoudre sachant que cette équation a une racine entière.

599. $(x-5)(3x+8)(7x-9) = x(2x-1)(2x+1).$ Résoudre sachant que cette équation a une racine entière (Ex. 110).

600. $480x^4 + 172x^3 - 663x^2 + 38x + 120 = 0.$ Résoudre sachant que la somme des deux racines de cette équation est égale à $\dfrac{9}{40}$ et leur produit à $-\dfrac{1}{4}$; on peut trouver à l'aide d'une division ou sans faire de division les deux équations du 2e degré qui donnent les 4 racines. Employer les deux méthodes (Ex. 99, 99 *bis* et 73).

601. $x^5 - 11x^4 - 7x^3 + 323x^2 - 186x - 2520 = 0.$ Résoudre cette équation sachant qu'elle a pour racines trois nombres entiers consécutifs dont la somme des carrés est 110.

602. $x^5 - 24x^4 + 163x^3 - 48x^2 - 1676x - 1440.$ Résoudre cette équation sachant qu'elle a pour racines trois nombres entiers consécutifs dont le produit est 720.

603. $32x^3 - 260x^2 + 17x + 120 = 0.$ Cette équation a deux racines dont le produit est $-5.$

604. $6x^4 - 35x^3 - 78x^2 + 215x - 84 = 0.$ Résoudre, sachant que cette équation a deux racines dont le produit est -4 et deux autres dont la somme est $7\frac{1}{2}$: former les deux équations du 2e degré qui donnent les 4 racines (Ex. 73).

605. $\quad \dfrac{x^2(x^2+a^2)(x^2-a^2)}{(x^3+a^3)(x^3-a^3)} = \dfrac{90}{91}.$

606. $\quad \dfrac{a^2+x^2}{x+a} + \dfrac{a^2-x^2}{a-x} = \dfrac{14a}{3}.$

607. $\quad \dfrac{(a-x)(b+x)}{x+c} = \dfrac{(a+x)(b-x)}{x-c}.$

608. $$\frac{x^2-a^2}{x^2+a^2}+\frac{x^2+a^2}{x^2-a^2}=\frac{314}{157}.$$

On vérifiera les racines trouvées dans les Exercices suivants jusqu'à 618 inclus.

609. $\sqrt{x+5}+\sqrt{2x+8}=7.$

610. $\sqrt{28+2x}=\sqrt{21+x}+1.$

611. $\sqrt{2x+7}+\sqrt{5x-29}=3\sqrt{x}.$

612. $\sqrt{7x-13}-\sqrt{3x-19}=\sqrt{5x-27}.$

613. $\sqrt{7x+1}-\sqrt{3x+1}=\sqrt{2x-6}.$

614. $\sqrt{3x-5}-\sqrt{2x-5}=1.$

615. $\sqrt{a+x}+\sqrt{a-x}=\sqrt{a}.$

616. $$\frac{\sqrt{a+x}}{\sqrt{a}+\sqrt{a+x}}=\frac{\sqrt{a-x}}{\sqrt{a}-\sqrt{a-x}}.$$

617. $\sqrt{x^2-3ax+a^2}+\sqrt{x^2+3ax+a^2}=a(\sqrt{29}+\sqrt{5}).$

618. $(a+b)\sqrt{a^2+b^2+x^2}-(a-b)\sqrt{a^2+b^2-x^2}=a^2+b^2.$

ÉQUATIONS A PLUSIEURS INCONNUES SE RÉSOLVANT AU MOYEN D'ÉQUATIONS DU 2ᵉ DEGRÉ A UNE INCONNUE.

619. $\begin{array}{l}x+y=a\\xy=b\end{array}$ $\begin{array}{l}x+y=15.\\xy=54.\end{array}$ **620.** $\begin{array}{l}x-y=a\\xy=b\end{array}$ $\begin{array}{l}x-y=5.\\xy=84.\end{array}$

$x^2y+yx^2=210.$ $x^2y-y^2x=30.$ $x+y=9.$

621. $\dfrac{1}{x}+\dfrac{1}{y}=\dfrac{10}{21}.$ **622.** $\dfrac{1}{y}-\dfrac{1}{x}=\dfrac{2}{15}.$ **623.** $\dfrac{1}{x}+\dfrac{1}{y}=\dfrac{1}{2}.$

624. $x^2\pm y^2=a^2$; $x\pm y=b.$ Distinguez et résolvez les quatre systèmes d'équations. (Discussion).

625. $\begin{array}{l}x^2+y^2=208.\\x+y=20.\end{array}$ **626.** $\begin{array}{l}x^2+y^2=25/144.\\x-y=1/12.\end{array}$ **627.** $\begin{array}{l}x^2+y^2=145/144.\\xy=1/2.\end{array}$

628. $x^2+y^2=25/36.$ $\dfrac{1}{x^2}+\dfrac{1}{y^2}=25/4.$

629. $xy=4.$ $5x+3y=19.$

630. $\begin{array}{l}\sqrt{x}+\sqrt{y}=11.\\x+y=73.\end{array}$

631. $x+y=1,9.$ $2x^2+3y^2=7,07.$

ÉQUATIONS DU 2ᵉ DEGRÉ.

632. $5x - 7y = 1.$
$\dfrac{1}{x} + \dfrac{1}{y} = \dfrac{31}{6}.$

633. $0{,}7x + 0{,}75y = 8{,}1.$ $3{,}2x - 4 = 3x^2 - 0{,}75y^2 + 26{,}6.$

634. $x^2 + 2xy = 1.$ $48x^2 - 16y^2 = 3.$

635. $5x^2 - 3xy + 4y^2 = 100.$ $2xy + 3x^2 = 57.$

636. $20y^2 - 24xy + 12x^2 = 84.$ $4y^2 - 4x^2 = 20.$

637. $xy = 36.$ $4x^2 - 5y^2 = 244.$

638. $x^2 + xy + 4y^2 = 4.$ $3x^2 - 2xy + 5y^2 = 6{,}5.$

639. $x^2 - xy + 2y^2 = 0{,}3125.$ $2x^2 + 5xy = 3.$

640. $x^3 - y^3 = 39(x-y).$ $x^3 + y^3 = 19(x+y).$

641. $x^3 + y^3 = \dfrac{35}{216}.$ $x^2 + y^2 - xy = \dfrac{7}{36}.$

642. $x^3 - y^3 = \dfrac{217}{1728}.$ $x^2 + xy + y^2 = \dfrac{217}{144}.$

643. $3x^2 + 5xy - 4x - 4 = 0.$ $3xy + 2x - 3 = 0.$

644. $x + y + \sqrt{xy} = 21.$ $x^2 + y^2 + xy = 189.$

645. $x^2 + y^2 + xy = 7(x+y).$ $x^2 + y^2 - xy = 9(x-y).$

646. $x + y = 10.$ $x^3 + y^3 - x^2 - y^2 - 5xy = 207.$

647. $xy(x-y) = 30.$ $x^3 - y^3 = 98.$

648. $x^6 + y^6 = 15689.$ $x^2 + y^2 = 29.$

649. $64x^6 - 64y^6 = 46655.$ $4x^2 - 4y^2 = 35.$

650. $15(x+y) = 8xy.$ $x + y + x^2 + y^2 = 42.$

651. $x^3 y + y^3 x = 290.$ $x^2 + y^2 = 29.$

652. $x + y = xy.$ $x + y + x^2 + y^2 = 6.$

653. $\sqrt{x} + \sqrt{y} = \dfrac{5}{6}\sqrt{xy};\quad x + y = 13.$

654. $5y^2 - 8xy - 48x^2 = 0.$ $9y^2 - 31xy + 12x^2 - 5y + 4x = 0.$

655. $7y^2 - {}^{17}/_2 xy - 12x^2 - 5y + 53x = 0.$ $3y^2 - 35xy + 4x^2 - 15y + 159x =$

656. $15(x+y) = 8xy.$ $x + y + x^2 + y^2 = 42.$

657. $5x + 3y = 105;$ $\dfrac{4}{x} + \dfrac{10}{y} = 1.$

658. $x^3 + x^2 y = 33.$ $5x^2 - 3x^2 y = 27.$

659.	$x^4+y^4=272.$	$x+y=6.$
660.	$x^4-y^4=240.$	$x^2-y^2=12.$
661.	$x+\sqrt{x^2+y^2}=9.$	$5x+3y=29.$
662.	$x+y+2\sqrt{xy}=25.$	$x^2+y^2+4xy=241.$
663.	$xy(x^2+y^2)=3560.$	$x+y=13.$
664.	$x-y+x^2-y^2=60.$	$x+y+x^2+y^2=120.$
665.	$x+y+x^2+y^2=a.$	$m(x^2+y^2)+nxy=b.$
666.	$x+y=15.$	$\dfrac{\sqrt{x}}{\sqrt{y}}+\dfrac{\sqrt{y}}{\sqrt{x}}=\dfrac{5}{2}.$
667.	$\sqrt{4y^3x}+3\sqrt{yx^3}=252.$	$3\sqrt{\dfrac{x}{y}}+2\sqrt{\dfrac{y}{x}}=\dfrac{12}{\sqrt{xy}}+5.$
668.	$x^5-y^5=2882.$	$x-y=2.$
669.	$x^5+y^5=1056.$	$x+y=6.$
670.	$x^3+y^3=9xy+1.$	$x^2-xy+y^2=7.$
671.	$x^2+y^2+xy=49.$	$x^3-y^3=8xy-22.$
672.	$\sqrt{x+y}+\sqrt{x-y}=\sqrt{a}$	$\sqrt{x^2+y^2}+\sqrt{x^2-y^2}=b.$
673.	$x^4+y^4=\dfrac{17x^2y^2}{4};$	$x+y=9.$
674.	$\dfrac{3}{x}+\dfrac{5}{y}+\dfrac{4}{z}=42.$	$\dfrac{6}{x}+\dfrac{10}{z}=38.\quad 15x+10y=9.$
675.	$3x^2-2y^2=43.$	$5x+3z=34.\quad 4y-5z=1.$
676.	$x^2+y^2=z^2.$	$x+y+z=84.\quad xy=588.$
677.	$x+y+z=12.$	$x^2+y^2+z^2=80.\quad xy+xz-yz=7.$
678.	$x^2+y^2+z^2=14.$	$x+y-z=4.\quad \dfrac{1}{x}-\dfrac{1}{y}-\dfrac{1}{z}=1/6.$
679.	$\dfrac{x}{3}=\dfrac{y}{5}=\dfrac{z}{2}.$	$3xy-5xz+4x-2y+z^2=0.$
680.	$3x+5y=1+3z.$	$5x^2-3xy-4y=6x+5-5xz.$
	$7xy-3xz+2z^2-7y^2=z^2-3x-2y-9.$	
681.	$x^2+y^2+z^2=35.$	$2y^2+3x+14=7xz.\quad x(z-1)=4.$
682.	$x^2+y^2+z^2+t^2=50.$	$x+t=7.\quad y+z=5.\quad yz=tx.$
683.	$x^2+y^2+z^2=a.$	$x+y+z=b.\quad xy=cz.$
684.	$x+y+z=a.$	$x^2+y^2+z^2=b.\quad 2xy=z(x+y).$

685. $x^3+y^3+z^3=a^3.$ $x^2+y^2+z^2=a^2.$ $x+y+z=a.$
686. $x^2+y^2=axyz.$ $x^2+z^2=bxyz.$ $y^2+z^2=cxyz.$
687. $x^2+y^2-z^2-t^2=36.$ $x+y+z+t=18.$ $y^2=xz.$ $yz=tx.$

EXERCICES SUR LES PROPRIÉTÉS DES COEFFICIENTS ET DES RACINES DE L'ÉQUATION DU 2ᵉ DEGRÉ.

688. Dites ou écrivez la somme, le produit et la différence des racines — de chacune des équations proposées dans l'Ex. 524.

689. — de chacune des équations proposées dans l'Ex. 525.

690. Décomposez en facteurs du 1ᵉʳ degré en x le 1ᵉʳ membre de chaque équation de l'Ex. 524.

690 bis. Décomposez en facteurs du 1ᵉʳ degré en x, chacun des trinômes suivants : 1° $x^2-7x+10$; 2° x^2+7x+6 ; 3° $x^2+13x+22$.

691. Décomposez ainsi en la somme de deux carrés : $[(x+m)^2+n^2]$, 1° x^2+3x+7 ; 2° $x^2+13x+57$.

692. Formez l'équation du 2ᵉ degré qui a pour racines 3/4 et 2/3.
— Id. $3-\sqrt{5}$ et $3+\sqrt{5}$.   Id. $3+4\sqrt{-1}$ et $3-4\sqrt{-1}$.

693. Lorsqu'en égalant à zéro le trinôme ax^2+bx+c, on trouve des racines imaginaires, ce trinôme conserve pour toutes les valeurs réelles, positives ou négatives de x le signe de son premier terme

694. Si l'équation $ax^2+bx+c=0$ a une racine imaginaire de la forme $m+n\sqrt{-1}$, elle en a nécessairement une autre de la forme $m-n\sqrt{-1}$.

AVIS IMPORTANT. Dans chacune des questions suivantes x' et x'' désignent les racines de l'équation $x^2+px+q=0.$

695. Exprimez, en fonction des coefficients de l'équation $x^2+px+q=0$, chacune des sommes : $x'^2+x''^2$, $x'^3+x''^3$, $x'^4+x''^4$, etc. Donnez une formule pour calculer simplement toutes ces sommes. Appliquez au cas de $p=-5$, $q=6$.

696. Exprimez en fonction des coefficients p et q, $\dfrac{1}{x'}+\dfrac{1}{x''}$, $\dfrac{1}{x'^2}+\dfrac{1}{x''^2}$, $\dfrac{1}{x'^3}+\dfrac{1}{x''^3}$, etc. (Donnez une formule pour calculer simplement toutes ces sommes.) Appliquez au cas de $q=-5/6$, $q=1/6$.

697. Exprimez de même $x'^2-x''^2$, $x'^3-x''^3$, $x'^4-x''^4$, $\dfrac{x'}{x''}\pm\dfrac{x''}{x'}$.

698. Formez l'équation qui a pour racines $\dfrac{1}{x'}$ et $\dfrac{1'}{x''}$.

370   EXERCICES D'ALGÈBRE.

699. Formez l'équation qui a pour racines $x'+2$ et $x''+2$.

700. Quelle relation doit exister entre p et q pour que x' soit double de x''.

701. Quelle relation doit exister entre p et q pour que $x'' : x' = m$.

702. Quelle relation doit exister entre p et q pour que $5x' - 3x'' = 3$.

703. Quelle relation doit exister entre p et q pour que $x'^2 + x''^2 = m$.

704. — pour que $x'^2 - x''^2 = m$.

705. Quelle relation doit exister entre p et q pour que $x'^3 + x''^3 = m$.

706. — pour que $x'^3 - x''^3 = m$.

AVIS. On vérifiera la valeur trouvée dans chaque exercice suivant.

707. $x^2 - 5x + q = 0$. Déterminez q de manière que l'une des racines soit $3\,{}^1/_2$.

708. $x^2 - 5x + q = 0$. Déterminez q de manière que $5x' - 3x'' = 3$.

709. $x^2 - 5x + q = 0$. Déterminez q de manière que $x'' = 4x'$.

710. $x^2 - 5x + q = 0$. Déterminez q de manière que $x''^2 + x''^2 = 17$.

711. $x^2 - 5x + q = 0$. Déterminez q de manière que $x''^2 - x'^2 = 15$.

712. $x^2 - 4ax + a^2 = 0$. Déterminez a de manière que $x' - x'' = 2\sqrt{3}$.

713. $x^2 - 4ax + a^2 = 0$. Déterminez a de manière que $x'^2 + x''^2 = 56$.

714. $x^2 - 4ax + a^2 = 0$. Déterminez a de manière que $x'^3 + x''^3 = 192$.

715. $x^2 - 4ax + a^2 = 0$. Déterminez a de manière que $5x' + 7x'' = 72 - \sqrt{105}$.

716. $x^2 - px + 6 = 0$. Déterminez p de manière que $x' = 24x''$.

717. $x'^2 - px + 6 = 0$. Déterminez p de manière que $x'^2 + x''^2 = 24$.

718. $x^2 - px + 6 = 0$. Déterminez p de manière que $5x'' - 4x' = 7$.

719. $x^2 - px + 6 = 0$. Déterminez p de manière que $x'^2 - x''^2 = 35$.

720. Condition pour que $x^2 + px + q = 0$ et $x^2 + p'x + q' = 0$ aient une racine commune.

721. Condition pour que $ax^2 + xb + c = 0$ et $a'x^2 + b'x + c' = 0$ aient une racine commune.

QUESTIONS QUI SE RÉSOLVENT AU MOYEN D'ÉQUATIONS DU 2ᵉ DEGRÉ.
(Exercices indiqués après le n° 158.)

AVIS. On discutera complétement chaque problème quand il y aura lieu, et on interprétera les solutions négatives.

722. La somme de deux nombres impairs consécutifs, plus la somme de leurs carrés, plus la différence de leurs cubes égale 304. Quels sont ces nombres ?

723. Un marchand vend une pièce de toile pour 60 fr., et une autre qui contient 8 mètres de plus pour 70 fr. S'il avait vendu la 1re pièce au prix de la seconde et *vice versâ*, il aurait vendu le tout 134 fr.; combien a-t-il vendu le mètre de chaque étoffe ?

724. Un nombre N est le produit de trois nombres impairs consécutifs; on le divise successivement par chacun d'eux, et on additionne les quotients; la somme est 239. Trouver N.

725. Plusieurs personnes dînent à frais communs. S'il y avait eu 3 personnes de plus, et qu'on eût payé $1/_2$ fr. de plus par personne, la dépense eût été de 60 fr.; s'il y avait eu au contraire 3 personnes de moins, et qu'on eût payé $0^f,50$ de moins par personne, la dépense eût été de 27 fr. Trouver le nombre de personnes et l'argent dépensé.

726. Partager 16 en deux parties telles que si on additionne leurs cubes, leurs carrés et leur différence, on ait pour somme 1204.

727. Des hommes et des femmes au nombre de 32 travaillent dans une fabrique. Un homme gagne 2 fr. par jour de plus qu'une femme, et néanmoins tous les hommes réunis gagnent 60 fr. par jour et les femmes autant. Trouver le nombre des hommes.

728. Quel est le nombre qui, ajouté à sa racine carrée, donne pour somme 600 ?

729. Deux ouvriers reçoivent l'un $135^f,20$ et l'autre $64^f,80$. Le 1er a travaillé 6 jours de plus que le 2e; si chacun d'eux avait travaillé le nombre de jours qu'a travaillé l'autre, ils auraient reçu la même somme. On demande le nombre des journées de travail et la journée de chaque ouvrier.

730. Former une proportion géométrique continue dont le 1er terme soit 12 et la somme des termes 27.

731. Deux ouvriers reçoivent l'un 100 fr. et l'autre 36 fr. Le 1er a travaillé 8 jours de plus que le 2e. Si le 1er avait travaillé 11 jours de moins et le 2e 3 jours de plus, ils auraient reçu tous deux la même somme. On demande le nombre de jours de travail et la paye journalière de chaque ouvrier.

732. Partager 195 en trois parties formant une proportion géométrique continue, et telle que la 3e surpasse la 1re de 120.

733. Un marchand vend une pièce d'étoffe 96 fr.; il gagne autant pour 100 que l'étoffe lui a coûté de francs; combien la pièce lui a-t-elle coûté ?

734. Le produit de 3 nombres qui forment une progression géométrique continue est 13824 et leur somme est 126. Trouver ces nombres.

735. Un cultivateur achète un certain nombre de moutons pour 360 fr.; il en perd trois par maladie et vend les autres 5 fr. de plus par tête qu'ils ne lui ont coûté. Il gagne ainsi 15 fr. sur son marché; combien chaque mouton lui avait-il coûté?

736. Partager 552 en 3 parties dont les racines carrées soient proportionnelles à 7, 5 et 8.

737. Un particulier, ayant acheté un objet qui bientôt ne lui convient plus, le revend 21 fr. Il perd ainsi autant pour 100 que l'objet lui a coûté. Combien perd-il?

738. Un nombre N, qui a 48 diviseurs, a pour facteurs premiers deux nombres entiers consécutifs dont les exposants sont tels que la différence de leurs carrés est 24; le plus petit facteur a le plus petit exposant. Trouver N.

739. Un amateur achète un tableau qu'il prend pour un original. Détrompé, il le revend 54 fr.; le taux pour 100 de la perte qu'il subit est la sixième partie du nombre des francs du prix d'achat. Quel est le prix d'achat?

740. Calculer deux nombres tels que leur produit plus leur somme $= 31$, et que la somme de leurs carrés moins leur somme $= 48$.

741. On a acheté des pêches à un prix tel que si on en avait eu deux de plus pour 1^f,20, on aurait payé la douzaine 10 centimes de moins. Combien a-t-on payé la douzaine?

742. Quelle est la base du système de numération dans lequel 190 (système décimal) s'écrit ainsi : 276?

743. Une cuisinière est chargée d'acheter pour 60 centimes de poires. Elle en achète en effet pour 60 centimes; mais elle en mange 4, et il arrive alors que sa maîtresse paye la douzaine de poires 6 centimes de plus que le prix véritable. Combien a-t-elle acheté de poires?

744. Quelle est la base du système de numération dans lequel 16516 (système 8) s'écrit ainsi : 30605?

745. Un particulier loue un certain nombre d'hectares de terre pour 840 fr. Il en cultive 7 lui-même et loue le reste à 10 fr. de plus par hectare qu'il n'a loué lui-même; le sous-locataire paye 840 fr. On demande le nombre des hectares sous-loués.

746. La différence de deux nombres ainsi écrits dans un certain système de numération : 656 et 355, est 131 (système 9). Quelle est la base du système inconnu?

747. Un robinet coulant seul met 7 heures de moins qu'un autre à remplir un bassin; les deux robinets coulant ensemble remplissent le bassin en 3^{h}36^m. Combien faut-il de temps à chaque robinet coulant seul pour remplir le bassin?

748. La différence de deux nombres est 7; celle de leurs cubes est 1267. Quels sont ces nombres?

749. Un bassin est alimenté par deux robinets. On ouvre le premier pendant les 2/3 du temps qu'il faudrait au 2ᵉ pour remplir seul le bassin ; on ouvre ensuite le 2ᵉ robinet qui achève de remplir le bassin. Si on avait ouvert tout d'abord les deux robinets ensemble, ils auraient mis 1ʰ55ᵐ30ˢ de moins à remplir le bassin, et le premier robinet eût versé les 5/8 de ce qu'a réellement versé le 2ᵉ. Combien de temps met chaque robinet coulant seul à remplir le bassin ?

750. En divisant un nombre N de deux chiffres par le produit de ses chiffres, on a pour quotient 3, et en lui ajoutant 18 on a pour somme le nombre renversé. Trouver N.

751. Deux fermiers ont vendu ensemble du blé pour 1350 fr. Le 1ᵉʳ en a vendu 5 hectolitres de plus que le 2ᵉ ; si chacun avait vendu autant d'hectolitres qu'en a vendu l'autre, le 1ᵉʳ aurait reçu 540 fr. et le 2ᵉ 840 fr. Combien chaque fermier a-t-il vendu d'hectolitres et à quel prix ?

752. Dans un nombre N de 3 chiffres, le chiffre des centaines est moyen proportionnel entre les deux autres ; le chiffre des dizaines est le 6ᵉ de la somme des deux autres chiffres, et enfin en ajoutant 396 à ce nombre, on a pour somme le nombre renversé. Trouver N.

753. Des canotiers descendent la Seine l'espace de 5 kilomètres, puis reviennent au point de départ en 1ʰ 6ᵐ 40ˢ. La Seine ayant un courant de 2^{km},4 à l'heure, on demande le chemin que feraient par heure sur un lac tranquille ces canotiers ramant avec la même force.

754. La somme de deux nombres ainsi écrits : 50304, et 235, dans un système de numération inconnu, s'écrit ainsi : 15037, dans le système 8. Trouver la base du 1ᵉʳ système.

755. Un marchand fait usage d'une balance fausse pour peser du thé quand il l'achète, puis quand il le vend ; il gagne ainsi 24 p. 100 de plus que s'il employait une balance exacte. S'il changeait seulement de plateau pour l'achat et pour la vente, il ne perdrait ni ne gagnerait sur son prix d'achat. Trouver le gain qu'il ferait pour 100 s'il faisait usage d'une balance exacte dans les deux circonstances.

756. Le produit de deux nombres ainsi écrits : 504 et 308, dans un système de numération inconnu, s'écrit ainsi : 107800 dans le système 9. Trouver la base du 1ᵉʳ système.

757. Le nombre de kreutzers d'Autriche valant 5^f,16, surpasse de 77 le nombre de silbergros de Prusse valant la même somme ; on sait de plus que 15 silbergros valent 0^f,08 de plus que 40 kreutzers. On demande les valeurs en francs et centimes du kreutzer et du silbergros.

758. Former une proportion continue par quotient, connaissant la somme a des trois termes différents et la somme c de leurs carrés. Appliquez au cas où $a = 38$, $c = 532$.

759. Deux trains T et T' partent en même temps des extrémités A et B d'un chemin de fer. Le 1ᵉʳ arrive en B 3ʰ45ᵐ, et le 2ᵉ en A 9ʰ36ᵐ après leur rencontre. On demande le temps que chacun a mis pour parcourir la ligne entière.

760. Calculer les termes d'une proportion par quotient, sachant: 1° que le 1ᵉʳ surpasse le 2ᵉ de 4, 2° que le 3ᵉ surpasse le 4ᵉ de 3, et 3° que la somme des carrés des 4 termes est 62,5.

761. Deux trains parcourent en 12 heures l'un une certaine distance inconnue, l'autre 114 kilom. de plus; on sait que le 2ᵉ train met 45 minutes de moins que le 1ᵉʳ pour parcourir 142^{Km},5. Trouver d'après cela la 1ʳᵉ distance et la vitesse moyenne de chaque train.

762. Former une proportion géométrique continue, connaissant la somme a des trois termes différents et la somme C de leurs cubes. Appliquez au cas de $a = 14$ et $C = 584$.

763. Deux trains T et T′ partis à la même heure de deux stations S et S′, distantes de 60 kilomètres, et circulant dans le même sens, se rencontrent en un point C. On sait que leurs vitesses moyennes sont telles que T aurait mis $2^h 40^m$ pour parcourir la distance S′C, et T′ six heures pour parcourir SC. Trouver les distances SC, S′C et les vitesses moyennes.

764. Former une proportion continue par quotient, connaissant la somme a des 3 termes et la différence b des extrêmes. Appliquez au cas où $a = 195$ et $b = 120$.

765. Deux trains T et T′ partis des extrémités A et B d'un chemin de fer se rencontrent en un point C de la ligne; T a fait alors 112 kilom. de plus que T′. Leurs vitesses sont telles que T continuant son chemin parcourt la distance CB en $4^h 1/2$ et T′ la distance CA en $12^h 1/2$. Trouver les distances AC, CB, et la vitesse moyenne de chaque train.

766. Former une proportion par quotient, connaissant la somme a des extrêmes, la somme b des moyens, et la somme c des carrés des 4 termes. Appliquez au cas où $a = 17$, $b = 23$, $c = 578$.

767. Un particulier place 12000 fr. à un certain taux; au bout d'un an, l'occasion se présentant, il retire ce capital et ses intérêts, place le tout à 1 pour 0/0 de plus, et se trouve avoir ainsi un revenu de 756 fr. Trouver le 1ᵉʳ taux.

768. Former une proportion par quotient, connaissant la somme a des extrêmes, la somme b des moyens, et la somme c des cubes des 4 termes. Appliquez au cas où $a = 6,8$; $b = 5,2$; $c = 282,24$.

769. Un rentier a fait deux parts d'un capital de 84000 fr. et les a placées à deux taux différents, de manière qu'elles produisent toutes deux le même revenu. La 1ʳᵉ partie placée au 2ᵉ taux rapporterait 2880 fr., et la 2ᵉ au 1ᵉʳ taux rapporterait 1620 fr. Trouver les deux parties et les deux taux.

770. Former une proportion par quotient connaissant le produit a des extrêmes, la somme b des 4 termes, et la somme c de leurs carrés. Appliquez au cas où $a = 6$; $b = 18$; $c = 162,50$.

PROBLÈMES DU 2ᵉ DEGRÉ.

771. Un particulier a prêté 15000ᶠ à un certain taux. 3–18j après, le débiteur, qui est libre de rembourser, trouvant de l'argent à 1 p. 0/0 de moins, dit qu'il ne gardera celui qu'il a qu'à ce taux inférieur. Le créancier accepte, donne le 1ᵉʳ billet et reçoit un 2ᵉ billet de 15524ᶠ,50 payable dans 4 mois. Trouver le taux.

772. Former une proportion par quotient connaissant le produit a des extrêmes, la somme b des 4 termes et la somme C de leurs cubes. Appliquez au cas où $a=63$; $b=34,5$; $c=3907,125$.

773. On partage 1200ᶠ en parties proportionnelles aux carrés de 3 nombres pairs consécutifs. La part moyenne est 384ᶠ; quelles sont les deux autres?

774. Former une proportion par quotient connaissant la différence a des extrêmes, la différence b des moyens et la somme c des carrés des 4 termes. Appliquez au cas où $a=0,4$; $b=13,6$; $c=338,72$.

775. Deux marchands ont retiré d'une association qu'ils ont faite 3000ᶠ mise et bénéfice. La mise du 1ᵉʳ est de 600ᶠ; le gain du 2ᵉ est de 800ᶠ; on demande le gain du 1ᵉʳ et la mise du 2ᵉ.

776. Former une proportion par quotient connaissant la somme a des termes, la somme c de leurs carrés et la somme C de leurs cubes. Appliquez au cas de $a=9,6$; $c=35,36$; $C=153,216$.

777. Trois marchands ont fait une association. Le 1ᵉʳ a mis 5000ᶠ de moins que le 2ᵉ et 5000ᶠ de plus que le 3ᵉ. S'ils n'eussent mis chacun qu'autant de francs qu'ils ont mis de fois 1000ᶠ, la mise du 2ᵉ multipliée par celle du 3ᵉ donnerait un produit égal à 75. Quelle est la mise de chacun?

778. Former une proportion par quotient connaissant le produit a des extrêmes, la somme b des 4 termes et la différence c entre la somme des carrés des extrêmes et la somme des carrés des moyens. Appliquez au cas où $a=24$; $b=22,4$; $c=53,76$.

779. Un capitaliste veut placer une somme de 80000ᶠ et une somme de 50000ᶠ, à des taux différents. S'il les place à intérêts simples, il en retirera 12000ᶠ en deux ans; mais s'il les place à intérêts composés, il en retirera 280ᶠ de plus. Trouver les taux.

780. Former une proportion par quotient connaissant le produit a des extrêmes, la somme c des carrés des 4 termes et la différence b entre la somme des extrêmes et la somme des moyens. Appliquez au cas de $a=120$; $c=725$, et $b=3$.

781. Deux négociants ont entrepris une affaire avec une mise totale de 1000ᶠ; l'argent du 1ᵉʳ est resté 5 mois dans l'entreprise; celui du second 2 mois. Chacun a reçu à la fin 900ᶠ pour mise et bénéfice; on demande la mise et le bénéfice particuliers de chacun?

782. x, y, z, t formant une proportion par quotient sont tels que $y+z-x$

376 EXERCICES D'ALGÈBRE.

$-t=a$, $y^2+z^2-x^2-t^2=c$; $y^3+z^3-x^3-t^3=$ C. Trouver x, y, z, et t. Appliquez au cas où $a=3$; $c=165$; C$=5301$.

783. Deux ouvriers ont un ouvrage à faire. Si chacun d'eux en faisait la moitié, il leur faudrait en tout 25 heures de travail pour le terminer; mais s'ils travaillent ensemble, l'ouvrage sera fait en 12 heures; combien d'heures chacun emploierait-il à faire l'ouvrage entier s'il travaillait seul?

784. Former une progression par quotient de 4 termes, connaissant la somme a des 4 termes et la différence c entre la somme des carrés des deux premiers termes et la somme des carrés des deux derniers. Appliquez au cas où $a=67,5$; $c=1518,75$.

785. Un billet de 4200^f est payable le 17 décembre 1864. Le porteur qui peut l'escompter à un certain taux trouve le 4 septembre l'occasion de placer son argent à un taux plus fort de 1 $^1/_2$ p. 0/0. Il fait les deux opérations successivement, et se fait ainsi un revenu de 248^f,724. Trouver le taux en question.

786. La somme de deux nombres multipliée par la somme de leurs carrés donne pour produit 1484; leur différence multipliée par la différence de leurs carrés donne pour produit 224. Quels sont ces nombres?

787. Un spéculateur achète pour 24000^f d'obligations de 500^f qui perdent x pour 0/0 de leur valeur nominale. Plus tard, ces obligations faisant x pour 0/0 de prime, il en garde 20 et vend les autres 15600^f. Trouver le nombre des obligations achetées et le prix de chacune.

788. Un nombre N de 3 chiffres est égal à 73 fois le chiffre de ses dizaines celui-ci est égal à la somme des deux autres diminuée de 1. On sait de plus que le produit du chiffre des dizaines par celui des centaines est égal à 2 fois $^1/_2$ le carré du chiffre des unités. Trouver N.

789. Un particulier achète pour 72900^f d'obligations d'un chemin de fer rapportant 15^f d'intérêt annuel; l'année suivante il en achète d'autres au même cours pour 21600^f. Au bout de 2 ans il cède toutes ces obligations au prix coûtant, joint à leur prix 450^f et les intérêts qu'il a économisés, et achète avec le tout d'autres obligations rapportant également 15^f de rente au cours de 250^f. Il se fait ainsi 6255^f de rente; on demande le nombre et le prix des premières obligations.

790. Former une proportion géométrique continue connaissant la somme a des trois termes différents, et l'excès b de la somme des carrés des extrêmes sur le carré du moyen. Appliquez au cas de $a=42$; $b=468$.

791. On a escompté le même jour à 5 p. 0/0 deux billets dont les valeurs nominales se montent ensemble à 7520^f. Le 1er a donné lieu à un escompte de 20^f; le second payable 10 jours plus tôt, a donné lieu à une escompte de 21^f. On demande les valeurs nominales et les échéances.

792. Former une progression par quotient de quatre termes connaissant la somme a des extrêmes et la somme b des moyens. Appliquez au cas de $a=378$ et $b=90$.

793. L'escompte d'un billet de 2460ᶠ est 67ᶠ,65. Si l'échéance était rapprochée de 55 jours et le taux augmenté de 1 1/2 pour 0/0, l'escompte resterait le même. Trouver le taux et l'échéance.

Questions de géométrie.

Avis. La valeur de chaque ligne demandée ou nécessaire pour la résolution de la question proposée doit être calculée ou exprimée en fonction des quantités données; de même la valeur de chaque surface ou de chaque volume demandé. — On interprétera autant que possible les solutions négatives des équations finales.

Si on a déjà étudié les questions de maximum ou de minimum, on fera bien de discuter tout de suite complétement chaque question proposée, c'est-à-dire que l'on résoudra en même temps la question de maximum ou de minimum correspondante proposée plus loin dans la série des questions de ce genre; c'est ce que nous allons faire nous-même. Si nous avons proposé plus loin à part ces questions de maximum ou de minimum, c'est qu'on les propose souvent ainsi.

Ayant résolu la question algébrique, on fera bien d'interpréter au point de vue de la géométrie les circonstances et les résultats indiqués par l'algèbre, et on construira, s'il y a lieu, les lignes trouvées d'après les formules algébriques.

794. Connaissant le nombre N des diagonales qu'on peut mener dans un polygone ABCDEF...., trouver le nombre de ses côtés.   Appliquer au cas de $N = 54$.

795. La surface d'un champ rectangulaire est de 72 ares; un champ qui a 30 mètres de moins en longueur et 20 mètres de plus en largeur a la même surface. Trouver les dimensions du 1ᵉʳ champ. (Interpréter la solution négative.)

796. Inscrire dans un cercle un rectangle de surface donnée.
— *Idem* de périmètre donné.

797. Mener par un point donné *intérieur* ou *extérieur* à un cercle une sécante AMB ou MAB, de manière que la corde AB ait une longueur donnée. (2 problèmes.)

798. Mener par un point donné intérieur ou extérieur à un cercle une sécante AMB ou MAB telle que la somme $\overline{AM}^2 + \overline{MB}^2$ (M intérieur), ou $\overline{MA}^2 + \overline{AB}^2$ (M extérieur) soit égale à un carré donné. (2 problèmes.)

798 bis. Mener par un point donné M *intérieur* ou *extérieur* à un cercle une sécante AMB ou MAB telle que $\overline{MB}^2 - \overline{MA}^2 = a^2$.

799. Mener par un point donné M, *intérieur* ou *extérieur* à un cercle, une sécante AMB ou MAB telle que la corde (M *intérieur*) ou la sécante (M *extérieur*) soit divisée par le point ou par la circonférence en moyenne et extrême raison. (2 problèmes et 2 cas pour le 2°.)

800. Étant donnée une perpendiculaire à la ligne des centres de deux circonf., trouver sur cette droite un point d'où ces circonf. soient vues sous des angles égaux. (Discuter; le problème est-il possible pour toutes les perpendiculaires à la ligne des centres?)

801. Connaissant les cordes de deux arcs et le rayon d'un cercle, calculer la corde de leur somme ou de leur différence. Appliquer au cas de $r=4$; $c=3$; $c'=2$.

802. Exprimer en fonction du rayon le côté du pentédécagone régulier inscrit dans un cercle. Appliquer au cas de $r=2,5$.

803. Mener par un point donné dans l'intérieur d'un angle une droite telle que le rectangle des segments intercepté sur les côtés de l'angle soit équivalent à un carré donné.

804. Mener par un point donné dans l'intérieur d'un angle une droite telle que la somme des segments interceptés soit égale à une ligne donnée.

805. Mener par un point donné dans un cercle deux cordes rectangulaires qui soient les diagonales d'un quadrilatère inscrit de surface donnée.

806. Circonscrire à un cercle un trapèze isocèle ayant un périmètre donné — une surface donnée. (2 problèmes.)

807. Circonscrire à une circonférence un losange ayant un périmètre donné.

808. Circonscrire à une circonférence un losange ayant une surface donnée.

809. Circonscrire à une circonférence un losange tel que sa surface ajoutée à celle du rectangle qui a pour sommets les points de contact fasse une somme donnée.

810. Inscrire dans une circonférence un triangle isocèle dont la base et la hauteur fassent une somme donnée.

811. Inscrire dans un triangle un rectangle de surface donnée.

812. Circonscrire à un rectangle un rectangle de surface donnée.

813. Inscrire un carré donné dans un carré donné.

814. Diviser un triangle en moyenne et extrême raison par une parallèle à un de ses côtés.

815. Diviser un trapèze en moyenne et extrême raison par une parallèle à ses bases.

816. Diviser un cercle en moyenne et extrême raison par une circonférence concentrique.

PROBLÈMES DE GÉOMÉTRIE DU 2ᵉ DEGRÉ.

817. Calculer les côtés inconnus d'un triangle rectangle connaissant
— Le périmètre et l'hypoténuse a, ou la somme $b+c$ (*).

818. — le périmètre et la différence $b-c$.

819. — le périmètre et le rapport $b:c$.

820. — le périmètre et la surface.

821. — le périmètre et le rapport $a:(b+c)$, ou $a:(b-c)$. (2 problèmes.)

822. — le périmètre et $a^2+b^2+c^2$.

823. Calculer les côtés inconnus d'un triangle rectangle connaissant
— le périmètre et la hauteur correspondante à l'hypoténuse.

824. — l'hypoténuse et la différence $b-c$, ou le rapport $b:c$.

825. — l'hypoténuse et la surface ($b \times c$).

826. — l'hypoténuse et la somme $b+c+h$, h étant la hauteur correspondante à l'hypoténuse.

827. — le rayon du cercle inscrit et l'hypoténuse, ou le périmètre.

828. — le rayon du cercle inscrit et la surface.

829. Circonscrire à une circonférence un triangle rectangle
— ayant une hypoténuse donnée,
— un périmètre donné,
— une surface donnée.

830. Une circonférence étant inscrite dans un angle droit, mener une tangente inscrite dans l'angle
— de longueur donnée,
— déterminant un triangle de surface donnée,
— déterminant un triangle de périmètre donné.
(Ces trois derniers problèmes sont les mêmes que les trois précédents.)

831. Connaissant deux côtés d'un triangle et la surface, trouver le 3ᵉ côté.

832. Connaissant la base d'un triangle, la hauteur correspondante et la somme ou la différence des deux autres côtés, trouver ces côtés.

833. Inscrire dans un demi-cercle donné un trapèze de périmètre donné.

834. Circonscrire à un demi-cercle donné un trapèze de surface donnée.

835. Couper un prisme triangulaire donné par un plan tel que la section soit un triangle équilatéral.

(*) Quand les côtés d'un triangle rectangle sont connus, on les désigne ordinairement par a, b, c; a étant l'hypoténuse. Quand ils sont inconnus, on les désigne ordinairement dans le calcul par x, y, z, x désignant l'hypoténuse.

836. Mener par un point donné une circonférence qui touche une droite et une circonférence données.

837. Mener par un point donné une circonférence qui touche deux circonférences données.

838. Calculer les arêtes d'un parallélipipède rectangle connaissant — sa surface totale, sa diagonale et sachant que ses arêtes forment une proportion continue par différence.
idem par quotient (2 problèmes).

839. Calculer les arêtes d'un parallélipipède rectangle connaissant son volume et la somme de ses arêtes qui forment une proportion continue par quotient.

840. Calculer les trois arêtes x, y, z d'un parallélipipède rectangle connaissant son volume, sa diagonale et la somme $\frac{1}{a}+\frac{1}{b}+\frac{1}{c}$ des inverses des valeurs de ses arêtes.

841. Calculer les arêtes d'un parallélipipède rectangle connaissant sa surface totale, la diagonale d'une face et la somme des arêtes.

842. Connaissant la hauteur h, la grande base B^2 et le volume V d'un tronc de pyramide ou d'un tronc de cône à bases parallèles, calculer l'autre base.

843. Connaissant la surface totale et le côté ou le rayon de la base d'un cône, calculer son volume (2 problèmes).

844. Inscrire dans un triangle donné un rectangle qui engendre, en tournant autour du côté commun, un cylindre de surface convexe donnée ; — de surface totale donnée (2 problèmes).

845. Mener un plan parallèle à la base d'un cône dont les dimensions sont connues de manière que le tronc de cône ait un volume donné. Calculer la hauteur et le rayon de la 2ᵉ base du tronc. Appliquer au cas de $R=2^m,5; h=3^m,0;$ $V=24\pi$.

846. Couper une sphère par un plan de manière que l'aire de la section soit la moitié de la petite zone adjacente.

847. Couper une sphère par un plan de manière que l'aire de la section soit égale à la différence des zones déterminées.

848. Un cylindre et un tronc de cône ont une base commune et même hauteur. Dans quel rapport doivent être les rayons des bases non communes pour que le tronc de cône soit les 2/3 du cylindre.

849. Inscrire dans un cône donné un cylindre de surface convexe donnée — de surface totale donnée (2 problèmes).

850. Couper une sphère par un plan tel que la moyenne géométrique des zones déterminées soit équivalente à un cercle donné.

PROBLÈMES DU DEUXIÈME DEGRÉ. 381

851. Un cône donné étant inscrit dans une sphère, mener un plan tel que la différence des sections obtenues dans les deux corps soit équivalente à un cercle donné.

852. Une sphère et un cylindre étant posés sur un plan, mener un 2ᵉ plan tel que les volumes interceptés soient entre eux dans un rapport donné.

853. Étant donnés un demi-cercle AEB et deux tangentes aux extrémités du diamètre AB, mener une tangente CED telle que le trapèze ABDC ait une surface donnée.

854. Étant donnés un demi-cercle AEB et deux tangentes aux extrémités du diamètre AB, mener une tangente CED telle que le volume engendré par trapèze tournant autour du diamètre ait une valeur donnée.

855. Couper une sphère par un plan tel que le plus petit segment de sphère déterminé et le cône de même base ayant son sommet au centre de la sphère soient équivalents, ou soient entre eux dans un rapport donné.

856. Inscrire dans une sphère un cylindre d'une surface latérale donnée.

857. Inscrire dans une sphère un cylindre d'une surface totale donnée.

858. Couper une sphère par un plan de manière que le segment de sphère détaché ait une surface totale donnée.

859. Circonscrire à une sphère un cône droit ayant un volume donné.

860. Circonscrire à une sphère un cône ayant une surface totale donnée.

861. Circonscrire à une sphère un cône ayant une surface latérale donnée.

862. Inscrire dans une sphère un cylindre dont le volume soit la demi-somme des volumes des segments sphériques adjacents à ses bases.

863. Inscrire dans une sphère un cône droit équivalent au segment sphérique opposé de même base.

864. Circonscrire à une sphère un cône droit dont la surface convexe soit double de sa base.

865. Inscrire dans une sphère un cône droit dont la base soit une partie déterminée de la surface convexe.

866. Inscrire dans une sphère un cylindre droit dont la somme des deux bases soit à la surface latérale dans un rapport donné.

867. Mener au diamètre AB d'un demi-cercle ACB une perpendiculaire CD telle que les volumes engendrés par le demi-segment de cercle ACD et le triangle CBD tournant autour de AB soient entre eux dans un rapport donné.

868. Déterminer sur une demi-circonférence AMCNB le point C de manière que la somme des volumes engendrés par les segments de cercle AMC, CNB tournant autour de AB soit équivalente à un volume donné.

869. Trouver la largeur d'une malle formée par un parallélipipède rectangle surmonté d'un demi-cylindre, connaissant la hauteur totale de cette malle, sa longueur et sa capacité.

870. Mener une parallèle à la base BC d'un triangle ABC de manière que les volumes engendrés par le triangle partiel et le trapèze obtenus tournant autour de BC soient équivalents; on sait que la parallèle qui passe par les milieux de AB et de AC répond à la question. Y a-t-il d'autres solutions.

Questions de physique.

871. Une lampe L et une bougie B sont séparées par une droite LB de $3^m,75$. La lampe éclairant à l'unité de distance 5 fois plus que la bougie, on demande de déterminer sur la direction LB les points également éclairés par les deux lumières.

872. Trouver le diamètre d'un fil de platine dont la densité est 22,08, sachant que le mètre de ce fil pèse 100^{gr}.

873. La profondeur d'un puits est, dit-on, de a^m. Pour le vérifier, on y jette une pierre et on compte le nombre de secondes qui s'écoulent entre le moment où on a lancé la pierre et celui où on entend le bruit de sa chute. Combien doit-on compter de secondes pour que la profondeur annoncée soit exacte? Appliquer au cas de $a = 100^m$; la vitesse du son est de 340^m par seconde et $g = 9,8088$.

874. Un tube cylindrique, dans lequel se meut un piston, plonge dans une cuve de mercure. Le mercure s'élevant dans le tube à 12^{cm} au-dessus de son niveau dans la cuve, la colonne d'air a 30^{cm} de longueur. On abaisse le piston de 6^{cm}; quelle est alors la hauteur du mercure dans le tube?

875. Un corps de pompe a un tuyau d'aspiration de 2^m de hauteur. Le piston peut se mouvoir entre 1^{cm} et 5^{dm} à partir du fond de corps de pompe où se trouve la soupape du tuyau d'aspiration. Le rayon du corps de pompe est 2^{dm}; celui du tuyau d'aspiration 1^{cm}; on demande à quelle hauteur s'élèvera l'eau au 1er coup de piston?

876. Dans un manomètre à air comprimé dont le tube est parfaitement calibré, le mercure est de niveau dans les deux branches sous la pression de $0^m,76$. On demande de combien le mercure montera dans les deux branches sous la pression H, n étant le nombre des centimètres du tube primitivement occupés par l'air dans la branche fermée.

877. On emploie $88^{kg},1625$ de glace à zéro pour amener de 35° à 15° centigrades l'eau contenue dans un bassin qui a la forme d'un tronc de cône circulaire à bases horizontales; la base supérieure a $1^m,2$ de rayon; la hauteur est $0^m,90$ et le bassin est rempli d'eau à moitié de sa hauteur. Calculer le rayon de la base inférieure, sachant que la chaleur latente de fusion est 80.

Questions de maximum et de minimum.

QUESTION GÉNÉRALE. *Trouver le maximun ou le minimum de chacune des expressions suivantes jusqu'à l'Exercice 903 inclusivement. Expliquer la marche progressive des valeurs positives ou négatives, croissantes ou décroissantes, que prend chacune d'elles quand x varie d'une manière continue de* $-\infty$ *à* $+\infty$.

On tiendra compte dans cette discussion des signes des radicaux.

On cherchera le maximun ou le minimun de chaque expression numérique de la forme $ax^2 + bx + c$ *par la méthode générale et par la décomposition en deux facteurs du 1er degré en x.*

878. Trouver le maximum ou le minimum de $\dfrac{a}{x} + \dfrac{a}{a-x}$.

879. Trouver le maximum ou le minimum de $\dfrac{x}{a-x} + \dfrac{a-x}{x}$.

880. Trouver le maximum ou le minimum de $x^2 + (a-x)^2$.

881. Trouver le maximum ou le minimum de $\sqrt{x} + \sqrt{a-x}$.

882. Trouver le maximum ou le minimum de $3x^2 + 4(a-x)^2$.

883. Trouver le maximum ou le minimum de $\sqrt{5-3x} + \sqrt{7x-8}$.

884. Trouver le maximum et le minimum de $\sqrt{1+x} + \sqrt{1-x}$.

885. Trouver le maximum et le minimum de $\sqrt{5+3x} - \sqrt{7x-8}$.

886. Trouver le maximum et le minimum de $5x^2 + 8x - 266$.

887. Trouver le maximum et le minimum de 4x² — 7x+3:2° de $5(x-3)(x+7)$.

888. Trouver le maximum et le minimum de $8x^2 - 5x + 3$.

889. Trouver le maximum et le minimum de $5x - 3 + \sqrt{2-3x}$.

890. Trouver le maximum et le minimum de $ax^2 + bx + c$.

891. Trouver le maximum et le minimum de $\dfrac{ax^2 + bx + c}{a'x^2 + b'x + c'}$.

On examinera dans ces deux derniers exercices tous les cas qui peuvent se présenter, et on résoudra bien complètement la question générale ci-dessus pour chacun de ces cas.

(*) x et $a-x$ sont les deux parties de a. Énoncez cette question et les quatre suivantes en langage ordinaire; de cette manière, par ex. : Décomposer un nombre a en deux parties telles que la somme des quotients de a divisé successivement par les deux parties soit la plus petite possible.

Tout en résolvant cette même question générale pour les expressions suivantes de 892 à 903 inclus, on indiquera en particulier les limites des valeurs positives de ces expressions correspondant, 1° à des valeurs positives, 2° à des valeurs négatives de x.

892. Trouver le maximum et le minimum de $\dfrac{2x^2 - 10x + 9}{12x - 14}$

893. Trouver le maximum et le minimum de $\dfrac{x^2 + 4x - 2}{x^2 - 4x + 4}$.

894. Trouver le maximum et le minimum de $\dfrac{x^2 - 1}{x^2 + 1}$.

895. Trouver le maximum et le minimum de $\dfrac{15x - 24}{9x^2 - 15x + 20}$.

896. Trouver le maximum et le minimum de $\dfrac{5x^2 - 8}{7x^2 - 3x - 6}$.

897. Trouver le maximum et le minimum de $\dfrac{x^2 - 2x - 3}{3x - x^2 - 2}$.

898. Trouver le maximum et le minimum de $\dfrac{(x-3)(x+5)}{x^2}$.

899. Trouver le maximum et le minimum de $\dfrac{5x^2 - 3x - 2}{8x^2 + 5x - 9}$.

900. Trouver le maximum et le minimum de $\dfrac{7x - 1}{\sqrt{3x^2 - 7x + 2}}$.

901. Trouver le maximum et le minimum de $\dfrac{x^2 + 2x - 3}{x - 2}$.

902. Trouver le maximum et le minimum de $\dfrac{x^4 + 6x^2 - 12}{2x^2 - 6}$.

903. Trouver le maximum et le minimum de $\dfrac{3x^2 - 12x + 1}{x^2 + 2}$.

904. Principe. Si une quantité A étant donnée, une autre quantité A′ est maximum dans certaines circonstances, réciproquement A′ étant fixe, A sera un minimum dans les mêmes circonstances, pourvu que la valeur donnée de A diminuant, le maximum correspondant de A′ diminue. Démontrez.

On appliquera ce principe quand il y aura lieu dans les Exercices suivants.

905. Maximum de xy quand $x^2 + y^2 = a^2$; idem de $x + y$.

906. Minimum de $x^2 + y^2$ quand $x + y = a$; idem de $x^3 + y^3$.

907. Minimum de $x^2 + y^2 + z^2$ quand $x + y + z = a$.

Questions géométriques de maximum et de minimum.

Pour ménager la place, nous énonçons ces questions uniformément et le plus simplement possible. Elles sont souvent énoncées autrement; on dit par ex. : *Parmi tous les triangles de même périmètre, quel est celui qui a la plus grande surface? Inscrire dans un cercle le plus grand rectangle possible...* On ramène aisément ces énoncés aux nôtres et *vice versâ*, et la manière d'opérer est la même. Le résultat trouvé, on en fait l'usage demandé.

Chaque maximum ou minimum doit être déterminé par le calcul en fonction des quantités fixes ou constantes de la question, à moins qu'il ne soit indiqué d'avance par un théorème algébrique. Cela fait, on indiquera, autant que possible, la manière de construire les lignes ou les figures correspondantes, et on dira leurs caractères spéciaux ou distinctifs. Si le maximum ou le minimum demandé peut être trouvé par des moyens ou par des considérations purement géométriques, on le déterminera ainsi pour vérifier la solution algébrique tout en faisant un exercice utile de géométrie.

908. Maximum de l'aire d'un rectangle inscrit dans un cercle donné (Ex. 796).

909. Maximum du périmètre du rectangle inscrit dans un cercle donné (Ex. 796).

910. Minimum et maximum de la longueur d'une corde AMB menée par un point M donné dans une circonférence (Ex. 797).

911. Minimum de la somme $\overline{AM}^2 + \overline{MB}^2$ pour la même corde (Ex. 798).

912. Minimum de $\overline{MA}^2 + \overline{AB}^2$, MAB étant une sécante menée par un point M donné hors du cercle (Ex. 798).

913. Minimum du produit des segments interceptés sur les côtés d'un angle par une droite inscrite menée par un point intérieur donné (Ex. 803).

914. Minimum de la somme des mêmes segments (Ex. 804).

915. Minimum de l'aire du quadrilatère inscrit qui a pour diagonales deux cordes rectangulaires menées par un point donné dans un cercle (Ex. 805).

916. Minimum de l'aire d'un trapèze isocèle circonscrit à un cercle donné (Ex. 806).

917. Minimum du périmètre du trapèze de l'Ex. précédent (Ex. 806).

918. Minimum de l'aire du losange circonscrit à un cercle donné (Ex. 808).

919. Minimum du périmètre du losange de l'Ex. précédent (Ex. 807).

919 bis. Minimum de la somme des aires du losange circonscrit à un cercle donné et du rectangle inscrit qui a pour sommets les points de contact du losange (Ex. 809).

920. Maximum de la somme de la base et de la hauteur d'un triangle isocèle inscrit dans un cercle donné (Ex. 810).

921. Trouver le minimum ou le maximum de la somme de la base et de la hauteur des triangles isocèles dont les côtés égaux sont les mêmes.

922. Minimum de la surface du triangle isocèle circonscrit à une circonférence donnée. (Figure de l'Ex. 859.)
Maximum du périmètre du même triangle.

923. Trouver sur la droite qui sépare les centres de deux circonférences extérieures un point tel que le produit de ses distances aux deux circonférences soit un maximum.

924. Maximum du rectangle inscrit dans un triangle donné (Ex. 811).

925. Maximum de l'aire du rectangle circonscrit à un rectangle donné (Ex. 812).

926. Maximum du carré inscrit dans un carré donné (Ex. 813).

927. Le périmètre d'un triangle rectangle restant constant, trouver
— le minimum et le maximum de l'hypoténuse ou de $b+c$ (Ex. 817).

928. — le maximum de la surface (Ex. 820).

929. — le maximum de la différence $b-c$ (Ex. 818) (*).

930. — le maximum ou le minimum de $b : c$ (Ex. 819).

931. — le maximum ou le minimum de $a : b+c$; id. de $a : b-c$ (Ex. 821).

932. — le minimum ou le maximum de $a^2+b^2+c^2$.

933. — le minimum et le maximum de la hauteur h correspondante à l'hypoténuse (Ex. 823).

934. Minimum du périmètre d'un triangle rectangle dont la surface est donnée (Ex. 820).

935. L'hypoténuse d'un triangle rectangle restant constante, trouver le maximum
— de la surface (Ex. 825).

(*) Voyez la note de la page 53 pour la désignation des côtés d'un triangle rectangle.

QUESTIONS GÉOMÉTRIQUES DE MAXIMUM ET DE MINIMUM.

936. — le maximum du périmètre (Ex. 817).

937. — id. de $b-c$ (Ex. 824).

938. — le minimum ou le maximum de $b+c+h$ (Ex. 826).

939. Le rayon du cercle inscrit dans un triangle étant constant, trouver
— le minimum de la surface (Ex. 828).

940. — le minimum du périmètre ou de l'hypoténuse (Ex. 827).

941. — le minimum ou le maximum de $a^2+b^2+c^2$.
Autrement dit :
Trouver le minimum de l'aire, ou du périmètre, ou de l'hypoténuse du triangle rectangle circonscrit à une circonf. donnée.

942. Trouver le minimum de chacune des quantités données dans l'Ex. 830.

943. Parmi les triangles de même base et de même périmètre, quel est celui qui a la plus grande surface?

944. Maximum des triangles de même périmètre.

945. Minimum du périmètre des triangles qui ont un côté commun et la même surface.

946. Inscrire dans un demi-cercle un trapèze maximum (Ex. 834). Circonscrire à un demi-cercle un trapèze de périmètre minimum (Ex. 833).

947. Maximum du volume d'un parallélipipède rectangle dont la somme des arêtes est donnée.

948. Maximum du volume d'un parallélipipède rectangle inscrit dans une sphère donnée ou dont la diagonale est donnée.

949. Minimum de la surface d'un parallélipipède rectangle de volume donné.

950. Maximum de volume d'un parallélipipède rectangle dont la surface totale est donnée.

951. Minimum de la surface convexe d'un cylindre de volume donné.

952. Maximum de la surface latérale d'un cylindre inscrit dans une sphère donnée (Ex. 856).

953. Maximum de la surface totale d'un cylindre inscrit dans une sphère donnée (Ex. 857).

954. Circonscrire à une sphère donnée un cône droit minimum (Ex. 859).

955. Circonscrire à une sphère donnée un cône droit
— de surface convexe minimum (Ex. 861).

956. — de surface totale minimum (Ex. 860).

957. Trouver le minimum : 1° du volume; 2° de la surface convexe du cône droit circonscrit à une demi-sphère donnée, dont la base est intérieure et concentrique à la sienne.

958. Inscrire dans une sphère un cylindre maximum.

959. Inscrire dans une sphère un cône maximum.

960. Étant données les hauteurs h et h' de deux cylindres, on propose de déterminer les rayons de leurs bases, de manière que la somme de leurs surfaces latérales soit égale à celle d'une sphère donnée, et que la somme de leurs volumes soit la plus petite possible.

961. Maximum de la surface du trapèze de l'Ex. 853.

962. Maximum du volume engendré par le trapèze de l'Ex. 854.

963. Maximum du volume d'un cône dont l'arête est donnée.

964. Maximum de l'aire d'un triangle isocèle inscrit dans un cercle donné.

965. Parmi les cônes ayant le même côté, quel est celui qui a la plus grande surface convexe ?

966. Parmi les cônes ayant le même côté, quel est celui qui a la plus grande surface totale ?

967. Maximum du volume d'un cylindre dont la surface totale est donnée.

968. Maximum du volume d'un cône dont la surface convexe est donnée.

969. Maximum du volume d'un cône dont la surface totale est donnée.

970. Trouver le maximum de $\sin x + \cos x$ — Idem de $\sin x \cos x$ par un moyen tout à fait algébrique.

971. Trouver le maximum de $\sin^m x \cos^n x$; n et m étant donnés.

972. Trouver le maximum ou le minimum de $\dfrac{1 + \sin x}{\sin x (1 - \sin x)}$.

973. Trouver le maximum ou le minimum de $\dfrac{(1 + \sin x)^2}{\sin x (1 - \sin x)}$.

Progressions arithmétiques.

Avis. a désignant le 1er terme d'une progression arithmétique, r la raison, l le dernier terme, n le nombre des termes, et s leur somme, on établira les *formules* générales servant à la résolution de chacun des dix premiers problèmes suivants ; puis on appliquera chaque formule aux nombres donnés.

974. Résoudre les quatre problèmes suivants :

On donne
1° $l = 19$; $n = 13$; $s = 130$; trouver a et r.
2° $r = 1,25$; $n = 24$; $s = 405$; trouver a et l.
3° $r = 8,4$; $l = 217$; $n = 26$;   trouver a et s.
4° $a = 3,6$; $n = 41$; $s = 2427,2$; trouver r et l.

PROGRESSIONS ARITHMÉTIQUES. 389

975. Résoudre les quatre problèmes suivants :
On donne
1° $a = 1,025$; $l = 20$; $s = 108^1/_2$; trouver r et n.
2° $a = 4,5$; $l = 22,5$; $n = 16$; trouver r et s.
3° $a = 3$; $r = 1,8$; $n = 21$; trouver l et s.
4° $a = 8^3/_5$; $r = 1^{11}/_{15}$; $l = 60,6$; trouver n et s.

976. On donne $r = 2$, $s = 520$, $l = 45$; trouver a et n.
On discutera les formules trouvées.

977. Étant donnés $a = 12$; $r = 3$; $s = 882$; trouver l et n.
On discutera les formules.

978. Écrire les 12 premiers termes et trouver la somme des 30 premiers termes d'une prog. ar. dont le premier terme est $3^4/_7$ et la raison $2^3/_5$.

979. Écrire les 10 premiers termes et trouver la somme des 40 premiers termes d'une prog. ar. dont le premier terme est $158^3/_4$ et la raison $-(2^4/_5)$.

980. Le 15ᵉ terme d'une progression arithmétique est 59, le 21ᵉ terme 83, et le dernier 163. Trouver a, n et s.

981. Un corps abandonné à lui-même dans le vide parcourt 4ᵐ,9044 pendant la 1ʳᵉ seconde de sa chute, 4ᵐ,9044 × 3 pendant la 2ᵉ seconde, 4ᵐ,9044 × 5 pendant la 3ᵉ seconde; ainsi de suite; les espaces parcourus par seconde croissant en progression arithmétique,
— quel espace parcourt un corps qui tombe pendant 40 secondes.

981 bis. En combien de temps un corps parcourt-il 1961ᵐ,76? (Ex. 981).

982. La somme des quatre termes du milieu d'une progression arithmétique de 10 termes est 68; le produit des extrêmes est 64. Quelle est cette progression?

983. Deux mobiles M et M' partent en même temps de deux points A et B, distants l'un de l'autre de 75ᵐ, M poursuivant M' dans la direction AB. Le 1ᵉʳ parcourt 1ᵐ dans la 1ʳᵉ minute, 3ᵐ dans la 2ᵉ minute, 5ᵐ dans la 3ᵉ; ainsi de suite, sa vitesse augmentant en progression arithmétique; le 2ᵉ parcourt 3ᵐ dans la 1ʳᵉ minute, 4ᵐ dans la 2ᵉ minute, 5ᵐ dans la 3ᵉ, ainsi de suite (en progression arithmétique). Au bout de combien de minutes M atteindra-t-il M'?

984. La somme des termes d'une progression arithmétique de 11 termes est 176, et la différence des extrêmes est 30. Former cette progression.

985. Si $\dfrac{1}{a+b}$, $\dfrac{1}{a+c}$ et $\dfrac{1}{b+c}$ forment une progr. arith., il en est de même de a^2, b^2, et c^2.

986. En divisant la différence des carrés des extrêmes d'une progr. arith. par la raison, on obtient pour quotient la somme des termes de la progression, plus la somme des termes qui sont compris entre les extrêmes.

987. Combien doit-on réclamer pour une rente de 50 fr. qui n'a pas été payée depuis 17 ans en calculant l'intérêt simple des payements arriérés à raison de $4^1/_2$ p. 100 par an?

988. Dans une progression arithmétique d'un nombre impair de termes, la somme des termes de rang impair est 240 et la somme des termes de rang pair est 216. Trouver le terme du milieu et le nombre des termes.

989. Les angles d'un triangle rectangle sont en prog. arith. et son périmètre est 24ᵐ. Calculer ses côtés.

990. Étant données les deux progr. arith. 13, 16, 19, etc., et —120, —111, — 102, etc., déterminer n de manière que la somme des n premiers termes soit la même dans les deux progressions.

991. Généralisez la question précédente en considérant deux prog. $a, a+r$ $a+2r$, etc., et a', $a'+r'$, $a'+2r'$, etc. (Discussion.)

992. Les angles d'un polygone forment une prog. ar. dont la raison est 4°; le plus grand angle est de 172°. Trouver le nombre des côtés.

993. Quelle condition doit remplir une progression arithmétique pour que la somme de deux termes quelconques soit un terme de la progression?

994. Les trois côtés d'un triangle rectangle forment une progression arithmétique dont la raison est 7. Calculer ses côtés.

995. Insérer entre 1 et 31 des moyens arithmétiques en nombre tel que la somme de ces moyens soit 4 fois plus grande que la somme des deux plus grands d'entre eux.

996. On partage la hauteur d'un triangle en parties égales, et par chaque point de division on mène une parallèle à la base. On construit ensuite sur chaque base et sur chaque parallèle en remontant un rectangle compris entre deux parallèles consécutives. Trouver les aires de ces rectangles, et la limite de la somme de ces aires quand leur nombre n augmente indéfiniment.

997. La somme de 5 nombres en progr. arith. est 35, leur produit 10920. Former la progression.

998. La somme de 6 nombres entiers en progr. arith. est 57; leur produit 209440. Former la progression.
Donner la solution générale de cette question dans le cas de termes entiers.

999. Former une progression arithmétique dont la somme des n premiers termes soit n^2, quel que soit n.

1000. Un particulier emprunte 25500ᶠ à condition de rembourser 300ᶠ à la fin du premier mois, puis de mois en mois, chaque payement surpassant le précédent de 60ᶠ. Il doit de plus payer les intérêts simples à 6 p. 100 de la somme encore due à la fin de chaque trimestre. Au bout de combien de temps aura-t-il tout payé, et combien aura-t-il donné en tout?

1001. Insérer entre 1 et 49 des moyens arith. en nombre tel que le 2ᵉ de ces moyens soit la neuvième partie de l'avant-dernier.

1002. La somme de 3 nombres en progression arithmétique est 33; et leur produit est 2187. Quels sont ces nombres?

PROGRESSIONS GÉOMÉTRIQUES.

1003. La raison d'une progr. arith. de 4 termes est 4; le produit des 4 termes est 585. Former la progression.

1004. La raison d'une progression arithmétique de 6 termes entiers est 2; le produit des 6 termes de 46080. Former cette progression.

1005. Traiter la question précédente (Ex. 1004) généralement pour une progression arithmétique composée de nombres entiers.

1006. Former une progression arithmétique de 4 termes dont la somme soit 14 et dont la somme des cubes soit 224.

1007. En général, former une progression arithmétique de 4 termes, connaissant la somme s des 4 termes et la somme s_3 de leurs cubes.

1008. En général, former une progression arithmétique de 4 termes, connaissant la somme s des 4 termes et la somme s_2 de leurs carrés.

1009. Trouver la somme des carrés des n premiers nombres entiers.

1010. Trouver la somme des cubes des n premiers nombres entiers. (Cette somme est égale à $(1+2+3+...n)^2$. Démontrer.

1011. Trouver la somme des n premiers termes de la série : 1×2, 2×3, 3×4, 4×5, etc.

1012. Le rayon de la base, la hauteur, et le côté d'un cône forment une progression arithmétique dans cet ordre : R, h, et a; le volume du cône est d'ailleurs équivalent à celui de la sphère dont le rayon est 3^m. Calculer a, h, R, et la surface latérale du cône.

1013. Les rayons des bases, la hauteur et le côté d'un tronc de cône à bases parallèles forment une prog. arithm. dans cet ordre : R, a, h et r; le volume du tronc est d'ailleurs équivalent à une sphère dont le rayon est 4^m. Calculer les dimensions et la surface du tronc de cône.

Progressions géométriques.

1014. Trouver la somme des 7 premiers termes de la progression géométrique : 2 2/7, 3 1/5, 4 12/25,.....

1015. Somme des 20 premiers termes de la suite : $3-6+9-12+27-24$.

1016. Somme des n premiers termes de la progression : $8, 3, \dfrac{9}{8}$....; limite de cette somme quand n augmente indéfiniment.

1017. Somme à l'infini de $(5+4/9)+(2+1/3)+1+...$

1018. Somme à l'infini de $1-1/2+1/4-\dfrac{1}{8}+...$

EXERCICES D'ALGÈBRE.

1019. Somme à l'infini de $\dfrac{3}{4} + \dfrac{4}{8} + \dfrac{5}{16} + \dfrac{6}{32} + \ldots$

1020. Le 1ᵉʳ terme d'une progression géométrique est 192, le 4ᵉ est 3. Somme des termes à l'infini.

1021. Insérer entre 1 et 10 trois moyens géométriques sans employer les log. (à 0,001 près).

1022. Insérer trois moyens géométriques entre 3 et $\dfrac{16}{2187}$ (sans logarithmes).

1023. Les trois angles d'un triangle rectangle sont en progression géométrique. Calculer les angles aigus à 1″ près.

1024. Dans quel cas le produit de plusieurs termes quelconques d'une progression géométrique est-il toujours un terme de cette progression?

1025. Insérer cinq moyens géométriques entre 18 et 13122 (sans log.).

1026. Insérer sept moyens géométriques entre 1 et 10000. Calculer la raison à 0,01 près (sans log.).

1027. Former une progression géométrique de 4 termes connaissant la somme des extrêmes et la somme des moyens.

1028. Former une progression géométrique de 4 termes connaissant l'excès de la somme des extrêmes sur la somme des moyens et l'excès de la somme des carrés des extrêmes sur la somme des carrés des moyens.

1029. Le 10ᵉ terme d'une progression géométrique est 39366; le 6ᵉ, 486. Former la progression de 10 termes.

1030. Un nombre donné a est moyen géométrique, et b moyen arithmétique entre deux nombres inconnus x et y; trouver x et y. En déduire que la moyenne géométrique est moindre que la moyenne arithmétique.

1031. Trouver la fraction ordinaire génératrice de la fraction décimale périodique 0,324324324..... considérée comme la somme à l'infini des termes d'une progression géométrique.

1032. Trouver la somme des 100 premiers termes de la série 0,6; 0,66; 0,666; 0,6666; etc.

1033. Trouver la somme à l'infini de $6 + 0,66 + 0,0666 + 0,006666 + 0,00066666 + \ldots$

1034. Deux mobiles M et M′, partis en même temps de deux points A et B distants de 240ᵐ, se suivent dans la direction AB; la vitesse de M′ est à celle de M dans le rapport de 5 à 9. Trouver le chemin que fera M pour atteindre M′, en le considérant comme la somme à l'infini des termes d'une prog. géom. qu'on établira.

1035. Généralisez la question précédente (Ex. 1036), c'est-à-dire établissez

LOGARITHMES.

la formule du problème des mobiles à l'aide d'une prog. géom. en désignant les vitesses données et la distance AB par v, v' et d.

1036. Quelqu'un à qui l'on demandait l'heure répondit : l'aiguille des minutes est sur l'aiguille des heures entre 5 et 6 heures. Trouver l'heure à 1 seconde près, en la considérant comme la somme à l'infini des termes d'une prog. géom. qu'on établira.

1037. Déterminer comme dans l'Ex. 1036, les heures et les nombres de rencontres 2 à 2 des trois aiguilles d'une montre de midi à minuit.

1038. Montrer que l'escompte en dehors à 5 p. % d'un billet de 2100ᶠ payable dans un an est égal à l'intérêt de la somme payée au porteur du billet, plus l'intérêt de cet intérêt, plus l'intérêt de ce 2ᵉ intérêt; ainsi de suite indéfiniment.

1039. Montrer que la proposition de l'Ex. 1038 est vraie pour tous les escomptes en dehors, quels que soient le taux et l'échéance.

1040. Étant donné un triangle ACB rectangle en A, on abaisse AD perp. sur l'hypoténuse, puis DE perp. sur AC, puis ED' perp. sur BC, puis D'E' sur AC; ainsi de suite indéfiniment. a, b, c étant les côtés du triangle ABC, exprimer en fonction de a, b, c, 1° les longueurs des perp. AD, DE, ED', etc.; 2° la limite de leur somme, en supposant la construction continuée indéfiniment; 3° les aires des triangles BAD, ADE, DED', etc.; 4° la limite de la somme de ces aires. Appliquer au cas de $a=10$, $b=8$, $c=6$.

1041. On joint les milieux des côtés d'un carré, puis les milieux des côtés du nouveau carré, et ainsi de suite indéfiniment. a étant le côté du carré donné, exprimer en fonction de a la limite de la somme des aires de ces carrés inscrits.

LOGARITHMES.

47. (N.) *Tables de Lalande.* Trouver le log. de $2587 - \log 583{,}2$.

48. (N.) Log $58{,}49$;   log $484{,}27$.

49. (N.) Trouver log $2827{,}56$;   log $4{,}5839$;   log $456{,}23$.

50. (N.) Trouver log $19^{81}/_{89}$;   log $\sqrt{48{,}57}$;   log $\sqrt[4]{237{,}10}$.

Tables de Callet.

51. (N.)   Log 5287;   log $85{,}49$;   log $1{,}089$.

52. (N.)   Log $53{,}879$;   log $49{,}876$;   log $367{,}148$.

53. (N.)   Log $496{,}239$;   log $310{,}568$;   log $1428{,}37$.

54. (N.)   Log $196^{21}/_{50}$;   log $\sqrt{58{,}324}$;   log $\sqrt{582{,}857}$.

55. (N.) Sachant que $\log 2 = 0{,}3010300$; $\log 3 = 0{,}4771213$.   Trouver sans tables log 16;   log 125;   log 12;   log 5;   log 30.

56. (N.) Trouver de même log 1,5;   log 2,5;   log 40;   log 3,6.

57. (N.) Calculer par log., $x = 35,79 \times 4,873 \times 5^{1/9}$.

58. (N.) Calculer par log., $x = \dfrac{58,379 \times 532,78}{128 \times 19,388}$.

59. (N.) Calculer $x = \dfrac{(43,572)^2 \times \sqrt{287,892}}{\sqrt[3]{839,485}}$.

60. (N.) Calculer $x = \dfrac{\sqrt[4]{5837,24 \times 319,84}}{\sqrt[3]{71,987}}$.

1042. Démontrer que les puissances de 10 sont les seuls nombres entiers ou fractionnaires qui aient dans le système vulgaire des logarithmes commensurables.

1043. Sachant que $\log 2 = 0,3010300$, et $\log 3 = 0,4771213$,
— dire le nombre des chiffres de 2^{100}, de 2^{68}, de 5^{1000}, de 5^{84}, de 3^{75}.

1044. — en déduire sans tables $\log 125$, $\log \sqrt{31,25}$; $\log \sqrt[3]{0,0125}$.

1045. — déduire de même : $\log 1,35$; $\log 1080$; $\log 33,75$; $\log 0,036$.

1046. Étant donnés $\log 11,25 = 1,0511526$ et $\log 20,25 = 1,3064152$,
— en déduire sans tables $\log 303,75$; $\log 0,72$; $\log 432$; $\log 3,75$.

1047. Étant donnés $\log 6,075 = 0,7835465$ et $\log 103,68 = 2,0156952$,
— en déduire $\log 54$; $\log 40,5$; $\log 2,88$.

1048. Étant donnés $\log 370,44 = 2,5687179$, $\log 172,872 = 2,2377246$, et $\log 496125 = 5,6955912$,
— en déduire les log. de 42; de 1,26; de 35, 48; de 22,5; de 0,0392.

1049. Insérer, à l'aide des logar., 4 moyens prop. entre 17,524 et 39,815 (chaque moyen à 0,001 près).

1050. Calculer par log. la valeur d'un tétraèdre régulier d'argent massif au titre de 0,750, dont l'arête est de 0^m,18, sachant que le poids spécifique de l'argent est 10,47, et que le kilog. d'argent au titre de 0,900 vaut 198^f,50.

1051. Calculer par log. le volume d'un prisme triangulaire droit dont l'arête est de 15^m,890 et dont les côtés de la base sont 7^m,3476; 5^m,8435; 4^m,1380.

1052. Calculer par log. l'arc et la surface du secteur circulaire dont l'angle au centre est de 96° 19′ 48″, le rayon du cercle étant 3^m,856.

1053. Calculer par log. la surface d'une zone à une base, ainsi que les volumes du secteur sphérique et du segment de sphère limités par cette zone sachant que l'arc générateur de la zone est de 60°, et que le rayon de la sphère est 12^m,86.

1054. La capacité du corps de pompe d'une machine pneumatique est 1^l,5;

LOGARITHMES.

celle du récipient 6ˡ,75; la tension de l'air intérieur est de 760ᵐᵐ. Que sera celle-ci après 12 coups de piton?

Traiter ce problème d'une manière générale (*formule*).

1055. La capacité du corps de pompe d'une machine pneumatique est les 3/17 de celle du récipient. Après 3 coups de piston, la tension de l'air intérieur est de 442ᵐᵐ,17; trouver la tension primitive.

1056. Combien dans le cas de l'exercice précédent (1055) faudra-t-il donner de coups de piston au moins pour abaisser la tension de l'air intérieur au-dessous de 100ᵐᵐ?

ÉQUATIONS À RÉSOUDRE.

1057. $\log x + \log y = 3$; $5x^2 - 3y^2 = 13200$.

1058. $5^{2x} \times 3^x = 1875 \times 225$.

1059. $\log \sqrt{x} - \log \sqrt{5} = 0,5$; $3 \log x + 2 \log y = 1,5051500$.

1060. $2 \log y - \log x = 0,1249387$; $\log 3 + 2 \log x + \log y = 1,7323939$.

1061. $\log x + \log y = 2,2552725$; $5x - 4y = 64$.

1062. $5 \log x - 3 \log y + 2 \log 3 = 3,0828226$;

$3 \log x - 2 \log y - \log 5 = 0,4583840$.

1063. $5^{2x} - 7 \times 5^x = 450$.

1064. $5 \times 3^{2x} - 7 \times 3^x = 3456$.

1065. $2 \times 5^x - \dfrac{779375}{5^x} - 3 = 0$.

1066. $3^{x+1} + 3^{x-2} - \dfrac{15}{3^{x-1}} = \dfrac{247}{3^{x-2}}$.

1067. $3^{2x} \times 5^{2x-3} = 7^{x-1} \times 4^{x+3}$.

1068. $a^{x+1} + \dfrac{b}{a^{x-1}} = ac$.

1069. $ab^x = c$; $3^{2^x} = 6561$.

1070. $3 \times 2^{x+3} = 192 \times 3^{x-3}$.

Les exercices suivants offriront de très-nombreuses applications des logarithmes (théorie et pratique).

Intérêts composés et annuités.

Avis. *Sauf mention expresse, on supposera les intérêts capitalisés à la fin de chaque année.*

1071. Que deviennent au bout de 8 ans 12800^f placés à intérêts composés au taux de 6 p. 0/0?

1072. Quelle est la valeur acquise par une somme de 24800^f placée à intérêts composés et à 5 p. 0/0 pendant 3 ans 8 mois?

1073. Un particulier retire au bout de 4 ans 7 mois 20 jours la valeur acquise d'une somme de 18000^f, placée à intérêts composés à 4 1/2 p. 0/0, pour acheter au cours de 285^f des obligations nominatives rapportant chacune 15^f de rente. Il paye un droit de mutation de 0^f,20, et un courtage de $\frac{1}{8}$ pour 100^f du capital employé. Combien s'est-il fait ainsi de rente annuelle?

1074. Quelle est la somme qui, placée à 5 p. 0/0 et à intérêts composés pendant 12 ans, a produit un capital de 60000^f?

1075. Quelle somme faut-il placer à 4 1/2 p. 0/0 et à intérêts composés, pour se faire, au bout de 2 ans 8 mois 24 jours, un capital de 36000^f?

1076. A quel taux faut-il placer un capital de 54000^f pour se faire en deux ans un capital de 58406^f,31. (Résoudre sans log.)

1077. A quel taux faut-il placer à intérêts composés un capital de 32400^f pour acquérir en 1 an 3 mois 20 jours un capital de 35784^f?

1078. Combien de temps doit-on laisser placé un capital de 24000^f à intérêts composés et à 4 1/2 p. 0/0 pour se faire un capital de 34723^f,64?

1079. En combien de temps, un capital placé à intérêts composés à 8 p. 0/0 sera-t-il augmenté des 5/6 de sa valeur?

1080. Une somme de 186000^f placée à intérêts composés pendant 2 ans 7 mois 15 jours a produit un capital de 209832^f,30. Trouver le taux qui est un nombre entier.

1081. Combien de temps faut-il pour doubler, puis pour tripler un capital placé à intérêts composés, 1° à 4, 2° à 5, 3° à 6 p. 0/0?

1082. A quel taux faut-il placer un capital pour qu'il soit doublé en 15 ans?

1083. Un capital placé à intérêts composés a augmenté des 7/80 de sa valeur en 1 an 9 mois 21 jours. A quel taux était-il placé?

1084. Un capital placé à intérêts composés à un certain taux est doublé au bout de 15 ans; quel est ce taux (à 0,001 près)? Dans quelle proportion

INTÉRÊTS COMPOSÉS ET ANNUITÉS.   597

augmentera un capital placé au même taux et pendant le même temps dans un établissement où les intérêts sont capitalisés à la fin de chaque semestre.

1085. Une somme de 42800^f placée à intérêts composés pendant 2 ans a produit le même intérêt que si elle avait été placée à intérêts simples pendant 2 ans 4 mois. Trouver le taux et la somme retirée.

1086. 37500^f placés à intérêts composés pendant 2 ans ont produit 50^f de plus que s'ils avaient été placés à intérêts simples au même taux pendant le même temps. Trouver le taux.

1087. Ayant placé à intérêts composés, au même taux, 1° 25000^f pendant 6 ans, puis 36000^f pendant 3 ans, on a retiré les deux capitaux acquis se montant ensemble à 102427^f,40. Trouver le taux.

1088. 42000^f placés à intérêts composés à 5 p. 0/0 pendant un certain temps, et 48000^f placés à 4 $^1/_2$ pendant le même temps ont produit le même capital définitif. Trouver ce capital et le temps du placement.

1089. Une somme de 60000^f, placée à intérêts composés dans un établissement où les intérêts se capitalisent à la fin de chaque semestre, a été retirée au bout d'un nombre entier d'années. En la retirant un an plus tard, on aurait touché 3876^f,5286 de plus. En ne la retirant que six mois plus tard, on aurait touché 1909^f,62 seulement de plus. On demande la durée du placement, le taux et la somme retirée.

1090. Une somme de 100000^f a été placée à intérêts composés pendant un nombre entier d'années ; retirée 2 ans plus tôt, elle aurait produit 10762^f,50 de moins. Retirée au contraire 2 ans plus tard, elle aurait produit 11865^f,65625 de plus. On demande la durée du placement, le taux, et la somme retirée.

1091. Combien payerait-on pour racheter comptant une rente de 1260^f qui doit être servie pendant 30 ans, l'intérêt de l'argent étant de 6 p. 0/0 par an ?

1092. Un particulier qui a placé au commencement de chaque année 1500^f à intérêts composés et à 6 p. 0/0, retire son argent à la fin de la 12e année. Combien reçoit-il ?

1093. J'ai placé 1200^f au commencement de chaque année à 4 p. 0/0 et à intérêts composés. Je retire mon argent 7 ans 8 mois 12 jours après le 1er placement pour acheter de la rente 4 1/2 p. 0/0 au cours de 94^f,50 ; courtage 1/8 p. 0/0. Combien aurai-je de rente ?

1094. Un particulier, qui a placé au commencement de chaque année une somme a à intérêts composés et à 5 p. 0/0 pendant 15 ans, retire à la fin de la 15e année la somme de 19032^f,32. Trouver a.

1095. Un particulier, qui a placé 4800^f au commencement de chaque année à intérêts composés et à 4 1/2 p. 0/0, retire son argent au bout d'un certain nombre d'années, et achète avec son capital 4527^f de rente 3 p. 0/0 au cours de 69^f ; il paye un courtage de 1/8 p. 0/0. Combien avait-il fait de placements de 4800^f ?

1096. Un particulier, après avoir placé annuellement 2400ᶠ pendant 2 ans à intérêts composés, retire son argent à la fin de la 2ᵉ année, et achète avec cet argent moins 24ᶠ,34, *vingt* obligations rapportant chacune 15ᶠ de rente au cours de 250ᶠ. Il paye d'ailleurs un droit de mutation de 0ᶠ,20 p 0/0 et un courtage de 1/8 p. 0/0. On demande le taux du premier placement.

1097. Un particulier a fait deux placements à intérêts composés et à 6 p. 0/0 chez le même banquier qui lui a souscrit deux obligations, l'une de 20000ᶠ, l'autre de 60000ᶠ, qui sont aujourd'hui payables la 1ʳᵉ dans 3 ans 7 mois 20 jours, la 2ᵉ dans 2 ans 4 mois 10 jours. Il convient avec son banquier de remplacer les deux obligations par une seule payable dans 3 ans ; quelle doit être la somme portée sur cette obligation unique ?

1098. Amortir une dette, c'est s'acquitter de cette dette et de ses intérêts composés par des payements égaux successifs effectués ordinairement d'année en année.

Un particulier emprunte une somme de 24000ᶠ qu'il doit rembourser avec ses intérêts composés à 5 p. 0/0 par an en 12 payements égaux effectués à la fin de chaque année. On demande la quotité de chaque annuité ou payement annuel. Il rachète cette rente au bout de 5 ans en payant une somme calculée d'après les échéances restantes, en tenant compte des intérêts composés à 5 p. 0/0 l'an. Combien donne-t-il ?

1099. Une dette de 18867ᶠ,16 a été amortie par annuités de 1673ᶠ,50 ; le taux étant de 5 p. 0/0, on demande le nombre des annuités.

1100. Un débiteur s'est acquitté au moyen de 15 annuités de 3000ᶠ. L'intérêt de l'argent étant de 6 p. 0/0, on demande la quotité de sa dette.

1101. Un débiteur s'est acquitté d'une dette de 8000ᶠ au moyen de deux annuités de 4363ᶠ,50. On demande le taux de l'intérêt.

1102. Un particulier s'est engagé à servir pendant 20 ans une rente annuelle de 840ᶠ. Au bout de 3 ans 8 mois, il se libère vis-à-vis de son créancier en lui payant la somme qui se trouverait remboursée par la rente de 840ᶠ payée aux échéances suivantes ; le taux est de 5 0/0 ; combien donne-t-il ?

1103. Un entrepreneur emprunte 100000ᶠ qu'il doit rembourser en 15 annuités dont la 1ʳᵉ ne sera payée que 6 ans après l'emprunt. Le taux de l'intérêt est 6 p. 0/0 ; quelle sera l'annuité à payer ?

1104. Un capitaine de navire emprunte 100000ᶠ qu'il fait valoir sans rien payer pendant un certain nombre d'années inconnu n. Après cela, il s'acquitte au moyen de n annuités de 24332ᶠ. Le taux de l'intérêt est 6 p. 100 ; trouver n.

1105. Un gouvernement emprunte 42000000ᶠ pour lesquels il donne des rentes 3 p. 100 au cours de 63ᶠ net. Il veut amortir cette dette en 40 ans, en consacrant chaque année la même somme à racheter de la rente au cours moyen de 64ᶠ,50, et à payer les rentes non amorties. On demande la quotité de l'annuité, et la marche à suivre pour déterminer les quantités de rentes qui seront rachetées année par année.

INTÉRÊTS COMPOSÉS ET ANNUITÉS. 399

Nota. Les rentes ne peuvent être rachetées à un cours uniforme ; car le gouvernement, amortissant comme les particuliers, doit acheter au cours du jour. Les prévisions ne peuvent donc s'établir que sur un cours moyen précis, prévu ou convenu.

1106. Une compagnie de chemin de fer fait un emprunt de 240000000^f de francs en obligations au cours moyen de 300^f, dont la valeur nominale est de 500^f et pour chacune desquelles elle paye 15^f d'intérêt annuel. Elle doit amortir cet emprunt dans l'espace de 96 ans, en consacrant chaque année une somme fixe au rachant d'un certain nombre d'obligations et au payement des intérêts non amortis. Déterminer cette somme fixe et indiquer la marche à suivre pour établir le nombre d'obligations à rembourser dans les diverses années successives.

1107. La population d'un pays s'accroît chaque année du 60ième de sa valeur. En combien d'années sera-t-elle : 1° doublée ; 2° triplée ?

1108. La population d'une ville qui est actuellement de 25800 habitants, s'accroît moyennement chaque année du 30e de sa valeur. Dans combien de temps cette population atteindra-t-elle 40000 habitants ?

1109. Une populaton de 48000 habitants s'est accrue en trois ans de 5000 habitants. Au bout de combien de temps sera-t-elle doublée, si elle continue à s'accroître dans la même proportion ?

1110. L'augmentation éprouvée en 1863 par une population de 54000 habitants, est telle qu'on en conclut que cette population sera doublée en 1899. Que sera-t-elle en 1872 ?

1111. La population d'une ville qui était en 1836 de 12800 habitants s'est accrue annuellement du 50ième de sa valeur pendant 11 ans, a décru annuellement du 80e pendant les 5 années suivantes, puis a recommencé à croître annuellement du 60e de sa valeur. On demande la quotité de cette population en 1864.

FIN.

www.ingramcontent.com/pod-product-compliance
Lightning Source LLC
Chambersburg PA
CBHW071906230426
43671CB00010B/1496